MATTHES & SEITZ BERLIN

PAPERBACK

Bernd Heinrich

DIE WEISHEIT DER RABEN

Aus dem Englischen
von Hainer Kober

Matthes & Seitz Berlin

Für all die Rabenpersönlichkeiten, die ich gekannt habe,
vor allem für Matt, Munster, Goliath,
Whitefeather, Fuzz, Houdi und Hook

INHALT

Vorwort **9**

1 Werdegang eines Rabenvaters **19**

2 Ein Feldexperiment **34**

3 Raben in der Familie **62**

4 Halsringe für Babynahrung **85**

5 Erziehung **108**

6 Das Schicksal junger Raben **121**

7 In einem Heimatrevier sesshaft werden **132**

8 Raben fangen und verfolgen **145**

9 Partnerschaften und soziale Netze **166**

10 Paare, die kooperieren und teilen **199**

11 Jagd und Nahrungssuche **206**

12 Adoption **219**

13 Sensorische Unterscheidung **231**

14 Individuelles Erkennen **241**

15 Gefährliche Nachbarn **265**

16 Lautkommunikation **278**

17 Prestige unter Raben **298**

18 Rabenängste **311**

19 Raben und Wölfe im Yellowstone Park **325**

20 Von Wolfsvögeln zu Menschenvögeln **338**

21 Tulugaq **350**
22 Verstecken, Versteckplündern und Täuschen **363**
23 Moral, Toleranz und Kooperation **382**
24 Rabenspiele **397**
25 Überlegtes Handeln? **417**
26 Rabenintelligenz auf dem Prüfstand **438**
27 Gehirn und Gehirnvolumen **457**
28 Haben Raben Bewusstsein und Emotionen? **467**
29 Wieder in freier Wildbahn **483**
Nachwort **497**
Anmerkungen und Literatur **505**
Danksagung **523**
Register **526**

VORWORT

Vielleicht ist es besser, wenn die aus der Einöde zurückkehrenden – oder bloß von einer Trittleiter herunterkletternden – Kundschafter von dem Wunder nur einfach berichten, aber es nicht mehr auszulegen versuchen. Dann wird es weiterklingen in Herz und Geist anderer Menschen, die das Unbegreifliche begreifen wollen. Einmal jedoch zu Ende gedeutet, verliert das Wunder seine Kraft und genügt nicht mehr dem menschlichen Bedürfnis nach Symbolen.

LOREN EISELEY, »*Das Urteil der Vögel*«

Der Tag, an dem ich begonnen habe, mit Raben zu leben und sie aufzuziehen, wird mir immer im Gedächtnis bleiben. Es war der 29. Oktober 1984. Am Nachmittag dieses Tages lockte mich ein lärmender Trupp Raben an, der sich an einem Elchkadaver versammelt hatte. Wenn sogar ich über eine Entfernung von fast zwei Kilometern auf den Kadaver aufmerksam wurde, dann musste es bei Raben in noch viel höherem Maße der Fall sein. Die Raben schienen ihren Fund auszuposaunen, was nur so zu verstehen war, dass sie ihn teilen wollten. Das Rätsel, das dieses Phänomen aufwarf, verwirrte mich zutiefst und regte mich dazu an, ein Buch zu schreiben über meine Bemühungen, es zu verstehen. Damals war mir noch nicht klar, dass diese Untersuchung und die nachfolgenden Studien, die in diesem Buch behandelt werden, bereits mehr als zwei Jahre zuvor in einer Tagebucheintragung vom 21. Februar 1981 anklangen. Dort schilderte ich einen Traum aus der vergangenen Nacht: »Ich ging durch einen dunklen und geheimnisvollen Wald und hörte das Krächzen von Raben, einen der beeindruckendsten Laute, die ich kenne. Das Rufen verriet mir, dass ihr Nest in der Nähe war. Die Laute waren voller Verheißung. Ich spürte, dass ich etwas Neuem und Erregendem ganz nahe war und dass ich es finden würde.« Dann wachte ich auf. Immer hatte ich das Nest eines Raben finden wollen. War dies das Zentrum seines geheimen Daseins?

Wie kam es, dass jemand von Raben träumte? Der Kolkrabe (*Corvus corax*) ist der größte Corvide der Welt, der in vielen Fällen sogar Hühnerhabichte und Rotschwanzbussarde an Größe übertrifft. Vor 50 Jahren war er im Nordosten Nordamerikas äußerst selten, während die kleinere Amerikanerkrähe, *Corvus brachyrhynchos*, die ihm oberflächlich ähnlich sieht, häufig anzutreffen war und noch immer ist. 1936 schrieb der Ornithologe und Vogelzeichner George Miksch Sutton von der Cornell University, der Rabe sei »von Natur aus wachsam und einzelgängerisch«. Er schilderte ihn als einen Vogel, der in unzugänglichen Gebieten lebe und den nur wenige Menschen bisher zu Gesicht bekommen hätten. Und wie die meisten Menschen, die diesen Vogel kennen, hielt er ihn für etwas ganz Bemerkenswertes.

Alle Tiere müssen die gleichen uralten Probleme bewältigen, die mit Nahrung, Partnerschaft, Sexualität, Schutz, Revier und Brutpflege zusammenhängen. Doch Raben hat man die ganze Geschichte hindurch die größte Ähnlichkeit mit dem Menschen bescheinigt. Warum? Was ist an Raben so besonders, dass sich solche Vergleiche aufdrängen?

Die Menschen haben sich gewöhnlich von anderen Tieren abgegrenzt und für etwas Einzigartiges gehalten. Vielleicht liegt es daran, dass wir, wie Craig Packer in seinem Buch *Into Africa* meint, »uns alles im Laufe des Lebens aneignen«, während bei der Ameise »schon jede kleine Anweisung im Voraus angelegt ist«. Bei Raben – wie beim Menschen und vielleicht im Unterschied zu den meisten anderen Vögeln – ist die Lösung jedes Problems des Lebens nicht im Voraus angelegt, sonst hätten sie sich wahrscheinlich nicht den Ruf erworben, hochintelligent zu sein, und wären in der Mythologie nicht als Schöpfer, Zerstörer, Propheten, verspielte Clowns und Schwindler dargestellt worden. Mich haben ihre rätselhaften und scheinbar widersprüchlichen Reaktionen häufig verblüfft. Doch die Poesie der Biologie liegt in ihren gegensätzlichen Spannungen und in der häufig mühevollen, aber äußerst reizvollen Aufgabe, sie herauszuarbeiten.

Um eine Ahnung davon zu bekommen, wie der Geist des Raben organisiert sein könnte, müssen wir die entscheidenden Aspekte seiner Naturgeschichte in den Blick bekommen. Das wiederum erfordert eine größtmögliche Offenheit. Seit ich *Die Seele der Raben* schrieb, habe ich meine ursprüngliche Untersuchung erheblich vertieft und erweitert. Dabei habe ich versucht, Raben aus möglichst vielen Blickwinkeln zu sehen, um nicht nur ihre Anpassungsreaktionen zu erfassen, sondern auch die Motive für diese Reaktionen. Hunderte von Menschen haben ihre Erfahrungen mit dem Verhalten von Raben mit mir geteilt. Und für mich war das, als hätte ich zusätzliche Augen gehabt, um Dinge zu sehen, die ich aus zeitlichen oder räumlichen Gründen nicht habe beobachten können. Diese Berichte habe ich sorgfältig gesichtet, muss mich hier aber auf die kleine Zahl beschränken, die in den Zusammenhang passt. Dabei habe ich versucht, daran zu denken, dass Anekdoten leicht zu Interpretationen werden und dass Fakten in unserem Denken übertriebene Ausmaße annehmen können, wenn sie nicht durch Wissen in Schach gehalten werden. Lehnt man andererseits alle Anekdoten ab, so verwirft man auch die Fakten. Bei Raben ist der Grat zwischen Interpretation und Faktum gewöhnlich sehr schmal. Doch wie Mark Pavelka sagt, der das Verhalten von

Raben für die amerikanische Umweltbehörde United States Fish and Wildlife Service untersucht hat: »Bei anderen Tieren kann man gewöhnlich 90 Prozent der Geschichten, die man hört, vergessen, weil sie übertrieben sind. Bei Raben ist es umgekehrt. Mag die Geschichte noch so komisch oder seltsam klingen, so spricht die Wahrscheinlichkeit dafür, dass es irgendwo Raben gibt, die so etwas tatsächlich getan haben.« Das liegt daran, dass Raben Individuen sind, Ameisen nicht.

Auch wenn es sich nicht schlüssig beweisen lässt, ob ein bestimmtes Tier Emotionen, Bewusstsein und Erkenntnisfähigkeit besitzt: Diese subjektiven, individuellen und schwer zu definierenden geistigen Eigenschaften finden sich in unterschiedlichen, voneinander unabhängigen Evolutionslinien und erreichen ihre höchste Ausprägung bei einigen Primaten, Cetaceen (Wale und Delfine) und vielleicht auch bei Corviden (Rabenvögel) sowie Papageien. Der Versuch, einen der vielen Aspekte des Geistes in einem exakten Umfang einer bestimmten Art zuzuschreiben, wäre so, als wollte man im Kontinuum der Zeit den genauen Zeitpunkt festlegen, ab wann ein Kind sprechen kann. Es spricht *nicht*, wenn es mit wenigen Wochen glucksende Laute von sich gibt, wohl aber zu einem späteren Zeitpunkt, wenn es sagt: »Mama, bitte lies mir die Geschichte von der hungrigen Raupe noch einmal vor.« Einige der verschiedenen Vokalisationen, die zwischen den ersten Lauten und dem ersten Satz liegen, erscheinen nicht nur willkürlich, sie sind es tatsächlich. So verhält es sich mit allen Aspekten des Geistes, nur dass wir sie nicht so genau messen können wie Laute. Und einige Wahrnehmungen, etwa der Duft einer Rose oder die Stimmung eines Frühlingstags, werden immer subjektiv bleiben, egal, wie objektiv und konkret man nachweisen kann, dass sie das Verhalten beeinflussen.

In den letzten Jahrzehnten haben wir über den Geist von Tieren erstaunlich viel in Erfahrung gebracht, trotz der großen methodologischen Probleme, die dieses Forschungsgebiet aufgibt. Untersuchungen haben gezeigt, dass zahlreiche – häufig wenig sympathische – Tiere sensorische und mentale (vermutlich unbewusste) Fähigkeiten besitzen, die völlig überraschend und kaum zu glauben sind. Manche dieser Tiere können es darin mit unseren viel gepriesenen Fähigkeiten aufnehmen. Berichte über diese erstaunlichen Fertigkeiten füllen die Lehrbücher über Tierverhalten und strafen unsere kollektiven Vorstellungen Lügen. Wie die meisten Biologiestudenten habe ich diese Geschichten verschlungen. Um auf beliebige Weise nur einige wenige aus der unübersehbaren Zahl herauszugreifen: Wie staunte ich über die Entdeckung von Donald Griffin, Harvard University, dass Fledermäuse fliegende Falter in totaler Dunkelheit orten und fangen können, und ebenso über die Erkenntnis von Ken Roeder, Rockefeller University, dass Falter Reflexe haben, die ihnen erlauben, Fledermäusen auszuweichen. Tief beeindruckt war ich auch, als ich bei Karl von Frisch las, wie Bienen Nahrung wahrnehmen und suchen, die mit bestimmten Gerüchen, Farben und geometrischen Mustern assoziiert ist, und wie sie ihrem Bienenstock die Entfernung und Richtung von Nahrungsquellen und/oder potenziellen Standorten für abfliegende Schwärme mitteilen. Bewundert habe ich die Fortsetzung dieser Arbeit durch Tom Seely von der Cornell University, der den komplexen Entscheidungsprozess im Bienenschwarm schilderte, einen Prozess, der sich effektiv, aber ohne Einsicht, Denken und Intelligenz im menschlichen Sinne vollzieht. Umso interessanter ist es daher, dass wild lebende Meerkatzen in Afrika, wie eingehende Studien von Dorothy Cheney und Robert Seyforth zeigten, Rufe ausstoßen, die ähnlich wie unsere Wörter semantische Bedeutung haben, und dass die Tiere offenbar wissen, was ihre Laute aussagen, da sie sie dazu verwenden, andere Tiere zu ihrem Vorteil hinters Licht zu führen. Die Arbeit von Wolfgang

Köhler in Deutschland, Frans de Waal an der Emory University, Jane Goodall in Tansania und andere mehr hat bewiesen, dass einige Affen die Fähigkeit haben, sich selbst zu erkennen und andere zu täuschen. In Begeisterung versetzte mich die Entdeckung von Katie und Roger Payne, dass Buckelwale oft stundenlang komplizierte Gesänge ausstoßen, deren präzise Lautfolge sich je nach Jahreszeit über die ganze Ausdehnung eines Ozeanbeckens verändert, sodass alle Wale, die im Atlantik oder im Pazifik leben, in einem bestimmten Jahr ganz ähnliche Lieder singen. Verblüfft las ich, dass manche Delfine Schwämme mit sich herumtragen, die sie vermutlich als Werkzeuge zur Nahrungssuche verwenden. Nicht weniger erstaunlich sind Vögel. Wie Richard Herrenstein von der Harvard University gezeigt hat, können Tauben Bäume als eine Kategorie auf Fotos erkennen und sogar die Bilder einzelner Künstler voneinander unterscheiden. In Deutschland hat Gustav Kramer durch einfallsreiche Experimente nachgewiesen, dass die Sonne den Staren (genau wie Honigbienen) als Kompass zur Richtungsbestimmung dient. Nun ist die Sonne aber kein stationäres Leuchtfeuer, sondern verändert ihre Position um fünfzehn Grad pro Stunde. Die Tiere berechnen und kompensieren folglich die Sonnenbewegung, indem sie sich nach einer inneren Uhr richten. Weiter zeigte Kramer, dass sich Zugvögel, die nachts wandern, am Polarstern orientieren. Das Vater-Sohn-Team John und Stephen Emlen hat mithilfe ausgeklügelter Experimente, die in der Biologie geradezu klassischen Rang haben, an Kramers Arbeit angeknüpft und das komplizierte Geflecht von angeborenen *und* erlernten Komponenten im Verhalten von Indigofinken aufgeschlüsselt, die ihren Weg anhand der Sterne finden. Viele Vögel und andere Tiere sind in der Lage, sich mittels der Magnetfelder der Erde zu orientieren. Routinemäßig wandern Vögel zwischen bestimmten Punkten auf dem Globus – durch Kontinente voneinander getrennt –, und dabei stehen ihnen vermutlich weitgehend angeborene und unveränderliche Navigationssysteme zur Verfügung. Und selbst abstrakte Begriffsbildung ist nicht ausgeschlossen. Erst kürzlich hat Irene Pepperberg von der University of Arizona in Tucson mit ihrer sorgfältigen und geduldigen Forschungsarbeit gezeigt, dass sogar ein Papagei lernen kann, sich mit einem Menschen zu unterhalten, wobei er ein Vokabular von rund 70 Wörtern verwendet. Nur ein Jahr zuvor beobachtete Gavin Hunt aus Neuseeland, wie eine Salvatorikrähe zwei verschiedene Arten von Werkzeugen herstellt. Bei all diesen verblüffenden Studien empfindet man zunächst Staunen und Bewunderung für die Leistung der Tiere. Erst dann stellt sich die Frage nach der Bedeutung.

Um welches Verhalten es sich auch immer handelt, stets wird es von den Sinneswerkzeugen und dem Geist des Tieres hervorgerufen. Der Wert dieser Entdeckungen liegt jedoch nicht darin, dass sie irgendeine Abstraktion beweisen – »Angeborensein«, »Bewusstsein«, »Einsicht«, »Intelligenz« oder welches Etikett man auch immer wählt. All die Verhaltensausprägungen sind Manifestationen des Geistes, doch das, was sie so staunenswert macht, hat nichts mit der besonderen mikroanatomischen Komplexität der neuronalen Verdrahtung zu tun, der sie ihre Existenz verdanken.

Meine ersten zahmen Raben hatte ich schon in den Sechzigerjahren während des Studiums an der University of California in Los Angeles – zwei von ihnen in meiner Wohnung in Westwood. Gerne hätte ich sie schon damals als Forschungsgegenstand gewählt, hätte ich ein Problem benennen können, das eine Untersuchung wert gewesen wäre. Ich wusste keines, außerdem riet man uns Studenten stets – möglicherweise im Scherz –, kein Tier zu untersuchen, das intelligenter sei als wir. Zunächst arbeitete ich mit Einzellern, bei denen ich, so einfach sie waren, viele Forschungsansätze entdeckte. Als Nächstes beschäftigte ich mich mit einer Raupe und arbeitete mich allmählich zu den Schmetterlingen hoch. In meinem ersten Projekt versuchte ich herauszufinden, wie die große Raupe des Tabakschwärmers, *Manduca sexta*, die von Gärtnern ständig von ihren Tomaten- oder Tabakpflanzen gepflückt werden muss, ein einfaches Problem »löste«: nämlich wie sie ein riesiges Blatt verzehrt, während das Blatt an der Pflanze und sie selbst am Blatt hängt, und das ganz unabhängig von der Blattform. Wie schaffte das Tier dieses Kunststück? Das war etwa so, als hinge es an der Spitze eines Zweiges im Wipfel eines Baumes und fräße den Zweig auf. Die Methode, mit der die Raupe das Problem löste, *erweckte den Eindruck*, als würde sie vorausplanen, aber das tat sie nicht. In Experimenten erwies sich, dass blinde und einfache programmierte Reaktionen für ihr scheinbar zielgerichtetes Handeln verantwortlich waren. Diese Arbeit veranlasste mich später, Verhalten von innen zu betrachten. Ich zeichnete bei Hummeln neuronale Nachrichten auf, die rhythmischem, stereotypem Verhalten zugrunde liegen – sichtbarem (Fliegen) wie unsichtbarem (Zittern). Bei all diesen Forschungsarbeiten war (und bin) ich – in Übereinstimmung mit den meisten anderen Forschern – der Meinung, dass das Verhalten der Insekten weitgehend »vorverdrahtet« war. Es war Physiologie. Doch bei der Nahrungssuche im Feld zeigten sich Hummeln als lernfähig und verwischten die klaren Konturen der Physiologie, die ich so bequem fand, zu einem Erscheinungsbild, das man vielleicht eher Verhalten nennen musste. Vögel schienen darin außerordentlich interessant zu sein, doch glaubte ich, ihr gesamtes manifestes Verhalten, das sich beobachten ließ, wäre schon erfasst worden, und ihr inneres Verhalten würde sich einer Untersuchung entziehen. Wie falsch lag ich doch mit beiden Annahmen!

Jahre später, als ich schon eine feste Anstellung hatte und versuchte, eine unscheinbare Frage hinsichtlich des Verhaltens von Raben zu klären, hörte ich, dass sich einige Vertreter dieser Art angeblich sehr intelligent und merkwürdig verhalten. Obwohl sich vieles davon als Hörensagen abtun ließ, blieb doch eine Reihe von Beobachtungen, die von angesehenen und objektiven Forschern in der wissenschaftlichen Literatur veröffentlicht worden waren und die man nicht einfach übergehen konnte. Unter anderem wurde dort von Raben berichtet, die kopfüber an ihren Füßen baumelten (Elliot, 1977), im Schnee schlitterten (Moffett, 1984), im Schnee badeten (Hooper, 1986; Hopkins, 1987; Bailey, 1993), in der Luft ein Bad nahmen, das heißt, die immer wieder durch den Sprühregen von Sprenkleranlagen flogen (Jaeger, 1963), mit dem Rücken nach unten flogen (Evershed, 1930; Täning, 1931), Luftrollen vollführten (Connor u. a., 1973; Van Vuren, 1984), Formationen flogen (Henson, 1957), Gegenstände benutzten, um Möwen aus ihren Nestern zu vertreiben (Montevecchi, 1978), und zur Nestverteidigung mit Steinen warfen (Janes, 1976). Manuelle Geschicklichkeit bewiesen einige Raben unter anderem dadurch, dass sie Nahrung mit den Füßen und nicht im Schnabel trugen (Owen, 1950), mit den Füßen paddelten (Ewins, 1989) oder sich auf den Rücken drehten, um einen Wanderfalken abzuwehren (Barnes, 1986). Wie flexibel ihr Verhalten sein kann, zeigte sich auch darin, dass einige ihre Eier zudeckten (Davis, 1975), an einem heißen Tag Löcher in den Boden ihres Nestes bohrten (Gwinner, 1965), ihre Nestlinge trugen (Stoj, 1989), dass einer eine Bindung zu einer Krähe einging (Jefferson, 1991), einige Tauben in der Luft erbeuteten (Elkins, 1964) oder ein Rentier angriffen (Ostbye, 1969). Alle diese Berichte ließen darauf schließen, dass die Rabenforschung nicht nur interessant war, sondern auch eine intellektuelle Herausforderung darstellte. Nachdem ich nun seit vielen Jahren sehr eng mit Raben zusammenlebe, habe ich andere erstaunliche Verhaltensweisen beobachtet, von denen ich noch nie etwas in den mehr als 1400 Forschungsberichten und Artikeln über Raben gelesen habe, die die wissenschaftliche Literatur bietet – Verhaltensweisen, die ich mir niemals hätte träumen lassen. Ich bin skeptisch geworden, was den Versuch angeht, das Verhalten von Raben mit Gewalt in dieselben Kategorien von programmierten und erlernten Verhaltensweisen zu pressen, die man bei Bienen verwendet. Da ist noch etwas anderes im Spiel, etwas, das ich verstehen wollte und will. Dabei interessiere ich mich im Allgemeinen weniger für begriffliche Abstraktionen als dafür, was die Tiere tatsächlich tun; das ist für mich wichtiger als die Frage, wie man es bezeichnen könnte. Letztlich ist die Erkenntnis all dessen, was in ihren Köpfen vor sich geht, ein Ziel, das so unerreichbar ist wie die Unendlichkeit. Der Weg ist das Ziel.

Ich will hier keine verbindlichen Wahrheiten verkünden, sondern die Welt eines prachtvollen Vogels skizzieren, der, wie wir sehen werden, seit vorgeschichtlichen Zeiten mit dem Menschen verbunden ist, seit den Zeiten, da er Jäger wurde. Dabei beziehe ich mich vor allem auf unveröffentlichte Beobachtungen und Experimente – Erfahrungen, die Sie dazu einladen, teilzunehmen an einer Entdeckungsreise: hin zu einem Geist, der uns bisher verschlossen war.

1. KAPITEL

Werdegang eines Rabenvaters

Die erste Voraussetzung für die Untersuchung des Verhaltens eines Tieres ist, dass Sie ihm nahekommen und nahe bleiben. Sie müssen in der Lage sein, alle Einzelheiten seines Verhaltens über längere Zeiträume zu beobachten, ohne dass das Tier Ihre Gegenwart sieht oder spürt. Das ist keine leichte Aufgabe bei den wilden Raben im Nordosten Amerikas. In dem Teil des Landes, in dem ich lebe, ist Nahrung spärlich, sodass die Raben manchmal pro Tag auf einem Gebiet von mehr als 250 Quadratkilometern umherstreifen und beim bloßen Anblick eines Menschen die Flucht ergreifen. Raben sind scheuer und wachsamer und haben bessere Augen als irgendein anderes wild lebendes Tier, das ich kenne, wodurch es noch schwerer wird, ihr natürliches, ungestörtes Verhalten zu studieren.

Angesichts dieser Schwierigkeiten gelangte ich zu der Überzeugung, ich müsse mir Jungvögel verschaffen und zum Ersatzvater für sie werden. Vielleicht war das die einzige Möglichkeit, bestimmte Aspekte ihres natürlichen Sozialverhaltens kennenzulernen. Sich junge Raben zu beschaffen und mit ihnen zu leben ist nicht ganz unbeschwerlich, nicht zuletzt, weil man nur durch gefährliche Kletterpartien an ihr Nest kommt. Die Bäume, die sich Raben als Nistplätze aussuchen, gehören nun mal nicht zu denen, auf die ich gerne klettere.

Im Schatten unter den Fichten hatten sich die letzten Flecken Winterschnee gehalten. Auf dem Hills Pond war das Eis gerade geschmolzen, und die ersten Singvögel waren eingetroffen. Doch Ende April 1993, einen Monat bevor die Ahornbäume die ersten Blätter trieben, würden die in diesem Jahr geschlüpften Rabenjungen bereits ein Kleid von schwarzen Federn haben. Ich befand mich auf dem Weg zu zwei verschiedenen Nestern. Je zwei Junge wollte ich aus den Bruten von vier bis sechs Nestlingen nehmen, die ich in jedem Nest zu finden erwartete. Von da an würde ich für das Wohl der Jungvögel zu sorgen haben.

Es schneite, und die große Kiefer mit dem ersten Rabennest schwankte im Nordwind, der über den See fegte. Am liebsten wäre ich gelaufen, aber ich zwang mich zu einer ruhigen Gangart, um möglichst viel Energie für die bevorstehende Kletterpartie zu sparen. Mehr als einmal hatte ich schon fürchterliche Angst gehabt, als ich an einem dicken, astlosen Kiefernstamm hing und spürte, wie mir die Kraft aus den Armen schwand. Die Leere über den Wipfeln scheint sich endlos auszudehnen, wenn der Griff sich lockert.

Weiße Exkremente lagen verstreut auf dem Boden unter dem Nest, ein sicheres Zeichen dafür, dass die Jungen bereits über das Federkielstadium hinweg waren. Bei diesem Nest, das ich in den Jahren zuvor oft besucht hatte, keifte mich nur der männliche Altvogel an, der weibliche flog stets davon, wenn ich mich näherte. Bei anderen Nestern ist es meist so, dass mich entweder beide Partner beschimpfen oder beide fliehen oder aber beide sich in sicherer Entfernung halten. Nachdem ich meine Klettereisen sorgfältig angeschnallt und meinen Rucksack zurechtgerückt hatte, legte ich die Arme um den Stamm und begann den Aufstieg. Klettere langsam, sagte ich mir unablässig, immer einen Schritt nach dem anderen. Ich versuchte, stets nach oben zu blicken und nicht nach unten. Ausgerechnet als ich fast die Hauptäste erreicht hatte, wurde ich sehr schwach. Zum Glück hatte ich den Winter über Klimmzüge trainiert, daher fühlte ich mich den Anstrengungen dennoch gewachsen. Als ich mich auf den ersten Hauptast hinaufzog, war ich überglücklich. Wieder einmal war ich dem Schicksal entgangen, das schon manch einen Ornithologen in ähnlichen Situationen ereilt hatte. George Miksch Sutton beispielsweise war abgestürzt, als er auf dem Weg zu einem Rabennest einen Felsen erkletterte. Seine Rettung war, dass sein Sturz von einem Felssims abgebremst wurde, bevor er am Fuße des Felsens landete. Thomas Grünkorn, ebenfalls ein Rabenforscher, fiel einmal aus der 25 Meter hohen Krone einer Buche und brach sich das Rückgrat an zwei Stellen. Wie durch ein Wunder überlebte er und begann erneut mit der Kletterei (vgl. 7. Kapitel). Der Ornithologe Gustav Kramer kam bei einer Studie von Wildtauben ums Leben, als sich beim Aufstieg zu einem Felsennest Gestein löste. Vor Felsen habe ich große Angst, während ich mich bei Baumästen, an denen ich mich festhalten kann, beinahe sicher fühle.

Zwar schwankte der Baum heftig unter den Böen, aber er hatte schon schwerere Stürme überstanden und würde auch jetzt sicherlich nicht umstürzen oder abbrechen. Abgesehen davon hätte ich es nicht verhindern können. Also wozu sich Sorgen machen?

Vier vollständig gefiederte Jungvögel hockten in einem durchnässten Nest. Die letzten beiden Tage hatte es unablässig geregnet, und das schwere, vollgesogene Nest hatte eine bedenkliche Schräglage, weil einer der tragenden Äste zu dünn war. Die vier Jungen waren plump, unbeholfen und niedlich. Als ich die ersten zwei heraushob, um sie in meinen Rucksack zu setzen, fielen mir ihre großen, vorgewölbten, nackten Bäuche auf. Sie zappelten oder schimpften nicht, und der Abstieg war leicht.

Mit vier Jungvögeln auf dem Boden meines Rucksacks (ich hatte sie zwei verschiedenen Nestern entnommen) trat ich den Heimweg an, um meine Schützlinge in ihr neues Nest zu setzen – einen Korb, der fast bis zum Rand mit Heu und Laub gefüllt war, damit sie über den Rand koten konnten. Mit leiser, sanfter Stimme sprach ich zu ihnen, woraufhin sie augenblicklich ihr Schweigen brachen und in heiserer Rabenbabysprache antworteten. Ihr Federkleid war so gut wie fertig, und sie blickten mich aus hellblauen Augen an (die, wenn sie flügge waren, grau und im Winter braun werden würden). Sie hoben die mit Daunen bedeckten Köpfe und rissen ihre großen rosafarbenen Mäuler auf (Rachen und Zunge würden erst nach drei oder mehr Jahren, je nach dem sozialen Status des Vogels, schwarz werden). Sie bettelten um Futter! Ein derartiges Vertrauen war bei Vögeln, die schon mindestens einen Monat alt waren, höchst ungewöhnlich, zumal ich sie gerade aus dem Nest geraubt hatte. Besonders überraschend war es, weil Raben von Natur aus allem Neuen mit Scheu begegnen. Als Altvögel gehören Raben in Maine zu den scheuesten Vögeln überhaupt. Diese Jungen hatten bisher nur mit ihren Eltern und Geschwistern zu tun gehabt, trotzdem reagierten sie ganz unerschrocken auf mich. Hörten sie etwas in meiner Stimme, was ihnen Vertrauen einflößte?

Ihre Laute gingen mir zu Herzen, und ich beschleunigte beschwingt meinen Schritt. Bald hatten wir eine Beziehung hergestellt. Ich schnitt alles Fleisch klein, das ich finden konnte – meist war es Fleisch von überfahrenen Tieren –, und verfütterte es in etwa stündlichen Intervallen häppchenweise an die Raben, genauso wie es Rabeneltern in der freien Wildbahn tun. Raben und Krähen brauchen als Nestlinge eine Fülle von Proteinen, Mineralien und Vitaminen. Meine bekamen sie in Form von zerkleinerten Mäusen, Maden, Eiern, Fischen und gehackten Fröschen. Ich habe erlebt, dass Menschen kleine Krähen mit der gleichen Nahrung großzuziehen versuchten, mit der sie ihre eigenen Babys versorgen – Milch und Brot. Wenn die Jungvögel nicht eingingen, dann litten sie unter Rachitis oder einer anderen Mangelkrankheit und blieben meist ihr Leben lang beeinträchtigt.

Die spezifische Brutpflege der Tiere hat sich durch die natürliche Selektion in Millionen von Generationen herausgebildet, wobei sich höchst unterschiedliche Verhaltensweisen entwickelt haben. Dabei sind scheinbare Kleinigkeiten von gravierender Bedeutung, sodass sich jede Abweichung von der Verhaltensnorm der Art wahrscheinlich schädlich auswirkt. Junge Sperlingsvögel brauchen eine sehr eiweißreiche Kost, die alle lebenswichtigen Nährstoffe im richtigen Verhältnis enthält. Während der entscheidenden Wachstumsphase werden Muskeln, Nerven und Knochen so rasch aufgebaut, dass das Körpergewicht um 50 Prozent und mehr pro Tag zunehmen kann. Daher müssen sie in kurzen Abständen gefüttert werden.

Am ersten Tag verfütterte ich an die vier Vögel sechs Mäuse, vier Hühnereier, zwei 170-Gramm-Dosen Katzenfutter, 280 Gramm Welpenfutter und zwei Mund voll Bohnen, die ich für sie vorgekaut hatte. Alle legten sie 600 Gramm Körpergewicht zu, nachdem sie 8 100 Gramm Nahrung zu sich genommen hatten.

Um Ihnen eine gewisse Vorstellung von der Nahrung zu geben, die ein Rabenpaar für seine Jungen herbeischaffen muss, folgt eine Liste mit den Dingen, die ich an eine Gruppe verfütterte, die ich einige Jahre später großzog – sechs Nestlinge im Alter von ungefähr fünf Wochen:

Erster Tag: ein Waldmurmeltier und einen Schneeschuhhasen (*Lepus americanus*) (überfahrene Tiere, die ich einfror, dann zu mundgerechten Bissen zerkleinerte – Haut, Knochen, Innereien: alles – und vor dem Füttern wieder auftaute).

Zweiter Tag: drei Rothörnchen, ein Streifenhörnchen, sechs Frösche, acht Hühnereier (mit gemahlener Schale).
Dritter Tag: zwei Grauhörnchen, fünf Frösche, sechs Eier, sechs Mäuse.
Vierter Tag: ein Hinterviertel eines Holsteiner Kalbs.

Nach wenigen Tagen, in denen ihr Appetit stetig zunahm, konnte jeder Vogel hintereinander bei einer einzigen Mahlzeit sechs Waldfrösche und zwei Mäuse verschlingen und war nach ein oder zwei Stunden schon wieder bereit, diese Leistung zu wiederholen.

Rabenjunge großzuziehen hat mir immer Freude bereitet, aber ich will die Schwierigkeiten nicht verschweigen, die eine solche Elternschaft mit sich bringt. Vor allem dürfen Sie sich nie davor ekeln, bei überfahrenen Tieren anzuhalten, sie einzusammeln und klein zu schneiden. Und was das Ausgehen an einem Samstagnachmittag angeht – vergessen Sie es! Denken Sie daran, ein junger Rabe muss im Abstand von wenigen Stunden gefüttert werden und braucht jeden Tag Ihre ungeteilte Aufmerksamkeit. Ohne diese Zuwendung wird der Vogel keine Bindung zu Ihnen eingehen, sondern wild und »unfreundlich« bleiben und nicht auf Sie reagieren.

Im Prinzip lassen Sie sich dann auf den übelsten Wohngenossen der Welt ein. Einige Menschen sind gern bereit, diesen Preis zu bezahlen. Ich wollte nur sichergehen, dass Sie als mein Leser wissen, worauf Sie sich gegebenenfalls einlassen würden.

Auch die Belange des Vogels sind zu berücksichtigen. Wenn er in eine Menschenfamilie integriert ist, fühlt er sich dort zufrieden und glücklich. Knüpft er zu keinem Familienmitglied eine Bindung, fühlt er sich wie im Gefängnis. Schließlich ist noch der offizielle Aspekt der Angelegenheit zu bedenken. Um ein Menschenbaby großzuziehen, muss man keine gesetzlichen Auflagen erfüllen, egal, ob man der Aufgabe gewachsen ist oder nicht. Doch ein Rabenbaby »bekommt« man längst nicht so leicht. Dazu benötigen Sie Genehmigungen von Staats- und Bundesbehörden, und die werden Ihnen nur zuteil, wenn Sie triftige Gründe angeben können.

Wenn Sie Kontakt zu einem wild lebenden Vogel haben möchten, der sich an Sie bindet, der »spricht« (und sogar lernt, kleine Melodien zu singen) und pflegeleicht ist, dann empfehle ich Ihnen einen Star. Mozart hatte einen und war offenbar vollkommen vernarrt in ihn. Stare sind ebenfalls schwarz, und im Brutkleid glänzen sie sogar noch strahlender als Raben. Sie sind weit bessere Stimmenimitatoren und leichter zu halten. Vor allem aber braucht man für ihre Haltung keine Genehmigung, weil sie eine exotische »Schädlingsart« sind, die mit unseren heimischen Vögeln konkurrieren. Ärgerlich an ihnen, zumindest an den Jungvögeln, ist lediglich, dass sie Ihnen unablässig ins Ohr schreien und dabei den Schnabel öffnen würden, als ginge es darum, unter Blättern nach Würmern zu suchen. Das täte eine Wildgans zwar nicht, aber sie flöge hinter Ihnen her, wenn Sie im Auto davonführen, weil sie der Meinung wäre, Sie hätten sich einem Schwarm angeschlossen; natürlich können Sie dann nicht am Autoverkehr teilnehmen. Jede Art hat ihre eigenen angeborenen Reaktionsnormen, die sich durch Selektion in der natürlichen Umwelt im Laufe von Jahrmillionen herausgebildet haben.

Heutzutage wild lebende Tiere großzuziehen ist entmutigend, weil es eine Fülle von Schwierigkeiten aufwirft und häufig an unerwarteten Problemen scheitert. In meiner Kindheit haben meine Freunde und ich alle möglichen Tiere großgezogen: junge Krähen, Eichelhäher, Wanderdrosseln, Spatzen, Stinktiere, Waschbären, Falken, Eulen, Gänse und einen Star. Was wir dabei gelernt haben, betraf nicht nur unsere Tiere, sondern war wohl auch eine Lektion im Umgang mit Andersartigkeit, in Geduld und Toleranz.

Die Nahrung, die Sie Jungvögeln geben, beschert Ihnen weitere Pflichten und Aufgaben. Das Fleisch, das die Jungen verdauen, wird gründlich zu einer flüssigen Ausscheidung von fast gleichem Volumen verarbeitet. Rabeneltern fangen die Exkremente der Jungen im Schnabel auf, damit sie nicht das Nest beschmutzen. Sobald die Nestlinge ein oder zwei Wochen alt sind und das Volumen der Exkremente anwächst, schlucken die Eltern sie nicht mehr hinunter, sondern tragen sie fort, um sich ihrer in einiger Entfernung vom Nest zu entledigen.

Ich hatte Riesenglück. Meine vier jungen Raben waren bereits alt genug, um schon an den Rand des Nestes rücken zu können. Sie streckten ihr Hinterteil über den Rand hinaus und wackelten heftig mit den Schwänzen hin und her, dass sie aussahen wie Propeller. Erst dann verspritzten sie ihre Exkremente in einem starken Strahl, der bis zu einem halben Meter weit reichte.

Leider war diese Stuhlkontrolle nicht von langer Dauer, und kurz vor dem Flüggewerden ging sie vollkommen verloren. Sie machten, wann sie wollten, und verspritzten ihre Exkremente in immer größeren Entfernungen vom Nestrand. Sobald die Jungen das Nest verlassen hatten, wurden sie in dieser Hinsicht noch gleichgültiger. Daher muss man sich bei jungen Raben von jedem Gedanken an Stubenreinheit verabschieden.

Wie können Rabeneltern die Ausscheidungen ihrer Jungen schlucken, die nicht nur aus dem Verdauungs-, sondern auch aus dem Harnsystem stammen? Erstens sind diese Ausscheidungen normalerweise nicht übelriechend, es sei denn, der Jungvogel ist krank oder überfüttert und die Nahrung wird nicht gründlich verdaut. Rabenausscheidungen bestehen überwiegend aus weißen Harnsäurekristallen. Sie sind ganz anders als beispielsweise Hühnerdung, der entsetzlich stinkt und trotzdem mit Sägemehl vermischt an Rinder verfüttert wird, sodass wir ihn letztlich auch essen.

Alle Proteinstoffwechselprozesse resultieren in giftigen, häufig stark riechenden Abfallprodukten, deren sich der Körper entledigt, indem er sie mit Wasser hinausspült. Daher müssen wir umso mehr Wasser trinken, je mehr Eiweiß wir essen. Obwohl Raben von Fleisch leben, brauchen sie paradoxerweise nicht zu trinken (von sehr hohen Lufttemperaturen abgesehen, wenn sie Wasser benötigen, um sich durch Verdunstung im Rachen und über die Atmungsflächen abzukühlen). Das hat mit ihren geruchlosen Ausscheidungen zu tun. Die in ihnen enthaltene weiße Harnsäure ist ungiftig und in Wasser relativ unlöslich, ganz anders als der Harnstoff, der das Hauptabfallprodukt der Säugetiere ist. Daher können große Mengen mit sehr wenig Wasser ausgeschieden werden, und zwar in Form einer weißen geruchlosen Paste und nicht als gelbe Flüssigkeit. Ein Rabe ist also von Natur aus in der Lage, mit wenig Wasser auszukommen, was den Eltern die Nesthygiene erleichtert.

Jungraben können sich nicht nur durch ihre Exkremente als sehr lästig erweisen, sondern auch durch ihre Lärmentwicklung. Wenn man bedenkt, dass sie sogenannte Singvögel sind, hört sich das Ganze nicht sehr melodiös an. »Rabeneltern« wird zu Unrecht vorgeworfen, sie wären lieblose oder gleichgültige Eltern, weil ihre Jungen so lautstark nach Futter schreien. Zwar steigert der Hunger die Lautstärke ihres Bettelns, doch ist dessen grundsätzliche Lautstärke ein Ergebnis der natürlichen Selektion. Einerseits können die Jungen sich gegenseitig ausstechen im Wettstreit um die Aufmerksamkeit der Eltern, andererseits locken ihre Schreie aber auch Raubtiere an. Letztlich wird die Obergrenze der evolutionär zulässigen Lautstärke durch die natürlichen Feinde festgelegt. Ist das Nest sicher, liegt die Grenze hoch.

Bei Raben und anderen Vögeln hat ein ungeheurer Selektionsdruck dafür gesorgt, dass sie schnell wachsen und schon bald nach der Geburt fliegen können. Ein Sperling kann in zehn Tagen sein vollständiges Gewicht erreichen, bei Raben dauert das Wachstum bis zum Höchstgewicht jedoch rund 40 Tage. Im Alter von etwa einer Woche schlafen junge Raben den größten Teil der Zeit und werden von dem weiblichen Altvogel gehudert. Sie sind noch immer nackt und nicht in der Lage, ihre Körpertemperatur zu regulieren. Wenn einer der Eltern aufsteht und kurze nasale *gro*-Rufe ausstößt, recken sie die Köpfe empor und beginnen zu betteln. Später, wenn die Mutter sie nicht mehr hudert, schlafen sie so lange, bis sich ein Elternteil dem Nest nähert, dann wachen sie auf und betteln.

Mit ungefähr drei Wochen, wenn sich das Federkleid ausbildet, herrscht ständige Unruhe und Geschäftigkeit. So hat sich vielleicht einer der jungen Raben hingelegt und schläft mit dem Schnabel in den Rückenfedern, während ein anderer steht und gleichzeitig ein Bein und einen Flügel ausstreckt, um dann eventuell ein Bein über den Rücken zu legen und sich mit einer Kralle den Hinterkopf zu kratzen. Ein anderer steht möglicherweise am Nestrand und flattert heftig mit den Flügeln, ein Vierter pickt und zerrt an einem losen Zweig herum, während ein Fünfter singt. Der Sänger hat einen verträumten, leeren Blick, plustert häufig seine Kopffedern und richtet »Ohr«- und Kehlfedern auf. Er verhält sich wie ein männlicher Altvogel, der sich sicher fühlt und/oder dominant ist. Dabei reckt er den Kopf, hält die Augen halb geschlossen und gibt merkwürdig glucksende, trillernde Laute von sich, die eine ganz eigene Tonlage und Lautstärke, aber keinen erkennbaren Rhythmus besitzen. Sobald eine Fliege vorbeisummt, sind alle abgelenkt. Die Köpfe schießen empor und beobachten das Insekt gespannt. Sekunden später werden die individuellen Aktivitäten wieder aufgenommen. In Intervallen von wenigen Sekunden bis zu rund einer Minute wechseln die Jungvögel zwischen Strecken, Gefiederputzen, Flügelschlagen, Schlafen, mit Zweigen spielen und Schaukeln. Es gibt kaum Anzeichen dafür, dass die Aktivität eines Vogels irgendeinen Einfluss auf die Aktivitäten eines anderen hat.

Ein menschliches Baby von sechs Wochen, also genauso alt, kann sich noch nicht selbst umdrehen, höchstens den Kopf hochhalten. Wenn es die Brustwarze nicht erreichen kann, wird es dabei unterstützt. Der Rabennestling muss von dem Tag an, da er aus dem Ei geschlüpft ist, den Kopf ganz hochrecken und um Futter betteln. Wer das nicht kann, bekommt nichts zu fressen. Mit drei Wochen fangen Rabenjunge Mücken im Flug aus der Luft und beweisen dabei eine bemerkenswerte Augen-Schnabel-Koordination. Noch ehe sie das Nest verlassen, sind sie in der Lage, aufzupicken und selbst zu fressen, tun es aber nicht, solange das Betteln noch zum Erfolg führt. Sie können sich mit einem Fuß am Hinterkopf kratzen, im Stehen schlafen und sich ausführlich putzen.

Meine vier, die aus zwei verschiedenen Nestern stammten, waren zwei Männchen und zwei Weibchen.

Schon im Nestalter waren die Männchen größer als die Weibchen. Einen der männlichen Vögel taufte ich »Goliath«. Eines der Weibchen hatte eine gebrochene Kralle am linken Fuß und bekam deshalb den Namen »Lefty«. Das andere Weibchen nannte ich schließlich »Houdi«, nach dem berühmten Zauberer und Entfesselungskünstler Harry Houdini, weil es mehrere Male aus meiner Voliere entkommen war.

Am 10. Mai, als die Bäume fast über Nacht die Blätter austrieben, hüpften die Raben an den Rand des Nestes, das ich ihnen in dem Apfelbaum neben meiner Hütte gebaut hatte. Jetzt sprachen sie ständig mit heiseren, gutturalen Stimmen zu mir.

Eine Woche später konnten sie noch immer nicht fliegen, schlugen aber häufig heftig mit den Flügeln. Die Vögel hatten jetzt samtschwarze Kopf- und Körper-(Kontur-)federn sowie glänzende Schwanz- und Flügelfedern. Die Daunenbüschel an den Enden einiger Kopffedern hatten sie verloren, abgesehen von einem Männchen, das noch Daunenbüschel oben auf seinem Kopf hatte. Das hieß dann »Fuzz«.

Am 17. Mai brachte ich sie alle hinunter auf den Erdboden. In sichtlicher Aufregung stießen sie kleine *gr*-Laute als Ausdruck ihres Wohlgefühls aus. Begeistert schlugen sie mit den Flügeln, hüpften herum, pickten an Blättern, Zweigen und Grashalmen. Furchtlos begegneten sie einem großen, weißen Husky, den ein Freund mitgebracht hatte. Doch als einer der wilden Raben, die in der Nähe am Hills Pond nisteten, vorüberflog und Warnlaute ausstieß – *kek-kek-kek* –, erstarrten sie, verstummten, sahen dünn und zerbrechlich aus und zitterten vor Furcht, als würden sie von Kälteschauern geschüttelt, obwohl die Sonne schien. Ich sagte: »Okaaayy, okaay, alles okay«, so beruhigend ich konnte, woraufhin sie sich augenblicklich entspannten. Sie plusterten sich wieder auf, hörten auf zu zittern und begannen erneut um Futter zu betteln.

Die jungen Raben hatten ein ausgesprochen gewinnendes Wesen, machten aber nicht den Eindruck, besonders helle zu sein. Offenbar versuchten sie, Fleischstücke zu verstecken, indem sie sie in Felsspalten legten, machten sich aber nicht die Mühe, sie zu bedecken. Häufig pickten sie das Fleisch sofort wieder auf und wiederholten den Vorgang mehrere Male.

Schon wenige Tage nach Verlassen des Nestes konnten sie gut fliegen, zögerten aber, es zu tun. Stattdessen bettelten sie herzerweichend um Futter, auch wenn sie unerreichbar für mich in irgendeinem Baum saßen. Von Zeit zu Zeit nahmen sie all ihren Mut zusammen und warfen sich von ihrem Ast in die Luft, um meist noch höher auf dem nächsten Baum zu landen. Da sie stets auf einen Zweig hüpften, den sie unmittelbar vor Augen hatten, entfernten sie sich immer weiter von ihrer Nahrungsquelle.

Zum Zeitpunkt, als die Vögel das Nest verließen, waren die beiden Männchen Goliath und Fuzz ranghöher, während die Weibchen Lefty und Houdi beträchtlich weniger Selbstbewusstsein an den Tag legten. Anders als die meisten Rangordnungen war diese nicht statisch. Im Laufe der nächsten Monate kam es zu zwei größeren Machtkämpfen, einem zwischen Goliath und Fuzz und einem anderen zwischen Lefty und Houdi. Goliath blieb in den ersten Monaten die Nummer eins, der ranghöchste Vogel. Aus unerklärlichen Gründen übernahm Fuzz am 27. August plötzlich diese Position. Danach fraß er immer als Erster und immer den Löwenanteil und griff alle seine Nestgenossen an. Handelte es sich um Fleischvorräte oder Kadaver, die besonders groß waren oder die ihm unheimlich erschienen, ließ er den rangniederen Tieren den Vortritt und verjagte sie anschließend. Kurz nach dem Statuswechsel von Goliath schrieb ich in mein Tagebuch: »Seine Augen sehen jetzt merkwürdig aus. Als fielen die unteren Lider weiter herunter und legten das Weiße frei, sodass er einen merkwürdig glotzenden Blick bekommt. Jetzt fliegt er mir nicht mehr auf den Arm, wie er es bisher als einziger der vier Vögel getan hat. Er scheint verstört zu sein, und seine Stimme hat, anders als die der anderen, einen schrillen Klang angenommen. Auch nimmt er kein Futter mehr aus meiner Hand. Über Nacht hat er sich aus dem zutraulichsten in den scheuesten der vier Vögel verwandelt.«

Goliath war noch in einer anderen Hinsicht einzigartig. Kurz nachdem er am 17. Juni das Nest verlassen hatte, kam er in Demutshaltung zu mir gekrochen, mit hängenden Flügeln und bebendem Schwanz. Länger als ein Jahr verhielt er sich mir gegenüber so, während es von den anderen Vögeln keiner tat. Seit Goliath flügge war, unterhielt ich die engste Bindung zu ihm. Ich hatte sogar den Eindruck, dass er immer und absichtlich Augenkontakt mit mir suchte. Vielleicht beruhte es auf Gegenseitigkeit.

Am 9. September verlor Goliath seinen glotzäugigen Blick. Er hatte seinen ehemaligen Status als ranghöchster Vogel zurückgewonnen, trotzdem blieben seine Reaktionen mir gegenüber unverändert. Während dieser Zeit zeigte sich seine Dominanz in der Zahl seiner Siege bei Interaktionen mit anderen (eine Zählung ergab 27 gegenüber 7 für Fuzz) und in der Position, die er an Kadavern innehatte. Vor dem Statuswechsel nahm er 17-mal die ranghöchste Position an Kadavern ein, Fuzz 15-mal (Lefty viermal und Houdi einmal). Nachdem er wieder zum Ranghöchsten geworden war, war er 34-mal die Nummer eins am Kadaver, Fuzz dreimal, Lefty keinmal und Houdi einmal.

Während des Winters blieb Goliath eindeutig der Ranghöchste, zeigte regelmäßig seine aufgerichteten »Federohren« und plusterte seine »Federhosen« auf, die Insignien eines höheren Rabenstatus. Fuzz imponierte selten, die Weibchen nie. Die meisten Kämpfe und Jagden gab es zwischen den beiden Weibchen, die einen lange währenden Dominanzkampf ausfochten. In den meisten dieser Interaktionen behielt Lefty gegenüber Houdi die Oberhand (21 zu drei).

Goliaths Imponierverhalten wurde Ende Februar noch ausgeprägter. Immer wenn ich ein Stück Nahrung brachte, das er unbedingt haben wollte, zeigte er sofort seine Federohren, plusterte seine Federhosen auf, stolzierte würdevoll auf den Leckerbissen zu und pickte ihn auf. Die anderen hielten sich stets mit angelegten Kopffedern zurück und verbeugten sich mit aufgeplusterten Kopffedern, wenn er in ihre Nähe kam. Seine Dominanz hatte keinen vorläufigen Charakter mehr. Sie war greifbar, demonstrativ und unbestritten. Wenn ich dagegen Fuzz Nahrung brachte, bettelte er wie ein Jungvogel.

Mit zwei Jahren benahm sich Fuzz noch immer wie ein Jungvogel, er flatterte mit den Flügeln und stieß hohe Bettellaute aus, wenn ich mich ihm näherte. Im Gegensatz zu ihm hatten die drei anderen dieses Verhalten seit November des ersten Jahres eingestellt. Als vernarrter Vater, der ich war, hatte ich angefangen, sie als Persönlichkeiten zu sehen, und ich konnte schon bald Dinge beobachten, die im Feld niemals möglich gewesen wären. Einer von ihnen nahm einen wild lebenden Raben als Partner und nistete in freier Wildbahn neben meiner Hütte.

2. KAPITEL

Ein Feldexperiment

Seit Jahren fragte ich mich, ob Raben in freier Wildbahn, die eine Nahrungsquelle entdeckt haben, Artgenossen zum Festmahl mitbringen oder »rekrutieren«.

In Feldexperimenten versucht man, künstlich herbeigeführte, aber durchaus plausible Bedingungen zu schaffen, mit denen sich bestimmte Reaktionen überprüfen lassen. Das führt manchmal zu Problemen, so auch dazu, dass die Protagonisten Ihres Plans überhaupt nicht auftauchen. Oder dass sie, wenn sie denn doch kommen, Dinge tun, die sich Ihrer Kontrolle entziehen. Anfang der Achtzigerjahre bestand meine übliche Methode für Feldstudien in Folgendem: Ich schleppte einen Kalbkadaver in den Wald und beobachtete ihn von einem Versteck aus, in der Hoffnung, dass etwas Interessantes geschehen würde. Nach vier Jahren und Tausenden von Beobachtungsstunden gelangte ich schließlich zu dem Ergebnis, dass verschiedene Altraben in der Nähe meines Beobachtungsplatzes als Paare lebten, während die nichtbrütenden Jungraben offenbar vagabundierten, oft weite Strecken zurücklegten und ständig kamen und gingen. Die Altraben verteidigten in der Regel die Kadaver, die ich auslegte, und jagten die nichtterritorialen Jungvögel davon. Zumindest gegen Ende des Winters schliefen die Jungvögel in großen Trupps zusammen und rekrutierten die Mitglieder dieser

Schlafgemeinschaften manchmal zu dem Köder, an dem sie dann in lärmenden Scharen lange vor Tageslicht eintrafen. Diese Trupps verschafften sich Zugang zur Nahrungsquelle, weil sie den verteidigenden Altvögeln überlegen waren.

1988 bekam ich Hilfe von John Marzluff, der gerade an der University of Arizona in Flagstaff promoviert hatte. Gemeinsam mit ihm ging ich die nächsten Fragen an: Wie rekrutieren Raben Artgenossen am gemeinsamen Schlafplatz? Führen sie einen Tanz auf wie Bienen in ihrem Stock? Bedienen sich die Vögel bestimmter »Folge-mir-Signale«? Verlassen die informierten Vögel den Schlafplatz in aller Frühe und hinterlassen dann absichtlich bestimmte Hinweise, die den anderen Vögeln ermöglichen, ihnen zu folgen? Sind die ranghohen oder die rangniederen Jungvögel für die Rekrutierung zuständig? Wer hatte den Nutzen und warum? Welche Nachteile hat das Rekrutieren?

In den Feldexperimenten, die durchzuführen John und ich uns Mitte Dezember 1990 anschickten, wollten wir feststellen, wie sich der Status eines nichtterritorialen Raben auf die Rekrutierung auswirkte, wobei wir versuchten, alle anderen Bedingungen konstant zu halten. Unser Plan sah vor, einen Vogel von bekanntem Status direkt an einem im Wald ausgelegten Kalbskadaver freizulassen und dann abzuwarten, welche Vögel anschließend andere Vögel mitbrachten, nachdem sie unseren Köder entdeckt hatten.

Andere Versionen dieses Experiments hatten wir schon zuvor durchgeführt. So hatten wir beobachtet, dass sich Vögel, die lange Zeit in Gefangenschaft gehalten worden waren und keine Kenntnis von Futterquellen im Feld haben konnten, den Schlafverbänden ohne Zögern anschlossen, wenn wir sie am Abend in der Nähe der Schlafplätze freiließen. Am nächsten Tag tauchten sie in der Morgendämmerung an den Ködern auf, von denen der Trupp des jeweiligen Schlafplatzes fraß. Das war ein schlüssiger Beweis dafür, dass gemeinschaftliche Schlafplätze als Informationszentren dienten.

In diesem Jahr wollten wir das umgekehrte Experiment durchführen und potenzielle Rekrutierer an Ködern freilassen, statt potenzielle Rekrutierte an Schlafplätzen. Allerdings mussten wir mit einer großen Schwierigkeit rechnen: dass nämlich die Vögel des Schlafplatzes bereits von anderen Kadavern fraßen und daher an einem Wechsel des Fressplatzes nicht interessiert waren. Die Zahl der möglicherweise konkurrierenden Kadaver wollten wir dadurch verringern, dass wir die uns bekannten entfernten.

Zur Vorbereitung des Experiments fingen wir 20 wild lebende Vögel und hielten sie mehrere Monate lang in einer großen Voliere im Wald in Maine. John beobachtete die Vögel täglich und hielt tabellarisch fest, welcher Vogel gegenüber welchem anderen bei der Nahrungsaufnahme Demutsgebärden zeigte. Dabei stellte sich heraus, dass sie alle in eine Dominanzhierarchie eingeordnet waren. Das begann mit dem Ranghöchsten, der allen aggressiv begegnete und keinem anderen Platz machte. So konnten wir uns Vögel von beiden Enden des Dominanzspektrums für unsere Rekrutierungsversuche im Feld heraussuchen. Für dieses Experiment standen uns 20 Sender zur Verfügung, mit deren Hilfe wir die Vögel orten konnten.

Das Ergebnis des ersten Experiments des Jahres an einer Nahrungsquelle am Zulauf des Lake Webb war höchst ungewöhnlich! In der Abenddämmerung freigelassen, nahm unser mit einem Sender versehenes Weibchen keine Nahrung zu sich, obwohl es seit zwei Tagen nichts gefressen hatte. Im Unterschied zu den meisten anderen schoss es aber auch nicht davon. Stattdessen marschierte die Vogeldame, nachdem wir die Käfigtür geöffnet hatten, seelenruhig zu einer Pfütze in der Nähe des Köders und trank. Dann flog sie auf einen Baum über dem Köder und putzte sich eine halbe Stunde lang intensiv. Schließlich wandte sie sich vernehmlich krächzend nach Norden in Richtung eines Schlafplatzes. Schlafplätze sind laut bei Nacht, vielleicht hatte sie den Lärm gehört. Wir wussten, dass die Vögel dieses Schlafplatzes gerade von einem anderen Köder gefressen hatten. Alle Bedingungen, die man im Feld nie genau kontrollieren kann, waren wie durch ein Wunder genau so, wie wir sie geplant hatten. Noch besser, unsere Funksignale ergaben, dass unser Vogel sich an diesem Abend am Schlafplatz niederließ. In der Morgendämmerung des folgenden Tages zeigte sich ein verblüffendes Ergebnis. Beim ersten Licht des Tages kamen sie – ein Trupp von mehr als 30 Raben flog vom Schlafplatz direkt zum Köder, von dessen Existenz sie nur durch unseren mit einem Sender versehenen Vogel erfahren haben konnten, der an der Spitze oder nahe der Spitze flog! Ergebnisse wie diese brachten uns zu der Überzeugung, dass Raben an Schlafplätzen rekrutieren können und es auch tun.

Für den besonderen Versuch, den ich hier beschreiben möchte, wählte John einen Vogel von geringem Status aus. Wie unsere bisherigen Untersuchungen erwiesen hatten, rekrutieren lediglich nichtterritoriale Jungvögel für eine üppige Nahrungsquelle, weil sie auf diese Weise die revierbesitzenden Altvögel in Schranken halten und Zugang zur Nahrung gewinnen können, obwohl es auch andere Gründe geben könnte, beispielsweise den Wunsch nach Gesellschaft beim Fressen. Wir gingen von der Erwartung aus, dass rangtiefe Jungvögel wie unser Versuchstier eher rekrutieren würden als ranghohe Jungvögel, weil *rangtiefe* Tiere Altvögel mehr zu fürchten haben. Auch erleiden sie in einem Trupp von Jungvögeln weniger Aggressionen an einem Kadaver oder Köder, weil die ranghöheren Jungvögel untereinander kämpfen und auch häufiger von den verteidigenden Altvögeln angegriffen werden, sodass die rangniederen Vögel Gelegenheit haben, sich an den durch soziale Geplänkel abgelenkten ranghöheren Tieren vorbei zum Fleisch zu stehlen.

Am Schwanz des Vogels befestigte John einen Sender. Außerdem versah er jeden Flügel mit einer auffälligen roten Plastikmarkierung. Auf jeder Marke stand eine große Zahl, die uns ermöglichte, den Vogel nicht nur an seinen Funksignalen, sondern auch bei Sichtkontakt zu erkennen. Dann setzte er ihn in einen Reisekäfig und fütterte ihn zwei Tage lang nicht, damit er das überreichliche Nahrungsangebot zu schätzen wusste, das wir für ihn vorbereitet hatten. Inzwischen fuhr ich die mehr als 300 Kilometer von Vermont heraus, mitten durch einen Schneesturm, wie es der Zufall wollte, um John bei dem Experiment zu helfen. Meine Aufgabe bestand darin, diesen Vogel an einer frischen Nahrungsquelle freizulassen – 70 Kilo Fleischabfälle, die ich im Wald abgeladen hatte. Der Vogel sollte in der Nähe der Nahrung freigelassen werden, damit er sie auf jeden Fall entdeckte. Würde er dann einen Schlafplatz aufsuchen und die anderen mitbringen?

Es war der dritte Vogel, den wir freiließen. Nach 17 weiteren würden wir klüger sein. Zumindest hofften wir das. Ich war voller Erwartung und Ungeduld. Wir beschlossen, unseren Vogel an der Westseite des Lake Webb freizulassen, rund 20 Kilometer vom Lager entfernt. Der Standort lag etwa fünf Kilometer von einem Weymouthskiefernbestand entfernt, den sich ein Trupp Jungraben als nächtlichen Schlafplatz auserkoren hatte. Wir hofften, unser Vogel würde diesen Schlafplatz finden, nachdem er gefressen hatte. Da Raben scheu sind, rechneten wir damit, dass die Freilassung problematisch sein würde – es war leicht möglich, dass der Vogel in Panik die Flucht ergriff, ohne auf das Fleisch zu achten und den Schlafplatz zu bemerken.

Aus Fichtenholz und Tannenzweigen baute ich mir ein sicheres Versteck, von dem aus ich den Vogel freilassen und beobachten konnte. Um acht Uhr morgens fuhr ich zum Freilassungsort. Der Schnee lag etwa 30 Zentimeter hoch und lastete in riesigen festgefrorenen Kissen auf den Rotfichten und Balsamtannen. In der Nähe einer kleinen Lichtung, ungefähr 150 Schritte von der Straße entfernt, fand ich ein dichtes Fichtengehölz, in dem ich mir ein Versteck einrichten konnte. Bei jedem Schlag meiner Axt fielen mir aus den Bäumen erfrischende Schneekaskaden auf Kopf und Nacken.

Nach zweieinhalb Stunden war das Versteck fertig. Durch die Rückseite sah ich nur ein paar Lichtpunkte, konnte aber bequem durch die verflochtenen Immergrünzweige der Vorderseite blicken. Es war ein Luxusmodell, hoch genug, um aufrecht zu stehen. Nachdem ich drei Müllbeutel voll Fleisch von meinem Pick-up durch den Schnee auf die Lichtung geschleppt hatte, fühlte ich mich entspannt und hinreichend aufgewärmt. Und Eis und Schnee im Genick waren fast willkommene Begleiterscheinungen.

Es blieb immer noch Zeit genug, um das Camp erneut aufzusuchen, also fuhr ich zurück, legte den Pfad hinauf im Dauerlauf zurück und machte mir ein bescheidenes Mittagessen. Dann fuhr ich zu Johns Standort, um den Vogel zu holen. Durch die Käfigstäbe sah ich den großen Schnabel und die Augen des Weibchens. Es sah ruhig aus, viel ruhiger, als man es bei einem gefangenen wilden Raben erwarten sollte. Aber wenn man sie freundlich und sanft behandelt, geraten sie nie in Panik. Oft sind sie in Ihrer Hand so ruhig wie ein schlafendes Baby. Ich suchte das Weibchen auf meinem Telemetrieempfänger – auf der Frequenz 837 Megahertz, *ihrer* Frequenz. Ja, ich hatte sie laut und deutlich im Empfänger – *biep, biep, biep*. Sogar in der Dunkelheit würden wir ihre Bewegungen verfolgen können und feststellen, wo sie schlief. Unsere Hoffnung war natürlich, dass sie den nahe gelegenen Schlafplatz aufsuchen würde. Der Himmel war dunkelblau, als ich zum Wald am See zurückkam. Es war windstill. Ich zog die Plane vom Fleisch, sodass es zum ersten Mal sichtbar wurde, und sorgte dafür, dass unsere Rabendame es von ihrem Käfig aus ebenfalls gut sehen konnte. Dann entriegelte ich die Tür, hielt sie aber noch 15 Minuten zu, damit der Vogel den Köder vom Käfig aus betrachten konnte.

Derweil zog ich mich in mein Versteck zurück und machte es mir auf der Hirschfelldecke bequem, die ich zusammen mit einem Fernglas, dem Empfänger und einem Notizblock mitgenommen hatte. Durch die immergrünen Äste starrte ich nach draußen.

Nach wenigen Minuten begann der Vogel mit dem Schnabel gegen die Tür zu hämmern. Ich hatte eine 15 Meter lange Schnur an die Tür gebunden, um sie zu öffnen. Doch nach drei Minuten hatte unsere Rabendame die Tür bereits ohne meine Hilfe aufgestoßen. Vollkommen stumm und fast ohne einen Blick nach rechts oder links zu werfen, ging sie zum Köder und begann, Fettstücke zu fressen. Klumpen um Klumpen hackte sie heraus und schlang sie hinunter, dann ging sie auf dem Fleischberg umher und pickte hier und dort, als inspiziere sie ihn jetzt genauer. Schließlich hackte sie ein Stück Fett heraus und kam direkt auf mich zu. Unmittelbar vor meinem Versteck blieb sie stehen und schob den Bissen in den Schnee. Durch Hin- und Herbewegen des Schnabels bedeckte sie das Fleisch mit Schnee. Nach dem ersten Versteck machte sie noch eines, und noch eines ... insgesamt 15, alle an verschiedenen Stellen, aber in bequemer Raben-Gehentfernung. Unser Weibchen schien nichts vom Fliegen und Rufen zu halten, zwei Verhaltensweisen, die ich für eine Hauptbeschäftigung von Raben hielt. Wenn sich ein Trupp Vögel bei einem Kadaver befindet, verhalten sich die Tiere ganz anders. Dann legen sie ihre Verstecke niemals in Entfernungen an, die sie zu Fuß zurücklegen, sondern fliegen weite Strecken und veranstalten einen Höllenlärm, wenn sie wieder in der Nähe des Kadavers sind.

Plötzlich wurde meine Rabendame in ihrem schweigenden, verbissenen Fettsammeln unterbrochen. Sie erstarrte mitten in der Bewegung. Ich hörte schweren Flügelschlag, gefolgt von dem abgehackten Krächzen eines Neuankömmlings, der laut, heiser und selbstbewusst klang. Er drehte mehrere Runden, dann ließ er sich auf einem Rotahorn nieder. Ich war enttäuscht. Die Tatsache, dass der Köder nun von einem zweiten Vogel entdeckt worden war, machte unser Experiment in der geplanten Form zunichte. Natürlich war es trotzdem interessant, was als Nächstes geschehen würde.

Der Neuankömmling klappte laut mit dem Schnabel, während er seine »Federohren« aufstellte und seine lanzettförmigen Kehlfedern erglänzen ließ, eine perfekte Untermalung seines Dominanzverhaltens. Aus all diesem männlichen Dominanzverhalten schloss ich, dass es sich um einen revierbesitzenden Altvogel handelte. Derweilen blieb unser Weibchen stocksteif und stumm stehen, mit einem Stück Fett im Schnabel zur Salzsäule erstarrt. Als sich das Männchen einige Minuten entfernte, nahm sie das Fressen und Verstecken sofort wieder auf.

Ungefähr 20 Minuten später trafen zwei Vögel ein, flogen direkt auf den Köder zu und dann darüber hinweg. Ich meinte, in einem von ihnen Mr. Big wiedererkannt zu haben, der nun mit seiner Partnerin einflog, um noch einmal nach dem Rechten zu sehen. Daraufhin verschwand unsere Vogeldame, die jetzt restlos gesättigt war und noch mehr Verstecke angelegt hatte. Doch nach dem Funksignal zu schließen, entfernte sie sich nicht sehr weit. Als es dunkel wurde, flog sie über eine Lichtung in der Nähe des Köders und stieß eine Reihe rascherer Warnrufe aus, Rufe von der Art, wie sie Vögel ertönen lassen, wenn sich ein Feind dem Nest nähert. Doch es war kein Raubtier in der Nähe, soweit ich das einschätzen konnte. Schließlich flog sie zum Ufer des Webb Lake, wo sie sich, nach meinen Funksignalen zu urteilen, zum Schlafen einrichtete.

Nachdem ich mein Versteck verlassen hatte, machte ich einen Abstecher zu der Fichte, auf die John jede Nacht kletterte, um das Verhalten der schlafenden und fliegenden Vögel zu beobachten. An diesem Abend sah John mehr als 30 Raben aus Richtung des Mount Tumbledown zum Schlafplatz zurückkehren. Daraus folgte, dass die Vögel, die den nahe gelegenen Schlafplatz aufsuchten, bereits eine andere Nahrungsquelle nutzten, und zwar in einer Richtung, wo häufig Elche anzutreffen waren.

Im Vorjahr waren alle fünf rangtiefen Vögel, die wir an Ködern freigelassen hatten, rasch davongeflogen, ohne die vor ihnen liegende Nahrung anzurühren. Sie hatten sich dem örtlichen Schlafverband angeschlossen und mit diesem die Kadaver angeflogen, ein Kalb und einen Hirsch, von dem sich die Mitglieder des Verbands bereits ernährten, statt zu der Nahrungsquelle zurückzukehren, auf die wir sie praktisch mit dem Schnabel gestoßen hatten.

Dieses Mal rechneten wir nicht damit, am folgenden Tag eine größere Schar zu erblicken, weil der Trupp, der den Schlafplatz frequentierte, sicherlich keine ergiebige Nahrungsquelle verlassen würde, bevor sie erschöpft war. Falls Nummer 837 (unsere rangtiefe Rabendame) zufällig auf diese Gruppe stieß, würde sie wahrscheinlich lieber mit den anderen zu deren Nahrungsquelle fliegen, als allein zu unserem Köder zurückzukehren.

Wir hatten noch andere Fragen. In früheren Untersuchungen hatte ich beobachtet, dass Rekrutierung gewöhnlich alle Vögel eines solchen Schlafverbandes mobilisiert, das heißt 30 bis 40 oder noch mehr Vögel, die einen Rotwildkadaver in ein oder zwei Tagen restlos verputzen können. Warum verhält sich dann ein revierbesitzendes Paar einigen nichtterritorialen Jungvögeln gegenüber, die zufällig auf einen Kadaver stoßen, nicht etwas toleranter, sodass sich Rekrutierung erübrigt? Warum dulden sie nicht ein paar Fremde am Mittagstisch, statt sie auszuschließen und dadurch die Gefahr heraufzubeschwören, dass diese mit einer Bande zurückkommen, die sich alles unter den Nagel reißt? (Später sollte ich herausfinden, dass Goliath und andere Raben gelegentlich wirklich ein oder zwei andere Artgenossen duldeten.)

Unter einem vollkommen klaren, mondlosen Himmel, den das breite Band der Milchstraße durchzog, ging ich den Pfad zur Hütte entlang. Hell und klar zeichneten sich die Sternbilder ab.

Als ich am nächsten Morgen wieder meinen Wachposten in dem Fichtenversteck bezog, lag eine dichte Wolkendecke über dem Land. Um fünf Uhr morgens hatte mich der Wecker aus dem Schlaf gerissen. Auf einem Holzfeuer hatte ich mir Hafergrütze und eine Tasse Kaffee zubereitet und der Versuchung widerstanden, mir in aller Ruhe ein opulentes Frühstück zu gönnen. Eine Weile blieb ich am Feuer sitzen, bevor ich mich auf den Weg durch den Wald machte. Ich fuhr zum anderen Ende des Sees und legte den Rest der Strecke zu Fuß zurück, bemüht, vor dem ersten Licht des Tages wieder im Versteck zu sein.

Der Morgenregen hatte die Zweige mit einer Eisschicht überzogen. Während ich wieder im Versteck Platz nahm und die Beobachtung von Nummer 837 fortsetzte, hörte ich das leise Klirren der vereisten Zweige, als die Morgendämmerung mit einer leichten Brise heraufkam – ein Geräusch, das von dem dumpfen, rhythmischen Pochen eines Spechts irgendwo hinter mir untermalt wurde.

Das Funksignal von Nummer 837 kam noch immer vom Kiefernwald am See, wo sie sich am Abend zuvor niedergelassen hatte. Was für eine Freude, das starke Signal zu vernehmen und um 7.15 Uhr das Rauschen ihres Flügelschlags zu hören! Nummer 837 traf allein und stumm ein, hüpfte von Ast zu Ast, glitt zum Fleischhaufen hinab und begann sich wie am Tag zuvor augenblicklich am Fett gütlich zu tun. Die nächsten vier Stunden verbrachte sie damit, Nahrungsverstecke anzulegen. Im Gegensatz zum Vortag flog sie an diesem Tag zu den nahe gelegenen Verstecken, statt zu gehen, was mir die Funksignale verrieten. Wie erwartet, traf kein größerer Trupp Vögel ein. Meine Begeisterung wurde ein bisschen gedämpft. Die Kälte begann an meinen Füßen zu nagen.

Gegen elf Uhr wurde die Situation interessanter, als ein Rabenpaar (das Paar vom Tag zuvor?) eintraf. Ich nahm an, ihr Territorium oder aber ihre Hauptnahrungsquelle sei ziemlich weit entfernt, da sie so spät kamen. Das Männchen stieß eine lange Folge von an- und abschwellenden Territorialrufen aus, während seine Partnerin in langsamem Rhythmus je drei klopfende Rufe ertönen ließ – *klopf, klopf, klopf*. Daraufhin verschwand Nummer 837 dreieinhalb Stunden lang von der Bildfläche, doch ihre Funksignale verrieten, dass sie sich in der Nähe im Wald aufhielt. Mehrere Male hörte ich sie betteln – was darauf schließen ließ, dass sie eine aggressive Interaktion mit einem ranghöheren Vogel hatte.

Um 14.30 Uhr wurde der Regen stärker. Die dichten Fichtenzweige meines Verstecks hielten zwar das Licht ab, aber nicht das Wasser. Ich war dankbar, als es bald darauf dunkel wurde und ich mich auf den Heimweg begeben konnte. Die Altvögel waren schon lange fort, doch Nummer 837 verharrte im nahen Wald.

Wieder machte ich bei John Halt und besuchte ihn in seiner hohen Fichte. Er berichtete, die Vögel hätten sich abermals in der Nähe zusammengerottet, nachdem sie aus derselben Richtung wie tags zuvor eingetroffen seien. Nummer 837 schlief fern dieses Trupps an derselben Stelle wie in der vergangenen Nacht. Wir dachten, sie würde vielleicht am nächsten Tag rekrutieren, wenn sie auf den Schlafplatz stieß, da sie wegen des revierbesitzenden Paars nicht allein zum Fressen kam.

Sobald ich am folgenden Tag in der Morgendämmerung

wieder mein Versteck bezogen hatte, richtete ich im Schein der Taschenlampe die Antenne und die Skala aus. Die Signale sagten mir, dass sich Nummer 837 noch immer dort aufhielt, wo sie geschlafen hatte. Sehr gut, ich war vor ihr eingetroffen. Doch um sieben Uhr war sie fort, und ich verlor den Funkkontakt.

Ich wartete etwa eine Stunde und eine weitere, nichts tat sich. Ich hatte keine Ahnung, ob etwas geschehen würde, was immerhin für eine gewisse Spannung sorgte. Jeden Augenblick konnte Nummer 837 eintreffen oder auch nicht. Vielleicht hatte sie sich einer anderen Gruppe angeschlossen und befand sich jetzt irgendwo 30 Kilometer entfernt, fraß von einem Elchkadaver am Mount Tumbledown, trieb sich auf der Müllhalde von Dryden herum oder nagte an einem Köder, den Jäger für Kojoten ausgelegt hatten. Vielleicht würde das Altvogelpaar zur Nahrungsaufnahme kommen, vielleicht ein neuer Vogel den Köder entdecken. Das war kein kontrolliertes Experiment mehr, weil bereits zu viele Variablen Eingang gefunden hatten und wir sie nicht mehr unter Kontrolle hatten.

Schließlich kehrte Nummer 837 zurück, schweigend und allein, und fraß – nur Fett, obwohl es reichlich Muskelfleisch gab –, als hätte sie drei Tage nichts zu fressen bekommen. Zwischen jedem Imbiss versteckte sie Futter. Die ersten drei Verstecke lagen keine drei Meter von dem riesigen Fleischberg entfernt.

Ungefähr eine Stunde später fand ihr Futterverstecken ein jähes Ende, weil das revierbesitzende Paar eintraf. Sein Kommen war unüberhörbar! Vor seiner Ankunft war alles vollkommen still gewesen, nun aber war die Luft von anhaltendem Rufen erfüllt. Nummer 837 war es gelungen, ein paar schrille Schreie auszustoßen, doch das Paar flog aggressiv hinter ihr her, und sie verstummte. Ununterbrochen und in rascher Folge stießen die beiden revierbesitzenden Vögel die tiefen, beeindruckenden »Hau-ab-Rufe« aus. Dazwischen ertönten die langen, an- und abschwellenden Krächzlaute, die sagten: »Ich bin hier. Nimm das zur Kenntnis!« Beide Vögel des Paares gaben abwechselnd beide Rufarten von sich. Ich hatte Glück und konnte beobachten, wie 837 bemüht war, sich zu verstecken. Ihre roten Markierungen verrieten sie, als sie versuchte, sich etwa 100 Meter entfernt in die dichten Zweige einer Fichte zu zwängen. Doch dort war sie nicht gut genug versteckt. Die revierbesitzenden Vögel spürten sie auf. Eine lange, lärmende Luftjagd folgte, bis ihre Schreie in der Ferne verklangen. Bald war alles wieder still und der Köder verlassen. 837 war vertrieben worden – aber nicht für lange.

Nach 20 Minuten war sie zurück, immer noch allein, nervös und angespannt. Unruhig pickte sie an den Zweigen zu ihren Füßen und blickte wachsam in alle Richtungen. Nach zehn weiteren Minuten hüpfte sie zum Fleisch hinab und stürzte sich auf das Fett, als hätte sie tagelang nichts gefressen. Nachdem sie sich eine Zeit lang daran gelabt hatte, flog sie davon und nahm so viele Stücke Talg auf, wie ein Rabenschnabel halten kann. Um 9.28 Uhr kehrte das revierbesitzende Paar zurück und blieb 42 Minuten. Die beiden fraßen nicht, stießen aber ihre langen »Ich-bin-hier-Rufe« aus. Nummer 837 zog sich vom Köder zurück, aber mein Zaubergerät, der Telemetrieempfänger, zeigte mir anhand der Signale, dass sie sich in der Nähe aufhielt, offenbar in einem Versteck. Meistens jedenfalls. Einmal stieß sie einen Schrei aus – den Schrei, mit dem Raben rekrutieren. Kein guter Schachzug – meines Wissens waren keine Raben in der Nähe, die sie hätte rekrutieren können, nur die giftigen Altraben. Sie orteten den Eindringling augenblicklich, und wieder hob eine erbitterte Luftjagd an.

Danach hielten sich lange Zeit keine Vögel in der Nähe des Köders auf, und ich verlor den Funkkontakt mit unserem Raben. Plötzlich hörte ich einige volltönende, monotone Laute im Himmel über mir. Da ich wusste, dass keine Vögel in der Nähe waren, trat ich aus meinem Versteck hinaus, um besser sehen zu können, und erblickte zwei Raben, die ich für das revierbesitzende Paar hielt – zwei dunkle Punkte vor einem Flecken blauen Himmels inmitten dunkler, treibender Wolken. Die beiden kreisten Seite an Seite, Flügelspitze an Flügelspitze. Gelegentlich tauchten sie ab und wendeten im Formationsflug, um dann wieder hochzusteigen. Höher und höher flogen sie, mehrere 100 Meter hoch. Ich folgte ihnen mit dem Fernglas, so lange ich konnte, bis sie zwischen wogenden Wolken verschwanden, immer noch Seite an Seite tanzend. Immer wieder beeindruckt mich dieser Tanz tiefer, als es irgendeine menschliche Tanzdarbietung vermag. Seit Jahrmillionen ist er in Mode und wird es sicherlich noch lange bleiben.

Um 12.24 Uhr kehrte das Paar zurück und ließ zunächst das raue »Hau-ab-Gekrächze« erschallen und dann, während der nächsten Minuten, eine fast ununterbrochene Folge von »Ich-bin-hier-Rufen«. Die Rufe erklangen aus einer Entfernung von rund 800 Metern südlich des Köders, dann aus westlicher Richtung. Schließlich – als das Paar davonflog – verstummten sie. Acht Minuten später war Nummer 837 zurück und nahm einen leichten Imbiss zu sich. Augenscheinlich war es ihr möglich, sich trotz der Revierverteidigung der Altvögel von diesem Köder zu ernähren. Sie konnte nur nicht fressen, wann sie wollte. Vermutlich würde sich diese Situation verändern, sobald die Altvögel den Fleischhaufen zur Hauptnahrungsquelle erkoren. Bislang schienen sie nicht im Mindesten daran interessiert, von ihm zu fressen. Ich war überrascht, dass sie sich so viel Mühe gaben, eine Futterstelle zu verteidigen, an der sie nicht fraßen, allerdings nahm ich an, dass sie sie fest als künftige Futterquelle vorgemerkt hatten.

Würde Nummer 837 nun gar nicht rekrutieren, da sie in

der Lage war, genug zu fressen? Die Tatsache, dass sie nicht rekrutierte, mag nicht besonders spannend erscheinen, doch wir beobachteten nicht nur Raben, wir waren auch auf der Jagd nach Hypothesen. Insofern konnte es auch interessant für uns sein, wenn 837 nicht rekrutierte.

Um 13.12 Uhr veranlasste uns ein weiteres nicht voraussehbares Ereignis, die ursprüngliche Hypothese noch einmal zu überdenken. Zwei Raben überflogen den Köder und gingen dann rasch in einem nahe gelegenen Waldabschnitt nieder. Einer von ihnen stieß einen lauten Ruf aus, aber ich wusste, er konnte nicht zum Paar gehören, denn diese beiden ließen keine Territorialrufe ertönen. Stattdessen vernahm ich während der nächsten 20 Minuten ein vollkommen neues Spektrum von Lauten, einen steten Singsang von rauem Gekrächze, vermischt mit trillernden, glucksenden Rufen. Es gab auch viele Serien rascher, trommelartiger Klopfrufe, jede Serie besiegelt von einem raschen Schnabelklappen.

Diese Vögel hielten sich – für mich meist außer Sicht – die ganze Zeit über im Wald auf. Einmal gelang es mir, einen Blick auf Nummer 837 zu erhaschen, unverkennbar mit ihren roten Flügelmarkierungen und dem Sender. Sie befand sich in der Nähe eines zweiten Vogels, und beide stießen glucksende, freundliche Rufe aus.

Einer der neuen, nicht markierten Vögel landete schließlich auf einem Baum über dem Fleischhaufen und beugte sich weit hinunter, den Kopf noch unter den Füßen, um hinabzublicken. Nervös zappelte er und pickte an Zweigen. Dann blickte er wieder auf das Fleisch hinab und stieß eine lange Reihe rauer *quorks* aus, die sich für mich genauso anhörten wie das Gekrächze, das unsere zahmen Vögel von sich gaben, wenn sie ein unbekannter Tierkadaver in ihrer Voliere erschreckte. Dieser Vogel hatte offenbar Angst vor dem Fleischhaufen.

Die neuen Raben waren übervorsichtig. Offenbar waren

sie bereit, bei der geringsten Störung davonzufliegen. Sogar in meinem Versteck konnte ich das spüren, daher veränderte ich meine Lage mit größter Vorsicht, um besser sehen zu können. Leider gab der Stoff meiner Hose dabei ein leises Rascheln von sich, das reichte. Mit schweren, schnellen Flügelschlägen verschwanden sie – *wusch, wusch, wusch*. Nachdem alle Raben fort waren, flogen einige Blauhäher, die im Vergleich zu den Raben vollkommen gelassen erschienen, zum Fleisch hinab. Sie behandelten den Köder als das, was er war – als totes Fleisch eben und sonst nichts! Als sie herabkamen, hüpften sie sofort auf das Fleisch und begannen zu fressen. Um zu sehen, was passierte, begann ich laut »Oh, Suzanna« zu pfeifen und heftig in meinem Versteck herumzuspringen. Sie kümmerten sich nicht darum. Erschrecken konnte ich sie nur, indem ich aus meinem Versteck hervortrat. Als ich wieder darin verschwand, kehrten sie nach wenigen Sekunden zurück.

Um 14.05 Uhr war wieder alles ruhig. Ich hatte erneut Funkkontakt zu 837, die etwa eine Stunde im nahe gelegenen Wald blieb, bevor sie zum Fressen kam. Der Wind hatte jetzt von West auf Nord gedreht und nahm ständig zu. Der Wald hörte sich wie eine gewaltige Brandung an, die ständig an- und abschwoll. Die Temperatur fiel unablässig, und bald zitterte ich wie Espenlaub.

Als das Nachmittagslicht langsam verblasste, verließ ich fluchtartig mein Versteck und legte die 800 Meter zu meinem Pick-up durch den tiefen Schnee im Laufschritt zurück, um wieder warm zu werden. Der Tag war lang gewesen. Dennoch war ich froh, dass wir nicht 30 Grad minus hatten, was leicht hätte sein können. Ich hörte noch einmal die Funksignale ab – 837 war wieder in dem Fichtengehölz am See, wo sie schon die beiden letzten Nächte verbracht hatte. Abermals schlief sie allein.

Dann hörte ich über mir Gekrächze. Als ich aufblickte,

bot sich mir ein fantastischer Anblick – etwa 40 Raben tollten über mir in der Luft herum, flogen paarweise, einzeln, tauchten, jagten sich, bewegten sich dabei aber in Richtung des Schlafplatzes, von dem ich wusste, dass John ihn von seiner hohen Fichte aus beobachtete. Woher kam dieser Trupp? Wohin wollte er? War es Zufall, dass er direkt über den Köder flog?

Gut sechs Kilometer weiter hatte John seinen Truck an der Straße geparkt. Ich erblickte seine Silhouette gegen den rasch verblassenden westlichen Himmel. Als er mich auf seinen Baum zulaufen sah, rief er mir entgegen: »Hat der Trupp am Köder gefressen?« Offenbar hatte er sie auch gesehen.

»Nein, er ist weitergeflogen. Ist er hier am Schlafplatz niedergegangen?«

»Leider nicht. Er hat einen Riesenkreis beschrieben, mit einem Durchmesser von etlichen Kilometern, und ist dann in deine Richtung zurückgeflogen.«

Hohes Kreisen am Abend über einem alten Schlafplatz hatten wir schon früher viele Male beobachtet. Im Allgemeinen ist es ein Vorspiel zum Aufbruch der gesamten Schlafgemeinschaft: zu einem neuen Fressplatz. Wir vermuteten, das Kreisen zeige an, dass einer oder mehrere der Vögel Kenntnis von einer neuen Nahrungsquelle hatten. Vielleicht wurden mit diesem Ausdrucksverhalten alle Nachbarvögel zusammengerufen.

Immer und immer wieder zog die wachsende Schar ihre Kreise, in einer Höhe von vielleicht 600 bis 900 Metern. Aus allen Richtungen schlossen sich neue Raben an und vergrößerten die flatternde Schar. Schließlich zog die ganze Gruppe ab, wahrscheinlich, um sich einen neuen Schlafplatz in der Nähe einer anderen Nahrungsquelle zu suchen. Schon früher hatte ich die flatternden Rabenscharen an einem Schlafplatz beobachtet, um am nächsten Tag festzustellen, dass der Platz verlassen war. Ich spürte, dass in ihrem Verhalten eine geheimnisvolle, noch unbekannte Form der sozialen Kommunikation lag.

Es war jedoch nicht nur die bloße Tatsache dieser kreisenden Schwärme, die mich faszinierte, sondern auch das intensive sinnliche Erlebnis, das sie vermittelten. Garrett Conover, ein Nationalparkführer aus Maine, schrieb mir einmal: »Eines Abends schlugen wir unser Lager im Windschatten der Klippen am Mount Kineo auf (auf einer Insel im Moosehead Lake in Maine). Mit der Abenddämmerung trafen Hunderte und Aberhunderte von Raben ein und tollten in der ruhigen Luft im Windschatten der Klippen herum. Sie flogen auch nach Einbruch der Dunkelheit weiter, obwohl sich viele auf der Wand der Klippe niederließen. Wir lagen auf dem Rücken und blickten hinauf in immer neue Schichten flatternder Raben ... Später stieg der Vollmond auf, die Vögel riefen die ganze Nacht hindurch und kamen erst zur Ruhe, als der Mond mit beginnender Morgendämmerung unterging. Beim ersten Licht krochen wir aus der Wärme des Zeltes, erstickten das Feuer und liefen hinaus, um zu sehen, was mit den Raben war. Sie waren alle fort, weder eine Spur noch ein Laut zeugten von ihrer Anwesenheit. Das Ganze war wie ein wunderbarer Traum.«

Einen Brief ähnlichen Inhalts hat mir Virginia Cotterman geschrieben, die in der Mojave-Wüste in Kalifornien lebt. Sie hatte 1000 bis 1500 Raben beobachtet, die 36 Nächte hintereinander in der Wüste unweit ihres Hauses schliefen. Eines Nachts lärmten sie plötzlich noch lange nach Einbruch der Dunkelheit, fast bis Mitternacht. Warum gerade in *dieser* Nacht? Wie gewöhnlich flogen sie noch vor Tagesanbruch davon, kamen aber nie wieder.

Ich fragte mich, ob das Schauspiel, das John und ich hier in Maine verfolgten, einer dieser koordinierten Aufbrüche war. John hatte 30 bis 40 Raben gesehen, die eine Stunde lang kreisten, bevor sie in Richtung des Köders davonflogen.

Nummer 837 indessen vermied die flatternde Menge. Sie schlief und fraß allein, ohne sich auf einen gemeinschaftlichen Schlafplatz zu begeben. Der riesige Trupp, der sie überflogen hatte, konnte ihr nicht entgangen sein. Hatte sie darauf verzichtet, sich ihm anzuschließen, weil sie ihren eigenen, reichlichen und nahezu privaten Nahrungsvorrat hatte? Besteht die Politik nichtterritorialer Raben darin, sich einem größeren Trupp anzuschließen, wenn sie hungrig sind und nichts zu fressen haben, jedoch allein zu bleiben, wenn sie ausreichenden Zugang zu einer üppigen Nahrungsquelle haben?

Als am 20. Dezember allmählich die frostige Morgendämmerung graute, war ich wie gewöhnlich schon auf den Beinen und trabte unter dem Sternenhimmel den Pfad zum Auto hinunter. Nach einer 15-minütigen Autofahrt überquerte ich das Feld zu meinem Versteck. Von Westen her jagten finstere schwarze Wolken über den Himmel, doch hier und da blinkten in den Lücken die Sterne. Vor mir huschte ein Schatten über den Schnee. Er blieb stehen und blickte zurück – ein Fuchs auf seiner letzten Runde. Ich blieb ebenfalls stehen, dann setzten wir beide unseren Weg fort, der Fuchs zu seinem Bau, ich in meine kleine Höhle aus immergrünen Zweigen.

An diesem Morgen hatte ich noch etwas Zeit, zu verweilen, weil ich früh eingetroffen war. Es war vollkommen still. Kein Wind. Ich hoffte, ich würde die Raben schon aus einiger Entfernung hören. Von früheren Beobachtungen wusste ich, dass Raben, die sich beim ersten Tageslicht einer neuen Futterquelle nähern, ihr ganzes Lautrepertoire mobilisieren und eine Fülle überraschender Rufe ausstoßen. Der Anblick dieser offenbar unbändigen Lebensfreude ist ein unvergessliches Erlebnis. Doch kein Laut störte die Stille. Als der Himmel heller wurde, zog ich mich in mein Versteck zurück.

6.45 Uhr, die sehnsüchtig erwartete Ankunftszeit. Nichts.

6.50 Uhr … 6.55 Uhr … 7.00 Uhr. Immer noch nichts. Jetzt war es hell, und ich war mir sicher, dass der Trupp sich den ganzen Tag lang nicht blicken lassen würde. Die Entscheidung der Vögel, wohin sie sich wenden wollten, war am Vorabend gefallen, oder spätestens vor Tagesanbruch. Wahrscheinlich war es bloßer Zufall gewesen, dass der flatternde Trupp sich in Richtung dieses Köders bewegt hatte – während er auf dem Weg zu einem anderen Ziel gewesen war, unter Umständen 20 bis 30 Kilometer entfernt. Das wurde mir jetzt klar, und es gefiel mir gar nicht, hatte ich doch noch einen ganzen Tag vor mir, den ich regungslos in meinem Versteck verbringen musste.

Ich legte mich auf mein Hirschfell und kritzelte im Halbdunkel Notizen auf zusammengefaltete Papierbogen, die ich in meiner Gesäßtasche trocken gehalten hatte. Angesichts meiner Untätigkeit machte sich die kriechende Kälte bereits nach 20 Minuten bemerkbar. Wenn der Körper unter solcher Kälte leidet, funktioniert auch der Verstand nicht richtig. Außerdem gab es nichts Interessantes, auf das ich mich hätte freuen können. Keine Vögel, die ich beobachten konnte, und keine Gewissheit, dass noch welche kommen würden. Ich hatte keine Vorstellung – nicht die geringste Ahnung –, wann meine Geduld belohnt werden würde. Es konnte in Tagen, in Wochen oder in Monaten der Fall sein.

Tatsächlich war das revierbesitzende Paar unberechenbar in seinem Kommen. An diesem Tag traf es um 7.10 Uhr ein und blieb dann viel länger in der Nähe als an den Vortagen. Ich hörte ihre aggressiven Interaktionen mit anderen Raben bis ungefähr 9.00 Uhr. Vermutlich richteten sie sich nicht nur gegen Nummer 837, sondern auch gegen die Neuankömmlinge von gestern. Nummer 837 durfte sich erst sehr viel später als gewöhnlich zum Fressen herabwagen. Um 8.00 Uhr bot sich für sie die einzige Gelegenheit dazu. Die beiden anderen nichtterritorialen Raben vom Vortag rückten dicht an das Fleisch heran, als 837 dort fraß. Sie beachtete die beiden nicht, was abermals bestätigte, dass sie ihre Nahrungsquelle nicht verteidigte. Die Vögel brauchten sich gegenseitig, um sich vor den Altvögeln zu schützen, die jeden Augenblick eintreffen konnten.

Um 13.20 Uhr gab ein Vogel, den ich nicht sehen konnte, im Wald Laute von sich, die sich anhörten, als schlage jemand mit einem Metallhammer eine Metallstange in den Boden. Dieses Geräusch wiederholte sich mehrere Male, dann kam der Rabe aus dem Wald hervor und ließ sich auf einem Zweig in der Nähe des Köders nieder. Nun ertönten auch andere Laute: eine gedämpfte *graul-pop-grr*-Sequenz, die in Intervallen wiederholt wurde, gefolgt von einer Reihe krächzender Laute – *rraap, rraap* – und dann wieder einer Serie von gedämpften Rufen. Schließlich verschwand der Rufer. Was hatte das zu bedeuten? Hatte der Vogel Signale ausgesandt? An wen? Warum so viele Rufe in so rascher Folge?

Wenig später hörte ich eine vertrautere rasche Serie von trommelartigen Lauten, jeweils gefolgt von einem *pop*. Außerdem ertönten in regelmäßigen Abständen *quork*-Rufe. Was für ein eigenartiges Geschehen spielte sich da ab? Währenddessen fühlte ich mich geborgen in meinem Versteck. Im Wald wird der Mensch fast immer von anderen Lebewesen zuerst gesehen. Hier war das Gegenteil der Fall. Sie ahnten nichts von meiner Existenz. Wiederholt landeten sie fast auf dem Versteck oder unmittelbar daneben. Sie konnten nicht hineinsehen, aber ich hinaus.

Es war schön, unsichtbar unter den Raben zu sein. Mehr noch, es schien mir, als besäße ich fast übernatürliche Fähigkeiten: Ich konnte einige der Vögel als Individuen identifizieren; mithilfe des Funkgeräts war ich sogar in der Lage herauszufinden, wo sie schliefen, das heißt, ihren Schlafplatz zu ermitteln, ohne sie zu sehen. Leider bilden Raben keine geschlossene Gruppe, die sich innerhalb eines bestimmten

Gebiets verfolgen lässt. Die Vögel wandern über viele Tausend Quadratkilometer. Ein markierter Vogel bleibt nicht ortstreu. Wenn eine Nahrungsquelle erschöpft ist, befindet er sich am folgenden Tag womöglich schon in einem anderen Bundesstaat. Einerseits erschwert mir diese Gewohnheit der Raben natürlich meine Arbeit, andererseits gehört sie zu den Gründen, warum ich mich mit Raben beschäftige. Was allzu leicht ist, verliert rasch seinen Reiz.

Am Abend hielt ich wieder an Johns Beobachtungssitz und kletterte wie gewöhnlich zu ihm in die Fichte hinauf, um bei ihm zu bleiben, bis es dunkel geworden war und alle Raben sich wieder an ihrem üblichen Schlafplatz eingefunden hatten. An diesem Abend kamen keine Raben zum Schlafplatz. John hatte das Verhalten des Trupps richtig interpretiert. Die Schlafplätze haben nur vorläufigen Charakter. Die Schlafgemeinschaften sind »reisende Informationszentren«, wie wir sie in einem gemeinsamen Artikel in der Zeitschrift *Animal Behaviour* genannt hatten. Diese Schlafgemeinschaft war weitergezogen.

Ich zerbrach mir schon lange den Kopf darüber, wie es möglich war, dass Dutzende, Hunderte, sogar Tausende (wie in einem Bericht aus Kalifornien behauptet) dieser Vögel einen Schlafplatz tagelang, wochenlang benutzen konnten, wobei sie tagsüber unabhängig und selbständig umherwanderten, bis dann plötzlich eines Abends, *nicht ein einziger Vogel mehr zurückkam!* Das wäre leicht zu erklären, wenn die Vögel immer in einer geschlossenen Gruppe umherziehen würden, aber das ist nicht der Fall. Am frühen Morgen fliegen sie vielleicht gemeinsam zu einer oder mehreren Futterstellen. Doch nach dem Fressen treiben sie sich für den Rest des Tages mehr oder weniger autark herum und finden sich erst abends wieder aus allen Richtungen am Schlafplatz ein. Selbst wenn alle von *einem* Kadaver fressen, suchen sie ihn während des Tages zu verschiedenen Zeiten und unabhängig voneinander auf. Einige fressen vielleicht nur einige Minuten am Morgen und verbringen den Rest des Tages damit, meist allein ein Gebiet von vielen Kilometern abzufliegen (um nach einer möglichen nächsten Nahrungsquelle Ausschau zu halten?). Hatte es am Abend zuvor irgendein vereinbartes Signal gegeben, etwa das soziale Kreisen, das sie über den nächsten Halt informiert hat?

An diesem Abend dachte ich beim Einschlafen darüber nach, was am nächsten Tag zu tun sei. Wir wussten, irgendwann würde ein Rabentrupp kommen. Hier in Maine ist das immer der Fall – vielleicht am morgigen Tag, am 21. Dezember, oder am nächsten oder aber erst in zwei Monaten, wenn das Fleisch so lange hielt.

Unser Untersuchungsprotokoll sah vor, dass wir über alles Buch führten, bis der Trupp eintraf, aber unvermeidlich kommt der Moment, wo man sagt: »Genug. Es wird Zeit, etwas anderes zu tun.« Offenbar war dieser Moment gekommen. Es war Zeit, den nächsten Vogel freizulassen. Danach standen uns nur noch 16 zur Verfügung. Wenn wir mehr Vögel freiließen, würde sich, so hoffte ich, allmählich ein Muster abzeichnen.

Der Ort, den wir für die nächste Freilassung vorgesehen hatten, lag etwa zehn Kilometer vom ersten entfernt (schließlich sind Raben fliegende Geschöpfe). Ich richtete ein neues Versteck ein und schleppte fünf jeweils gut 20 Kilo schwere Müllbeutel voll Fleisch und Fett heran, um sicher zu sein, dass genügend für eine große Zahl von Raben vorhanden war.

Es war drei Uhr morgens. John hatte wie üblich in seiner Fichte Stellung bezogen, und ich saß seit einer halben Stunde in meinem Versteck. Unser neuer Vogel, ein Ranghoher, Funkfrequenz 843, sollte sich nun so weit beruhigt haben, dass er freigelassen werden konnte. Langsam, ganz langsam zog ich an der Schnur, die die Käfigtür öffnete. Würde der hungrige Vogel seine Freiheit dazu nutzen, sich an den Leckerbissen vor ihm zu laben?

Keineswegs. Von innen pickte er gegen die geöffnete Tür. Er lehnte sich hinaus und schaufelte unmittelbar vor dem Käfigeingang mit dem Schnabel Schnee. Eine Dreiviertelstunde lang beschäftigte er sich damit! Verließ er den Käfig überhaupt noch mal?, fragte ich mich, während mein linkes Bein einschlief, denn ich musste während der ganzen Zeit stocksteif verharren. Schließlich trat er hinaus, schüttelte sich heftig wie nach einem langen Bad und pickte weiter in den Schnee. Das Fleisch ignorierte er nach wie vor. Er ging 30 Schritte nach Westen, kehrte um und stolzierte unmittelbar vor meinem Versteck vorbei. Dann flog er über mich hinweg und ließ sich auf einem Baum nieder, wo er sich eine weitere halbe Stunde lang putzte. Die ganze Zeit über blieb er stumm. Als es dunkel wurde und heftig zu regnen begann, verschwand er schließlich im dichten Nebel des Waldes. Ganz in der Nähe richtete sich unser Vogel zur Nacht ein.

Die ganze Nacht über goss es. Zurück im warmen Bett unter einem regendichten Dach in unserem Lager genoss ich die Wärme und Trockenheit und musste an den Raben denken, den ich am Morgen freigelassen hatte. Seit drei Tagen hatte er nichts gefressen und musste jetzt Kalorien in ungeheurem Tempo verbrennen, nur um sich warm zu halten.

Als ich am nächsten Morgen bei pechschwarzer Dunkelheit in mein Fichtenversteck kroch, fühlte ich mich noch unbehaglicher als gewöhnlich. Zwar regnete es nicht mehr Bindfäden, aber es nieselte aus dem dichten Nebel. Wasser schlug sich auf den Zweigen nieder, und schließlich tropfte es stetig von ihnen herab. Als ich mich in meinem Versteck auf den Regenmantel legte, um nicht das eisige Wasser aus dem Schnee aufzusaugen, wurde ich das Opfer einer neuen Folter – offenbar maßgeschneidert für Rabenverrückte: Eiswassertropfen torpedierten mein Gesicht in unregelmäßigen

Abständen an immer neuen Stellen. (Am schlimmsten war es, wenn sie direkt ins Auge trafen.) Zum Glück löste John mich nach vier Stunden ab. In diesem Zeitraum war unser freigelassener Vogel nur einmal vorbeigeflogen. Ganz anders als der zuvor freigelassene Rabe, der abwechselnd gefressen und sich im nahen Wald versteckt gehalten hatte, schien dieser viel mobiler zu sein und größeres Interesse zu haben, sich anderen Vögeln anzuschließen. Zuerst stattete er den 20 Vögeln in unserer Voliere, die anderthalb Kilometer entfernt im Norden auf einem Hügel stand, einen Besuch ab, dann flog er zur zweiten Voliere mit sechs Vögeln im Westen. Oftmals verlor ich den Funkkontakt mit ihm. Rekrutieren folglich die Männchen, die Weibchen jedoch nicht? Oder hatten wir es einfach mit einer jener ärgerlichen individuellen Variationen zu tun, die bei diesen Vögeln so häufig zu sein scheinen? Mussten wir unsere Stichproben vergrößern, um ein Muster erkennen zu können?

Der folgende Morgen war neblig und kalt. Schließlich begann ich die Umrisse des revierbesitzenden Rabenpaars auszumachen, das im Duett grunzende *honks* ausstieß. Eine halbe Stunde später vernahm ich eine lange Serie kurzer klopfender Rufe – *nock-nock, nock-nock, nock-nock* –, als schlüge jemand mit einem Stock auf einen hohlen Stamm. Der Rest des Tages hielt keine Überraschungen mehr bereit.

Wie am Tag zuvor flog Nummer 843 mehrere Male über den Köder, machte aber keinerlei Anstalten zu landen. Stattdessen entfernte er sich häufig aus dem Empfangsbereich, möglicherweise um anderen Raben in der Nähe einen Besuch abzustatten. Mindestens zweimal suchte er die Vögel in der anderthalb Kilometer entfernten Voliere auf.

Gegen zehn Uhr trieb ein Wind unablässig Nebelschwaden durch den Wald. Dunkelheit brach herein, als würde es Abend, dann begann es zu gießen. Ich verließ das Versteck. Ein guter Zeitpunkt, um die 550-Kilo-Kuh abzuladen, die die ganze Ladefläche meines Pick-ups einnahm. Ich befestigte das eine Ende einer Kette an der Kuh und das andere an einem nahe stehenden Baum, fuhr drei Meter vor, und schon lag der Rabenköder genau dort, wo ich ihn hinhaben wollte. Nachdem ich den Kadaver aufgeschnitten hatte, bedeckte ich ihn mit Gestrüpp und Schnee, weil wir ihn der Rabenwelt erst später, für unser nächstes Experiment, präsentieren wollten. Bevor ich in den Baum kletterte, den ich mir als Beobachtungsposten auserkoren hatte, prüfte ich noch einmal die beiden Köder. Während am ersten Spuren waren, zeigten sich am zweiten, wie erwartet, keine Anzeichen. Doch die Signale von Nummer 843 klangen nah.

Plötzlich näherten sich aus Richtung des Sees, wo ich den ersten Köder ausgelegt hatte, eine Reihe rascher krächzender *quorks*. Dann kam ein Rabenpaar in den Blick – pechschwarz mit mächtigem Flügelschlag. John hatte sie während der letzten drei Tage aus derselben Richtung kommen sehen. Wahrscheinlich handelte es sich um das Paar, das meinen freigelassenen Vogel 837 immer wieder schikaniert hatte. Sie flogen an mir vorbei, streiften fast die Baumwipfel und hielten direkt auf das Fichtengehölz im Norden zu, wo sie, wie ich vermutete, im nächsten Frühjahr ihr Nest bauen wollten.

Zehn Minuten später flog ein einzelner Rabe vorbei. Hell hoben sich die weißen Schulterflecken gegen seine dunklen Flügel ab. Es war ein Altvogel, den wir im letzten Winter markiert hatten. Das war ein seltenes Vorkommnis. Bisher hatten wir nur wenige der 463 von uns markierten Vögel wieder beobachten können. Abgesehen von den revierbesitzenden Raben in der Nähe der Hütte wurde mir alles in allem nur von acht markierten Raben berichtet, auf einem Gebiet von mehr als 600 000 Quadratkilometern, das sich in Kanada von Quebec über New Brunswick bis Nova Scotia erstreckte und in den USA vom nördlichen Maine bis nach Boston und dem westlichen Teil des Staates New York.

Auf einmal bemerkte ich schwarze Punkte, die sich am Himmel bewegten. Ich klammerte mich mit einem Arm an dem Baum fest, den ich erklettert hatte, und beobachtete den ausgelassenen Rabentrupp. Was für ein Anblick! Sie segelten, tauchten, stiegen und schossen wieder spiralförmig abwärts, sie fanden sich bald zu Paaren, dann zu kleinen Gruppen, sie flogen einzeln, im geschlossenen Verband, trennten sich, fanden wieder zusammen und vollführten ihre Luftfiguren immer aufs Neue. Allmählich zogen sie vorbei und beschrieben einen gewaltigen Halbkreis am Himmel. Kilometerweit flogen sie in dieser Formation und machten sich dabei die Luftströmungen zunutze, als segelten sie auf einem Meer. Ich war hingerissen. Den ganzen Tag hätte ich ihnen zusehen können. Nach ungefähr zehn Minuten leiteten sie einen steilen Sturzflug ein, sie falteten ihre Flügel zusammen und fielen wie schwarze Sternschnuppen in die nördlich stehenden Fichten ein. War das ein Trupp, den Nummer 843 zu dem bislang unberührten Fleischhaufen führte?

Nachdem wir so viel Zeit und Mühe investiert hatten, gelang es uns am Ende zu beweisen, was ich bereits aufgrund von Daten zurückliegender Jahre vermutet hatte: dass nämlich Raben, die über Nahrungsquellen informiert sind, andere Vögel von gemeinschaftlichen Schlafplätzen rekrutieren können. Die Rekrutierung ist eigentlich ein altes Konzept, über das in der wissenschaftlichen Literatur endlos debattiert worden ist. Wir haben als Erste belegen können, dass es das Phänomen tatsächlich gibt.

Unsere Studien haben gezeigt, dass nichtinformierte Vögel hinter ihren informierten Artgenossen herfliegen und dass sowohl die Führer wie die »Mitläufer« von diesem Verhalten profitieren. Das Ergebnis ist ein außerordentlich einfaches, schönes und elegantes System des Teilens, das nicht auf Reziprozität, sondern auf Mutualismus beruht.

Unsere Feldstudien lieferten ein solides und längst fähiges theoretisches Gerüst im Bereich der Verhaltensökologie, indem sie adaptive Verhaltensmuster sichtbar machten. In diesem Zusammenhang erwiesen sich die individuellen Variationen, die bei Raben so häufig sind, eher als Hindernis denn als Hilfe bei dem Versuch, die betreffenden Muster herauszuarbeiten. Allerdings konnten diese Studien nicht klären, welche mentalen Prozesse dem Verhalten der Vögel zugrunde lagen, dazu waren unsere Untersuchungen nicht detailliert genug. Ihnen war nicht zu entnehmen, welche der Verhaltensweisen angeboren, erlernt oder erkenntnisbedingt waren. Das könnten vielleicht individuelle Variationen zeigen. Am besten ließ sich vermutlich die Beteiligung von Bewusstseinsprozessen klären, indem man individuelle Variationen erfasste und in nachfolgenden Experimenten von ihnen Gebrauch machte.

3. KAPITEL

Raben in der Familie

Raben haben ganz besondere Eigenschaften, die ungewöhnlich enge Beziehungen zu Menschen ermöglichen und fördern. Viele Menschen halten Vögel als Haustiere, aber ich habe noch niemanden, der einen Raben großgezogen hat, von seinem »Haustier« sprechen hören. Stets sind Raben für diese Menschen wie Kinder oder werden als Partner empfunden. Eine Familie in Maine, mit der ich kürzlich sprach, hatte den Raben Isaak aufgezogen, der frei auf ihrer Farm lebte. Ihr Zusammenleben mit Isaak beschrieben sie als »wahrhaft magische Erfahrung«. Nie wurden sie müde, von ihrer »wunderbaren Beziehung« zu dem Vogel zu erzählen, und erklärten, da »er uns Zugang zu seiner Welt gewährte«, seien sie im Sommer immer zu Hause geblieben, um ihm nahe zu sein (oder ihr, da sich das Geschlecht schwer bestimmen lässt), während sie sonst immer verreist seien. (Wie die meisten zahmen Raben wurde Isaak schließlich unabhängig und flog davon.) Eine andere Familie sprach unumwunden von ihrem »Sohn« und einem »wahren Freund« und meinte, sie könne sich »ein Leben ohne ihn nicht mehr vorstellen«.

Was ist der Grund für so viel Zuneigung? Ich glaube, er liegt in der wechselseitigen Kommunikation. Ein Rabe ist expressiv, er teilt uns seine Gefühle, Absichten und Erwartungen mit und verhält sich so, als verstünde er uns. Eine solche

Kommunikation ist ein Privileg. Sie findet nur statt, wenn der Rabe dem Menschen, der mit ihm Umgang hat, Vertrauen entgegenbringt, und dieses Vertrauen muss *verdient* werden, es wird nicht leicht gewährt. Doch wenn es einmal vorhanden ist, offenbart der Rabe uns vieles, was sich sonst nicht beobachten ließe.

Im Dezember 1993 erhielt ich einen Brief von Dr. Klaus Morkramer, einem Arzt in Oberhausen. Er berichtete mir von seinem Raben Jakob, den er in seiner Wohnung regelmäßig »freiließ«. Hier bot sich mir eine Gelegenheit, die ich nicht ungenutzt lassen durfte, konnte ich hier doch einen ganz anderen Eindruck von Raben gewinnen als aus meiner üblichen Perspektive – auf einem Baum hockend oder in einem Fichtenversteck sitzend.

Als Erstes fragte ich mich, wie lange ein Rabe wohl brauchte, um eine Wohnung in ihre Einzelteile zu zerlegen. Ich tippte auf knapp drei Minuten, höchstens aber fünf. Lebte der Arzt etwa in einer Höhle, die dem kleinen Stadtguerillero ein angemessenes Ambiente bot?

Jakob wurde im Frühjahr 1992 geboren und zum Waisen, als sein Nest von einem Sturm herabgeweht wurde. Er wuchs in einem Tierpark in Wolgast in Mecklenburg-Vorpommern auf. Klaus schwärmte schon seit vielen Jahren für Corviden und hielt Raben für die *absolute Spitze* dieser Familie. Einer seiner Patienten erzählte ihm von dem Raben, woraufhin er sich mit der Familie in Verbindung setzte, die den Tierpark betrieb. Sie war bereit, ihm den Vogel für 200 DM zu verkaufen. Sein Sohn Anatol setzte sich in den Zug nach Wolgast, holte den Raben ab und brachte ihn in einem verdunkelten Käfig zurück, in dem eine große Wurst als Proviant für die lange Rückreise nach Oberhausen lag.

Jakobs plötzliches Eintreffen in der Stadtwohnung des Arztes mitten im dicht besiedelten Großraum Essen verlangte eine rasche Lösung für das Problem der Unterbringung.

In weiser Voraussicht war ein großer Papageienkäfig angeschafft worden. Ursprünglich sollte er auf der Terrasse stehen, die mit ihren Bäumen, Weinreben und Sträuchern eher einem kleinen Garten glich. Das schien ein idealer Platz zu sein, doch zunächst holte Klaus den Käfig nach drinnen, um die Eingewöhnung zu erleichtern. Als später der Zeitpunkt kam, wo der Vogel an den vorgesehenen Platz kommen sollte, musste Morkramer feststellen, dass es zu spät war – er hatte die Rechnung ohne Jakobs Persönlichkeit gemacht. Jakob legte Protest gegen seine Verlegung aus dem Haus ein und gewann. »Der Rabe gewinnt immer«, meinte der Arzt zu mir. Jakob hatte einen ersten entscheidenden Schritt getan, um ein vollgültiges Familienmitglied zu werden: Das Wohnzimmer wurde zu seinem ständigen Wohnsitz.

Als Nächstes musste Jakob natürlich zusehen, dass er den Käfig verlassen und sich frei in der Wohnung bewegen konnte. Der Rest ist Geschichte. Da ich die Ergebnisse dieses Experiments mit eigenen Augen sehen wollte, flog ich nach Frankfurt, mietete ein Auto und führ nach Oberhausen.

Bevor ich mit dem Fahrstuhl in den dritten Stock gelangte, malte ich mir aus, was mich da oben erwarten würde: die solide Arbeit des sprichwörtlichen Elefanten im Porzellanladen, nur dass ein Rabe, wie ich wusste, im Allgemeinen mit mehr Geduld und mehr Liebe zum Detail zu Werke geht. Stellen Sie sich meine Verblüffung vor, als ich das große Wohnzimmer betrat, das die Familie Morkramer mit Jakob teilte. Keine weißen Flecken auf der schwarzen Ledergarnitur. Keine weißen Flecken auf dem Eichentisch. Auf dem Tisch das Silbergeschirr, wo es hingehörte, eine Zuckerdose, ein Sahnekännchen, mehrere Cappuccinotassen. Alle Gegenstände heil und alles *aufrecht* auf dem Tisch. Doch die größte Überraschung waren die Antiquitäten. Klaus hat ein kostspieliges Hobby, das sich eigentlich kaum mit der Rabenhaltung verträgt. Er sammelt römische Kunstgegenstände. In Wandnischen an der

Seite des Zimmers, neben einem wohlgefüllten Bücherregal, standen römische Keramiken von unschätzbarem Wert. Kostbare Gemälde hingen an den Wänden. Das war keine Höhle, sondern ein Museum. Unordnung herrschte nur in den Kinderzimmern und in der Küche. Ich hörte, dass Jakob sich freiwillig aufs Wohnzimmer beschränkte, weil er sich nicht in Zimmer wagte, die zu weit von der Sicherheit seines Käfigs entfernt lagen.

Als ich die Wohnung betrat, hockte Jakob friedlich auf der Stange seines Käfigs (90 × 90 × 60 Zentimeter) neben Klaus' schwarzem Ledersessel. Der Rabe wirkte ruhig und schien keine Notiz von mir zu nehmen. Durch die Stäbe streckte er Klaus den langen Schnabel entgegen und hielt für ein Schnabelschütteln still, dann knabberte er zärtlich an Klaus' Fingern. Als Klaus ihm den aufgeplusterten Kopf streichelte, legte er den Kopf auf die Seite und plusterte die Federn noch ein bisschen mehr auf. »Auf diese Weise muss ich ihn jeden Tag begrüßen«, erläuterte mir der Arzt. »Jedes Mal, wenn ich von der Arbeit nach Hause komme, wird die ganze Begrüßungszeremonie fällig. Wenn ich es zu kurz mache, schnappt er sich meine Hand oder einen Finger und versucht, ihn an sich heranzuziehen.« Auch Klaus' Sohn Anatol wird mit weichen, vertraulichen Lauten begrüßt, der Rest der Familie dagegen (Klaus' Frau, ein weiterer Sohn, eine Tochter) mit barschen *quorks*.

Schließlich rutschte Jakob zum Rand des Käfigs und streckte mir den Schnabel entgegen. War das eine freundliche Einladung? Ich entschied, dass Ja, und nahm sie an. Gewiss, es war eine Einladung, jedoch nicht zu einem freundlichen Knabbern. Für mich war ein Biss gut genug.

Trotz seiner Jugend waren Jakobs Zunge und Rachen schwarz. Nur bei Raben, die gelernt haben, sich ranghöheren Tieren unterzuordnen – und in einer großen Gruppe von Raben kommt fast jedes Tier mit ranghöheren zusammen –, bleibt der Rachen mehrere Jahre lang rosa. Ein Blick auf Jakobs Rachenfarbe genügte mir, um zu wissen, dass er sich in dieser Familie als Alphatier etabliert hatte. Nach der Begrüßung setzten wir uns zum Kaffeetrinken in bequeme Sessel an einen Couchtisch.

»Will er nicht raus?«, fragte ich.

»Noch nicht. Wenn er rauswill, lässt er es uns schon wissen.«

Also tranken wir erst einmal Cappuccino. Währenddessen war Jakob mit dem Inhalt seines Käfigs beschäftigt. Klaus erzählte mir, dass Jakob immer einen Teil seiner Post verlange. Obwohl dieser Wunsch auch stets berücksichtigt wird, hüpft er jedes Mal heftig in seinem Käfig herum und schreit vor Wut und Enttäuschung, wenn Klaus mit einer Handvoll Post ins Zimmer kommt und ihm nicht sofort einen Teil der Briefe überlässt. Sobald Jakob ein paar Werbesendungen bekommen hat, beruhigt er sich und macht sich eifrig daran, sie in kleine Stücke zu zerreißen. Diese Aufgabe beschäftigt ihn ungefähr eine halbe Stunde. Ich konnte erkennen, dass es harte Arbeit für ihn war. Seine Brust hob sich heftig, und sein Atem ging schwer.

Rasch wurde mir klar, dass Jakobs *Fähigkeit*, in kurzer Zeit großen Schaden anzurichten, sehr ausgeprägt war. Was er mit der Reklamepost anstellte, war höchst bemerkenswert, auch wenn seine Absichten nicht die besten waren. Konrad Lorenz sagt: »Die Fähigkeit eines Tieres, Schaden zu stiften, ist proportional zu seiner Intelligenz.« Wenn das tatsächlich ein zuverlässiger Intelligenztest ist, dann ist Jakob, wie viele andere Raben, die ich gekannt habe, fast ein Genie.

Nachdem Jakob die Post zu seiner Zufriedenheit in kleine Schnipsel zerrissen hatte, zerrte er an den Metallgittern der Käfigtür. Das war das Signal. Wenn Jakob befiehlt, springt Klaus. Wie Grip, der Rabe in *Barnaby Rudge* von Charles Dickens, der schließlich »auf den Tisch hüpfte und mit der

Miene eines alten Schwarzkünstlers in einem alten Folianten zu studieren schien, der aufgeschlagen auf einem Pult lag«, wartete Jakob offenbar auf den rechten Augenblick, um seinen Schabernack zu treiben. Eingehend musterte er das Zimmer durch die offene Käfigtür, dann hüpfte er auf den Fußboden und schlug rund eine Minute heftig mit den Flügeln, als mobilisiere er seine Kräfte für den Abflug. Nach dieser Aufwärmübung flog er eine Runde durchs Zimmer und landete auf seinem Käfig. Anatol brachte ihm einen geschlossenen Pappkarton und stellte ihn auf den Fußboden. Der erregte Jakobs Aufmerksamkeit, sogleich hüpfte er von seinem Käfig herunter und begann, Löcher in die Pappe zu hacken und große Stücke herauszureißen. Als der Karton erledigt war, bot Anatol ihm einen kleinen Versandhauskatalog an. Auch mit ihm machte Jakob kurzen Prozess, dann wandte er mir seine Aufmerksamkeit zu.

Zunächst einmal betrachtete er mich, plusterte seine Federhosen auf, stellte die Flügelfedern aus, sodass sich die Flügel über dem Schwanz kreuzten, und schlenderte herausfordernd auf mich zu. Nur einmal hielt er kurz inne, um mir in die Augen zu schauen. Dann hüpfte er noch näher heran, dieses Mal seitwärts, sah mir wieder in die Augen und legte den Kopf nach hinten. Bevor ich wusste, wie mir geschah, hatte er mir mit seinem scharfen, spitzen Schnabel einen mächtigen Hieb in den Oberschenkel versetzt. Ich sprang zurück. Er rückte nach. Die Morkramers klärten mich auf, dass er den Kugelschreiber haben wollte, mit dem ich mir Notizen machte. Oh! Um weiteren schmerzhaften Erpressungsversuchen von *Corvus triumphanus* zu entgehen, rückte ich das Objekt der Begierde sofort heraus. Das schien ihn zu besänftigen, jedenfalls ließ er sich auf der Armlehne eines Ledersessels nieder. Mehr als eine Stunde lang bewegte er sich nicht vom Fleck, während wir Menschen uns unterhielten. Ich bemerkte, dass er uns mit seinen lebendigen braunen Augen beobachtete.

Jakob hatte ein glänzendes schwarzes Federkleid, das sauber und gut gepflegt war. »Einmal in der Woche, winters wie sommers, bekommt er eine Dusche mit dem Gartenschlauch«, sagte Klaus. »Wir entfernen die Katzenstreu aus dem Käfig – sie riecht nie –, dann bringen wir den Käfig auf die Terrasse und richten den Schlauch auf eine Ecke des Käfigs. Zuerst hält er Schnabel und Kopf in den Wasserstrahl, dann die Brust und sogar den Rücken. Als emanzipierter Vogel bestimmt er die Dauer des Bades. Wenn wir das Wasser zu früh abstellen, fängt er an zu brüllen. Nach dem Bad sieht er wie ein gerupftes Huhn aus. Sobald er mit der Gefiederpflege beginnt, tragen wir ihn nach drinnen. Er schüttelt und putzt sich, bis er trocken ist.«

Das Gartenschlauchverfahren war wie vieles andere ein Kompromiss, der auf der Grundlage von Erfahrung ausgehandelt worden war. Man sollte meinen, eine große Schüssel wäre geeigneter zum Baden, doch leider fällt einem Raben, dem sie eine große Schüssel voll Wasser geben, nicht als Erstes das Baden ein. Als Erstes kippt er sie um. Dazu Klaus: »Mit einem Raben in einer Wohnung zu leben erfordert eine gewisse Kompromissfähigkeit.« Wohl wahr, ich hatte gerade meine erste Lektion erhalten.

Familienmahlzeiten sind natürlich von besonderem Interesse. Sobald er das erste Geschirrklappern hört, hüpft er auf die höchste Stange in seinem Käfig, weil er von dort einen besseren Blick in die Schüsseln und Töpfe hat, die an ihm vorbei ins Esszimmer getragen werden. Er erwartet, dass er von allen Gängen etwas abbekommt. Bei der ersten Schüssel, die er erblickt, beginnt er, ungeduldig von Stange zu Stange zu hüpfen. Wenn er zu lange auf seinen Anteil warten muss, hüpft er immer schneller und stößt laute und durchdringende *kek-kek-kek*-Rufe aus. Diese Rufe haben nicht die geringste Ähnlichkeit mit den kläglichen »Futterschreien«, die Vögel in freier Wildbahn ausstoßen, wenn sie in der Nähe von Nahrung sind, aber keinen Zugang zu ihr haben. Vielmehr sind es die Rufe, die Raben ausstoßen, wenn sich ein Eindringling, ein Falke oder ein Mensch, ihrem Nest nähert. Als ich sie vernahm, war mir ziemlich klar, was Jakob sagte. Er sagte: »Ich bin frustriert!« Was in der gegebenen Situation zu übersetzen war mit: »Jetzt will ich endlich was!« Da Klaus Rabisch versteht, bekommt Jakob seine Leckerbissen augenblicklich. So wie die Morkramers ihm gehorchen, »gehorcht« auch Jakob ihnen – ein Gebot der Fairness. Wenn sie »*komm*« sagen, leistet er der Aufforderung ohne Weiteres Folge, da er mit einer Liebkosung oder einem Leckerbissen rechnen kann.

Tapfer isst Jakob fast alles, was auf den Tisch kommt, allerdings hat er eine ausgeprägte Vorliebe für chinesisches Essen, hessischen Käsekuchen und rohe Eier (jedoch nur das Eigelb, anders als Goliath und andere). Er mag Obst – Feigen, Tomaten, Erdbeeren, am liebsten mit Zucker und Sahne, und Weintrauben, aber bei Äpfeln und Apfelsinen wendet er den Kopf ab und schüttelt angewidert den Schnabel. Jakob ist eine Art Feinschmecker geworden, trotzdem, so vermute ich, würde er ein überfahrenes Tier am Straßenrand keineswegs verschmähen.

Wenn das Essen nach seinem Geschmack ist, reagiert er mit einem kurzen, gedämpften Doppelton, den er auch sonst von sich gibt, wenn er zufrieden ist, etwa nach einer willkommenen Liebkosung. Nach einer guten Mahlzeit unterhält Jakob sich und andere am späten Abend oft mit einer »Rede« – einem langanhaltenden, gutturalen Singsang.

Wenn Sie mit einem anderen Geschöpf zusammenleben, wird es Ihnen natürlich umso vertrauter, je mehr Beschäftigungen es mit Ihnen teilt, besonders wenn es sich um so wichtige Beschäftigungen wie das Fernsehen handelt. Das deutsche Fernsehen hat große Ähnlichkeit mit dem amerikanischen. Für Rabenzuschauer hat es nicht viel Interessantes zu bieten, daher ergänzen die Morkramers ihr Fernsehmenü mit Videos. Beim Fernsehen verhält Jakob sich ganz ruhig und sieht nur von der Seite mit einem Auge hin, wie Vögel es oft tun. Aber sieht er Bilder? Es hat den Anschein, denn bei einer Sendung mit verschiedenen Säugetieren wurde er plötzlich ganz aufgeregt und stieß eine Reihe von Warnrufen aus, als das Bild eines Waschbären auf der Mattscheibe auftauchte. Dagegen brachte ihn der Anblick von Wölfen und Rotwild nicht aus der Ruhe. Das schien mir eine ausgezeichnete Gelegenheit zu einem Verhaltenstest zu sein, denn auf diese Weise kann man sehr gut kontrollieren, was die Versuchstiere zu sehen bekommen, etwas, was auf freier Wildbahn selten der Fall ist.

Nachdem wir bis spät in die Nacht Kaffee getrunken hatten, lockte Klaus Jakob mit einem rohen Ei in den Käfig zurück. Der Vogel ließ nicht das geringste Anzeichen von Müdigkeit und Schlafbereitschaft erkennen. Obwohl er sich an unserer Unterhaltung nicht beteiligt hatte, schien er wach und interessiert zu sein. Gelegentlich holte er sich eine Streicheleinheit, indem er den Kopf an den Käfigstäben aufplusterte, oder er hielt ein Stück Papier hinaus, als wolle er uns spielerisch auffordern, daran zu ziehen.

Warum hat der Rabe die Wohnung nicht ruiniert? Wir sind auf Vermutungen angewiesen, aber aufgrund der längeren Tests zur Neugier von Raben, die ich später durchgeführt habe (vgl. 5. Kapitel), schlage ich die folgende Erklärung vor: Ursprünglich konnte sich Jakob nicht frei in der Wohnung bewegen. Während der ersten zwei Monate blieb er im Käfig. In dieser Zeit sah er den größten Teil der Wohnung, sodass sein Interesse an ihr verblasste. Die *neuen* Dinge, die Jakob erblickte, waren immer Gegenstände, die die Menschen in der Hand trugen, nur sie waren interessant genug, um ihnen Aufmerksamkeit zu schenken. Die Motivation zur Untersuchung der neuen Dinge war Neugier. Im Laufe der Evolution waren es immer die neugierigen Vögel, die die unerwartete und vielleicht seltene Nahrung entdeckten, die die anderen nicht beachteten. Alle Rabenvögel haben diese Fähigkeit zur Neugier. Es ist ihr Markenzeichen. Man fragt sich, ob das die entscheidende Eigenschaft war, die ihre Verbreitung und Vielfalt ermöglichte. Gewiss, Neugier kann gefährlich sein, aber sie ist auch adaptiv, vorausgesetzt, sie wird durch ein gutes Urteilsvermögen abgefedert.

Die nächste persönliche Begegnung hatte ich in Kalifornien mit Merlin, einem achtjährigen Raben, der in der Familie von Duane Callahan und Susan Marfield lebte. Sie fand Anfang August in Südkalifornien statt, in »Camp Pozo« bei San Luis Obispo, wo ich eine Woche verbrachte. Camp Pozo ist ein klappriger alter Wohnwagen, dessen vielfältiges Zubehör sich unter einer Gruppe von Lebenseichen auf einem Hang ausbreitet. Dort fanden sich noch weitere abgewrackte Fahrzeuge und andere Überreste zufälliger und langfristiger menschlicher Anwesenheit. Dieses kleine Paradies liegt am Ende einer staubigen Straße auf einer Rinderfarm in der Nähe des Städtchens Pozo. Pozo selbst besteht nur aus ein paar Häusern, die sich um eine Kneipe unter einer mächtigen Schwarzpappel gruppieren. Duane und Susan kommen hier seit acht Jahren regelmäßig her, um mit Merlin Urlaub zu machen und um Charles, Duanes Bruder, zu besuchen. Außerdem wohnen dort noch Lady, ein australischer Schäferhund, zwei Pferde und Katche, eine Katze.

Im orangefarbenen Chevy-Pick-up der Callahans mit dem blauen Campingzelt über der Ladefläche, das Merlin mit einigen weißen Flecken garniert hatte, waren wir am Tag zuvor von Santa Cruz her eingetroffen. Merlin reist immer im Wageninneren, in einem Reisekäfig aus Drahtgeflecht, der scherzhaft das »Gefängnis« heißt. Auf Campingreisen ist dieser Käfig für ihn Heimatstützpunkt und Zufluchtsort, den er jeden Abend ängstlich aufsucht, egal, wo sich die Familie gerade befindet. Zu Hause bei den Callahans, in den tiefen dunklen Redwood-Wäldern in der Nähe von Santa Cruz, steht Merlins Käfig auf einem Podium von 60 × 120 Zentimetern in der Wohnküche. Jeden Tag wird er im Haus freigelassen und verbringt den größten Teil seiner Freizeit auf Duanes Knie. Meistens ist Merlin stumm wie ein Fisch, nur einmal am Tag wird er lebendig und fliegt im Zimmer umher, wobei ihm die engen Kurven um den Ventilator in der Mitte der Decke keinerlei Probleme bereiten. Im Sommer stehen Tür und Fenster des Wohnzimmers offen, aber nie macht er die geringsten Anstalten hinauszufliegen, obwohl niemand ihn daran hindern würde.

Nachdem Merlin in seinem Käfig im Wagen Platz genommen hatte, begaben wir uns auf die 4-Stunden-Fahrt nach Pozo. Merlin hüpfte auf seiner Stange nach vorne, um mit Duane auf dem Fahrersitz Kontakt zu halten. Als wir uns unserem Ziel auf zwei oder drei Kilometer genähert hatten, wurde Merlin unruhig wie ein Hund, der es nach einer langen Autofahrt nicht abwarten kann, nach Hause zu kommen. Aufgeregt hüpfte er in seinem Käfig herum. Sobald wir eingetroffen waren, ließ ihn Duane hinaus. Nach kurzer Vorbereitung stieg Merlin hoch in die Luft und beschrieb mehrere Kreise über dem niedrigen Gestrüpp, bevor er sich auf Duanes Schulter niederließ.

Beim Campen schläft er genau wie in Santa Cruz in seinem Käfig, doch wacht er früher als sonst auf. Er ist nämlich besser nicht mehr im Freien, wenn die Virginia-Uhus herauskommen. Meist fliegt jeden Abend einer dieser Vögel an Camp Pozo vorbei. Merlin scheint abends ängstlich Duanes Nähe zu suchen, damit er ihn »ins Bett steckt«. Am Morgen lässt Duane ihn wieder hinaus. Obwohl Merlin hier in freier Natur ist, bleibt er bei seiner »Familie«.

In der Zeit, in der ich da war, waren seine ersten Laute am Morgen typische Rabenrufe. Niemand stand auf. Als Nächstes versuchte er es mit einer Reihe sehr hoher Töne, die die Warnrufe von Krähen nachahmten. Noch nie zuvor hatte ich einen Raben gehört, der wie eine Krähe rief. Es folgte ein krächzender Doppellaut, den ich auch noch nie vernommen hatte. Dann ließ er ein paar sanfte *hi-hi-his* vernehmen sowie »Merlin, Merlin, Merlin ...« und darauf ein paar kaum hörbare Gluckser, die ich nicht *entziffern* konnte. Er hatte sein eigenes Vokabular.

Als wir schließlich aufstanden und uns über den starken heißen Kaffee hermachten, verstummte Merlin wieder. Duane sagte, am Anfang habe Merlin beabsichtigt, ihn durch massive Lärmentfaltung noch früher zu wecken.

Mit der Kaffeetasse in der Hand blickte Duane in den wolkenlosen blauen Himmel und meinte: »Wieder ein heißer Tag. Da wird Merlin nicht viel fliegen. Meistens sitzt er dann auf meiner Schulter im Schatten.« Mit diesen Worten ging er zum Wohnwagen, kroch nach drinnen und tauschte seine Morgengrüße mit Merlin aus.

»Na, Merlin, wie geht's?«

Drinnen ertönten ein paar gedämpfte Grunzlaute.

»Möchtest du jetzt rauskommen?«

»Mm, mm«, sagte Merlin.

Nachdem Merlin noch ein paar *mms* und Grunzlaute von sich gegeben hatte, öffnete Duane die »Gefängnistür«. Rasch hüpfte Merlin hinaus. Nach dem Austausch weiterer Freundlichkeiten flog er auf Duanes Schulter.

»Möchtest du ein bisschen Hühnchen?«

»Mmmm.«

»Schmeckts?«

»Mmmm.«

»Ist es lecker?«

»Mm.«

»Willst du noch etwas davon?«

»Mm.«

»In Ordnung!«

Dann war die Zeit für Zärtlichkeit und lange Gespräche vorüber, Merlin drehte den Kopf hin und her und spähte in alle Richtungen. Ein- oder zweimal blinzelte er, dann hob er mit kräftigem Flügelschlag ab und flog über die Lichtung und durch die Eichen davon. Bald schwebte er hoch über ihnen. Nach mehreren Kreisen über Camp Pozo stieß er steil herab, sodass ich das Windgeräusch an seinen Flügeln hören konnte, bevor er wieder auf Duanes Schulter landete, wo er sich plusterte und schüttelte. Er fühlte sich großartig. Duane trank von seinem Kaffee und setzte das Gespräch fort.

»Weißt du, dass du das hübscheste Teil unter der Sonne bist?«, sagte er und streichelte Merlins Kopfgefieder.

»Mm.«

Duane und Susan haben Merlin bekommen, bevor er flügge war, in einem Stadium, wo sie »wie groteske Miniaturwasserspeier aussehen«, wie es in einer Beschreibung heißt. Er ist das einzige »Kind« der beiden und erhält beträchtlich mehr Zuwendung als die meisten Kinder selbst in Einkindfamilien.

Merlin ignorierte mich vollkommen, woran sich für den Rest der Woche nichts ändern sollte. Wenn ich meine Hand in die Nähe seines Kopfes führte, pickte er leicht daran. Als ich die Bewegung wiederholte, knurrte er, plusterte sich auf und hackte viel stärker zu. Ich wagte den Versuch ein drittes Mal. Am stärksten ist seine Bindung an Duane. Wenn er die Wahl hat, verbringt er seine Zeit nur mit Duane. Ist dieser nicht da, nähert er sich Susan. Andere Familienmitglieder beachtet er nicht, obwohl er sie teilweise bereits seit Jahren kennt.

Sein Gedächtnis für einzelne Menschen ist untrüglich. Als Duane und Susan ein halbes Jahr fort waren, blieb Merlin bei Duanes Bruder, den er kannte und akzeptierte. Bei ihrer Rückkehr reagierte er augenblicklich und intensiv auf Duane. »Er flatterte von Charles fort und landete wie ein geölter Blitz auf meiner Schulter, als wäre ich nie fort gewesen. Dann hing er den Rest des Tages wie eine Klette an mir. Er war auch ungewöhnlich aggressiv und imponierte, indem er sein Federkleid aufplusterte. Er vertrieb die Elstern und jagte Geier und einen Rundschwanzsperber. Wollte er mir seine Nützlichkeit als Partner wieder vor Augen führen?«

Duanes Beobachtungen belegen nicht nur das Langzeitgedächtnis des Vogels, sondern auch seine Treue. Wenn er Individuen einer Art so gut unterscheidet und erinnert, darf man davon ausgehen, dass Raben in der freien Natur die Mitglieder ihrer *eigenen* Art mindestens genauso gut erkennen und sich ebenso lange und eng an sie binden. Wie gut könnten *wir* einen Raben von einem anderen unterscheiden und uns zuverlässig an ihn erinnern?

Charles bewirtete uns mit Schinken und Ei, die wir unter den Lebenseichen verspeisten. Währenddessen hockte Merlin auf Duanes Schulter. Er war wählerisch und aß nur kleine Bissen. Vielleicht hatte er bereits von seinem Vorrat gefressen, dem Dosenhundefutter, das immer in seinem Gefängnis verfügbar war. Er versteckt kein Futter, weil er keins für schlechte Zeiten braucht wie wilde Raben. Wahrscheinlich weil es nie »schlechte Zeiten« in seinem Leben gegeben hat, ist Nahrung für ihn auch nie ein Problem, ist sie doch immer vorhanden. Wozu Mühe aufwenden, wenn sie nicht notwendig ist? Trotzdem wäre es übereilt, wollte man ihm einen besonders ökonomischen Umgang mit seiner Energie bescheinigen. Zwar versteckt Merlin kaum jemals Nahrung, dafür wendet er viel Zeit und Mühe auf, um Holzstücke und ähnlichen Plunder zu verbergen.

Nachdem er eine halbe Stunde auf Duanes Schulter verbracht hatte, hüpfte er auf den Boden, um in der Erde zu graben und auf Holzstücke und andere Abfälle zu picken. Eine zehn Zentimeter lange Holzleiste schien ihn besonders zu interessieren. Er versuchte, sie in den sandigen Boden zu schieben, was ihm nur teilweise gelang. Den Rest bedeckte er mit Abfällen, die er mühsam zusammenscharrte. Anschließend krönte er sein Werk mit ein, zwei Blättern. Wie nicht anders zu erwarten, schaute ein Stück noch heraus. In seinem Bemühen, es verschwinden zu lassen, hieb er kräftig mit dem Schnabel darauf. Daraufhin tauchte die ganze Leiste wieder auf, und er musste von vorn anfangen. Nun hob er einen kleinen Graben aus, indem er die Erde mit halb geöffnetem Schnabel zur Seite schaufelte. Er nahm das Holzstück auf, legte es in den Graben und schob die Erde mit dem Schnabel darüber. Fertig? Keineswegs. Nach zwei oder drei Minuten war er zurück und grub das Holz wieder aus, woraufhin er den ganzen Vorgang mit diesem oder einem anderen Stück wiederholte.

Jemand aus dem Publikum, das seine Bemühungen beifällig verfolgte, reichte ihm einen Schinkenstreifen. Er nahm ihn und flog damit auf den benachbarten Hang, wo sich ihm augenblicklich eine Schar von etwa einem Dutzend Gelbschnabelelstern anschloss. Er richtete krächzend-grollende Rufe an sie, dann kam er zu uns zurück. Die Elstern gruben anschließend überall dort, wo er gewesen war, den Boden um, vielleicht um nach dem versteckten Schinken zu suchen.

Es war noch keine elf, aber die Sonne brannte schon unbarmherzig herab. Obwohl wir gerade erst unseren Koffeinbedarf gedeckt hatten, waren einige von uns wegen der Hitze schon zu kühlem Bier übergegangen. Auch Merlin bekam einen Schluck aus der Dose. Es waren nur ein paar Schlucke, aber an besonders heißen Tagen hatte er, wie man mir erzählte, auch schon mal ein bisschen zu viel davon gekostet. »Dann ist er etwas unsicher auf den Beinen und Flügeln«, hieß es.

Schließlich wollten wir uns zu Fuß zu einem 800 Meter entfernten Teich aufmachen, der von einer Quelle gespeist wurde, um uns ein paar Forellenbarsche zum Abendessen zu fangen. Als wir bereit zum Aufbruch waren, zeigte Merlin ungewöhnlich wenig Lust, Duane zu folgen. Mehrere Male unternahmen wir den Versuch, uns in Bewegung zu setzen, doch Merlin blieb stur auf einem Autowrack hocken, das bei den Wohnwagen unter einer großen Lebenseiche stand, und hielt unsere kleine Expedition auf, die auf ihn wartete. Duane war überzeugt, dass Merlin wusste, dass er mitkommen sollte. Duane meinte zu mir: »Immer wenn du willst, dass er etwas tut, wird er misstrauisch und weigert sich. Du musst ihn anführen, ganz harmlos tun, als wolltest du *nicht*, dass er es tut, dann *tut* er es.« Ihn dazu zu bringen mitzukommen, obwohl er keine Lust hatte, würde schwierig werden. Duane wollte ihn nicht allein lassen, denn im Jahr zuvor war Merlin in die Nähe des Camps geflogen, als plötzlich ein Steinadler aus dem Himmel herabgeschossen kam und ihn mitten in der Luft von hinten packte. Duane rettete ihm das Leben, indem er sofort schrille Schreie ausstieß, die den verdutzten Adler veranlassten, seine Beute fahren zu lassen. Als Merlin flatternd am Boden landete, hatte er Blut auf den Federn und im Schnabel.

Abermals versuchte Duane, Merlin auf seine Schulter zu locken. Statt wegzufliegen, stieß Merlin Rufe aus, die seinem »Partner« kundtaten, dass er ärgerlich war. Die für Duane bestimmte Botschaft konnte sogar ich verstehen. Sie lautete: »Hau ab – ich will nicht mitkommen.« Dieses Manöver wiederholten Duane und Merlin fünf Minuten später mit demselben Ergebnis. Schließlich schlug Duane vor, dass wir einfach losgingen. »Wenn wir weit genug fort sind, sieht er schon, dass wir nichts Böses im Schild führen, und vielleicht will er dann aus freien Stücken mit.« Nie ist Merlin mit Belohnungen in Form von Leckerbissen dressiert worden. Er tut, was er will und wann er es will. Ich vermutete, wenn hier einer dressiert wurde, dann war es Duane und nicht Merlin.

Wir gingen rund 200 Meter in Richtung des Fischteichs.

Niemand folgte uns. Wir suchten uns einen schattigen Platz und warteten zehn Minuten. Als Merlin immer noch nicht erschien, ging Duane zurück, um zu »verhandeln«. Sue, Charles und ich warteten weitere fünf Minuten. »Die Verhandlung ist offenbar ins Stocken geraten«, meinte Charles.

Eine Minute später schwang sich Merlin endlich in die Luft – nicht um auf Duanes Schulter zu reiten, sondern um über ihn hinwegzufliegen und vor Susan auf dem Erdboden zu landen. Als wir aufstanden, um weiterzugehen, zeigte sich Merlin weiterhin spröde. Er folgte nicht Duane, sondern flog stattdessen wieder zu Susan. Duane meinte, er hätte heute »Eheprobleme« mit dem Vogel. Susan sieht es übrigens genauso: Er ist mit Merlin verheiratet.

Auf dem staubigen Pfad, den wir entlanggingen, konnte man die Ereignisse des Vortags und der Nacht wie in einem offenen Buch lesen. Es gab Spuren von Wachteln und Eidechsen, Kot von Kojoten und Rotluchsen. Einzelne Federn von Eulen und Falken lagen herum. Aus dem seitlichen Gebüsch scheuchten wir Waldkaninchen und Eselhasen auf. Merlin schenkte ihnen keine erkennbare Beachtung. Sein einziges Interesse schien zu sein, endlich ein schattiges Plätzchen zu finden.

Wir kamen an eine Weißeiche, wo eine Quelle in ein kleines Rinnsal sickerte. In dem dichten Laubwerk über uns herrschte ein lebhaftes Geflatter von Stieglitzen und Meisen. Hintereinander huschten einige Kolibris zu dem Bächlein hinab und schossen zwischen den einzelnen Schlucken pfeilschnell hin und her. Sechs hockten anderthalb Meter von mir entfernt auf ein paar trockenen Zweigen.

Merlin blieb in der Nähe dieses Baums, während die anderen zum Teich gingen. Bald waren sie außer Sicht. Ich blieb, um Merlin zu beobachten, der die Vögel betrachtete, die zum Trinken an die Quelle kamen. Er trödelte herum, pickte ein Stückchen Rinde auf und führte in kaum hörbarer Lautstärke murmelnde Selbstgespräche. Ich näherte mich, um ihn besser zu verstehen. Daraufhin ließ er einige sehr laute und hohe Krähenrufe ertönen. Duane zufolge gibt er sie häufig von sich, wenn er frustriert oder wütend ist. Während Merlin die Krähenschreie ausstieß, ließ er mich ganz nahe herankommen und tat so, als bemerkte er mich nicht. Als ich ihm die Hand hinstreckte, versetzte er ihr einen scharfen Schnabelhieb.

Von den Krähenrufen herbeigelockt, kam Duane zur Quelle. »Na, wie geht es, Merlin? ... Alles in Ordnung? ... Was bist du nur für ein hübscher Vogel ...« Merlin zeigte zunächst seine »Ohren«, dann plusterte er den Kopf auf, verbeugte sich und murmelte sanft. Auch Duane beugte den Kopf, blinzelte und machte ein Geräusch wie ein Gähnen. Ich war mir nicht sicher, wer hier wen nachahmte. Die Verbeugungszeremonie schien zu sagen: »Schau mich an – bin ich nicht prachtvoll?« Merlin richtete sich auf, plusterte den Kopf noch ein bisschen mehr auf, hob den Schnabel und stellte die Flügelfedern aus. Als er den Kopf beugte, spreizte er Flügel und Schwanz und gab ein verblüffendes Geräusch von sich – wie ein Seufzen, dem Gähnen von Duane ganz ähnlich. »Diese Begrüßung«, sagte Duane, »richtet er nie an Fremde.« Das Begrüßungsritual fand auch jeden Tag statt, wenn Duane von der Arbeit kam. Wenn Duane es vergaß, war Merlin beleidigt.

»Ich möchte mich wieder vertragen, Merlin ...« Zögernd setzte Merlin einen Fuß auf Duanes ausgestreckte Hand. Weiteres zärtliches Geplauder. Er hüpfte auf den Arm, dann wieder herunter, doch nach etwa einer Minute ließ er sich auf Duanes Schulter nieder. Der Ehekrach war beigelegt, und der Rest des Angelausflugs verlief in bestem Einvernehmen. Merlin folgte uns und ließ sich friedlich im Schatten nieder, während wir im Teich nach Forellenbarschen fischten.

Merlin hat Gefühle. Auch an Gesichter und Ereignisse erinnert er sich, die mit ihnen assoziiert sind. Und er hat

Launen. Ich weiß nicht, ob er ein denkendes Wesen ist, aber ohne Zweifel ist er ein fühlendes Wesen.

Neben dem Krähenruf zeichnet Merlin sich noch durch einen weiteren ungewöhnlichen Ruf aus, den ich noch nie zuvor gehört habe – einen auffälligen, aus zwei Tönen bestehenden Pfiff, den Duane erfunden und Merlin kopiert hat. Jetzt scheint Merlin ihn zu verwenden, um seinen »Partner« zu warnen, wenn etwas Ungewöhnliches in der Nähe ist. Außerdem macht er damit auf sich aufmerksam, wenn er hoch über Duane hinwegfliegt. Raben in der freien Wildbahn lassen individuell unterschiedliche Rufe ertönen. Bestimmt hat Duane keine Schwierigkeiten, Merlin auch in großer Höhe zu erkennen, wenn er ruft.

Merlins Kommunikationssystem kann auch spezifischere Informationen übermitteln. Eines Tages setzte sich Duane auf einen Hang, und Merlin erforschte die nähere Umgebung. Dann kam er zurück, ließ sich auf Duanes Schulter nieder und begann, ihn sanft am Ohr zu picken und an seinem Kragen zu zerren. Schließlich sprang er von Duanes Schulter und flog in einer Schleife ins Tal hinab. Anschließend kam er zurück und wiederholte das ganze Manöver. Duane sagte: »Ich wusste sofort, dass er versuchte, meine Aufmerksamkeit zu erregen, daher ging ich in die angegebene Richtung und fand dort einen Rotluchs und ein Backenhörnchen.« Als ich diese Anekdote hörte, fragte ich mich, ob Rabenpartner miteinander kooperieren oder aber ob sie symbiotische Beziehungen zu Jägern eingehen (vgl. S. 282 ff.).

Sobald wir, vom Fischteich aus, den Heimweg antraten, wurde Merlin wieder lebhaft. Wir trennten uns alle, aber jetzt, da Merlin fliegen durfte, wohin er wollte, folgte er zunächst ausschließlich Duane, dann legte er den Rest des Weges allein zurück.

Es waren fast 40 Grad im Schatten, als wir wieder in Camp Pozo eintrafen. Duane stellte Merlin eine große Edelstahlschüssel voll Wasser hin. Merlin sprang hinein und schlug mit den Flügeln wie ein Schneebesen. Dreimal leerte er die Schüssel. Nach jeder Badesitzung nahm er auf Duanes Knie Platz, schüttelte sich, putzte sich und flog auf das Wohnwagendach, um seine Trocknungs- und Putzprozedur zu beenden, bevor er wieder zu uns in den Wohnwagen kam.

Während der Fernsehapparat lief, stillten alle ihren Durst. Merlin war matt und brav. Zwei Stunden lang saß er geduldig und zufrieden auf Duanes Knien oder Schultern. Seine einzige Beschäftigung bestand darin, höflich die Maiskräcker entgegenzunehmen, die man ihm reichte. Einen Maiskräcker rollte Duane in ein Handtuch ein. Geschickt entrollte Merlin das Handtuch, indem er die Rolle mit seinem Schnabel vorwärtsstieß, bis er den Chip erreichte. Er wusste, dass der Chip sich darin befand. Lady und Katche, die auf dem Sofa lagen, würdigte er keines Blickes. Er kannte sie gut, und umgekehrt. Sie beachteten sich überhaupt nicht, selbst wenn sie keinen halben Meter entfernt waren. Doch fremde Katzen und Hunde ärgerte und attackierte Merlin durchaus. Einmal erschrak er sichtlich beim Anblick einer Wildkatze, die ihre Zähne zeigte.

Um 16.30 Uhr, als die Temperaturen draußen erträglich wurden, stellten Duane und Charles Klappstühle unter den Eichen auf und stimmten ihre Gitarren, um dann ein improvisiertes Rockkonzert zu geben. Die ganze Zeit hindurch blieb Merlin wie verzaubert auf Duanes Knie sitzen. Obwohl die größte Hitze vorüber war, stand sein Schnabel offen. Seine glänzenden schwarzen Federn waren weich, und er hielt den Kopf still. Manchmal blinzelte er rasch mit den weißen Nickhäuten, ein Zeichen dafür, dass er sich wohlfühlte. Erstaunlicherweise veränderte er seine Position während der zwei Stunden nur einmal – nämlich um auf den Verstärker zu hüpfen, der auch als Tisch für die Bierdosen diente. Ich weiß nicht, ob Merlin Musik mag, aber ganz gewiss zappelte er während des Zweistundenkonzerts nicht ein einziges Mal herum. Die ganze Zeit über war er aufmerksam und guckte interessiert umher. Als das Medley vorüber war, streckte Merlin augenblicklich ein Bein und einen Flügel zuerst zur einen Seite, wiederholte dann die Prozedur auf der anderen Seite, schüttelte und putzte sich, als hätte er verstanden, dass die Vorstellung nun zu Ende sei. Zu neuem Leben erwacht, hüpfte er vom Verstärker herunter und begann, den Rand eines Gitarrenkastens mit dem Schnabel zu bearbeiten.

Duane ist der Überzeugung, bestimmte Tonfolgen oder Frequenzen brächten ihn »in Fahrt«. Beispielsweise reagiert Merlin auf den Klang der Zampoña genauso wie auf das Geräusch von Staubsaugern – mit Interesse. Nun kann man natürlich fragen, ob sich das Geräusch eines Staubsaugers als Musik bezeichnen lässt. Ich persönlich glaube, dass Musik im Ohr des Hörenden liegt. Meine Frau, die klassische Musik liebt, sieht keinen großen Unterschied zwischen Merlins Geschmack und meinem, der eher in die Richtung von Bruce Springsteen und The Animals geht.

Beim Scheibenschießen mit einem Kleinkalibergewehr reagiert Merlin auf die Schüsse mit Angst, während ein Lastwagen, der Vollgas gibt, ihn nicht aus der Ruhe bringt. Er erschrickt beim leisesten Rascheln, das er noch nicht identifiziert hat. In der Wohnung in Santa Cruz zeigte er einmal Anzeichen höchster Unruhe und reckte den Hals, obwohl Duane und Sue zunächst gar nichts hörten. Dann vernahmen sie ganz schwache Tritte. Ein Rotwild ging am Fenster vorbei. Als Merlin es erblickte, beruhigte er sich augenblicklich. Der Anblick des Rotwilds beunruhigte ihn nicht annähernd so sehr wie das leise Geräusch der Fußtritte, die er nicht hatte einordnen können.

Was er als gefährlich empfindet, lässt sich schwer erraten. Der Anblick eines Adlers regte ihn bereits auf, bevor er von einem angegriffen wurde. Auf eine echte Schlange reagierte er mit Schrecken, verhielt sich aber einer fast vollkommenen Imitation gegenüber nahezu gleichgültig. Wochenlang beunruhigte ihn ein Regal von 60 × 120 Zentimetern, das als Stereoschrank diente, und er »drehte durch«, als Duane ein paar frische Salbeizweige in seinen Käfig legte. Wie Jakob hatte Merlin Angst vor einem winzigen Spielzeugdinosaurier, der ihm in den Käfig gesetzt wurde, doch später akzeptierte er ihn, nachdem er ihn auf dem Fußboden der Wohnung untersucht hatte. Auch vor einem neuen Besen erschrak er. Im Allgemeinen hat er Angst vor der geringsten Veränderung in seiner Umgebung, allerdings fürchtet er einige Dinge mehr als andere. Duane fasst seine Beobachtungen zusammen: »Ich habe keine Ahnung, warum ihm einige Dinge überhaupt nichts ausmachen, bei denen man annehmen würde, sie müssten ihm einen Höllenschreck einjagen, während ihn andere, die völlig harmlos erscheinen, ausflippen lassen.«

Ungefähr eine halbe Stunde, bevor sich die Abenddämmerung auf Camp Pozo herabsenkte, breitete Merlin die Flügel aus, stieg steil über dem Wohnwagen auf, überflog die Eichen und erreichte schließlich in rund 150 Metern Höhe Reisegeschwindigkeit. Von ein paar Kumuluswolken abgesehen war der Himmel vollkommen klar. Wir standen fasziniert da und bewunderten seine Flugkünste, während er im Gleitflug über die Hügel segelte und dann in einem großen Kreis zum Camp Pozo zurückkehrte. Ich hatte nicht die Geistesgegenwart, auf die Uhr zu blicken, doch meine Videoaufzeichnung dauerte neun Minuten. Der ganze Flug muss erheblich länger gewesen sein. Als Merlin schließlich wieder herabkam und mit ausgebreiteten Flügeln elegant auf Duanes Schulter landete, war es 19.40 Uhr. Die Sonne ging unter, und das trockene Gras leuchtete golden auf den östlichen Hängen. Duane ging mit seinem Freund zum Wohnwagen. Merlin hüpfte herunter und kletterte in seinen Käfig. Ein höchst ungewöhnlicher Tag ging zu Ende.

Jakob und Merlin hatten mir faszinierende Einblicke in die Welt der Raben vermittelt, die so ganz anders waren als meine »wissenschaftlichen« Feldstudien. Dort arbeiten wir mit großen Stichproben von Vögeln und erhalten Daten, die wir statistisch auswerten. Die Beobachtung von zwei Vögeln, die eine Bindung zu Menschen eingegangen waren, die sie normalerweise nur anderen Raben gegenüber zeigen, eröffnete mir eine andere Perspektive. Vielleicht kann man den Geist der Raben nicht kennenlernen, ohne mit ihnen zu leben, so wenig, wie man für sich in Anspruch nehmen darf, die Soziobiologie eines exotischen Stammes zu verstehen, ohne eine Weile dort zu leben oder sogar einzuheiraten – so wie es Klaus und Duane getan haben.

4. KAPITEL

Halsringe für Babynahrung

Goliath und die anderen drei Raben, die ich als Nestlinge großgezogen hatte, waren nur eine von mehreren Gruppen, an denen ich Vaterstelle vertrat. Manchmal hielt ich auch Gruppen von mehr als 20 Raben, die ich in freier Wildbahn als Altvögel eingefangen hatte, vorübergehend in meiner Voliere. Jeder Rabe verputzt eine Menge Futter am Tag, und wie Sie inzwischen wissen, ist die Fütterung von Raben höchst aufwendig. Was Raben fressen, ist auch von großer Bedeutung für das Verständnis ihres Verhaltens, weil die Nahrung ein Mittelpunkt im Leben des Vogels und ein Grundprinzip seiner Evolution ist.

Ich fütterte Goliath und all die anderen jungen Raben, die ich aufgezogen hatte, mit einer abwechslungsreichen Diät, die vorwiegend aus Fleisch, Hundefutter, gekochten Eiern, Fröschen, rohem Fisch und gelegentlich Insekten bestand.

Stets bettelten sie lautstark, verweigerten aber manchmal die Nahrung, wenn sie mehrere Tage hintereinander das Gleiche bekommen hatten. Ein bis zwei Monate nachdem sie das Nest verlassen hatten, schrien sie laut und ärgerlich, wenn sie mich sahen und verfolgten mich unablässig. Die Gewichtszunahme im Verhältnis zu der Menge des verfütterten Eiweißes schien sehr gering zu sein. Wurden sie in freier Natur besser ernährt? Wenn ja, woraus bestand diese Diät?

Anfang Mai 1995 beschloss ich, genau das herauszufinden, indem ich mir ein Nest vornahm.

Am 22. April war ein Paar von Seetauchern zum Hills Pond zurückgekehrt, zwei Tage nachdem die Eisdecke aufgebrochen war. Der Schnee in den Wäldern war endlich geschmolzen, und der Frühling richtete sich ein. Wanderdrossel, Waldschnepfe, Phöbe, Trauertaube, Goldspecht, Rotschulterstärling, Kuhstar, Graukopfvireo, Saftspecht, Ammerfink, Singspatz, Hüttensänger und sogar Sumpfschwalbe und Turmfalke waren seit zwei Wochen zurück. Die ersten Schwärme der Waldsänger – Rubinfleck- und Myrten-Waldsänger – waren in der Woche zuvor eingetroffen. Wie in jedem Frühjahr um diese Zeit inszenierte ein Waldschnepfenmännchen jeden Abend auf der Lichtung vor meiner Hütte eine prachtvolle Balz. Bald würden die Weibchen auf cremefarbenen Eiern mit lila Flecken sitzen. Keiner der Singvögel hatte bislang mit dem Nestbau begonnen. Im Gegensatz dazu hatte der größte Singvogel überhaupt, der Kolkrabe, bereits fast ausgewachsene Junge in vollem Federkleid.

Vögel folgen einem genauen Brutplan, der vom Nahrungsvorkommen bestimmt wird. Die Waldschnepfen kommen, wenn die erste weiche Erde Regenwürmer verheißt. Turmfalken müssen auf schneefreie Felder warten, damit sie auf Mäusejagd gehen können. Der Rabe ist viel größer als beide und braucht erheblich mehr Nahrung. Jedes Mitglied seiner rasch wachsenden Brut braucht täglich riesige Eiweißmengen. Wenn er Glück hat, kann ein Rabe ein oder zwei Mäuse fangen. Er findet vielleicht auch einige vereinzelte Würmer, aber er besitzt nicht die Voraussetzungen, um nach ihnen zu suchen und sie zuverlässig aus dem Schlamm zu holen, wie es die Waldschnepfe kann. Insekten sind viel zu klein und zu selten, um die Bedürfnisse der großen Körper von Raben zu befriedigen. Außerdem befinden sich die meisten Insekten sowieso noch in der Winterruhe und sind nicht greifbar, wenn die Jungen im April heranwachsen. Bei den heimischen Raben setzt der Wachstumsschub der Jungen in den vier Wochen Ende April/Anfang Mai ein. Bei den Hunderten von Nestern, die ich in Neuengland beobachtet habe, ist mir nur ein einziger Fall begegnet, der aus diesem verhältnismäßig engen zeitlichen Rahmen der Nistzeit von Raben herausfiel (vgl. 29. Kapitel). Wenn etwas geschieht, der geeignete Zeitraum verpasst oder das erste Nest zerstört wird, brüten die Vögel erst im nächsten Jahr wieder. Dagegen sind Raben in vielen anderen Regionen, in denen man sie findet, weit flexibler. Es gibt sogar Berichte, nach denen sie noch im Herbst nisten, und es ist schwierig, diese Bruten als »spät« oder »früh« zu charakterisieren (vgl. Anmerkungen und Literaturhinweise).

Raben haben in der Regel vier bis fünf Junge, die alle ihr endgültiges Gewicht von drei bis vier Pfund in ungefähr drei bis vier Wochen erreichen. Welche Nahrung, so fragte ich mich, konnten die Altvögel in der Jahreszeit, auf die ihr Brutzyklus abgestimmt ist, in solchen Mengen für ihre Jungen heranschaffen?

Raben gelten wie wir als Allesfresser. Wenn meine gefangenen Raben die Wahl hatten, entschieden sie sich für die cholesterinreichen, fetten Speisen: Käse, Heuschrecken, gesalzene Erdnüsse, Eier, Butter, Kartoffelchips und Hamburger. Als Nächstes auf der Liste folgen Mäuse, Vögel, Rotwild- und Elchfleisch, Blaubeeren, Maden, Tomaten, Aaskäfer, Fisch, Hafergrütze und Mais. Nur eine begrenzte Auswahl von dieser Liste steht im Mai in Maines Wäldern zur Verfügung.

An der Küste von Maine besteht für die auf den Inseln nistenden Raben während der Zeit, in der sie die Jungen füttern, die Hauptnahrung aus Seevögeln und ihren Eiern. John Drury, ein Ornithologe von der Insel Vinalhaven in Maine, berichtete mir, dass er dort häufig Raben beobachtet habe, wie sie die Himbeerbüsche, in denen die Eiderenten nisten, überflogen und in ihnen landeten. Die Nester der Eiderenten dort waren bald ohne Eier und die Nestdaunen weit verstreut. In der Nähe eines Felsennests von Raben auf Seal Island fand John die Schalen von 13 Eiderenteneiern und die abgenagten Skelette von 13 Gryllteisten. Im Jahr zuvor hatten unter demselben Nest die Schalen von neun Eiderenteneiern und die Überreste von zwei Gryllteisten gelegen. Bei einem Rabennest auf Great Spoon Island fand John die Schalen von sechs bis sieben Silbermöwen-, ein oder zwei Mantelmöwen-, 13 Eiderenten- und zwei Kormoraneiern, dazu die Köpfe von drei Möwen, vier Eiderenten und Teile von zwei nicht identifizierten Vogelwirbelsäulen. Zwei Wochen später fand er die Schalen von elf weiteren Eiderenteneiern sowie die Überreste von zwei Gryllteisten und einer Amsel. In der Umgebung einer Fichte auf Metinic Island fanden sich Anhaltspunkte für eine ähnliche Kost. Tinker Vitelli, der seit 1988 in der Nähe von Bowdoinham, also auch an der Küste von Maine, ein Rabenpaar beobachtet hat, das in einem Kieferngehölz nistet, hat im Gegensatz zu obigen Funden festgestellt, dass seine Raben ihre Jungen überwiegend mit Süßwassermuscheln aus einem nahe gelegenen Fluss ernähren. Die Raben schleppen die Muscheln ganz heran und bringen anschließend die Schalen wieder fort. Nie lassen sie Reste unter dem Nistbaum liegen.

Im Inland sehen sich die Raben in den Wäldern von Maine einer anderen Situation gegenüber. Ich nahm an, Überleben und Fortpflanzung dieser Raben sei von Rotwild und Elchen abhängig. Überall dort, wo Jäger im Herbst die Eingeweide von Rotwild oder Elchen liegen lassen, tauchen Raben auf. Im Winter und Anfang Frühjahr dürften Raben von Rotwild leben, das der manchmal tödlichen Kombination von Kälte und tiefem Schnee, Hunger und Kojoten zum Opfer fällt. Vielleicht sorgt die konservierende Wirkung der Winterkälte dafür, dass die Raben genügend Nahrung haben, um zu nisten, bevor das Fleisch im Frühjahr verwest.

Maine umfasst eine Fläche von 86160 Quadratkilometern, und vor Beginn der jährlichen Jagdsaison beläuft sich der Rotwildbestand auf rund 300 000 Stück. In den letzten Jahren weisen die offiziellen Statistiken eine jährliche Abschussrate von annähernd 27 000 Stück Rotwild und rund 1500 Elchen aus. Das Ministerium für Fischerei und Forstwirtschaft in Maine schätzt, dass noch einmal genauso viele illegal erlegte Tiere hinzukommen. Zu ergänzen ist diese Aufstellung durch die Kadaver der Biber, Kojoten und anderer Tiere, die Trapper in den Wäldern zurücklassen. Das führt zu einer vorsichtigen Schätzung von knapp einem Fleischhaufen pro Quadratkilometer und Jahr, hinzu kommen die Kadaver, die auf natürliche Todesursachen zurückgehen.

Im Winter 1992/93 hatte ich 59 Rabengewölle unter den Bäumen eines Schlafplatzes gesammelt, auf denen ein nichtterritorialer Trupp geschlafen hatte, während er sich von den Kälbern ernährte, die ich ausgelegt hatte. Zehn Gewölle bestanden überwiegend aus Rotwildhaaren und fünf aus Vogelbeersamen (vgl. Tabelle 4.1 auf S. 105 ff.). Diese Ergebnisse lassen nur darauf schließen, *was* Raben fressen. Sie geben keinen Aufschluss darüber, *wie viel* es ist. Bereits der Verzehr einer einzigen Beere würde Kerne im Gewöll zurücklassen, hingegen könnte ein Rabe tagelang von den Eingeweiden eines Stück Rotwilds fressen und dabei nur einige wenige Haare zu sich nehmen.

Rotwildkadaver sind natürlich vorhanden, obwohl nicht ausgeschlossen werden kann, dass auch lebenden Tieren Haare ausgerupft werden (vgl. S. 267 ff.). Die mehr als 50 Nester, die ich untersucht habe, waren alle mit Haaren von Rotwild ausgepolstert. Manchmal enthält die Auskleidung der Nester auch Haare von Schneeschuhhasen, zerkleinerte Vogelbeerbaumrinde und ganz selten einmal Haare von Elchen und Bären. Einmal habe ich sogar in einem Nest Haare von Elchen, Bären, Hasen und Rotwild gefunden: aber Rotwildhaare sind stets vorhanden.

Wenn ein Rabenpaar mit Jungen einen ganzen Rotwildkadaver zur Verfügung hätte, dann stünde ihm damit nicht nur genügend Material für die Auskleidung des Nestes zur Verfügung, sondern auch eine stete Nahrungsversorgung für mehrere Wochen, vorausgesetzt das Wetter ist kalt genug. Bei nicht so günstiger Witterung hätten sie im Frühling immerhin frische Maden statt frischem Fleisch. Meine zahmen Vögel ziehen frische Maden verfaulendem Fleisch vor. Oft ist es ein Glücksfall, wenn ein Rotwild- oder Elchkadaver zur Verfügung steht. Doch selbst wenn ein revierbesitzendes Paar einen Rotwildkadaver findet, kann es schwierig werden, ihn auch zu behalten. Wenn sich ein Trupp von Jungvögeln den Kadaver aneignet, ist der Nahrungsvorrat in wenigen Tagen dahin. In meinem Untersuchungsgebiet in Maine wurde jeder der vielen Hundert Tierkadaver, die ich ausgelegt hatte, früher oder später von Rabentrupps übernommen.

Obwohl gerade die erste Maiwoche angebrochen war, stand die Entscheidung über den Bruterfolg der örtlichen Raben bereits unmittelbar bevor. Im Unterschied zu anderen heimischen Vögeln, die manchmal mehrmals pro Jahr brüten oder die sofort eine zweite Brut aufziehen, wenn die erste vernichtet wird, habe ich nie beobachtet, dass die Raben noch einmal nisten, wenn ihr erster Brutversuch fehlgeschlagen ist. Dieses Jahr hatten neun der örtlichen Rabenpaare keinen Brutversuch unternommen. Drei hatten damit begonnen, ihre Nester zu bauen, die Vorbereitungen dann aber plötzlich abgebrochen. Und zwei Nistversuche waren fehlgeschlagen, nachdem die Nester bereits fertig waren (in mindestens einem befanden sich auch Eier). Nur zwei der neun Paare hatten mit der Aufzucht der Brut begonnen. Merkwürdigerweise enthielten diese beiden Nester nicht die Mindestzahl von Jungen, nämlich zwei bis drei, sondern jedes enthielt fünf, was schon fast die maximale Brutgröße ist, obwohl ich in einem Jahr auch ein Nest mit sieben gesunden Jungen gefunden habe. Die Bruterfolge des vergangenen Jahres waren ähnlich wie in diesem: Es gab zwei erfolgreiche Bruten mit zusammen acht Jungen, von denen die meisten später Feinden zum Opfer fielen (vgl. 6. Kapitel).

In diesem Jahr wurde das erste Nest, das an der Braun's Road, kurz nach dem Bau aufgegeben. Das zweite, das des Weld-Paares, ist bisher jedes Jahr erfolgreich gewesen. Das andere Paar, das bislang gut zurechtkam, war das Paar in den Kiefern beim Robertson-Friedhof. Seine Bemühungen waren im letzten Jahr in einer sehr späten Phase des Brutzyklus gescheitert. Die sehr ungleiche Verteilung der Jungen auf diese neun Paare ging entweder auf unterschiedliches Nahrungsvorkommen oder auf unterschiedliche Fähigkeiten der Nahrungsbeschaffung zurück. Letztere Erklärung erschien mir weniger wahrscheinlich, weil das »Friedhofspaar«, das im letzten Jahr sein Nest mit verhungernden Jungen aufgegeben hatte, dieses Jahr, nach den vielen Exkrementen unter dem Nest zu urteilen, große, gesunde Junge hatte. Egal, welche Art Katastrophe über sieben der neun örtlichen Paare hereingebrochen war, dieses Paar hatte sie verschont. Ich wollte wissen, mit welcher Nahrung diese beiden Eltern Erfolg gehabt hatten.

Gerade hatte ich von einer Methode erfahren, mit der man feststellen kann, womit die Jungen gefüttert werden, ohne dass man ihnen dadurch den geringsten Schaden zufügt. Ich musste dazu lediglich mit einigen Pfeifenreinigern zu ihrem Nest gelangen. Die Methode ist wunderbar einfach. Ohne Mühe erhält man durch sie eindeutige Ergebnisse, die sonst nur unter großen Schwierigkeiten zu erzielen wären. Die Daten sind direkt und relevant. Hocherfreut erstand ich also

Pfeifenreiniger und begab mich auf schnellstem Wege zu dem Nistbaum.

Ein Pfeifenreiniger ist ein nützliches Werkzeug. Er besteht aus einem kurzen biegsamen Stück Draht, an dem weiches Reinigungsmaterial befestigt ist. Wird nun dieser gepolsterte Draht um den Hals eines Jungvogels gelegt, kann dieser keine großen Nahrungsbissen mehr herunterschlucken, was ihn jedoch nicht daran hindert, zu betteln und Nahrung entgegenzunehmen. Diese Nahrung sammelt sich so lange im Schlund, bis man sie herausdrückt – wie Zahnpasta aus der Tube.

Ich war also in den Baum hinaufgeklettert und hatte mich ganz oben mit einiger Mühe so um den verjüngenden Stamm herummanövriert, dass ich in das Nest blicken konnte, wo ich fünf gesunde Junge sah. Sie begannen gerade, sich ihr Federkleid zuzulegen, und hatten etwa die Hälfte ihres endgültigen Gewichtes erreicht. Die Jungen waren noch in einem Alter, in dem sie nichts in der Nähe ihres Nestes fürchteten. Mit weit offenen blauen Augen reckten sie mir ihre langen, dürren Hälse entgegen und bettelten um Futter. Um jeden dieser Hälse schlang ich lose einen weichen Pfeifenreiniger. Keiner der Vögel schien Notiz davon zu nehmen. Alle fuhren sie fort zu betteln oder vergruben sich tief im Nest, um zu schlafen. Drei Stunden später, als ich davon ausgehen konnte, dass die Altvögel das Nest drei- bis viermal zum Füttern aufgesucht hatten (und als ich mich hinreichend von der anstrengenden Kletterei erholt hatte), kehrte ich zurück und stieg erneut auf den Baum.

Wie zuvor zeigten die Jungen keine Furcht, sondern bettelten. Ich fand keinen Klumpen in ihrem Schlund. Alle Pfeifenreiniger befanden sich noch an ihrem Platz. Was war geschehen? Dann entdeckte ich drei Portionen Fleisch auf dem Rand des Nestes. Offenbar hatten die Jungen sie ausgewürgt, weil sie sie nicht hinunterschlucken konnten – eine feste, kompakte Masse von der Größe einer 35-mm-Filmrolle. Es war rotes Muskelfleisch, das ziemlich ausgetrocknet und dadurch nahezu schwarz geworden war und eine lederartige Konsistenz hatte, wie befeuchtetes Trockenfleisch. Mit Sicherheit handelte es sich weder um Froschfleisch, Insekten oder Schlangenfleisch noch um Süßwassermuscheln oder Fischfleisch. Ich sammelte alle Klumpen ein und entfernte die Pfeifenreiniger so lange, dass ich das Fleisch des überfahrenen Kragenhuhns, das ich in einem Pappbecher mitgebracht hatte, an die Kleinen verfüttern konnte. Ich fand, sie machten einen guten Tausch, verglichen mit dem ledrigen, halb vertrockneten Zeug, das sie ausgespien hatten.

Die drei ausgewürgten Fleischbällchen bestanden alle aus zahlreichen zusammengepressten Stücken von teilweise getrocknetem rotem Fleisch. Nach seinem Geruch zu urteilen, war es nicht mehr frisch, aber auch noch nicht verfault. Es war mit einer Schicht schleimigem Speichel bedeckt. Vor allem aber waren viele Rotwildhaare tief in die Fleischstückchen gepresst, was darauf schließen ließ, dass sie nicht von der Auspolsterung des Nestes stammten.

Das Fleisch enthielt weitere aufschlussreiche Hinweise. So fand ich Reste eines Mooses, das an schattigen feuchten Stellen auf dem Boden wächst, ferner teilweise vertrocknete, jedoch noch grüne Tannennadeln. Tannennadeln von dieser Farbe fallen nicht einfach von lebenden Zweigen. Ich habe noch nie Tannenzweige, -äste oder -nadeln in einem Rabennest gefunden. Tannen verlieren auch keine lebendigen Zweige, von denen sich dann grüne Nadeln lösen könnten, und Nadeln verändern ihre Farbe, bevor sie von lebenden Bäumen abgeworfen werden. Deshalb stammten die teilweise getrockneten grünen Nadeln wahrscheinlich von gefällten Tannenbäumen, deren Nadeln rasch trocknen und abfallen, ohne sich zuvor zu verfärben. Ich vermutete, dass das Rotwildfleisch aus einem Versteck stammte, das auf moosbewachsenem Erdboden unter Tannenzweigen in der Nähe eines Sägewerks angelegt worden war. Häufig führen die Fahrer der schweren Forstmaschinen nämlich Gewehre in ihren Kabinen mit sich. Rotwild hat im Winter keine Angst vor diesen Maschinen und sammelt sich an Stellen, wo Holzfäller leicht begehbare Forstwege zu gefällten Bäumen gebahnt haben, an denen es reichlich Knospen zum Äsen gibt.

Mein Verdacht, dass die drei Nahrungsklumpen von einem versteckten Tierkadaver stammten, erhärtete sich am folgenden Tag, als ich die Halsberingung wiederholte. Dieses Mal brachten die Eltern in vier Stunden mindestens drei Klumpen Rotwildfleisch, die als Pfropfen im Schlund der Jungvögel saßen. Diesmal war es feuchtes, rosa Fleisch und nicht teilweise vertrocknetes wie das vom Vortag. Kein Moos und keine Tannennadeln klebten daran, nur ein weiteres Rotwildhaar. Diese Fleischportionen kamen wahrscheinlich direkt von einem Rotwildkadaver. Es erfüllte mich mit Befriedigung, dass, egal, was die in Maine heimischen Raben sonst an ihre Jungen verfütterten, die Jungen in diesem Nest zumindest mit Wildbret ernährt wurden.

Man hätte annehmen sollen, dass der stetige Nachschub an Kalbkadavern, für den ich in den zehn vorhergehenden Wintern in Maine gesorgt hatte, den Bruterfolg der ansässigen Raben hätte garantieren müssen. Doch der Umstand, dass in den letzten zwei Jahren nur vier von 18 potenziellen Nestern erfolgreich gewesen waren, sprach dagegen. Daten, die auf ebenso geringe Bruterfolge in irgendeiner anderen Region schließen ließen, kannte ich nicht (allerdings sollte ich später von sehr aufschlussreichen Ausnahmen erfahren; vgl. 23. Kapitel). Dennoch hat meine ständige Zusatzfütterung den brütenden Paaren wahrscheinlich nicht geholfen. Die Kälber, die ich heranschleppte, haben wahrscheinlich Trupps nichtterritorialer Jungraben angelockt. Da diese Scharen keinen Kadaver unbeachtet gelassen haben, konnte auch keiner den brütenden Rabenpaaren als verlässliche und langfristige Nahrungsquelle dienen. Und wegen dieser vagabundierenden Schwärme waren vermutlich die meisten der mir unbekannten Rotwildkadaver in den Wäldern ringsumher von ebenso flüchtiger Dauer. Dagegen hatte ich in Vermont, wo die Brutdichte der Raben etwa der in Maine entspricht, nur jeweils einen großen Tierkadaver ausgelegt und auch das nicht so regelmäßig. Doch diese Kadaver wurden fast nie von Jungvogeltrupps gefressen und hielten sich monatelang. Auch in Vermont gab es fehlgeschlagene Nistversuche (14 Prozent der insgesamt 25 Nester), aber bei Weitem nicht so häufig wie in meinem Untersuchungsgebiet in Maine, das ich regelmäßig mit Zusatznahrung versorge, wo 48 Prozent von 68 Nestern erfolglos blieben. Wenn meine Zusatzfütterung in Maine insgesamt betrachtet den Nisterfolg erhöhte, dann bei Raben, die Hunderte von Kilometern von diesem Standort *entfernt* brüteten, nicht aber an diesem Ort selbst. Angesichts dieser Überlegungen wollte ich mir noch mehr Nahrungsproben von den Jungen besorgen und beschloss, die Beobachtung noch einen weiteren Tag fortzusetzen.

Am Morgen des 8. Mai, als ich mich wieder auf den Weg zum Friedhofsnest machte, hatte leichter Schneefall eingesetzt. Wie gewöhnlich hielt sich ein Partner des Rabenpaars am Nest auf. Der Vogel war relativ zahm. Als er mich aus dem Wipfel einer benachbarten Kiefer beschimpfte, sah ich, dass er einen meiner Ringe am linken Bein trug. Die Jungen waren satt und schliefen. Keines bettelte. Gleich nachdem ich ihre Hälse beringt hatte, schlossen zwei die Augen und setzten ihren Schlaf fort.

Als ich zur Hütte zurückkam, schneite es nicht mehr, und der Himmel hatte aufgeklart. Die anderen Mitglieder des Teams – Kim Most, Lori Friedman und ihr Freund Kerry, alles Studenten der University of Vermont und Rabenhelfer – backten frisches Brot. Ich trank eine Tasse Kaffee, setzte mich auf die Vordertreppe und lauschte dem lebhaften Gesang des Zaunkönigs. Im Mischwald hinter uns ertönte der klagende Ruf eines Graukopfvireos. Dann hörte ich die Schreie eines Raben vom Alder-Fluss her, aus Richtung der knapp einen Kilometer entfernten Lichtung, wo ich zwei Tage zuvor sechs aufgeschnittene Kälber abgeladen hatte. Ich dachte, es würden viele Tage vergehen, bevor die Raben sie finden würden, und noch mehr Tage, bevor sie wagen würden, von ihnen zu fressen. Als ich in den Himmel jenseits vom Alder-Fluss emporblickte, sah ich mehrere Raben hoch oben tanzen, dann steil hinunterschießen und wieder aufsteigen. Solchen fliegerischen Darbietungen, von entsprechendem Geschrei begleitet, gelingt es stets, meine Aufmerksamkeit sowie die anderer Raben zu erregen. Alle vier brachen wir auf, um die Raben zu sehen – und um unserer Bildung Nahrung zu geben, einer Bildung von anderer Art, als sie Aldo Leopold anprangerte. Vor einem halben Jahrhundert hatte er so trefflich in *A Sand County Almanac* (1949) geschrieben: »Ich habe einmal eine gebildete Dame gekannt, die Mitglied bei Phi Beta Kappa war und die mir erklärte, sie habe die Gans nie gehört oder gesehen, die zweimal im Jahr den Wechsel der Jahreszeiten auf ihrem gut isolierten Dach verkündet. Ist Bildung vielleicht ein Prozess, in dem Bewusstsein gegen Dinge von geringerem Wert eingetauscht wird?«

Der südöstliche Hügelhang, der zum Bach abfiel, war vor Kurzem abgeholzt worden. Im vergangenen Jahr waren dort anderthalb bis zwei Meter hohe Pappelsprösslinge gewachsen, die äsende Rehe und Elche angelockt hatten. Krause, braune Farnwedel zeigten ihre blassgrünen, haarigen Stängel. Unten am Bach entfalteten die Erlen ihre Kätzchen, aber noch zeigten sich keine grünen Triebe im trockenen, gelben Sumpfgras, das raschelte, als wir uns im Gänsemarsch einen Weg hindurchbahnten. Wie John Fowles in seinem Buch *The Tree* (1979) darlegt, ist die Natur, anders als die Kunst, erschaffen »als ein externes Objekt mit einer Geschichte ... aber sie erschafft sich auch in der Gegenwart, während wir sie erfahren. Während wir sie beobachten, schreibt sie sich gewissermaßen neu, formuliert sich neu, malt sich neu, fotografiert sich neu«.

Wir sprangen über die ausgehöhlten Biberpfade, nunmehr Kanäle, die in den Fluss mündeten. Am Wasser, wo das Gras welk am Boden lag, sahen wir kräftige grüne Grasbüschel mit steil emporschießenden Halmen, die aussahen wie Phalangen aus kurzen, aufgerichteten Speeren. Die burgunderfarbenen Stämme des roten Hartriegels entlang des Wasserlaufs bildeten einen auffallenden Kontrast dazu. Die verschiedenen Farben vereinigten sich zu einem gefälligen Gesamteindruck, weil alle in der Natur vorkommenden Farben »komplementär« sind. Die Natur ist der Maßstab für Wahrheit und Schönheit.

An einem abgeholzten Hang neben dem Fluss blieben wir stehen. Ein breites Flussbecken reflektierte das Licht wie ein Spiegel, sodass in dem braunen Wasser der schwarze Grund aus Schlamm und Steinen nicht zu erkennen war. Flauschige weiße Wolken trieben von Nord nach Süd, über die schwarzen Silhouetten der Tannen- und Fichtenspitzen vor uns hinweg. Hinter ihnen lag die Lichtung mit den Kälbern, dort hörten wir die Raben. Ich spürte meinen Herzschlag, aber ich hatte nur eine vage Vorstellung von dem, was hier vor sich ging, denn ich war gerade erst dabei, diese Welt kennenzulernen. Ihre Entfaltung würde eines Tages, so hoffte ich, eine Geschichte sichtbar werden lassen, in der alle Fakten Sinn und Bedeutung bekamen, sodass alle Daten und Beobachtungen wie kleine Farbtupfer sein würden, die, aus einer gewissen Entfernung und zusammen betrachtet, ein Meisterwerk der Evolution offenbaren würden.

Vor uns, eben über den Fichten, sah ich einen Schwarm Raben, der sich hoch in den Himmel hinaufschwang, bis in die weißen Wolken hinein. Der Himmel schien schwarz von Raben zu sein. Ein brauner Adler, vielleicht ein subadulter Weißkopfsee- oder Steinadler, kreiste zwischen ihnen. Der große Rabenschwarm teilte sich in zwei Hauptabteilungen, von denen sich kleinere Gruppen ablösten, ein Dutzend oder weniger umfassend. Immer wieder stießen sie im Sturzflug hinab, machten Luftsprünge, drehten sich und stiegen wieder auf ausgespannten Schwingen.

Wir überquerten den Fluss. Als wir die Lichtung erreichten, flatterten etwa ein Dutzend oder mehr Raben von den Kadavern empor. Der größte Teil des Fleisches war schon herausgerissen worden. Rasch bauten wir in der Nähe ein Versteck aus Fichtenzweigen, damit wir das Geschehen später aus der Nähe beobachten konnten. Dann kehrten wir auf den Grashang am Fluss zurück, badeten in der Sonne und ließen uns auf einem Floß aus Baumstämmen mitten auf dem eisigen Wasser des Flussbeckens treiben. Ein Zaunkönig sang, und ein Indianergoldhähnchen ließ seine Kontaktrufe im Fichtendickicht am Wasser ertönen. Die Zeit verging wie im Flug. Es war nun Zeit für mich, das Rabenspektakel zu verlassen und wieder auf die Kiefer zu klettern, um den »beringten« Jungen die Nahrungspfropfen aus dem Schlund zu holen und sie zu füttern.

Das Verhaltens- und Fütterungsmuster am Rabennest war unverändert. Wie zuvor hielt sich ein Elternteil ständig beim Nest auf. Die Eltern hatten dieses Mal in fünf Stunden sechs Klumpen getrocknetes Fleisch mit aufschlussreichen Rotwildhaaren sowie einen Klumpen frisches Rotwildfleisch herbeigeschafft. Offensichtlich bezog das Paar die Nahrung von einem Rotwildkadaver. Vier der Nahrungsklumpen, die sich noch im Schlund der Jungen befanden, wogen insgesamt 75 Gramm und bestanden aus 20 einzelnen Fleischstücken.

Eines der Jungen hatten die Eltern zusätzlich mit einem kürzlich versteckten Leckerbissen gefüttert – einem Stück Wurst mit gut durchgekautem, hausgemachtem Vollkornbrot. Ich wusste das so genau, weil ich das Sandwich am Tag zuvor auf der Nestkante liegen gelassen hatte, nachdem ich den Kleinen das Futter aus dem Schlund geholt hatte. Gerade als ich mich wieder auf den Weg machte, kam ein Vogel mit Futter im Schnabel zurück. Seine Stimme klang erstickt, als versuche er mit vollem Mund zu sprechen.

An diesem Abend gab es in der Hütte frisches Brot und Nudeln zu Abend. Wir machten ein Lagerfeuer und rösteten Marshmallows über der Glut. Ein Waldschnepfenmännchen inszenierte auf und über der Lichtung neben der Hütte seine Balzflüge. Bevor es davonflog, um sich für die Nacht mit Regenwürmern zu versorgen, hörten wir noch ein paar aufgeregte Rabenkabbeleien auf den Kiefern in der Nähe. Dort befand sich also ein zeitweiliger Schlafplatz, wahrscheinlich von einigen der Raben, die zu den Kadavern rekrutiert worden waren. Dann fiel ich in einen friedlichen und tiefen Schlaf.

Um 4.30 Uhr, als der Horizont im Osten hell wurde, wachte ich auf. Ich verzichtete sowohl auf ein Frühstück als auch auf Kaffee und trat hinaus. Es schien wärmer zu sein, der Himmel war wolkenlos, und kein Lüftchen regte sich. Alle Laute waren überdeutlich, als der Morgenchor der Vögel einsetzte – das Flöten der Einsiedlerdrosseln, der weitschweifige Gesang der Zaunkönige, die *didahs* der Schwarzkopfmeisen, die nasalen Töne der Weißkehlammern. Die nächtliche Nahrungssuche der Waldschnepfe musste erfolgreich gewesen sein, denn sie gab schon wieder ihre athletischen Balzflüge zum Besten. Wiederholt stieg sie wie ein Riesenkolibri weit über hundert Meter in die Höhe, um dann im dämmrigen Morgenlicht pfeilschnell herabzuschießen, wie sie es schon in der Abenddämmerung getan hatte.

Die Raben auf dem nahe gelegenen Schlafplatz ließen noch nichts von sich hören, sodass ich Zeit genug hatte, in mein neu erbautes Versteck auf der anderen Seite des Flusses bei den Kälbern zu kriechen. Um 4.40 Uhr hörte ich die ersten Rabenrufe, und bald darauf trafen sie ein – allein, zu zweit oder zu dritt. Das hatte ich erwartet, denn die Vögel hatten hier offensichtlich schon einige Zeit gefressen. Nach zwei Tagen war schon der größte Teil des Fleisches fort. Wer den Futterplatz jetzt aufsuchte, brauchte sich nicht an die großen Trupps zu halten. Er konnte nach eigenem Gutdünken kommen. Alle Raben, die eintrafen, ließen sich auf den kahlen Ästen einer nahen Pappel nieder, wo ich sie als dunkle Silhouetten gegen einen allmählich heller werdenden Himmel erblickte. Sie putzten sich, schüttelten sich gelegentlich und gaben leise, gurrende Laute von sich. An diesem Tag würden keine Schreie ertönen, anders als noch vor ein oder zwei Tagen, als sie hier gerade mit dem Fressen begonnen und noch Angst gehabt hatten.

Um 5.25 Uhr hatten sich 20 Vögel in der Pappel versammelt, zehn weitere saßen in einem anderen Baum. Eine Gruppe von vier oder fünf stieß zu den Kälbern in meiner Nähe herab. Innerhalb von fünf Sekunden kamen alle anderen, bis auf zwei, herunter, und der Haufen von Kalbkadavern war rasch mit Raben bedeckt. Noch bevor die Sonne über den Horizont gestiegen war, spiegelte sich das Licht schon auf ihrem Rückengefieder, während sich das gelb färbende Band des Himmels wie eine Folie auf die Silhouetten der Bäume auf dem nahen Hügelkamm legte. Ab und zu tauchte ein weiterer Vogel über den Bäumen auf, breitete die Flügel aus und glitt still über den Boden, um sich in der Nähe der Kälber niederzulassen. Andere flogen von Zeit zu Zeit davon.

Von gelegentlichem Gezänk abgesehen, blieben die Raben ruhig, wie ich das in dieser späten Phase der Nutzung der Nahrungsquelle auch erwartet hatte. Viel deutlicher hörte man die anderen Vögel des Waldes – die charakteristischen Kadenzen eines Saftspechtes, der auf einen leeren Ast einhämmerte, ein »Lied«, bei dem sich der Rhythmus veränderte, aber der Ton gleich blieb, und das dumpfe Trommeln des Kragenhuhns, das kräftig und langsam mit hohl klingenden Flügelschlägen begann, die dann zu einem schnellen Wirbel verschmolzen. Dann ertönten die Rufe von Purpurgimpeln und, zum ersten Mal in diesem Frühjahr, die eines Pieperwaldsängers.

Schließlich fraßen fast 30 Raben von den Kälbern oder trieben sich in der Nähe der Kadaver herum. Keiner der neuen Vögel, die wir in diesem Jahr gefangen oder markiert hatten, befand sich darunter. Einen einzigen markierten Vogel konnte ich in dem Trupp entdecken, ein Weibchen mit einer gelben Flügelmarkierung, die den Buchstaben W trug. In den letzten Jahren hatte ich den Vogel schon mehrfach gesichtet.

Es wurde Tag. Behutsam und unendlich langsam schob ich ein kleines Fichtenreisig zur Seite, weil es mir die Sicht nahm. Alles ging gut, bis einer der Vögel etwas Verdächtiges bemerkte – vielleicht die langsame Bewegung meiner Hand durch den Vorhang von Tannenzweigen. Wie immer, wenn einer aus dem Trupp erschreckt auffliegt, verließ die ganze Schar den Köder in wildem Geflatter, so plötzlich, so heftig, dass ihre ansteckende Furcht fast greifbar war. Keiner der Vögel ließ einen Laut hören. Viele Sekunden lang flogen die Vögel wild durcheinander, ohne zu wissen, was es mit der Gefahr auf sich hatte oder woher sie kam. Mehrfach überquerten sie die Lichtung, dann entfernten sie sich. Auch ich ging, um erneut zu überprüfen, womit die Jungen gefüttert wurden.

Noch viermal kletterte ich zum Nest hinauf und hielt fest, was die Jungraben in weiteren 15,5 Stunden an Nahrung erhalten hatten. Während dieser Zeit hatten sie 14 Futterportionen bekommen. Am 12. Mai hatten drei Portionen wieder aus halb vertrocknetem Rotwildfleisch bestanden. Die andere Portion war ein weißer Klumpen, wahrscheinlich Talg (vielleicht Vogelfutter, das jemand ausgelegt hatte? Vgl. S. 395 f.), dazu zwei zerdrückte Drosseleier. Am folgenden Tag fand ich sechs Nahrungsklumpen. Alle enthielten frisches Rotwildfleisch.

Der 14. Mai war der letzte Tag, an dem ich Daten bekommen konnte, weil ich eine Woche lang fortmusste. Die Jungen waren bereits gefiedert und würden schon zänkisch und spröde reagieren. Als ich zum Nest gelangte, schob ich die Klumpen in ihrem Schlund, wie ich es bereits mehrmals getan hatte, mit Daumen und Zeigefinger nach oben und legte die ausgewürgten Portionen in eine Plastiktüte. Bei zwei Vögeln kam das zusammengeklebte, halb getrocknete Rotwildfleisch zum Vorschein, das ich schon so oft gefunden hatte. Ein dritter Vogel hatte in seinem Schlund eine weiße Masse, die wie Talg aussah. Doch der Talg wies einen blauen Fleck auf – das Himmelblau von Rotkehlcheneiern, ein Stück Schale vermutlich. Ich täuschte mich. Aus dem roten Rachen des Raben tauchte ein vollkommen intaktes Rotkehlchenei auf.

Es war erstaunlich, dass das zerbrechliche Ei in Rachen und Schlund des Jungvogels nicht zerdrückt worden war. Noch wundersamer, das Ei hatte es auch überlebt, als der Altvogel es aus dem Nest genommen hatte. Als ich das Ei vorsichtig aufnahm, um es nicht zu zerbrechen, wurde mir klar, dass der Rabe es genauso gemacht haben musste. Jedes Mal, wenn ich einen Raben mit einer Maus füttere, höre ich das Knacken von Schädel- oder Wirbelknochen, sobald der Vogel sie in seinen kräftigen Schnabel nimmt. Ein Knacken ist auch zu vernehmen, wenn sich Raben Insekten einverleiben. Ebenso hörbar werden Fleischbrocken, die sie fressen, kraftvoll zerquetscht. Auf die meisten Gegenstände hacken sie auch mit dem Schnabel ein. Der Vogel, der das Wachtelnest ausgeraubt hatte, hatte sich offensichtlich in die tiefe Nestmulde hinabgebeugt und das Ei mit seinem dicken, harten Schnabel gefasst. Wenn das Ei nicht zerbrochen war, dann nur, weil der Vogel sich größte Zurückhaltung auferlegt hatte. Warum? Wusste er, dass das Ei zerbrechen würde, wenn er es behandelte wie andere Dinge? Wusste er, dass der Inhalt des Eis herauslaufen und verloren gehen würde, wenn die Schale zerbrach? Nachdem das unversehrte Ei in dem aufgesperrten Rachen des Jungvogels gelandet war, hätte es eigentlich zerbrechen müssen, als dieser es hinunterschluckte.

Mein erster Impuls war, das Ei in den Schlund eines der Jungvögel zu stopfen, weil ich eigentlich kaum etwas anderes damit anfangen konnte. Der Nährwert des winzigen Eies war allerdings äußerst gering, der ästhetische Wert dagegen umso höher. Ich zögerte.

Als ich das Ei versonnen zwischen den Fingern hin- und herrollte, staunte ich über die Reinheit der hellblauen Farbe und die Symmetrie seiner Form. Auch ich ging so behutsam mit ihm um – aus Angst, es könnte bei meiner Berührung zerbrechen. Das war mehr als nur ein schönes Objekt. Anders als all die anderen Teile von Vögeln, Säugetieren, Fröschen oder Schlangen, die diese Jungraben schon gefressen hatten, besaß dieses kleine Ding noch eine mögliche Zukunft. Vielleicht würde ein lebender Vogel herausschlüpfen. Es hatte die Möglichkeit, ein Rotkehlchen zu werden, das die Morgendämmerung mit seinem melodiösen Gesang begrüßte. Dieses Ei war wie ein Waisenkind, das es gegen alle Wahrscheinlichkeit geschafft hatte. Vorsichtig nahm ich das Ei in den Mund, bettete es behutsam auf die Zunge und nahm es mit hinunter, um ihm ein Rotkehlchennest und Pflegeeltern zu suchen. Mit den Ergebnissen meiner Pfeifenreiniger-Studie war ich hochzufrieden. Sie hatte mir eine weitere Einzelheit geliefert, die zur Klärung der Frage beitragen konnte, wie Raben teilen, eine Frage, auf die ich schon seit vielen Jahren eine schlüssige Antwort suchte.*

* 1998 nahm ich den schwierigen Aufstieg zu dem Felsennest in der Nähe meines Hauses in Vermont auf mich und wiederholte das Halsringexperiment an den drei mit Federkielen bedeckten Jungen in diesem Nest. Bei der ersten Beringung, die 16 Stunden dauerte, entnahm ich vier Bissen angefeuchtetes Weißbrot (40 Gramm), einen Bissen rosa Fleisch (20 Gramm – Kalb?) und zwei Bissen nicht allzu irische Leber (45 Gramm). Danach fand ich drei Tage lang nichts, obwohl die Jungen weiterhin die Ringe aus Pfeifenreinigern trugen. Trotzdem waren sie gefüttert worden. Ihre Gewichtszunahme war normal, und sie ließen keine Anzeichen von Hunger erkennen. Ich nehme an, die Eltern hatten bemerkt, was vor sich ging. Wahrscheinlich hatten sie eine neue Fütterungsmethode entwickelt (kleinere Stücke statt der großen Bissen?). Ich gelangte zu der Erkenntnis, dass meine Dozenten wohl doch recht gehabt hatten: Man soll wirklich nicht Tiere untersuchen, die intelligenter sind als man selbst.

TABELLE 4.1
Hauptbestandteile von 229 Rabengewöllen an sieben verschiedenen Standorten

Unter einem Rabennest auf einem Radarturm des amerikanischen Frühwarnsystems in Barrow, Alaska, Juni 1993

41	vorwiegend Lemminge
16	vorwiegend Vögel
23	Lemminge und Vögel
80	

Unter einem Felsennest auf dem Mount Denali, Juni 1992

1	Eierschalen
3	Vögel
3	Nagetiere
9	Karibufell
1	Hasenfell
6	nicht identifizierte Säugetiere
23	

An einer großen Futterstelle mit meinen Kalbkadavern, Weld, Maine, 1995

1	Flughörnchen
1	Hase
7	Vogelbeeren
4	Vogelbeeren und Tierhaare
1	mit 15 Samen von Virburnum opulus, Haaren und Knochen
14	

An einem gemeinschaftlichen Schlafplatz, Brück, Deutschland, 1997

5 Fetzen einer durchsichtigen Plastiktüte
2 aufgelöstes Papier
1 Bindfadenstücke (rot, blau, grün)
1 Bonbonpapier
1 Papier, Eierschalen, 10 Käferdeckflügel
1 Taschentuch (ausschließlich!)
1 Lappen (ausschließlich!)
1 Fell und Knochen (Ratte?)
13

Unter einem Rabennest in Schleswig-Holstein, April 1994

11 Getreidekörner und andere Pflanzenreste
12 kleine Knochen
2 Hasenreste
3 Nagetiere
28

Unter einem gemeinschaftlichen Winterschlafplatz auf meinem Hügel in Maine, Januar 1993

10 Rotwildhaare
5 Beeren
44 Sternchen, Rinderhaare, Pflanzen
59

Unter einem Schlafbaum in Weld, Maine, August 1995

1	mit 39 Apfelbeerenkernen
2	fast ausschließlich Weißquarzsteinchen (25 und 12)
1	Fetzen von Plastiktüte
2	Käferflügel, Maianthermum-Samen
1	mit 21 Actia-rubra-Samen
1	mit 29 Apfelbeerenkernen und vielen Blaubeerensamen
4	Stück Tierfell und -knochen
12	

5. KAPITEL

Erziehung

Roa, der Rabe von Konrad Lorenz, pflegte Wäscheleinen heimzusuchen, um Damenunterwäsche zu stehlen. Einmal hatte Roa gerade die Wäsche einer Nachbarin untersucht, die an einer Leine hing, als er gerufen wurde. Er folgte der Aufforderung, nahm aber noch schnell ein Kleidungsstück mit, das er gut tragen konnte – einen Damenschlüpfer. Als er mit einem Leckerbissen belohnt wurde, stellte er eine Assoziation zwischen Schlüpfern und wohlschmeckender Nahrung her. Fortan schleppte er ganz im Sinne der klassischen Konditionierungstheorie Damenunterwäsche herbei, um sie gegen schmackhafte Snacks einzutauschen.

Die Bedeutung des Lernens im Leben der Raben lässt sich kaum überschätzen. Und dennoch betrifft ein Großteil des Lernens Verhaltensweisen, die in unterschiedlichem Maße angeboren sind und nur von bestimmten Reizen zu bestimmten Zeiten ausgelöst werden. Wie alle Eltern wissen, ist ein unverzichtbarer Aspekt des Lernens, dass Kinder einfach wichtigen Einflüssen ausgesetzt werden. Solche Einflüsse entscheiden, was tatsächlich gelernt wird, im Gegensatz zu dem, was gelernt werden könnte. Vielleicht beruht der größte Teil unseres Erziehungsprozesses – und möglicherweise auch desjenigen von Raben – auf Mechanismen, die für die Darbietung geeigneter Reize sorgen. Diese Mechanismen können verschiedene Elemente umfassen. Bei Raben erwerben die Jungvögel die besonderen Erfahrungen, die die Lebensweise der Art prägen, indem sie ihren Eltern folgen. Ihre Neugier ermöglicht ihnen, von dieser Erfahrung zu profitieren und relevante Objekte kennenzulernen.

Einen ersten Eindruck, wie wilde Jungraben »ihr Handwerk lernen«, vermittelte mir die Beobachtung der Hills-Pond-Familie in der Nähe meiner Hütte in Maine. Anfang Mai, als die Jungvögel zum ersten Mal das Nest verließen, aber noch in seiner Nähe verweilten, kehrten die Altvögel zurück, um sie zu füttern. Allmählich gingen die Jungen dazu über, den Eltern entgegenzufliegen, wenn sie mit Futter kamen. Schließlich folgten sie ihnen. Anfang Juni flogen beide Eltern und ihre Jungen in die Nähe der Hütte, um von Kadavern zu fressen, die ich dort ausgelegt hatte, und um nach Maden und anderen Insektenlarven in ihrer Nähe zu graben. Zu dieser Zeit bettelten die Jungen noch lautstark. Die Eltern pickten vor ihren Augen Nahrung auf und expedierten sie dann in ihre weit geöffneten, schreienden Rachen. Nach einigen Wochen schienen die Eltern weniger auf das Schreien zu achten, woraufhin sich die Jungen gelegentlich selbst ein Stück Fleisch herausrissen oder sich mit dem Schnabel eine Larve aus dem verwesenden Fleisch herausholten.

Es liegt im Interesse der Jungen, so lange wie möglich bei den Eltern zu bleiben, während es für die Eltern natürlich von Vorteil ist, wenn die Jungen so bald wie möglich unabhängig werden. Der Konflikt ist vorprogrammiert. In der Hills-Pond-Familie entdeckte ich die ersten Anzeichen für diesen Konflikt Mitte Juni. Die Jungen flogen dicht hinter ihren Eltern her, schrien laut, während diese das erregte *kek-kek-kek* ausstießen, mit dem sie Wut zum Ausdruck bringen, etwa wenn sich ein Falke oder ein anderer Feind dem Nest nähert. Diese Eltern wirkten keineswegs erfreut, also war davon auszugehen, dass die Jungvögel bald auf sich allein gestellt sein würden.

Am 15. Juni 1993 machten die Eltern einen ausgesprochen bedrängten Eindruck. Wieder sah ich sie den Hügel heraufkommen, begleitet von ihrer lärmenden Brut. Sie ließen sich auf den Skeletten des Kalbkadavers nieder, aber es war kein Fleisch mehr da. Eine halbe Stunde lang grub die Familie im losen Laub nach Käfern und ihren Larven, die sich vom Fell ernährten. Später am Tag sah ich einen der Altvögel die Straße von Wilton nach Weld entlangfliegen. Die Jungen folgten ihm, schrien und bettelten, während sie fast an den Schwanzfedern des Altvogels hingen. Doch statt der Straße weiter zu folgen, wie ich erwartet hatte, drehte dieser plötzlich ab, tauchte in den Wald ein und flog mit unvermindertem Tempo zwischen den Bäumen hindurch. Die Jungen blieben dicht hinter ihm. Erneut tauchte der Altvogel (wahrscheinlich das Weibchen) mit seinen Jungen im Kielwasser aus dem Wald heraus und landete auf der höchsten Spitze einer Kiefer, einer Stelle, die denkbar weit von jeder anderen Landemöglichkeit entfernt war. Die Jungen ließen sich auf dem nächsten verfügbaren Ast weit darunter nieder und fuhren mit ihrem Geschrei fort. Das Weibchen stieß Erregungsrufe aus und ruckte mit dem Kopf in alle Richtungen, als suchte es nach einem Fluchtweg, schließlich flog es wieder die Straße entlang. Wieder folgten die beiden Jungen ihr laut schreiend. Dieses Mal flog die Mutter *empor* und begann zu kreisen. Während sie stieg, stieß sie weiterhin die Erregungsrufe aus. Schließlich flog sie in gerader Linie über Adams Hill davon. Sie schien sich nach Kräften zu bemühen, ihre lärmenden Verfolger abzuschütteln, aber es gelang ihr nicht lange. Am Abend fanden sich alle drei wieder bei den Überresten des Kalbs ein.

In der nächsten Zeit zeigten sich die Jungen, manchmal mit einem Altvogel, manchmal mit beiden Eltern, weiterhin mindestens einmal am Tag auf meiner Lichtung. Sie klangen verzweifelt und manchmal kläglich, während die Altvögel genervt und wütend reagierten. Eine Woche später erschienen die beiden Jungen gelegentlich allein. Der männliche Altvogel, der einen Beinring trug, kam mehrere Male, um von einem Waldmurmeltier zu fressen, das ich ausgelegt hatte. Wenn seine Jungen bettelten, fütterte er sie bisweilen. Ab und zu gab er ihnen jedoch nichts, stattdessen versteckte er das Fleisch im nahen Gras, damit sie es sich selbst holten und fraßen. Der Altvogel war zum indirekten Ernährer geworden. Die Jungen waren zur Nahrung geführt worden und hatten auf diese Weise gelernt, wie sie aussah. Vermutlich würden sie jetzt ihr eigenes Waldmurmeltier finden oder irgendeinen anderen Kadaver aufsuchen, den sie mit ihren Eltern erkundet hatten, und ihn als Nahrung erkennen.

Die Familie, oder Teile von ihr, blieb bis Ende Juni die meiste Zeit über zusammen. Am 15. Juli hatte sie sich endgültig getrennt. Noch Ende Juli kamen einzelne Jungvögel in die Nähe der Hütte, angelockt vom Betteln, das zu hören war, wenn ich meine zahmen Jungvögel fütterte, die zu diesem Zeitpunkt noch frei herumstreifen konnten.

Meine Jungraben verhielten sich mir gegenüber, wie die Jungen der Hills-Pond-Brut auf ihre Eltern reagiert hatten. Sie folgten mir und zeigten großes Interesse an allem, was ich berührte. Im Juni und Anfang Juli war ihre Neigung, mir zu folgen, so ausgeprägt, dass ich große Mühe hatte, ihnen zu entkommen, um wenigstens ein bisschen Ruhe und Privatleben zu haben. Auch ich hatte mir angewöhnt, Erregungsschreie auszustoßen! Da ich nicht wie ein Altrabe durch den Wald huschen konnte, um sie abzuhängen, musste ich zu einer List greifen. Mein üblicher Trick bestand darin, zur Vordertür der Hütte zu gehen, um mich, wenn sie sich dann dort versammelten, klammheimlich zur Hintertür hinauszustehlen.

Konrad Lorenz hat beobachtet, dass junge *Nestflüchter* (Vögel, die das Nest wenige Stunden nach dem Schlüpfen verlassen, wie etwa Enten und Gänse) ihren Eltern schon bald folgen, nachdem sie das Ei verlassen haben – im Gegensatz zu *Nesthockern* (die, wie Raben, nach dem Schlüpfen noch fast Embryonen sind). Experimentell fand Lorenz heraus, dass sie allem folgen, was sie in der kritischen Phase nach dem Schlüpfen erblicken, gewöhnlich ihren Eltern. Durch diese frühe Erfahrung lernen sie die Identität ihrer Art kennen, was später von entscheidender Bedeutung ist, wenn sie potenzielle Partner identifizieren sollen.

Ist ein Nachfolgeverhalten wie das der jungen Raben ein Beweis für Prägung? Haben mich die Raben wirklich mit jemandem von ihrer Art verwechselt? Würden sie sich infolgedessen später mit Menschen paaren wollen? Alle Anzeichen sprechen dafür, dass sie ihre Artgenossen sehr wohl erkennen, obwohl sie mir gefolgt sind. Meine handzahmen Raben hatten neben mir auch noch Modelle ihrer eigenen Art. Unweigerlich reagierten sie mit hingerissener Aufmerksamkeit auf einen Raben, der lautlos und fern an ihnen vorbeiflog, während sie eine fliegende Krähe nicht beachteten, obwohl Menschen sie kaum von einem Raben unterscheiden können. Mit der gleichen hingerissenen Aufmerksamkeit lauschen sie Rabenrufen.

Ich nehme an, dass die Erfahrungen, die Raben in der Jugend machen, ihre sexuellen Präferenzen zwar beeinflussen, aber nicht stärker festlegen, als das beim Menschen der Fall ist. Beispielsweise würde man wohl kaum erwarten, dass ein Mensch, der als Kind zusammen mit einem jungen Gorilla aufwächst, sich später sexuell von Gorillas angezogen fühlen würde. Unsere Präferenzen können vermutlich modifiziert werden, aber sie lassen sich nicht beliebig in jede Richtung zwingen, weil sowohl uns als auch Raben wahrscheinlich ungefähre Konzepte oder »Schablonen« angeboren sind, an denen wir messen, wie ein idealer Partner aussieht und sich verhält.

Andere Dinge wiederum, die wir und Raben lernen, sind wahrscheinlich weniger streng vorprogrammiert. Nahrung zum Beispiel. Es kann nicht nur eine angeborene Schablone geben, die Raben sagt, wie Nahrung auszusehen hat, weil das Erscheinungsbild dessen, was Raben fressen, von fast unbegrenzter Vielfalt ist. Gibt es Regeln für die Identifizierung möglicher Nahrung, ähnlich der »Regel«, dass ein Entchen dem ersten beweglichen Objekt folgt, das es nach dem Schlüpfen sieht? Wie lernen Raben, was tatsächlich wichtig für sie ist? Wenn Raben mit bestimmten Nahrungsmitteln vertraut gemacht werden, wie können sie dann genügend Erfahrung mit verborgenen und verschiedenartigen Nahrungsmitteln sammeln, wo die Vielfalt der Objekte in ihrer Umgebung doch fast unendlich ist? Können sie sich leisten, irgendetwas unbeachtet zu lassen? Und wenn ja, was? Meine vier Jungvögel Fuzz, Goliath, Houdi und Lefty waren für mich die idealen Versuchsobjekte, um es herauszufinden.

Einen Monat nachdem sie das Nest verlassen hatten, führte ich die vier Vögel mindestens einmal, manchmal auch mehrere Male zu halbstündigen Spaziergängen aus. Dabei schrieb ich alles auf, woran sie auf ihrem Weg pickten. Bei den ersten Gängen versuchte ich, den Lehrer zu spielen. Ich berührte bestimmte Objekte – Stöckchen, Moos, Steine –, und nichts von den Dingen, die ich berührte, blieb von ihnen unberührt. Sie kamen herbei und untersuchten, was ich untersucht hatte, was mich zu der Annahme veranlasste, dass junge Vögel Essbares unter anderem durch das Beispiel ihrer Eltern zu identifizieren lernen. Allerdings berührten sie auch fast alles andere, was unmittelbar auf ihrem Weg lag. Schon bald wurden sie unabhängiger, indem sie sich neben meiner Route ihre eigenen Wege suchten. Auch als sie allein »spazieren« gingen, zupften sie an Blättern, Grashalmen, Blumen, Rindenstückchen, Tannennadeln, Samen, Tannenzapfen, Erdklumpen und anderen Dingen, auf die sie stießen. Wieder schrieb ich alles auf und verschlüsselte es mit Zahlen. Nachdem sie mit den Hintergrundobjekten in diesem Wald hinreichend vertraut waren und sie allmählich ignorierten, präparierte ich den Weg, den wir später zusammen gingen, mit Objekten, denen sie noch nie begegnet waren. Einige waren auffällige Nahrungsmittel: Himbeeren, tote Mehlkäfer oder gekochte Maiskörner. Andere waren auffällig und ungenießbar: Kieselsteine, Glasscherben, rote Winterbeeren. Wieder andere waren äußerst rätselhafte Nahrungsmittel wie zum Beispiel Köcherfliegen in ihren Köchern und Falterkokons. Die Ergebnisse waren spektakulär.

Auf unseren täglichen Spaziergängen berührten die vier jungen Vögel in erster Linie alle neuen Objekte. Für solche Dinge entschieden sie sich bis zu 10 000-mal häufiger als für Hintergrundobjekte oder Gegenstände, die sie bereits berührt hatten. Ihr Hauptkriterium, um etwas anzupicken oder aufzuheben, war Neuartigkeit. In nachfolgenden Versuchen bevorzugten sie die zuvor neuen Gegenstände, die essbar waren, während die ungenießbaren Objekte – die Blätter, Gräser und Steinchen – »Hintergrundelemente« wurden, selbst wenn sie sehr auffällig waren. Wie diese Experimente zeigen, sorgt die *Neugier* der Raben dafür, dass sie Erfahrungen mit allen oder fast allen Gegenständen in ihrer Umgebung sammeln. Nie habe ich beobachtet, dass sie *irgendetwas* unbeachtet ließen, das neu für sie war.

Im Feld sind Nahrungsmittel bestimmten Geländeformen zugeordnet: Preiselbeeren wachsen auf Bergen oder in Sümpfen, Himbeeren auf abgeholzten Waldflächen, wilde Erdbeeren auf Feldern und so fort. Im Zusammenhang mit der ausgeprägten Neugier sorgt also das Nachfolgeverhalten (da es sich die Erfahrung der Eltern zunutze macht) dafür, dass auch ausgefallene und vielleicht seltene Nahrungsarten stets gefunden werden. Dieser elegante Mechanismus bewirkt, dass in jeder Umwelt jede Art von Nahrung gefunden wird, und er erklärt noch ein weiteres, seit Langem bestehendes Rätsel – die wohlbekannte Tatsache, dass Raben von Juwelen und buntem Tand magisch angezogen werden.

George Miksch Sutton, der bekannte Vogelmaler und Ornithologe von der Cornell University, sagte vor einem halben Jahrhundert: »Mein Lieblingsrabe war ein Ästhet, seine Liebe zu buntem Tand war nicht rein fleischlicher Natur«, denn er habe ihn ja nicht gefressen. Indessen haben Goliath und die anderen am ersten und zweiten Tag nach Verlassen des Nestes sogar Kiefernzapfen wie bunten Tand behandelt. Doch sie hatten rasch genug von Kiefernzapfen, und von da an haben sie sie links liegen lassen. Nachdem die Jungvögel festgestellt hatten, dass man sie nicht fressen konnte, verloren sie jedes Interesse an ihnen. Genauso verhielt es sich mit Löwenzahnblüten, den Flügelfrüchten des Ahorns, Zigarettenkippen, Kieselsteinen, glänzenden Glasscherben, ungenießbaren Winterbeeren. Und mit Blaubeeren? Nein, dieser »Tand« schmeckte gut und geriet *nicht* so rasch in Vergessenheit. Ringe und Münzen? Die unmittelbare Anziehungskraft, die sie auf die Vögel ausübten, war zweifellos ästhetischer Natur, doch in einem grundsätzlichen, evolutionären Sinne lautet die Frage, *warum* meine Raben sie als ästhetisch anziehend empfanden. Und die Antwort heißt: wegen der fleischlichen Belohnung. Diese Dinge *bedeuteten* neue Objekte, von denen sich einige als gut essbar herausstellen *konnten*, daher wurden sie im Spiel untersucht. Wären die Vögel nur von Objekten angezogen worden, die schon als gut essbar *bekannt* waren, hätten sie ihre Erfahrung mit diesen Objekten zwar vertieft, aber keine neuen Nahrungsmittel entdeckt.

Die gleiche »fleischliche« Tendenz kann zum Verständnis von Lorenz' Anekdote über die Damenunterwäsche beitragen. Da sich junge Raben von allem angezogen fühlen, was in ihrer Umgebung auffällt, übt Wäsche, die auf einer Leine hängt, natürlich eine besondere Anziehungskraft aus. Ich war noch Student an der University of California in Los Angeles, da machte sich mein erstes Rabenpaar bei meiner Mutter unbeliebt, als ich es mit nach Hause nach Maine brachte. Die beiden Vögel zogen die Wäscheklammern von der Leine und verstreuten die Wäschestücke oder hinterließen schmutzige Spuren auf denjenigen, die sie hängen ließen. In der Rückschau verstehe ich das Verhalten der beiden Vögel – sie zeigten Interesse an dem, was *meine Mutter* interessierte, und an dem, was für sie neu war. Wie das Aufpicken neuartiger bunter Steine, so war auch das Greifen von Wäscheklammern Spiel. Bei den Dingen, die sie forttrugen, suchten sie sich in der Regel leichtere und kleinere Objekte als Beute aus, wie zum Beispiel Socken – und natürlich auch Damenunterwäsche.

Ein einfaches Experiment bewies, dass die ausgeprägte Neugier von Raben, ihre Umgebung zu erforschen, letztlich der Nahrungssuche dient. Nach einer Fahrt an die Küste, wo ich mich selbst wie ein junger Rabe benahm, indem ich mir eine umfangreiche Sammlung merkwürdiger, nutzloser und für meine Raben völlig neuartiger Dinge zulegte, brachte ich meinen vier jungen Schützlingen Taschen voller rundgeschliffener Steine, Schneckengehäuse, Krebsscheren und Seetang mit. Darunter gab es nur eine einzige Sorte von potenziell essbaren Dingen – kleine tote Sandkrabben, etwas, was Festlandsraben in Maine nie zu sehen, geschweige denn zu schmecken bekommen. Als Fuzz, Goliath, Lefty und Houdi mit all diesen Strandobjekten zugleich konfrontiert wurden – ich hatte sie auf einem Waldpfad in der Voliere ausgestreut –, zeigten sie sich lebhaft interessiert und nahmen alle Objekte unterschiedslos in Augenschein. Nach zehn Minuten konzentrierten sie sich bereits auf die Sandkrabben und verloren das Interesse an den übrigen Dingen. Nachdem sie nur wenige Male mit den Leckerbissen Kontakt aufgenommen hatten, suchten sie sie auch schon gezielt heraus. Und nach 30 Minuten hatten sie jede Krabbe gefunden und gefressen. Vom nächsten Tag an beachteten sie die anderen Dinge praktisch überhaupt nicht mehr. Sie verhielten sich ganz wie Jakob, Klaus Morkramers Rabe, den man getrost mit den wertvollen römischen Kunstschätzen zusammenbringen konnte, weil sie den Vogel langweilten.

Junge Raben machen kurzen Prozess mit neuen Objekten. Häufig gab ich meinen zahmen Raben, wenn sie ihren Hunger an überfahrenen Waschbären oder Hasen gestillt hatten, Spielzeug, damit sie etwas zu ihrer Unterhaltung hatten. Eine Milchtüte aus Pappe beispielsweise stellte nicht die geringste Herausforderung dar. In zwei Minuten war sie in kleine Fetzen zerrissen. Eine Cidreflasche aus durchsichtigem Plastik unterhielt sie etwas länger. Mit ihren großen Schnäbeln hieben sie auf das Objekt ein, rissen und zerrten daran, bis es in einen unförmigen Plastikklumpen verwandelt war. Es gibt zahllose Zeitungsberichte über Raben, die Dachziegel, geparkte Autos und empfindliche Flugzeugtragflächen beschädigt haben. Jungraben sind wie alle Tier- und Menschenkinder bestrebt, eine möglichst große Vielfalt von Reizen zu erforschen, um ihre Bedeutung zu erfassen. In der freien Natur ist dieses Spielverhalten ein Überlebensmechanismus, doch in einer städtischen Umwelt kann das ungebremste Erkundungsverhalten zum Ärgernis für die betroffenen Menschen werden.

Laut einer Meldung von Associated Press aus dem Jahr 1991 waren Raben auf dem Flugplatz von Soldotna in Alaska dabei ertappt worden, wie sie Löcher in Flugzeuge hackten, die mit einem Polyestergewebe bespannt waren. Sechs Maschinen waren mit daumengroßen Löchern übersät. Der lokale Rabenexperte wurde herbeigerufen und behauptete, Raben seien nun einmal »hochintelligente Tiere« und hätten wohl gedacht, unter der Plastikhaut befände sich Nahrung, da sie häufig mit Speiseresten aus Plastiktüten gefüttert würden. Ich glaube nicht, dass sie gedacht haben. Sie haben einfach gespielt, und Tiere, die spielen, haben manchmal Glück und finden unerwartete Schätze.

Auch in Juneau, Alaska, wo ein Jugendzentrum zum Osterfest 1991 eine groß angelegte Eiersuche veranstaltete, entpuppten sich die Raben als Störenfriede. Fast 1200 hartgekochte Eier wurden im Adair-Kennedy Memorial Park verteilt. Leider hatten die Mitarbeiter und ihre Helfer sie Stunden vor dem Ereignis versteckt. Als man endlich so weit war und sämtliche teilnehmenden Kinder registriert hatte, waren die Raben mit den bunten Eiern längst über alle Berge. Während den Vögeln durch ihren Spieltrieb ein Festtagsschmaus beschert worden war, gingen viele Kinder leer aus. Der *Juneau Empire* formulierte die Moral der Geschichte: »Es hat keinen Sinn, die Eier zu zählen, bevor die Raben da waren.«

Was jedoch die Störung öffentlicher Veranstaltungen angeht, so ist und bleibt meine Lieblingsgeschichte die, die sich während der isländischen Golfmeisterschaften zugetragen hat. Das Turnier musste auf einen anderen Platz verlegt werden, weil Raben den Abbruch erzwungen hatten. Rings um den Golfplatz saßen sie in den Bäumen und schossen immer wieder herab, um sich unbewachte Golfbälle zu schnappen. Auch meine zahmen Vögel werden unwiderstehlich von hellen, runden Objekten angezogen, Golfbälle eingeschlossen.

Weniger harmlos war diese Vorliebe, als es sich bei den kleinen runden Objekten nicht um Golfbälle, sondern um die Eier der gefährdeten Zwergseeschwalbe in Kalifornien handelte. Eine Gruppe von Forschern (Michael L. Avery, Mark A. Pavelka, David L. Berman, David G. Decker, C. Edward Knittle und George M. Linz) versuchte das Problem durch negative Konditionierung zu lösen. Sie legten Eier der japanischen Wachtel aus, die eine bemerkenswerte Ähnlichkeit mit denen von Zwergseeschwalben haben, nachdem sie sie mit einem chemischen Stoff präpariert hatten, der nicht tödlich ist, aber bei den Vögeln Unwohlsein auslöst. Die Raben indessen ließen sich nicht austricksen, sondern lernten rasch zwischen behandelten Wachteleiern und unbehandelten Schwalbeneiern zu unterscheiden, und hielten sich weiterhin an die Eier der Zwergseeschwalben. Um ihrerseits nicht wieder ausgetrickst zu werden, verfeinerten die Forscher ihre Vorgehensweise. Sie legten die präparierten Wachteleier nun, mehrere Wochen *bevor* diese Vögel brüteten, in die Zwergseeschwalbenkolonie. Der Trick funktionierte – die revierbesitzenden Raben lernten, dass sie von »allen« Eiern dieses Standortes krank wurden. Als die Zwergseeschwalben schließlich ihre Eier legten, hatten sie eine kurze Ruhepause. Die revierbesitzenden Raben, die sonst abgeschossen worden wären, waren so zu Verbündeten der Umweltschützer geworden. Indem sie die unwissenden nichtterritorialen Raben davonjagten, die die Zwergseeschwalbeneier sonst gefressen hätten, trugen sie unabsichtlich zum Fortbestand der Zwergseeschwalbenkolonie bei.

Das Verhalten der Raben scheint uns so vertraut zu sein, weil wir viele Ähnlichkeiten zu unserem eigenen Verhalten darin entdecken können. Mit etwa einem Jahr verhielt sich mein Sohn Eliot fast genauso wie Raben, die mehrere Monate alt sind. Er interessierte sich brennend für alle Dinge, die neu für ihn waren – Löffel, Dosen, Deckel, einen Schneebesen, Filmröhrchen, Flaschen, eine Metallschachtel, ein Messer. Wann immer er die Möglichkeit hatte, untersuchte er ein Objekt. Ebenso wurden alle Gegenstände bald beiseite geworfen und nicht mehr beachtet. Der Unterschied zwischen Eliots Verhalten und dem der Raben liegt darin, dass die Vögel sich nur ein oder zwei Monate in diesem Stadium befinden, während das vergleichbare Verhalten menschlicher Babys mehrere Jahre andauern kann. Und die geplagten Eltern stellen zu ihrem Leidwesen fest, dass sich in Wohnzimmern, Dielen, Garagen, Schuppen und auf dem Hof rasch Berge mit unbrauchbarem Plastikmüll häufen.

Die Neugier von Raben lässt mit zunehmendem Alter nach. Wenn sie vier Monate alt sind, scheuen sie die meisten neuen Reize. Im Zuge der Reifung kehrt sich die anfängliche Anziehungskraft neuartiger Dinge in ihr Gegenteil um. Die Vögel begegnen neuen Objekten mit wachsender *Furcht*. Einmal habe ich die Reaktionen eines Trupps wild gefangener Jungvögel auf eine ganze Reihe von Objekten getestet, die meine ganz jungen Vögel unwiderstehlich fanden – Filmröhrchen, Flaschen, Dosen, Tafelsilber und Ähnliches. Die älteren Jungvögel kümmerten sich nicht um diese Dinge, es sei denn, sie hatten richtigen Hunger. Sie erinnerten mich an meinen Vater, der mit 25 Jahren zum ersten Mal ein Brot mit Erdnussbutter und Gelee zu Gesicht bekommen hatte. Das neue Nahrungsmittel amüsierte ihn wohl, aber gegessen hat er so etwas weder damals noch später. Er »wusste« nun mal, dass Butter nicht aus Erdnüssen hergestellt wird, jedenfalls keine *gute Butter*. Basta.

6. KAPITEL

Das Schicksal junger Raben

Blackjack war ein markierter wilder Rabe, Nummer 21, der in einem Nest an einem See flügge geworden war, nur wenige Kilometer von meiner Hütte entfernt. Kaum der Nestwärme entflogen und noch ziemlich unbeholfen, untersuchte er einen Hamburger-Grill am Strand des Mount Blue State Park. Dabei rutschte sein linkes Bein durch den Metallgrill. Vor Schreck wollte er wahrscheinlich zur Seite hüpfen, das Metall gab jedoch nicht nach, wohl aber der junge Beinknochen. Später verlor Blackjack das Bein, doch er erholte sich und kam gut mit einem Bein weniger zurecht. Ende August war er noch immer ein Picknickfreak, und ein unterhaltsamer dazu. Als er einmal den Picknickkorb einer Dame durchstöberte, wurde ihm ein weiterer Schrecken zuteil, da die Besitzerin ausgerechnet in dem Augenblick zurückkehrte und in den Korb griff. Nach ihren Schreien zu urteilen, war ihr Schock nicht geringer als der des Vogels.

Anfang August war Blackjack ziemlich zahm, zeigte aber schon einen Monat später eine ziemliche Scheu vor Menschen. David Lidstone, ein Freund und freiwilliger Rabenbeobachter, verfolgte ihn und andere markierte Jungraben mit einem Spektivrohr. David legte an seinem Zeltplatz regelmäßig Nahrung aus, in erster Linie für Jungraben, die er zusammen mit John Marzluff und mir in den lokalen Nestern markiert hatte. Früh am Morgen, als Blackjack an seiner gewohnten Futterquelle auftauchte, wurde er heftig von drei noch nicht einjährigen Jungraben angegriffen, die aus einem Nest vom gegenüberliegenden Seeufer stammten. Vielleicht ging es in dem Streit um die Futterstelle, vielleicht war Blackjack wegen seines fehlenden Beins einfach nur eine bequeme Zielscheibe. Jack, ein kräftiger zahmer Jungrabe, der bei meiner Hütte lebte, wurde beispielsweise nie von den wilden Jungraben attackiert. Auch er griff keinen von ihnen jemals an, nur einmal watschelte er hinter einem ganz kleinen Raben aus einem Hills-Pond-Nest her und zog ihn am Schwanz. Bald nach der Rauferei mit den Nachbarn war Blackjack fort.

Ich habe mich oft gefragt, was mit Jungraben geschieht, nachdem sie ihre Eltern und ihr Heimatgebiet verlassen haben. Wohin verschwinden sie? Kommen sie jemals zurück? Welche Überlebenschancen haben sie? Beinahe als einziger Anhaltspunkt dienen uns Statistiken aus Studien an markierten Vögeln in Europa, und sie entwerfen ein düsteres Bild. In der Regel überlebt nur die Hälfte das erste Jahr. Diese Jungvögel bilden eine Art »Zugvögel«-Population ohne festen Standort. Sie sind weitgehend entbehrlich, soweit es die Nistpopulation angeht, denn sie können nicht brüten, solange kein revierbesitzender Altvogel stirbt und damit einen Brutplatz frei macht. Altvögel können ihr Revier jahrzehntelang behalten, dagegen sind nichtterritoriale Raben von bis zu sieben Jahren dokumentiert.

Raben in Neuengland verteidigen ihr Nistrevier ab Ende Herbst. Mitte Februar, im tiefsten Winter, beginnen sie auf Felsspitzen oder Nadelbäumen, meist Kiefern, ihre großen Nester aus Ästen und Zweigen zu bauen und sie mit Tierhaaren und Rindenstückchen auszukleiden. Das Gelege umfasst wie bei anderen Rabenvögeln vier bis sieben gesprenkelte grünblaue Eier, die das Weibchen 21 Tage bebrütet. Bei der Geburt sind die Jungen rosafarben, nackt und blind und besitzen nur einige lose Büschel von Daunenfedern, ihr Gewicht beträgt rund 25 Gramm. Da sie ihre Körpertemperatur noch nicht regulieren können, werden sie von dem Weibchen permanent gehudert, während sie dank der Nahrung, die das Männchen herbeischafft, rasch wachsen. Nach acht Tagen ist ihr Körpergewicht etwa auf das Zwölffache angestiegen. Nach sechs Wochen, wenn sie das Nest verlassen und ihren Eltern folgen, haben sie ihr endgültiges Gewicht von 1100 bis 1500 Gramm erreicht. Sechs bis acht Wochen bleiben sie bei den Eltern und lernen, nach Nahrung zu suchen. Die Jungvögel in meinen Volieren haben im ersten Jahr erheblich bessere Überlebenschancen, als sie in freier Wildbahn hätten. Ich ging davon aus, dass *alle* meine Vögel dank meiner Pflege und meinem Schutz überleben würden.

Normalerweise entfernen sich die Jungvögel im Spätsommer und Herbst von ihrem Heimatgebiet. Dann setzt die hohe Sterblichkeit ein. Da ich Goliath und seine Altersgenossen behalten wollte, musste ich sie in meiner Voliere einsperren. Zu gegebener Zeit würden sie darin nisten und zu Brutvögeln werden. Dann wollte ich sie freilassen, weil ich hoffte, sie würden dem Heimatgebiet treu bleiben und auf diese Weise das gefährliche Wanderstadium überspringen, in dem die meisten Vögel zu Tode kommen.

Der größte Teil der 463 Raben, die wir an Fütterungsplätzen in meinem Untersuchungsgebiet in Maine vorübergehend eingefangen und markiert haben, sind weit versprengt. Nur wenige haben wir zurückkehren sehen. Allerdings hatten wir gehofft, durch die Markierungen alle Raben identifizieren und sie jahrelang beobachten zu können, sodass wir eine Basis für die Untersuchung ihrer sozialen Interaktionen hätten. Leider erfüllten sich unsere Hoffnungen nicht. Im Gegenteil, sogar wenn ein großes Nahrungsvorkommen hundert Raben anlockt, ist es unwahrscheinlich, dass sich darunter mehr als ein oder zwei markierte Vögel befinden, und das sind

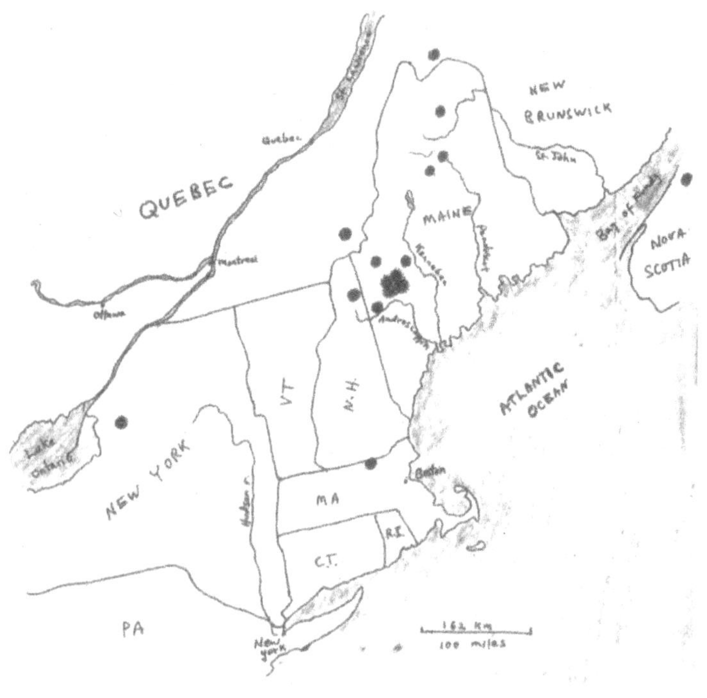

Karte, die die Funde und Wiederbeobachtungen von zwölf unserer 463 Raben zeigt, die in Weld, Maine, markiert wurden. (Die vier Punkte bei Weld stehen für revierbesitzende Altvögel, die häufig am selben Ort beobachtet wurden. Alle anderen Punkte bedeuten einzelne Wiederfunde oder Wiederbeobachtungen.)

gewöhnlich Altvögel aus benachbarten Revieren. Die meisten anderen, die unmarkiert sind, müssen aus anderen Gegenden kommen. Was ist aus all den Vögeln mit den weißen, gelben, roten, blauen oder grünen Flecken auf ihren Flügeln geworden? Wo sind sie geblieben?

Gelegentlich sieht jemand einen markierten Raben. Sehr selten hat dieser Beobachter von unserer Studie gehört und meldet mir die Entdeckung. Die acht nichtlokalen (bis zu mehr als 80 Kilometer entfernten) Wiederbeobachtungen, die mir gemeldet wurden, fanden in einem Gebiet statt, das im Süden bis Boston, im Norden bis New Brunswick, Kanada, im Osten bis Nova Scotia und im Westen bis zu den westlichen Ausläufern des Staates New York reicht. Insgesamt umfasst dieses Gebiet mehr als eine halbe Million Quadratkilometer. Es ist ein Wunder, dass ich aus einem so riesigen Gebiet überhaupt einen einzigen Bericht erhalten habe, da es sich, gemessen an den wenigen Rückmeldungen, nur um ein Teilgebiet handeln dürfte. So ergibt sich aus unserem Projekt – dem Einfangen, Markieren und Freilassen der Raben – vor allem der Schluss, dass die Vögel in Amerikas Nordosten in der Tat über sehr weite Strecken wandern.

Diese Entfernungen sind weder die Norm noch die Ausnahme. In manchen Gebieten legen die Vögel vermutlich erheblich weitere Strecken zurück, in anderen beträchtlich kürzere. Wie weit Vögel wandern, wird von der Nahrungssuche bestimmt. Je spärlicher die Nahrung verteilt ist, desto weiter müssen die Vögel fliegen, um sie zu finden. Aber wie legen sie diese Entfernungen zurück: Sind sie in Geschwistergruppen unterwegs, alleine oder mit Freunden? Von einer Reihe eingehender Beobachtungen zu dem Zeitpunkt, da die Jungen unabhängig werden, erhofften wir uns Aufschluss.

Mit drei freiwilligen studentischen Helfern, die darauf brannten, mit Raben zu arbeiten, sowie neun Peilsendern startete ich das Projekt. Wir hatten uns eine einfache Frage gestellt, die uns lösbar und relevant erschien: Bleiben die Jungen aus einem Nest zusammen? Wenn ja, wie häufig und wie lange? Und/oder tun sie sich mit Jungvögeln aus anderen nahe gelegenen Nestern zusammen? Versammeln sich die Jungen bei der Nahrungssuche, oder überschneiden sich die Gebiete, in denen sie nach Essbarem Ausschau halten? Um diese Fragen zu beantworten, mussten wir die Bewegungen von mindestens zwei Gruppen Jungvögeln während des Sommers verfolgen.

Das erste Nest, das ich auswählte, befand sich in dem Bestand von Weymouthskiefern am Rande der Ortschaft Weld. Es handelte sich um ein Paar, das Marzluff und ich Jahre früher gefangen und als Jungvögel in unserer Voliere aufgezogen hatten (vgl. S. 422). Das nächste Nest lag ungefähr zweieinhalb Kilometer von dem ersten entfernt. Beide Nester befanden sich in hohen, gerade gewachsenen Weymouthskiefern, die bis in eine Höhe von sechs bis neun Metern völlig astlos waren und dann tote, morsche Zweige hatten, bevor die dicken lebendigen Äste der Krone kamen, auf denen die Nester gebaut waren. Wie immer war der Aufstieg zu den Nestern ein halsbrecherisches Abenteuer für mich.

Die Jungen im ersten Nest starrten mir über den Rand entgegen, als ich näher kam. Sie waren im Begriff, flügge zu werden. Und tatsächlich, in dem Moment, als ich den Nestrand erreichte, wurden sie flügge. Es gelang mir, zwei der fünf Jungen zu ergreifen, die ich rasch in meinen Rucksack setzte, um sie mit nach unten zu nehmen, wo ich ihnen die Sender anlegen konnte. Die anderen beendeten ihren Jungfernflug etwas tiefer in einer benachbarten Kiefer. Nachdem ich wieder zum Boden hinabgestiegen war und je einen Sender an den großen Schwanzfedern der ersten beiden Vögel befestigt hatte, kletterte ich zu den anderen empor. Wieder flogen sie davon, als ich näher kam. Mit jedem ihrer noch ungeschickten Flugversuche landeten sie tiefer, bis sie schließlich auf dem Erdboden saßen, wo ich sie einfing. Beim zweiten Nest wiederholte sich dieser Vorgang fast genauso, nur dass sich in diesem Nest lediglich drei Junge befanden. Bis auf einen fanden wir für alle unsere Sender einen Vogel. Ich war überglücklich. Es war ein wundervoller Tag gewesen.

Im Laufe der nächsten Woche verfolgte ich die Bewegungen der Jungen, indem ich sie zunächst per Funk erfasste und dann in den Wald ging, um sie auch visuell zu orten. Am 31. Mai saßen die Mitglieder beider Gruppen eng beieinander auf niedrigen Ästen. Sie waren noch keine 30 Meter von ihren Nestern entfernt, flogen aber davon, als ich mich ihnen auf 15 Meter näherte. Drei Tage später hielten sich die Jungen nicht mehr in Bodennähe auf, sondern saßen hoch oben in den Kiefern, jetzt in einem Abstand von 400 Metern zu ihren Nestern. Alle acht Sender funktionierten, die Vögel waren gesund und flugfähig, das Experiment konnte beginnen. Als ich zu einer längeren Reise aufbrach, war ich zuversichtlich, dass meine eifrigen jungen Helfer in der Lage sein würden, das Projekt weiter zu betreuen, sodass wir bald interessante Ergebnisse haben würden.

Der erste Helfer, der während meiner zweiwöchigen Abwesenheit den Standort der Vögel ermittelte, empfing Signale von sechs der acht Sender. In seinen Aufzeichnungen hieß es: »Die Vögel befinden sich ständig in der weiteren Umgebung ihrer Nester.« – »Sie legen keine großen Entfernungen zurück, sondern bewegen sich in der Nachbarschaft des Nestes«, und: »Visuell sind sie nur sehr schwer auszumachen.« Alles war wie erwartet, daher stellten wir die Daten damals nicht infrage.

Vom 18. Juni an verbrachte der nächste freiwillige Helfer fünf Tage mit nichts anderem, als Funksignale zu verfolgen. In der Annahme, dass die Vögel sich noch immer nicht aus dem Funkbereich entfernt hätten, bat ich ihn, alle drei bis vier Stunden den Kompass abzulesen und die Richtung der Funksignale zu einigen vorher festgelegten Punkten zu ermitteln. Auf diese Weise würden sich die Bewegungen der Vögel etwas zuverlässiger bestimmen lassen.

In fünf Tagen sammelte er eine beträchtliche Menge Daten. Er hatte Dutzende von Funkkontakten mit den sechs

Vögeln, die der erste Helfer verfolgt hatte, dazu noch mit einem weiteren. Merkwürdigerweise wurde dieser zusätzliche Vogel nur dreimal geortet.

Eifrig übertrug ich die Daten in ein Diagramm. Seltsamerweise wurde ein Signal, Nummer 8169, fünfmal auf nur einer Station aufgefangen, aber immer aus derselben Richtung. Dagegen wurde es bei 16 Ablesungen auf derselben Station nicht empfangen. Nummer 8510 wurde jedes Mal empfangen, wenn der Student die Vögel zu orten versuchte. Er empfing Signale von ihm nur auf einer Station, aber aus verschiedenen Richtungen, zwischen 70 und 28 Grad vom magnetischen Nordpol. Das Gleiche galt für Nummer 9680, aber aus Richtungen, die zwischen 150 und 350 Grad schwankten. Mit anderen Worten: Nach den Daten zu urteilen, waren die Vögel entweder in den Nestern geblieben oder hatten nur ganz kleine Entfernungen zurückgelegt. Meist aber waren sie gar nicht zu orten.

Wie Sie wahrscheinlich schon gemerkt haben, ergeben die Daten keinen Sinn. Um der Sache auf die Spur zu kommen, musste ich in ein Sumpfgebiet, aus dem die Funksignale kamen. Es galt, den ersten und besonders schwach piependen Sender zu finden, um festzustellen, ob er sich noch an dem Raben befand. Als ich mich in ein Dickicht immergrüner Pflanzen zwängte, hörte ich ein Indianergoldhähnchen schimpfen. Worüber regte es sich so auf? Wahrscheinlich hatte es einen Sägekauz entdeckt. So war es. Der kleine Kauz drückte sich eng an einen Fichtenstamm und starrte mich mit seinen weit aufgerissenen gelben Augen an, die im Schatten erstaunlich dunkel wirkten.

Bald darauf watete ich durch einen Bibersumpf. Plötzlich wurde das Funksignal schwach, ein Hügel blockierte den Empfänger. Eine halbe Stunde später kam ich zum nächsten Bibersumpf mit einer großen Biberburg am Rande des neuen Teichs, den die Biber angelegt hatten. Auf der Burg befanden sich frisch gekaute Zweige. An dem triefenden Saft tat sich ein Trauermantel gütlich und bot seine Flügel der Sonne dar. Ein Kanadareiher, der in dem Biberteich fischte, flog auf und verschwand um die Biegung des Tals.

Nach 20 Minuten erreichte ich den v-förmigen Zusammenfluss zweier Bäche. Das Signal klang jetzt verwirrend nah. Ich suchte unter einer großen Tanne und einem hohen Birkenstumpf am Ufer. Drei Stunden waren vergangen, und ich hatte den Sender trotz intensiver Suche noch immer nicht gefunden. Direkt am Ufer an den Wurzeln eines großen, aufrecht stehenden Birkenstumpfs unter der hohen Tanne fand ich eine Ansammlung von Rabenfedern. Ich konnte also davon ausgehen, dass der Vogel, der den Sender getragen hatte, von einem Greifvogel getötet worden war. In der Nähe des Tannenstamms war das Signal besonders stark, doch außer weiteren Federn förderte meine Suche nichts zutage. Ich machte mich erneut auf den Weg. Sehr stark wurde das Signal am Bachufer. Ich suchte unterhalb der Uferbefestigung. Nichts. Jetzt erhielt ich ein starkes Signal an einem umgestürzten Baumstamm in der Nähe. Ich tastete die Erde darunter ab. Nichts. Warum veränderte sich das Signal ständig? Immer wenn ich die Antenne nach oben richtete, schien das Signal etwas stärker zu werden. (Man erhält auch dann ein Signal, wenn man die Antenne in die entgegengesetzte Richtung zur Quelle richtet.) Doch das Laub und den Spülsaum in der ganzen Umgebung hatte ich bereits umgegraben. Musste ich also davon ausgehen, dass der Sender oben in der Luft war und nicht am Erdboden? Auf so kurze Distanz ist für leichte Veränderungen der Signalstärke die Ausrichtung der Antenne möglicherweise wichtiger als die Entfernung. Ich rechnete eigentlich nicht damit, dass ich den Sender oben im Baum finden würde. Die Krone war zu dicht, kein Ort, den eine große Eule wählen würde, um ihre Beute zu rupfen.

Nichtsdestotrotz kletterte ich in den Baum hinauf. Als

ich halb oben war, blickte ich hinunter, und mir wurde klar, dass die Federn *nicht* auf einem Fleck versammelt wären, wenn die Eule den Raben hier gerupft hätte. In diesem Fall wären sie über den ganzen Boden zerstreut. Abgesehen davon hatte der Sender ein stumpfes, schweres Ende und keine Widerhaken, mit denen er an Ästen hätte hängen bleiben können. Wie konnte er sich dann noch auf dem Baum befinden? Diese Annahme ergab daher überhaupt keinen Sinn, trotzdem setzte ich meinen Aufstieg fort, denn nun hatte ich meinen Vorrat an Logik erschöpft. Mochte ich törichte Dinge tun, musste das doch noch lange nicht heißen, so hoffte ich, dass ich selbst töricht war. Allerdings fand ich nichts.

Wider alle Logik erkletterte ich später den Baum noch einmal, weil ich alle anderen Möglichkeiten ausgeschöpft hatte. Abermals suchte ich alle Äste ab, dann fiel mein Blick nach unten. Und da sah ich ihn. Unweit der Tanne erblickte ich ihn direkt unter mir auf dem sechs Meter hohen, abgestorbenen Birkenstumpf. Oben auf diesem Stumpf balancierte der Sender. Wahrscheinlich hatte ein Virginia-Uhu seine Beute auf diesem Stumpf gerupft, was für diese Vögel typisch ist.

Am folgenden Tag stellte ich den Empfänger auf eine andere Sendefrequenz ein, und als ich die regelmäßigen Signale hörte, machte ich mich mit schnellem Schritt auf den Weg. Dieses Mal hatte ich einen Helfer mitgenommen und versuchte, mich als vorbildlichen Feldornithologe zu präsentieren, indem ich scheinbar mühelos eine Folge von kleinen Hügeln und Tälern überwand und geradewegs durchs Unterholz brach. Das gesamte Gebiet, das wir durchquerten, war zehn Jahre zuvor abgeholzt worden und hatte sich in ein dichtes Gewirr von Pappelschösslingen, Himbeersträuchern, Brombeergebüschen und Tannen verwandelt, die zwischen morschen Stämmen emporschossen. Schwitzend schlugen wir nach den Bremsen, die sich in unserem feuchten Haar vergruben. Wenn wir auf schlammige Bäche stießen, ging ich mit gutem Beispiel voran, sprang hinein und watete hindurch. Bald stießen wir auf einen alten Forstweg, den wir im Dauerlauf entlangliefen. Das Signal wurde stärker, als wir hinter einem Hügelkamm auf einen weiteren großen Biberteich stießen. Bremsen mögen ja unangenehm sein, aber wenn Sie es mit Stechmücken, Schlamm und nassem Sumpfgras zu tun bekommen, achten Sie kaum noch auf die Bremsen. Bereits nach einer Stunde hoben wir den zweiten Sender vom Boden auf. Auch dieser hing an den Überresten eines Raben. Wir mussten noch vier andere Sender finden, daher setzten wir unseren Weg erneut in raschem Tempo fort.

Wie sich schließlich herausstellte, hatten auch diese vier Sender offenbar schon einige Zeit am Fundort gelegen. Alle waren sie an den längst verwesten Überresten von Raben befestigt.

Anfang August kletterten Scott Lindsey, Lehrer an einer örtlichen Schule, und ich auf die Gipfel von Mount Bald, Mount Tumbledown und Mount Blue, um die umliegenden Gebiete auf Funksignale abzuhören. Die beiden Sender, die wahrscheinlich noch intakt waren, hatten eine weitere Lebenserwartung von mindestens vier Monaten. Doch wir haben nie wieder ein Signal von ihnen empfangen, selbst auf den Berggipfeln nicht. Vielleicht waren ja noch zwei von unseren acht Vögeln am Leben. Die Statistik, die mir natürlich vertraut war, bekam somit eine neue Bedeutung. Hier waren »meine« Rabenfreunde und -nachbarn getötet worden.

7. KAPITEL

In einem Heimatrevier sesshaft werden

Raben verlassen ihr Heimatgebiet als Jungvögel, ziehen umher und lassen sich nach ausgedehnten Erkundungen nieder, um so zu leben, wie es ihren Fähigkeiten und Erfahrungen entspricht. Ihr Brutrevier wird ihre Heimat, und soweit wir wissen, bleiben sie ihr für den Rest ihres Lebens oder dessen größten Teil treu. Wahrscheinlich bleiben sie aus den gleichen Gründen wie wir in ihrer Heimat.

Für uns ist Heimat ein Gebiet, in dem wir uns wohlfühlen, weil wir vertraut sind mit den Nachbarn, den örtlichen Besonderheiten von Ernährung und Wohnen, und weil wir Freunde und potenzielle Feinde erkennen. Ich nehme an, den Raben geht es ganz ähnlich. Alan Gussow schreibt (in *A Scene of Place*, 1971): »Ein Ort ist ein Ausschnitt der gesamten Umwelt, auf den die Gefühle Anspruch erheben.« Das Wohlgefühl, das aus Vertrautheit erwächst, kann Zugvögel veranlassen, ihre langen, mühseligen Reisen auf sich zu nehmen, die sie Jahr für Jahr über Tausende von Kilometern immer wieder zum selben Busch führen. Haben diese Tiere Heimweh wie wir? Wir wissen nicht, was sie empfinden. Wir wissen nur, was sie tun. Genauso, wie wir nur einige der adaptiven Gründe für unsere Gefühle kennen, die *uns* veranlassen, das zu tun, was wir tun. Doch bevor nicht das Gegenteil bewiesen ist, sollten wir davon ausgehen, dass die gleichen machtvollen Mechanismen, die das Verhalten einer Art bestimmen, auch in einer anderen wirksam sind.

Ökologen bezeichnen das Gebiet, in dem Raben brüten, im Allgemeinen als ihr »Territorium« oder »Revier«. Danach verhalten sich Raben also wie andere Vögel und verteidigen die Grenzen ihres Reviers, um einen bestimmten Abstand zwischen sich und ihren Nachbarn aufrechtzuerhalten. Revierverhalten gilt gemeinhin als adaptive Reaktion zur Monopolisierung von Ressourcen, besonders denen, die zur Aufzucht der Brut erforderlich sind. Doch es gibt keinen Grund zu der Annahme, dass ein revierbesitzender Vogel »weiß«, was er tut. Er tut es einfach, und das Verhalten, auch wenn es unbewusst ist, dient dem Überleben und der Fortpflanzung. Heimat oder der Ort, wo ein Tier lebt, weil es an die örtlichen Gegebenheiten angepasst ist, hat eine etwas andere Bedeutung als ein Nest, schließt aber Territorialität nicht aus. Trotzdem sind Nest und Heimat etwas völlig Verschiedenes. Das Nest eines Vogels ist kein Wohnort. Es ist eine vorübergehende Unterkunft, ein Gefäß, in dem gewöhnlich nur eine Brut aufgezogen wird.

Es gibt verschiedene Möglichkeiten herauszufinden, wie Raben in einem Heimatrevier ansässig werden und ob sie es ausschließlich nutzen. Eine besteht darin, einzelne Vögel zu verfolgen, eine andere, das Ergebnis zu betrachten, das heißt, herauszufinden, wo die Vögel schließlich landen. Wir haben nur sehr spärliche Informationen zur ersten Frage und ebenso spärliche zur zweiten. Thomas Grünkorn, der eine umfangreiche Markierungsstudie an Raben in Norddeutschland durchführt, versucht, auf beide Fragen Antworten zu finden.

Weder kannte ich ihn, noch hatten wir ein Erkennungszeichen verabredet. Doch als ich im Hamburger Flughafen aus der Passkontrolle hinaustrat, sah ich einen hochgewachsenen, blonden Mann, der eine schwarze Feder in die Höhe hielt. Ich ging geradewegs auf die Feder zu und roch an ihr. Sie hatte den unverkennbaren Moschusgeruch von Raben – wir hatten uns gefunden.

Grünkorn hatte drei Jahre zuvor seine Diplomarbeit an der Universität Kiel beendet, eine Studie über Populationstrends und Habitatpräferenzen von Raben auf einer 7200 Quadratkilometer großen Fläche in Schleswig-Holstein. Dabei hatte er 344 der geschätzten 400 bis 450 aktiven Nester der gesamten Region dokumentiert. Ein Team von freiwilligen Helfern umfasste Volker Looft, einen Lehrer, Hans-Dieter Martens, einen Offizier, Jörg Reimers, einen Computerprogrammierer, und andere engagierte ehrenamtliche Vogelschützer. Über viele Jahre hatten sie grundlegende Arbeit geleistet und halfen nun weiterhin bei den Nesterhebungen und der jährlichen Beringung der Jungen.

Volker Looft hatte seit 30 Jahren praktisch alle brütenden Raben und Habichte in seinem Beobachtungsgebiet gezählt. Er hatte Thomas die meisten Rabenreviere seiner Studie gezeigt und bei der Beringung der Jungraben im April geholfen. Dafür beteiligte sich Thomas an Volkers Habichtprojekt, der Beringung der Jungen im Juni. Volkers 2300 Quadratkilometer großes Beobachtungsgebiet enthielt 50 bis 60 Habichtpaare. Außerdem umfasste es etwa die gleiche Zahl von brütenden Raben, die gewöhnlich in der Nähe der Habichte nisteten (infolge ähnlicher Habitate?). Volker und Thomas hatten annähernd 2000 junge Raben beringt und waren gerade im Begriff, den Geburtsjahrgang 1994 zu beringen, als ich Ende April zu Besuch kam. Die Studie hatte bereits gezeigt, dass sich die Rabenpopulation nach einem schlimmen Einbruch in den Siebzigerjahren sehr gut erholt hatte.

Kaum war ich angekommen, machten wir auch schon Pläne für den folgenden Tag. Thomas, der in einem Umweltprojekt beschäftigt war, hatte eine Woche Urlaub genommen und wollte jeden Tag nutzen, um Bäume mit Rabennestern zu besteigen und Junge zu beringen. Wir trafen uns in dem Haus von Thomas' Eltern in der schleswigschen Ortschaft Selk. Bevor wir aufbrachen, warf ich noch einen kurzen Blick auf seine markierte Schleswig-Holstein-Karte. Sie zeigte ein Patchwork von kleinen grünen Flecken, die für Wälder standen, und in vielen dieser grünen Flecken waren schwarze Punkte verzeichnet. Die Punkte gaben die Standorte von Rabennestern an. Die Verteilung dieser Nester war faszinierend. Sie bildete kein zufälliges Muster. Wäre sie vollkommen zufällig gewesen, wären einige Nester näher zusammen, andere weiter voneinander entfernt gewesen. Diese hier wiesen jedoch ganz regelmäßige Abstände auf, als hätte jedes Nest eine Abstoßungskraft, die in alle Richtungen auf andere Nester ausstrahlte. Das Muster der Nester zeigte, dass in diesem Teil Deutschlands die Habitate mit brütenden Raben besetzt waren, wobei jedes Paar rund 43 Quadratkilometer beanspruchte. Wenn sich ein weiteres Rabenpaar irgendwo niederlassen wollte, musste es erst eine Lücke ausfindig machen.

Die Abstoßungskraft, die für die regelmäßigen Nestabstände verantwortlich war, war nicht auf ein besonderes Landschaftsmerkmal zurückzuführen, etwa das spärliche Vorkommen von Nestbäumen. Wahrscheinlich handelte es sich bei dieser Kraft um Intoleranz – Rabenpaare stoßen einander ab. Doch das war nur ein Teil der Erklärung, es konnte nicht die ganze sein. In einigen Gebieten sind ebenfalls regelmäßige Abstände zwischen Rabennestern zu beobachten, doch dort liegen sie dichter zusammen. Es ist kaum anzunehmen, dass norddeutsche Raben aggressiver und intoleranter sind als andere Raben, beispielsweise die italienischen Raben auf der Insel Stromboli, wo zehn Paare auf einem Gebiet von lediglich zwölf Quadratkilometern nisten. Um zu verstehen, was die Abstoßungskraft zwischen den Nestern hervorruft und was diese Kraft verstärkt oder verringert, muss man das Verhalten von Raben, das einer Vielfalt von Bedingungen unterworfen ist, etwas genauer betrachten.

In einem Kombi fuhren wir über fast vollkommen flaches Land zu einem Standort, der von dem ersten schwarzen Fleck auf der Karte bezeichnet wurde. Die weiten Felder waren entweder gerade gepflügt worden oder zeigten das satte Grün von frischem Gras beziehungsweise von Wintergetreide, das im vorigen Herbst gesät worden war. Unterteilt wurden die Felder durch »Knicks« – lange gerade Wälle aus Erdreich und Steinen, die von den Feldern gesammelt worden waren. Auf den Knicks wachsen kleine Eichen, Weißdorn, Pflaumenbäume, Haselnusssträucher, Eschen und andere Sträucher. Abgesehen von einigen Bäumen, die man stehen lässt, werden diese Knicks regelmäßig gestutzt, damit sie umso üppiger wachsen. Sie bilden ein undurchdringliches Dickicht aus Buschwerk und Brombeersträuchern. Igel, Hasen, Wildkaninchen, Drosseln, Nachtigallen und andere Tiere leben in diesen Knicks und empfinden sie sicherlich als willkommene Korridore zwischen den Waldflecken, die nur noch 5,5 Prozent des Landesteiles bedecken. Kleine Straßen und Wege führen zu und durch die Wäldchen, sodass fast alle Nester, die wir aufsuchten, in Sicht- oder bequemer Gehweite von unserem Auto lagen.

Zunächst statteten wir dem für diese Region zuständigen Forstdirektor Christian von Buchwaldt einen Besuch ab, der uns zu einem neuen Rabennest in einem Bestand von mächtigen 190 bis 200 Jahre alten Buchen führte. Buchwaldt erklärte uns, dass diese Bäume nicht geschlagen würden. Noch nie zuvor habe ich von einem Förster eine derartige Aussage über Bäume außerhalb eines Naturschutzgebietes gehört. Die Buchen und Eichen, Bäume, die ein bis anderthalb Meter dick waren, ragten gewaltig über uns empor, während wir auf dem blühenden Frühlingsteppich aus weißen Anemonen und goldenen Butterblumen durch den Wald gingen. An feuchteren Plätzen wuchsen riesige Erlen, Eschen und Birken. Abschnitte mit alten Bäumen wechselten mit Lichtungen, auf denen junge Fichten und Buschwerk wuchsen, dort hatten Keiler das Gras aufgewühlt und Rot- und Damwild geäst.

Die Bäume hatten ihre Blätter noch nicht ganz entfaltet, obwohl die Buchen an diesem warmen Tag schon ihre langen braunen Blattknospen entrollten, sodass die dicht gepackten Blätter wie blassgrüne Schmetterlingsflügel zum Vorschein kamen. Der Sonnenschein spielte fleckig auf den Ästen und Stämmen der moosbewachsenen Bäume sowie der braunen Schicht aus vorjährigem Laub und Bucheckernschalen auf dem Erdboden. Noch konnte man weit in den Wald hineinblicken und die Nester von Raben, Mäusebussarden und Habichten erkennen.

Stolz machte uns Buchwaldt auf einen seltenen Schwarzstorch aufmerksam. Deutlich konnten wir den roten Schnabel und das rote Gesicht des Vogels erkennen, der auf einem weiß bekleckerten Nest in einer Eiche saß. Damals war der Schwarzstorch in ganz Schleswig-Holstein nur noch mit fünf Brutpaaren vertreten.

Der ganze Wald hallte wider vom Gesang der Buchfinken, Tannenmeisen, Blaumeisen, Kleiber, Zaunkönige, Stare und Drosseln. Das strahlende Gelb eines Zitronenfalters, der rasch und scheinbar ziellos vorbeiflog, zog meinen Blick an.

Doch am stärksten berührten unser Gemüt natürlich der Gesang und der Anblick der Raben. Sobald wir uns einem Nest näherten, flog das Paar auf und kreiste pausenlos rufend hoch über dem Wald. Anders als andere Vögel unter ähnlichen Bedingungen flogen die Paare in enger Formation, manchmal fast Flügelspitze an Flügelspitze. In Neuengland stoßen die Vögel an jedem Nest eine Vielzahl verschiedener Rufe aus, doch diese Raben ließen nur *krrok-krrok*-Rufe ertönen und fast nichts anderes.

Die Buchen und Eichen waren Riesen im Vergleich zu

denen in Maine. Glatte runde Stämme ragten mindestens 25 Meter in den Himmel, um sich dann noch einmal zwischen fünf und zehn Meter hoch zu verzweigen. Auf den ausladenden Ästen waren die scheinbar unzugänglichen Rabennester gebaut. Als wir uns anschickten, den ersten zu erklettern, blickte ich nachdenklich in die Höhe und bezweifelte, dass man einen solchen Baum besteigen konnte.

Jörg fädelte eine dünne Angelschnur in ein Loch, das in das Ende eines Pfeils gebohrt worden war. Dann ging Volker mit dem Pfeil davon, während Thomas die Angelschnur von einer Spule abwickelte. Als 30 bis 45 Meter abgewickelt waren, kam Volker zurück, während Thomas die Schnur in großen Schleifen auf einer Decke zusammenlegte, die er zu seinen Füßen ausgebreitet hatte. Sobald die Schnur in großen losen Windungen auf dem glatten Untergrund lag, sodass sie sich nicht verwickeln konnte, nahm er seinen Bogen und schoss den Pfeil, an dem das Ende der Angelschnur befestigt war, schräg nach oben über einen der kräftigen Äste in der Baumkrone hinweg.

Der Pfeil beschrieb genau die vorgesehene Bahn und fiel auf der anderen Seite des Astes wieder zu Boden, wobei er die Angelschnur wie beabsichtigt hinter sich herzog. Thomas forderte mich auf, den Pfeil zu entfernen und stattdessen eine dickere Nylonschnur an der Angelschnur festzubinden. Dann zog er die Angelschnur auf der Bahn nach, die der Pfeil genommen hatte, und ersetzte sie auf diese Weise durch die stärkere Schnur, die für einen Pfeilschuss zu schwer gewesen wäre. Diese Schnur wiederum war nun kräftig genug, um ein geflochtenes Hanfseil von gut einem Zentimeter Durchmesser hochzuziehen. Daran befestigte Thomas eine Strickleiter, die wir auf die gleiche Weise hochzogen. Da die 20 Meter lange Leiter nicht bis zu den Ästen reichte, knüpften wir noch eine zweite Leiter von gleicher Länge an das untere Ende der ersten. Dann zogen wir die Strickleitern so lange in die

Höhe, bis die erste den Ast erreichte, über dem das Seil lag. Daraufhin spannte Jörg das Seil und verknotete es sorgfältig um einen Baumstamm. Sobald die Strickleiter installiert war, kletterten Thomas oder Volker abwechselnd hinauf, kleine Taschen mit Ringen und Beringungszangen am Gürtel.

Im Jahr zuvor hatte Thomas mit seinem dänischen Freund Hans Christensen 400 Rabennestlinge in Schleswig-Holstein und im benachbarten Dänemark beringt. Jahr für Jahr klettert er auf rund 250 Bäume.

Nachdem ich zugesehen hatte, wie die beiden Männer mehrere Bäume erklommen hatten, war ich sehr beeindruckt. Als wäre sie eine bequeme Treppe, eilten sie die Strickleiter hinauf. Ich versuchte es selbst, aber schaffte es nicht. Meine bisherigen Erfahrungen veranlassten mich, entweder den Baum zu umklammern oder mich mit den Armen hochzuziehen, was den beunruhigenden Effekt hatte, dass die Leiter mit meinen Füßen fast in die Waagerechte pendelte. Jetzt musste ich (stressbedingt) all meinen Verstand zusammennehmen, um mir Ursache und Wirkung klarzumachen. Erst dann gelang es mir, meine antrainierten Gewohnheiten wenigstens teilweise abzulegen und mein Gewicht stärker auf die Füße zu verlagern. So kam ich zwar hoch in den Baum hinauf, doch als erneute Panikreaktionen meine Konzentration störten, versuchte ich mich wieder auf meine Armkraft zu verlassen. Volker und Thomas hingegen brauchten nicht mehr über ihre Bewegungsmuster nachzudenken. Längst liefen sie bei ihnen automatisch und unbewusst ab.

Jedes Mal, wenn die beiden die hin- und herschaukelnde Leiter erklommen hatten, schwangen sie sich zunächst auf einen der Äste, um von dort aus geradezu von Ast zu Ast zu den noch höher gelegenen Nestern hinaufzuspringen. Dort setzten sie sich rittlings auf die starken Äste, auf denen sich die Nester befanden. Als säßen sie sicher in einem bequemen Stuhl, griffen sie in das Nest hinein und holten nacheinander die gefiederten Vögel heraus. An jedem der ein bis fünf Nestlinge befestigten sie dann einen Plastikfußring, stiegen die Strickleiter wieder hinab und trugen in ein Notizbuch Daten ein, die später in einen Computer eingegeben wurden.

Die Plastikfußringe, die Thomas für den Rabenjahrgang 1994 angefertigt hatte, waren leuchtend orange, damit man sie im Feld leichter identifizieren konnte. Die Vögel eines Nestes erhielten Ringe mit derselben Zahl oder demselben Buchstaben. Die Individuen in einem Nest wurden durch einen weißen Strich unterschieden, der, entweder durchgezogen oder gestrichelt, sich entweder oben oder unten auf dem Ring befand. Auf diese Weise wurde jedes Individuum unverwechselbar markiert und sein Ursprung codiert. So konnten sie jetzt jeden Vogel mit einem bestimmten Nest in Zusammenhang bringen, ganz so, wie Raben die Fähigkeit haben, bestimmte Erfahrungen, die erinnert werden müssen, mit (beliebigen) Geschmacks-, Seh- oder Geruchsempfindungen zu assoziieren und auf diese Weise zu markieren. Während Volker und Thomas abwechselnd oben im Baum hockten und die Jungvögel mit Beinringen versahen, wickelten Jörg und ich die Angel- und die Nylonschnur auf und legten uns dann zehn bis fünfzehn Minuten in das weiche, trockene Buchenlaub. Wenn der jeweilige Beringer wieder unten war, lösten wir das Seil vom Baum, ließen die Strickleiter herunter, rollten sie und das Seil zusammen, verstauten sie im Auto und fuhren zum nächsten bekannten Rabenbaum oder suchten das nächstgelegene Nest an einem vermuteten Standort.

Um 20.55 Uhr stieg Volker von der Strickleiter. Er hatte gerade den 14. und letzten Baum des Tages bezwungen. Es wurde dunkel, und als der Vollmond aufging, sangen die Rotkehlchen aus vollem Halse. Nachdem wir die Strickleiter zum letzten Mal aufgewickelt hatten, eilte Volker rasch zum Auto zurück, um die Bundesligaberichte zu hören. Im Morgengrauen würden er und die anderen Mitglieder des Teams schon wieder zu den nächsten Nestern unterwegs sein.

Mit strengen statistischen Methoden hatte Thomas die Verteilungsmuster der Rabennester auf seiner Karte analysiert und bewiesen, dass tatsächlich eine charakteristische Dispersion vorliegt. Man hatte bei Raben schon immer eine ausgeprägte Territorialität vermutet. Außerdem ließen die Ergebnisse darauf schließen, dass das Habitat »voll« war und dass keine neuen Nistplätze zu erwarten waren. Doch das Muster der Nistplätze hatte sich im Laufe der Jahre verändert und überraschenderweise einen neuen Aspekt offenbart, der letztlich mit der Art und Weise zu tun hat, wie Raben die Welt wahrnehmen.

Frühere Daten von Amateurornithologen, die die Standorte von Rabennestern aufzeichneten, seit sich ihr Bestand in Norddeutschland in den Sechzigerjahren erholt hatte, zeigten, dass die Nester schon diese Dispersion aufwiesen, lange bevor die gegenwärtige Siedlungsdichte von 2,3 Paaren pro 100 Quadratkilometern erreicht wurde. Die absolute Reviergröße hat sich verändert, doch die Tendenz, möglichst weit von den Nachbarn zu nisten, blieb erhalten. Mit anderen Worten, die Reviergröße bei Raben ist keine Konstante. Raben vertreiben Artgenossen nicht grundsätzlich in einer bestimmten Entfernung vom Nest. Wenn wir Stichprobenfehler ausschließen, dann scheint sich die Reviergröße im Laufe der Zeit verändert zu haben, das heißt sie scheint deutlich geschrumpft zu sein. Natürlich haben sich nicht die Raben verändert, sondern nur die Art, wie sie aufeinander reagieren.

Ein anderes Merkmal der schwarzen Punkte auf der Karte war der Umstand, dass in den letzten Jahren nur sehr wenig neue aufgetaucht waren. Jeder Horst brachte in jedem Frühjahr drei bis fünf Junge hervor, sodass sich Jahr für Jahr die

Population der langlebigen Vögel mehr als verdoppelte. Warum blieb dann die Zahl der Brutvögel konstant? Zwei weitere Rabenforscher, Johannes Goethe, der in Mecklenburg arbeitet, und Derek Ratcliffe in Großbritannien, haben das gleiche Verteilungsmuster beobachtet; danach weist die Zahl der Brutpaare zunächst eine stete Zunahme auf, um dann eine Obergrenze zu erreichen und zum Stillstand zu kommen. Was ist mit all den übrigen Vögeln geschehen? Offenbar sind sie verschwunden.

Nur einzelne Individuen der 1860 von Thomas und Volker beringten Nestlinge haben Brutreviere im Untersuchungsgebiet gefunden. Thomas hat fünf Individuen dokumentiert, die als Brutvögel sesshaft geworden sind, aber erst im Alter von sieben, fünf und dreimal vier Jahren, obwohl Raben bereits im Alter von drei Jahren brüten können. Diese Ergebnisse verdeutlichen, dass das Brüten bei Raben das Vorrecht weniger Auserwählter ist und dass dieses Vorrecht nicht leicht erworben wird.

Derek Ratcliffe verdankt seine Ergebnisse Hunderten von eifrigen Felsenkletterern und englischen Amateurornithologen, die seit Jahrzehnten die Nester von Kolkraben untersuchten. So stand ihm ein eindrucksvoller Bestand an Daten über die Populationsökologie der Raben in Großbritannien zur Verfügung. Anhand dieser Daten konnte man ermitteln, wie die Territorialität von Raben mit den verschiedenen Formen der Bodenbewirtschaftung, den verfügbaren Nahrungsressourcen sowie der Verfolgung von Raben in Vergangenheit und Gegenwart zusammenhing. Ratcliffe kam zu dem Ergebnis, dass die Nestabstände in erster Linie vom Nahrungsvorkommen bestimmt werden. Wo die Nahrung knapp ist, sind die Reviere groß, und wo viel Nahrung vorhanden ist, an Küsten und in Gebieten mit intensiver Schafhaltung, werden die Reviere kleiner. Auf den Shetlandinseln wurden beispielsweise zwölf aktive Nester in einem Umkreis von fünf Kilometern von einer großen Mülldeponie geortet (Ewins, Dymond und Marquiss, 1986). Ratcliffe gelangte zu dem Schluss, dass Raben bei reichlichem Nahrungsvorkommen auf die Nähe von Nachbarn mit großer Toleranz reagieren und die Territorialität praktisch zum Erliegen kommt.

Viele Rabenvögel suchen die Nähe von Artgenossen. Häufung von Nestern und sogar dichte Kolonien sind charakteristisch für Arten wie Saatkrähen, Dohlen und Nacktschnabelhäher. Raben dagegen sind unter den Corviden in gewisser Weise einzigartig und haben mehr Ähnlichkeit mit Greifvögeln, was die Dispersion ihrer Nester und ihre ausgeprägte Territorialität angeht. Bei vielen Vögeln gilt Territorialität als das Ergebnis einer unvermeidlichen und angeborenen Feindseligkeit gegenüber Nachbarn, deren *Funktion* die Monopolisierung der Futtervorkommen ist, doch steht sie nicht in direkter Beziehung zu ihr, sodass die Reviergröße unabhängig von der Nahrungssituation gleich bleibt. Ist das bei Raben anders? Ist die Intoleranz des Raben abhängig von seinem Mageninhalt? Wir wissen es nicht. Wir sehen nur das Ergebnis – die schwarzen Punkte auf der Karte –, aber wir beobachten selten die Dramen, die stattfinden, bis die spezifischen Nestabstände hergestellt sind.

Ich nehme an, dass sich weder Grünkorns noch Ratcliffs Ergebnisse durch eine einzige Ursache erklären lassen. Geringe Nahrungsvorkommen senken wahrscheinlich die Toleranzschwelle und führen zur Dispersion der Nester, während mit wachsender Dauer des Revierbesitzes die Toleranz wächst (Nachbarn lernen sich allmählich kennen) und entsprechend die Tendenz zur Dispersion der Nester abnimmt.

Wir wissen, dass der Revierbesitz von Altraben nicht dem Prinzip des Alles-oder-nichts gehorcht. Seit mehreren Jahren beobachte ich ein Paar, das Wochen in der Nähe eines Felsens verbringt, der einen guten Kilometer von meinem Haus in Vermont entfernt ist. Nachts schlafen sie dort; im Frühjahr schaffen sie Zweige und Äste zum Nestbau heran, dann verlassen sie den Ort für einen Monat oder länger. Und Goliath und seine spätere Partnerin Whitefeather, ein wildes Rabenweibchen, das eine Zeit lang in meiner Voliere zu Gast war, waren im Sommer 1996 zwei Wochen lang nicht in ihrem Revier anwesend, nachdem sie dort gebrütet hatten. In den folgenden Jahren waren sie sogar monatelang abwesend. Wenn Raben einen Partner gefunden haben, versuchen sie offenbar als Nächstes, ein Revier zu finden, doch ob es ihnen tatsächlich gelingt, zu regelmäßigen Brutvögeln zu werden und Jahr für Jahr Junge aufzuziehen, ist eine andere Frage. Es kann lange dauern, bis ein Revier in Besitz genommen wird, und selbst dann bleiben die Vögel dort nicht unbedingt die ganze Zeit. »Nichtterritorial« und »revierbesitzend« sind keine absoluten Kategorien. Individuelle Unterschiede oder die Reaktionen der Vögel auf Umweltbedingungen könnten jeweils bestimmen, wie revierbesitzend oder nichtterritorial sie sind.

8. KAPITEL

Raben fangen und verfolgen

In der Rabenliteratur wie im allgemeinen Sprachgebrauch wird eine größere Gruppe von Raben fast stets als »Schwarm« bezeichnet. Ein Schwarm ist eine Gruppe, die Mitglieder hat. Der Begriff »Schwarm« lässt sich auf Gänse, Stare, Krähen oder Raben anwenden, die zusammen zu einem gemeinsamen Ziel unterwegs sind oder wegen eines gemeinsamen Vorhabens zusammenbleiben. Viele dieser Vögel verbringen den größten Teil ihres Lebens in geschlossenen Schwärmen, fressen zusammen, fliegen zusammen und schlafen zusammen. Ihr Verhalten unterscheidet sich beträchtlich von dem anderer Vögel, die man in genauso großer Zahl zu einer bestimmten Zeit an einem bestimmten Ort antreffen kann. Beispielsweise können sich Hunderte von Raben an einem Kadaver versammeln, weil er der einzige weit und breit ist. Kommen und gehen alle diese Individuen unabhängig voneinander? Nachdem ich einzelne markierte Raben in Trupps an Ködern beobachtet habe, will mir scheinen, dass sie ebenso wenig Schwarmmitglieder sind, wie die Gäste in einem Großstadtrestaurant notwendigerweise Mitglieder einer geschlossenen sozialen Gruppe sind. Trotzdem ist denkbar, dass Rabenindividuen eine wie auch immer geartete Gruppenmitgliedschaft besitzen, die für mich nicht ersichtlich ist. Es gibt nur eine Möglichkeit, das herauszufinden: sie zu verfolgen.

Ich hatte noch einen zweiten Grund, die Raben eines Fresstrupps zu verfolgen. Zu Anfang meiner Rabenstudien habe ich bemerkt, dass viele Vögel in einem Fresstrupp große Fleischlappen von einem Kadaver reißen und sie in einiger Entfernung im Schnee verstecken, als wollten sie später darauf zurückgreifen. Doch sobald von einem Kadaver alles Fleisch abgefressen war, schienen sämtliche Vögel zu verschwinden. Verließen sie das Gebiet, weil ihr Gedächtnis so schlecht war und sie sich nicht mehr erinnern konnten, wo sie ihre Verstecke angelegt hatten? Oder blieben sie und fraßen die Nahrung, die sie versteckt hatten, hielten sich dabei aber so verborgen, dass ich sie nicht bemerkte? Die Verfolgung mehrerer Vögel eines Fresstrupps würde mir auch bei der Beantwortung dieser Frage helfen.

Kristin Schaumburg, eine Studentin am Sterling College, hatte Anfang des Winters im Rahmen ihres Studiums bei mir zu arbeiten begonnen, denn jeder Student musste ein Projekt »im Feld« vorweisen können. Sie war bereit, unentgeltlich zu arbeiten, hatte ein Auto und fand Gefallen an dem Gedanken, Raben per Funk zu verfolgen.

Auch Delia Kaye und Ted Knight, zwei ehemalige Studenten der University of Vermont, waren an der Arbeit in freier Natur interessiert und wollten ihre Berufstätigkeit eine Zeit lang unterbrechen. Mehr an menschlicher Arbeitskraft war für das Projekt nicht erforderlich. Ich hatte meine Lehrtätigkeit ein Semester lang verdoppelt, daher konnte ich frei über meine Zeit verfügen, und so versammelten sich die vier Mitglieder unserer Arbeitsgruppe fröhlich in der Hütte. Wir hatten vor, zehn Raben eines Fresstrupps an einem Kadaver einzufangen und mit einem Sender zu versehen. Dann wollten wir die Vögel wieder am selben Kadaver in den Fresstrupp entlassen. Zwei Tage später wollten wir dann die Nahrungsquelle entfernen. Würden die Vögel, wenn sie fortfliegen, als Gruppe zusammenbleiben?

Zunächst galt es, die Raben zu fangen. Dieses Vorhaben hatten wir auf Sonntagmorgen, den 6. Januar, festgesetzt. Am 5. Januar arbeiteten wir den ganzen Tag am großen Rabenauftrieb. Wolfe Wagman, ein weiterer Freund und ehemaliger Student der University of Vermont, half uns, Löcher in der großen Rabenfalle aus Hühnerdraht anzubringen. Ich testete die Tür der Falle, indem ich aus dem renovierten und neu getarnten Fichtenversteck in der Nähe am Auslösedraht zog. In den Wochen zuvor hatte ich bereits einen großen Trupp Raben angelockt, der im Inneren der offenen Falle fraß. Dort befanden sich vier Kadaver als Köder. Wir gaben noch etwas frische Schweinelunge hinzu, einen unwiderstehlichen Leckerbissen. Das war's! Wir waren mit unseren Vorbereitungen bei Beginn der Dunkelheit fertig und kehrten in die Hütte zurück. Zehn weitere Studenten der University of Vermont kamen an diesem Abend als Verstärkung heraus.

Unbarmherzig riss mich der Wecker um 6.00 Uhr in finsterer Nacht aus meinen Träumen. Dumpf trommelte der Regen aufs Dach, doch es nützte nichts. Vier von uns rollten sich aus dem Bett, stolperten den Pfad hinunter und tauchten in die Dunkelheit des Fichtenverstecks ein. Dort lagen wir auf dem Rücken, während uns eiskalte Tropfen Schneewasser aus den durchnässten Fichtenzweigen ins Gesicht tropften. So verharrten wir zwei Stunden.

Nur zwei Vögel ließen sich blicken. Einer hockte eine Zeit lang direkt über uns und entfaltete ein Lautrepertoire, das mich an gurgelndes, tröpfelndes Wasser erinnerte. Später flog ein anderer über uns hinweg. Sein Flügelschlag war unregelmäßig, nicht das übliche, langsame und gleichmäßige *swusch, swusch, swusch*. Was war mit dem Trupp geschehen? Seine plötzliche Abwesenheit dauerte die nächste Woche hindurch an, auch die Woche danach und noch zwei weitere Wochen.

Erst am 4. Februar, nach einem neuen Schneesturm, kamen wieder Raben in die Falle. In Erwartung des nächsten

Versuchs entzündeten wir ein mächtiges Feuer unter den Sternen, grillten große Steaks mit viel Knoblauch und legten uns währenddessen gegenseitig die Arme um die Schultern. Endlich war Schnee gefallen! Alles war, wie es sein sollte. Dieses Mal würden wir so viele Raben fangen, wie wir benötigten – nicht mehr als zehn. Dann hatten wir die Antworten auf unsere Fragen.

Doch der Fang sollte erst am 10. Februar 1992 gelingen. An diesem Tag fingen wir zehn Vögel und befestigten jedem mithilfe eines Patentklebers und Zahnseide einen Sender an den Schwanzfedern. Am Köder in der Nähe der Fangstelle, wo ein großer Trupp weiterhin zum Fressen kam, ließen wir sie wieder frei. Dann entfernten wir den Köder und erhielten bald darauf die Signale der Sender. Kein Vogel verweilte im Wald in der Nähe des Köders. Auch blieben die markierten Vögel nicht zusammen oder verließen das Gebiet im Trupp. Zwei Vögel flogen offenbar augenblicklich davon. Wie wir in den nächsten drei Monaten feststellten, befanden sich unter den zehn keine Vögel, die regelmäßig zusammen schliefen oder auf Nahrungssuche gingen. Sie verteilten sich über das ganze Gebiet.

Wir arbeiteten in Schichten. Einer von uns fuhr nachts durch die Gegend und versuchte, die Vögel mittels ihrer Signale an Schlafplätzen zu orten. Ein anderer fuhr tagsüber und beschrieb eine von drei 80 bis 100 Kilometer langen Schleifen, wobei er alle drei Kilometer anhielt, um festzustellen, ob er irgendwelche Funksignale empfing. Meist bekamen wir keine. Es war ein mühsames Geschäft. Um überhaupt mit einem Sender versehene Vögel aufzuspüren, mussten wir unsere Suche weit über das lokale Gebiet ausdehnen. Wir suchten auf einem Gebiet, das sich über beinahe 4000 Quadratkilometer erstreckte, und wir legten mehr als 150 Kilometer pro Tag zurück.

Eines Abends gegen 21 Uhr kam Ted zurück und berichtete, er habe erneut Funkkontakt mit Nummer 9680 gehabt.

Das Weibchen schlafe unten in der Nähe des Sees. Keiner der anderen markierten Vögel befinde sich an diesem Schlafplatz. Die Nacht war schön, klar und kalt, der Mond tauchte den Schnee in sein milchig-bläuliches Licht – eine ideale Nacht für eine kleine Wanderung, um herauszufinden, ob unser Weibchen allein oder mit anderen schlief. Der Schnee knirschte unter unseren Füßen, als wir den Pfad von der Hütte hinabgingen. Bald gelangten wir in ein dichtes, dunkles Fichtengehölz mit morastigem Boden, wo sich die Drähte der Kopfhörer und die Antenne ständig in Zweigen verfingen. Wir verloren jede Orientierung, doch jedes Mal, wenn wir die Kopfhörer aufsetzten, fanden wir die Richtung wieder, indem wir einfach dem lauten *klick, klick, klick* der Funksignale folgten, die unser Vogel aussandte. Immer weiter ging es durch den Morast, bis zu einem dichten Bestand von Weymouthskiefern. Vorsichtig näherten wir uns unserem voraussichtlichen Ziel, blieben stehen, blickten nach oben und vernahmen plötzlich ein wildes Geflatter kräftiger Flügelschläge, die durch die Zweige brachen. Mehr als 20 riesige, schwarze Silhouetten zerstreuten sich in alle Richtungen und tauchten in die Nacht. Wir hatten unsere Antwort. Nummer 9680 schlief nicht allein, allerdings war sie auch nicht mehr mit einem der zehn anderen Raben zusammen, mit denen sie fraß, als wir sie gefangen hatten.

Am nächsten Tag, dem 11. Februar, empfing Kristin, die in Richtung Augusta suchte, auf dem Hinweg kein einziges Signal, doch als sie auf dem Rückweg an den Belgrade Lakes vorbeikam, hatte sie plötzlich wieder Nummer 9680 im Empfänger, denselben Vogel, den wir in der Nacht zuvor am Webb Lake aufgespürt hatten. Am Morgen dieses Tages hatte 9680 noch vor dem Frühstück über einem Köder gekreist, der rund 50 Kilometer von der Stelle entfernt lag, an der Kristin sie später entdeckte. Obwohl in unmittelbarer Nachbarschaft reichlich Futter vorhanden war, hatte sie diese ganze Strecke auf sich genommen. Auch Nummer 8510 stellte sich zusammen mit 9680 in der Nähe von Belgrade ein, um dann weiter zur Mülldeponie von Dryden zu fliegen, wo sich Nummer 8300 den ganzen Tag aufgehalten hatte.

An diesem Abend war ich mit der Nachttour an der Reihe. Als ich mit meinem Geländewagen aufbrach, schneite es. Der Schnee fiel so dicht, dass ich aus den Augenwinkeln nur schwerlich die weißen Linien der Schneeböschungen zu beiden Seiten ausmachen konnte. Kaum eine Erhebung ließ ich aus, um Funksignale zu empfangen, was mich gelegentlich dazu zwang, auf schmalen Forstwegen zu fahren, die links und rechts von undurchdringlichem Wald umgeben waren. Immerhin waren sie so weit geräumt, dass tagsüber Lastwagen auf ihnen fahren konnten.

Den ersten Kontakt hatte ich mit Vogel Nummer 8510 auf der McGrath Hill Road bei Wilton. Schon oft hatten wir den Vogel nachts an dieser Stelle entdeckt. Einige Vögel hatten nur zwei oder drei Tage an einem Ort geschlafen, dann waren sie weitergezogen. Dieser Vogel jedoch kehrte seit Wochen jede Nacht an denselben Ort zurück. Wie wir später entdeckten, hatte er einen Partner gefunden und hielt sich mindestens bis zum Frühjahr in der Gegend auf, nistete dort aber nicht. Seinen Schlafplatz teilte er ausschließlich mit seinem Partner. Auf dem Weg nach East Dixfield und an Carthage herrschte »Funkstille«. An dem See bei Weld fing ich ein schwaches Signal von Nummer 9239 auf, das ich später auf Center Hill eingrenzen konnte: Ich hatte meinen zweiten Vogel geortet, und meine Schleife von 150 Kilometern war fast zu Ende. Es war eine gute Nacht gewesen. Zwei Datenpunkte hatte ich ermittelt, die wir in die Diagramme eintragen konnten – Kurven und Diagramme, die letztlich ergaben, dass diese Vögel zur gegebenen Zeit und unter den gegebenen Umständen offenbar nicht in Gruppen organisiert waren.

Zwei Jahre später, 1994, nahm ich mit Ted, Delia und Eileen Connor, einer neuen Helferin, das nächste Projekt in Angriff. Wir hatten uns die schwierige Aufgabe gesetzt, eine Studie an den »revierbesitzenden« Brutvögeln vorzunehmen. Wieder hatte ich im Herbstsemester mein doppeltes Soll an Lehrverpflichtungen erfüllt, um das Wintersemester für dieses Projekt frei zu haben. Wie zuvor bestand die erste Aufgabe darin, die Vögel zu fangen – in diesem Fall revierbesitzende Altvögel. Unsere Käfigfallen konnten wir nicht verwenden, weil die Vögel längst dahintergekommen waren. Stattdessen mussten wir einzelne Vögel fangen, die ich kannte. Der Haken daran war, dass sie mich leider auch kannten.

Da die Käfigfallen nutzlos waren, mussten wir Fußfallen verwenden, was mir gar nicht gefiel. Ein örtlicher Trapper stellte mir eine große Auswahl zur Verfügung. Nach meiner Einschätzung war Nummer eins klein genug, um ein Rabenbein nicht zu verletzen. Doch um ganz sicherzugehen, sägte ich eine der beiden Federn ab und halbierte damit die Kraft. Außerdem schwächte ich die verbleibende Feder, indem ich die Falle im Holzofen zwischen glühenden Kohlen erhitzte. Dann umwickelten wir die beiden Bügel der Falle dick mit Isolierband. Wenn die Falle nicht in Gebrauch war, hielten wir die Bügel mit einer Wäscheklammer offen, damit die Isolierung nicht zusammengepresst wurde und ihre abfedernde Wirkung verlor. Ich testete eine unserer modifizierten Fallen, indem ich sie an meinen Fingern zuschnappen ließ. Sie richtete keinen größeren Schaden an. Jetzt hoffte ich nur, die Fallen würden trotzdem noch kräftig genug sein, um das Bein oder den Fuß eines Raben festzuhalten.

Um die Fallen aufzustellen, mussten wir die Feder spannen. Wenn wir die Bügel herunterdrückten, um den Auslöser am Teller zu befestigen, mussten wir die Metallöse, die den Auslöser hielt, so verbiegen, dass die zusätzliche Polsterung auf den Bügeln nicht zu viel Druck auf den Auslöser ausübte.

Andererseits war es wichtig, dass schon ein leichter Tritt die Falle auslöste. Die Falle auf die richtige Weise in der Hütte aufzustellen war eine Sache, draußen im Feld war es etwas ganz anderes. Sie musste im Schnee aufgestellt werden. Tagsüber bringt ihn die Sonne zum Schmelzen, nachts friert er knochenhart. Wenn sich Eis in der Falle befindet, ist sie außer Gefecht gesetzt. Wenn also eine Falle im offenen Schnee aufgestellt wird, wie es bei den unsrigen der Fall war, muss man dafür sorgen, dass das Metall frei von Schnee ist. Unter dem Teller darf sich nichts befinden; leider ist das ein Ort, wo sich sehr leicht Schnee ansammeln kann. Um mich dagegen zu wappnen, legte ich Wachspapier über den Teller, und zwar in einer Form, die direkt in die offenen Bügel passte. Das Wachspapier versuchte ich trocken zu halten, indem ich etwas Gerstenstreu über den Teller und die ganze Falle streute. Trotz all dieser Umstände war die richtige Präparierung der Fallen immer noch der leichtere Teil des ganzen Unternehmens. Der nächste Schritt auf dem Weg zum Erfolg bestand darin, in Erfahrung zu bringen, wo die Fallen aufgestellt werden mussten.

Während der zurückliegenden zehn Jahre hatten wir sieben benachbarte Rabennester ausfindig gemacht. Das war eine ideale Situation, weil wir nun, zumindest theoretisch, ermitteln konnten, ob die Vögel ein größeres Revier oder nur den unmittelbaren Nistplatz verteidigen. Wenn Letzteres zutraf, dann kamen möglicherweise mehrere Paare an einer ergiebigen Futterquelle zusammen, wie etwa einem großen Kuhkadaver. Doch wenn wir einen großen Köder auslegten, lockten wir damit möglicherweise Hunderte von Vögeln an, was ganz und gar nicht in unserer Absicht lag. Wir würden vor allem nichtterritoriale Vögel fangen, und wäre einer dieser Vögel in einer Falle, würde dieser die revierbesitzenden Altvögel warnen und sie veranlassen, von dieser Futterquelle fernzubleiben. Bessere Aussichten, revierbesitzende

Vögel zu fangen, hatten wir, wenn wir den Nichtterritorialen keinen Anlass boten zu kommen. Die beste Lösung schien zu sein, sehr kleine Köder zu verwenden und sie zusammen mit einer Falle ganz in der Nähe der Nistplätze auszulegen. Daher hatten wir den ganzen Winter keine Köder gelegt, sodass nur wenige nichtterritoriale Vögel in der Nähe sein würden, wenn wir versuchten, die revierbesitzenden Raben zu fangen.

An einem Wochenende Ende Februar legte ich die Köder aus. Kurz vor Beginn der Nistzeit also, zu einer Zeit, wo sich beide Partner eigentlich in der Nähe des Nistplatzes aufhalten mussten. Das Weibchen, das nach der Eiablage ausschließlich vom Männchen gefüttert wird, konnte zu diesem Zeitpunkt gefangen werden, weil es sich noch selbst ernährte. Ich hoffte, dass ich beide Mitglieder eines Paares allmählich dazu brachte, nur an einer Stelle zu fressen, um die Falle dann dort aufzustellen. Doch zunächst einmal musste ich einen unwiderstehlichen Köder finden. Auf einer Farm in der Nähe hatte ich ein totes Pferd deponiert und legte nun ein paar Klumpen Pferdefleisch aus, die ich halb im Schnee vergrub. Dann fügte ich noch Erdnüsse, Pfannkuchenreste und Maiskräcker hinzu.

Nach der ersten Woche fanden sich nur an vier der zwölf Köder Rabenspuren. Ich erkannte, dass die Einzelheiten von entscheidender Bedeutung waren. An einem Köder hatte ein Rabe von einem Stück Fleisch gefressen, das aus dem Schnee herausragte. Daraufhin streute ich eine Hand voll Erdnüsse aus. Zwei Tage später waren dort wieder überall Rabenspuren – doch der Rabe mied das Fleischstück, von dem er zuvor gefressen hatte. Die Spuren zeigten, dass der Vogel viel hin und her gelaufen war und bis auf zwei alle Erdnüsse gefressen hatte. Die beiden, die er verschmäht hatte, lagen ausgerechnet auf dem Fleisch, von dem er zuvor gefressen hatte! Jeden Tag verwischte ich die Rabenspuren, um zu sehen, wo neue Spuren waren, und um herauszufinden, was der Vogel vorhatte.

Am 2. März, dem sechsten Tag dieses Projektes, war immer noch nicht der Zeitpunkt gekommen, um die erste Falle aufzustellen. Mehr und mehr gewann ich den Eindruck, meine Studie gliche eher einem kleinen militärischen Feldzug. Ich war der General, der eine Strategie austüftelte. Die Raben waren der gerissene Feind. Die Situation war so, wie sie der chinesische Philosoph Tao Te Ching vor mehr als 2500 Jahren beschrieben hat: Der beste Sportler sei der, der sich einen Gegner in bester Verfassung wünsche, und der beste General derjenige, der sich in die Gedanken seines Feindes versetze.

Um die Fallen auszuprobieren, stellte ich eine unmittelbar außerhalb der Voliere auf, wo ein kleiner Trupp Raben von meinen vier zahmen Raben an ihrer Futterstelle angelockt worden war. Zunächst bedeckte ich die Falle mit einer dünnen Zellophanfolie, die genau zwischen die geöffneten Bügel passte. Ich sammelte trockene, halb vermoderte Rindenstücke, streute sie auf dem Schnee aus, stellte die Falle darauf und bedeckte auch sie damit. Dann kam noch etwas Schnee darauf, um das Ganze zu tarnen. Schließlich legte ich ein kleines Stück Pferdefleisch in den Schnee – so klein, dass die Vögel keinen Verdacht schöpfen würden.

Wie erwartet, kamen die Vögel ganz früh am Morgen zur Voliere. Aus einer Ecke meines Hüttenfensters beobachtete ich sie an der mit dem Köder versehenen Falle. Nichts geschah. Nach einer Stunde wusste ich, dass etwas nicht stimmte, und ich ging hinaus, um nachzusehen, was es war. Zwar fand ich viele Rabenspuren beim Fleisch, aber keine auf der Falle. Die Vögel mussten bemerkt haben, dass der über die Falle gestreute Schnee anders war als der übrige Schnee, doch das war noch nicht alles, was an der Fallenaufstellung nicht stimmte.

Nachts hatten wir Temperaturen von fast 20 Grad minus

gehabt, daher hatte ich nicht damit gerechnet, dass es tauen und wieder frieren würde. Doch ich erinnerte mich an Murphys Gesetz – wenn etwas schiefgehen kann, dann geht es auch schief – und kratzte vorsichtig den Schnee ab, den ich über der Falle verteilt hatte. Er war zu einer Kruste gefroren. Selbst wenn ein Rabe auf die Falle getreten wäre, wäre sie nicht zugeschnappt.

Nun galt es also, in der Nähe der Köder Fallenattrappen anzulegen, damit die revierbesitzenden Vögel sich an gestreuten Schnee und andere ungewöhnliche Hinweise gewöhnten und ihren Argwohn verloren. Unter einem dunklen grauen Morgenhimmel gingen Delia und ich den Hügel hinunter. Der Anblick des Himmels gefiel mir nicht. Wenn es nur eine halbe Stunde lang schneite, konnten wir unsere Fallen vergessen. Trotzdem stellten wir sie auf. Daraufhin schneite es eine halbe Stunde und noch weitere 24 Stunden. Der Schneesturm wütete tagelang.

Derweilen war eine der Fallen bei der Voliere drei Tage hintereinander zugeschnappt, ohne etwas zu fangen. Eines Morgens, als ich mich knapp einen Kilometer entfernt am Alder-Fluss aufhielt, bemerkte ich eine große Unruhe aus der Richtung der Voliere oben auf dem Hügel. Als ich Alarmrufe hörte, eilte ich zurück. Eine Falle war tatsächlich zugeschnappt. Und der Rabe hatte sich befreit. Schlussfolgerung? Fallen der Größe Nummer eins waren zu klein. Ich musste mir neue besorgen.

Wie erwartet blieben die Raben die nächsten Tage aus, und ich fürchtete, sie würden uns keine weiteren Fehler durchgehen lassen. Während ich die neuen Fallen, die ich besorgt hatte, testete, hatten wir mehr denn je mit dem Wetter zu kämpfen. Nach einer Reihe von warmen, klaren Tagen war der Schnee nicht mehr pulvrig, was die Tarnung erschwerte. Der matschige Schnee ließ sich nur in dicken Klumpen bewegen, die tagsüber schmolzen und nachts steinhart froren.

Am 10. März hatten wir noch immer keinen einzigen Raben in einer Falle gefangen, noch nicht einmal einen zur Probe in der Nähe der Voliere an der Hütte. Aber die Zeit war längst da – wenn nicht sogar schon vorüber –, Ernst zu machen und an eines der revierbesitzenden Paare heranzukommen. Im kalten Regen trug uns die feuchte Schneekruste nicht mehr, sodass wir bei jedem Schritt trotz unserer Schneeschuhe tief einsanken. Delia und ich ließen uns dennoch nicht davon abhalten, zwei Verstecke aus Fichten- und Tannenzweigen zu bauen, jeweils 100 Meter entfernt von zwei Ködern in der Nähe von Nistplätzen. Hier wollten wir die Fangaktionen am folgenden Tag beobachten.

Um fünf Uhr morgens, noch in tiefster Dunkelheit, bereiteten wir uns auf das große Ereignis vor. In den vorangehenden zwei Wochen hatten wir so manches darüber erfahren, was wir nicht tun durften. Diesmal glaubten wir, dass wir daraus gelernt hatten. Im Morgengrauen waren wir auf unseren Schneeschuhen zum ersten Versteck unterwegs, wo Delia Aufstellung beziehen wollte, um vier Fallen zu beobachten, die wir um ein Stück Fleisch herum aufgestellt hatten. Dort waren frische Rabenspuren vom Nachmittag des Vortags. Für jede Falle gruben wir in den festgefrorenen Schnee eine Grube, in die wir zunächst etwas Blumenerde füllten. Dann stellten wir die Falle darauf, und über die Falle kam noch etwas trockene Erde, dann ein Stück Wachspapier auf den Teller, sodass die Fläche zwischen den offenen Bügeln bedeckt war. Wir tarnten die Fallen mit etwas Pulverschnee, den wir unter der Kruste ausgegraben hatten. Solchen Schneestaub streuten wir auch an den umliegenden Stellen aus, wo keine Fallen waren. Auch die Ketten versteckten wir unter dem Schnee. Wir achteten auf jede Kleinigkeit.

Delia wünschte ich nun viel Glück und stapfte den Pfad hinab zu meinem Versteck am Weld-Nest. Auch dort fand ich gefrorene Rabenspuren vom Vortag in der Nähe des Fleischstücks. Ein sehr gutes Zeichen! Die Vögel waren zurückgekommen, obwohl wir das Fleisch ausgegraben, die Schneedecke in weitem Umkreis aufgewühlt und das Fleisch auf einen kleinen Hügel gebracht hatten, wo es nun vom Versteck aus zu sehen war. Ein schlechtes Zeichen war nur, dass einer der Vögel die Stelle überflog und Alarmrufe ausstieß, kurz bevor ich mit dem Aufstellen der Fallen fertig war. Da ich wusste, dass der Vogel jetzt misstrauisch sein würde, versuchte ich ihn von den Fallen in der Umgebung des Köders dadurch abzulenken, dass ich zwei große orangefarbene Käseplätzchen auf den Schnee legte. Wenn der Rabe zurückkam, würde er diese seltsamen Gegenstände sehen. Da er wusste, dass ich irgendetwas getan hatte, würde er diese beiden orangefarbenen Kugeln mit mir in Zusammenhang bringen und sie meiden. Vielleicht würde er ferner »annehmen«, dass ich nicht zum Fleisch gekommen war, weil sich dort nichts verändert hatte. Zwar hatte ich bereits eine Ahnung, wie sorgfältig Raben eine potenzielle Futterquelle taxieren, doch wusste ich noch nicht, dass die Frage, ob sie mit der Nahrung Freund oder Feind assoziieren, darüber entscheiden kann, ob sie es fressen oder nicht.

Ich saß erst 45 Minuten in meinem Versteck, als ich schwere Flügelschläge hörte. Der Rabe war zurückgekommen! Er stieß nur drei oder vier Alarmrufe aus, dann beruhigte er sich. Fünf Minuten später flog er von einem Ast beim Nest in den Kiefern herunter (das Nest selbst konnte ich nicht sehen) und landete im Schnee beim Köder. Allerdings traute er sich nicht ganz an den Köder heran. Vielmehr lief er hin und her und um den Köder herum – zehn Meter zur einen Seite, zehn Meter zur anderen. Irgendetwas stimmte nicht, das merkte er – und flog davon.

Eine halbe Stunde später, gegen acht Uhr, kehrte seine Partnerin zum Nest zurück und stieß sanfte, hohe Rufe aus. 15 Minuten später flog ein Partner des Paars in den Schnee hinab und ging, ohne weiter zu zögern, zum Köder. Mein Herz begann zu klopfen. Schwer und laut. Wochen der Enttäuschung, Hunderte von gefahrenen Kilometern, Tage auf Schneeschuhen in tiefem, weichem Schnee, endloses Planen, unendlich viele Einzelheiten, die es zu berücksichtigen galt – all das sollte jetzt Früchte tragen. War dies der Augenblick? Seit Wochen beobachtete und köderte ich sie, um ihre Gewohnheiten kennenzulernen und um sie an kleine Veränderungen zu gewöhnen, damit sie die im Schnee verborgenen Fallen nicht bemerkten. Und hier war nun endlich ein Rabe, der sich wunderbarerweise einem von vier Fallen umgebenen Stück Fleisch näherte.

Der Vogel hielt inne, blickte sich vorsichtig nach allen Seiten um und ging weiter. Dann sah ich ihn picken – tatsächlich, er fraß von dem Fleisch! Er fraß, hielt kurz inne, fraß noch ein bisschen und immer weiter. Erstaunlich! Meiner Meinung nach hatte ich die vier Fallen so aufgestellt, dass sie bei der geringsten Berührung zuschnappen mussten. Ich war in meinem Versteck mindestens 50 bis 60 Meter vom Köder entfernt und hatte durch die vielen Bäume des Waldes und die Fichtenzweige meines Verstecks nur ein sehr enges Gesichtsfeld. Langsam, ganz langsam und tief in mein Versteck zurückgebeugt, hob ich mein Fernglas, und – *rrack, rrack, rrack* – augenblicklich stieß der Vogel Alarmschreie aus und ergriff die Flucht. Wahrscheinlich hatte er einen Lichtreflex der Linsen gesehen. Mich konnte er nicht entdeckt haben.

Etwa 15 Minuten später kam ein Rabe zurück und fraß an der gleichen Stelle. Nach weiteren fünf Minuten flog der Vogel zum Nest empor, vielleicht um seinen Partner zu füttern. Wieder stieß er hohe, miauende Rufe aus. Zehn Minuten später verließ einer der Vögel das Nest und ließ gedämpfte *gro*-Rufe ertönen, als er davonflog. Raben kündigen ihr Kommen und ihr Gehen mit mindestens einem unverkennbaren Ruf an. Das Weibchen, das im Nest blieb, ließ einmal seinen Klopfruf ertönen.

Um 9.15 Uhr war wieder ein Rabe am Köder. Gelassen fraß er mehrere Minuten lang, dann flog er davon. Ich war fassungslos – und zitterte vor Kälte und Aufregung. Es war das dritte Mal, dass der Vogel an diesem Morgen gekommen war. Beim dritten Mal *hätte* der Rabe einfach in die Falle gehen müssen, dachte ich. Er war es nicht.

Einige Minuten nachdem der Rabe, vermutlich gesättigt, fortgeflogen war, hörte ich sehr aufgeregte scharfe, hohe und rasche Krächzlaute. Zwei Krähen überflogen den Köder. Die Krähen erblickten das Fleisch, wendeten, flogen zurück und landeten, wobei sie wieder ihre aufgeregten Rufe ausstießen. Würden die Raben sie jetzt davonjagen? Ich wartete – es waren keine zwei Minuten vergangen, als eine der Krähen auch schon zu fressen begann. Es dauerte Sekunden, dann war sie gefangen. Die Krähe, die in der Falle saß, war nicht gerade still, aber ihr Partner, der fünf bis zehn Meter entfernt in den Zweigen hockte, hüpfte außer sich vor Erregung herum und schrie hysterisch. Ich wartete ein oder zwei Minuten, um zu sehen, ob die Raben in irgendeiner Weise reagierten. Als ich jedoch keinen sah oder hörte, kam ich aus meinem Versteck hervor und befreite die unverletzte Krähe.

Als ich auf meinen Schneeschuhen den Ort des Geschehens verließ, kreisten die Krähen über mir und setzten ihr aufgeregtes Konzert fort. Ich rechnete nicht damit, dass die Raben in nächster Zeit zurückkamen. Damit sollte ich endlich einmal recht behalten. In der Umgebung des Köders zeigten sich keine Spuren mehr, obwohl das Paar in einer Kiefer unmittelbar darüber nistete. Nie habe ich herausgefunden, wie es den Raben gelang, die Falle zu vermeiden. Auch danach schaffte ich es nicht, einen Partner des Paares zu fangen, nur zwei weitere Krähen.

Am folgenden Tag, dem 13. März, stellte ich die Fallen an

einem neuen Platz auf, wo mich die Raben noch nie an einem Köder gesehen hatten. Er lag einen knappen halben Kilometer von dem Nest entfernt, während die Straße in einem Abstand von gut zwei Kilometern vorbeiführte, die ich auf Schneeschuhen zurücklegen musste. Die Falle stellte ich an einem Kadaver auf und hatte dieses Mal bereits nach knapp einer Stunde einen Vogel gefangen! Er selbst blieb stumm, aber wie bei den Krähen war es der Partner, der dicht neben mir laute und wütende Schreie ausstieß, als ich den unverletzten Vogel aus der Falle nahm.

Noch am selben Tag flog dieser Rabe – der einzige revierbesitzende Altvogel, den wir fingen – mit einem Sender an seinen Schwanzfedern davon und strahlte Impulse mit einer Funkfrequenz von 14,8130 Hertz aus, oder abgekürzt »8130«, der Name, den der Vogel von nun an bei uns hatte. Jetzt konnte unsere Untersuchung beginnen, obwohl auf einer viel bescheideneren Grundlage, als wir geplant hatten. Der größte Teil der Arbeit war bereits geleistet.

Während wir Nummer 8130 präparierten, machte er einen recht ruhigen Eindruck. Da seine Federn durchnässt waren, flog er etwas unbeholfen, als wir ihn in der Abenddämmerung in der Nähe der Hütte freiließen. Erst musste er trocken werden, ehe er zum Nest zurückfliegen konnte. Zunächst blieb er im Aldertal unmittelbar unterhalb der Hütte, bis es richtig dunkel geworden war. Mich interessierte, ob er bei Nacht fliegen würde, deshalb stand ich kurz vor Mitternacht auf und stellte den Empfänger ein. Er war nicht mehr an seinem Platz, aber aus Richtung des Nestes fing ich ein sehr schwaches Signal auf. Er war *tatsächlich* in der Nacht geflogen. In den nächsten Tagen verfolgten ihn Ted, Delia und Eileen von der Morgendämmerung bis zum Abend. In den ersten beiden Wochen der Telemetriestudie verbrachte er den größten Teil seiner Zeit entweder am Nistplatz oder an einem Kuhkadaver, den ein Trapper für Kojoten im Wald ausgelegt hatte.

Ich kehrte am 25. März zum Nest zurück, um zu überprüfen, ob das Weibchen wirklich, wie ich vermutete, brütete. Im Prinzip war davon auszugehen, weil ich am 12. März, an dem Tag bevor ich den Raben gefangen hatte, zwei Vögel beobachtet hatte, die sich dem Nest mit Material zum Auspolstern genähert hatten. Dieses Mal befanden sich keine Vögel in der Nähe des Nestes, und keiner flog auf, als ich gegen den Baum schlug, um das brütende Weibchen zu verscheuchen. War das Weibchen eine ungewöhnliche Nesthüterin? Hatten sie das Nest aufgegeben, weil ich mich hier aufgehalten hatte oder weil die Markierung einer der Vögel mit einem Sender zu viel Stress gewesen war? Das Nest befand sich rund 30 Meter hoch in einer riesigen, dicken Weymouthskiefer, deren Stamm fast 20 Meter hoch vollkommen astlos war. Und ich hatte keine Lust, meinen Hals zu riskieren und diesen extrem hohen Baum zu erklettern, nur um den Inhalt des Nestes zu überprüfen. Um folglich festzustellen, ob das Nest noch aktiv war, musste ich es beobachten.

Etwa 50 Meter vom Nest entfernt verbarg ich mich unter einer dichten jungen Tanne neben einer dicken Kiefer. Mit gespannter Aufmerksamkeit wartete ich auf einen Laut oder das Huschen schwarzer Flügel.

Dann geschah ein Wunder. Das Funksignal wurde lauter. 8130 näherte sich. Ich hörte den schönen, klaren, glockenartigen Klopfruf eines Rabenweibchens. Wenige Sekunden später vernahm ich ihn erneut, bereits ein Stück näher. Der Ruf erklang wieder und wieder. Kein Zweifel, Männchen wie Weibchen näherten sich dem Nest von Nordwesten. Als ich durch die Tannenzweige in Richtung der Rufe und Funksignale blickte, sah ich schwarze Punkte herankommen. Jedoch nicht einen oder zwei, sondern *drei*!

Nun, ich konnte mir leicht einen (möglicherweise völlig falschen) Grund für die Anwesenheit eines dritten Raben im Revier zusammenreimen. Womöglich war es ein Männchen, das sich einschlich, um sich mit dem Weibchen zu paaren. Vielleicht war es ein Nachbar, der versuchte das Nest zu beschädigen oder zu zerstören, um sein Revier zu vergrößern. Doch ganz gleich, was für einen Grund ich mir einfallen ließ, stets lief es darauf hinaus, dass der dritte Vogel nichts Gutes im Schilde führte und das Paar alles tat, um ihn zu vertreiben.

Doch ein Blick auf diese Vögel zeigte mir, dass ich etwas ganz anderes vor Augen hatte. Ruhig flogen die drei Vögel nebeneinanderher, Flügelspitze an Flügelspitze. Als sie näher kamen, hörte ich die sanften *gro*-Rufe, die Vertrauen und Freundschaft signalisierten. Diese drei Vögel waren Freunde, und die Vorstellung, dass ein revierbesitzendes Rabenpaar Freunde außerhalb der Paarbindung hatte, dass es sie in der Nähe seines Nestes duldete, ja, geradezu einlud, schien völlig abwegig zu sein.

Wie gebannt beobachtete ich die drei, die nun freundlich plaudernd in den Nistbaum flogen. Zwei der drei Vögel landeten direkt am Nest, während der dritte nahe heranflog, dann abdrehte und gemächlich in die Richtung davonflog, aus der die drei gekommen waren. Das Paar blieb nur eine Minute am Nest, dabei führte es unaufhörlich sein leises Zwiegespräch fort. Ich vernahm die Bettelrufe, die Weibchen ausstoßen, wenn sie im Nest gefüttert werden möchten. Als die beiden sich wieder vom Nest entfernten, ließen sie sich zunächst für eine weitere Minute in einer nahen Kiefer nieder, um dann in die gleiche Richtung davonzufliegen, in die sich soeben der dritte Vogel begeben hatte.

Am liebsten hätte ich noch an Ort und Stelle ein Versteck angelegt, um das Nest einer langfristigen Beobachtung zu unterziehen, doch es waren noch weitere Gesichtspunkte zu berücksichtigen. So bestand die Gefahr, dass meine Anwesenheit die Vögel stören und ihren Bruterfolg zunichtemachen könnte. Daher musste ich die Überwachung auf einen viel späteren Zeitpunkt vertagen, damit die Störung, die ich möglicherweise verursachte, den Brutvorgang nicht gefährdete.

Vorläufig ließen wir das Nest in Ruhe, beobachteten unseren Raben aber häufig beim Kuhkadaver eines Fallenstellers ungefähr drei Kilometer vom Nest entfernt. Als wir diesen Kadaver mit Zweigen zudeckten, um zu sehen, wo 8130 dann fraß, verschwand er in der Regel aus der Reichweite unseres Empfängers. Da ich annahm, dass das Brüten mittlerweile schon weit gediehen war, suchte ich das Nest am 29. März wieder auf. Als ich näher kam, entdeckte ich 8130 in den Kiefern beim Nest. Er stieß Alarmschreie aus und floh. Wie das letzte Mal flog kein Vogel auf, als ich mit einem dicken Stock gegen den Nistbaum schlug. Merkwürdig, dachte ich. Wo ist das Weibchen?

Wieder hockte ich mich in mein Versteck unter der Tanne bei der dicken Kiefer. Und wieder hörte ich eine halbe Stunde später die schönen, klaren, xylofonartigen Rufe eines Weibchens aus nordwestlicher Richtung. Sie wiederholten sich und kamen mit jedem Augenblick näher. Wie bereits zuvor näherten sich drei Raben Flügel an Flügel dem Nest. Alle drei ließen sich direkt am Nest oder in einer Entfernung von ein, zwei Metern nieder. Abermals vernahm ich das Futterbetteln eines Weibchens. Nach einigen Sekunden flog einer der Vögel auf und verschwand in die Richtung, aus der sie alle drei gekommen waren. Alles wie beim letzten Mal. Das Paar verweilte eine Minute am Nest, stieß kommunikative, freundliche Laute aus, ließ sich dann in den Kiefern nahe dem Nest nieder. Leider entdeckten sie mich dieses Mal und machten sich unter lautem Alarmgeschrei davon. Als ich eine Woche später zurückkam, war das Nest verlassen.

Nummer 8130 war zum Mittelpunkt unseres Interesses

geworden. Die tägliche Überwachung dieses einen Vogels war zum einzigen Grund für unseren Aufenthalt in der Hütte geworden. Alle unsere Gespräche drehten sich um ihn – einen Vogel, den zwar nur ich wirklich gesehen hatte, der sich uns allen jedoch durch den Sender kundtat, der an seinem Schwanz befestigt war. Immer wenn ich ihn später im April und Anfang Mai sichtete, war er nur mit *einem* anderen Vogel zusammen. Wer war der dritte Vogel gewesen? Wäre es uns gelungen, ein Dutzend Vögel mit Sendern zu versehen, hätte ich die Frage vielleicht beantworten können. So waren wir auf Vermutungen angewiesen und kamen immer wieder auf den Umstand zurück, dass das Brutgeschehen offenbar unmittelbar vor der Eiablage abgebrochen worden war.

Wenn wir abends vor dem gusseisernen Ofen saßen und auf frisches Brot zum Abendessen warteten, neigten wir dazu, unseren Gesprächen über das fehlgeschlagene Nestexperiment eine scherzhafte Wendung ins Allzumenschliche zu verleihen.

»Was glaubt ihr, ist passiert?«, fragte jemand, und wir ergingen uns in wilden Vermutungen und abenteuerlichen Szenarien.

Eine Geschichte ging in etwa so: Eines Abends wartet sie, dass er wie immer zum Nest kommt, sie füttert und bei ihr schläft. Doch er taucht nicht auf. Sie wird hungrig und ängstlich. Schließlich erscheint er lange nach Mitternacht, erschöpft und zerzaust, mit dieser seltsamen zusätzlichen Schwanzfeder und einem unheimlichen Schulterfleck. »*Wo* hast du gesteckt?«, fragt sie. Er versucht, es ihr zu erklären, und sie sagt: »Ja, ja, *ganz bestimmt!*« Am nächsten Morgen ist er noch schwach und träge, obwohl er kopulieren müsste, weil die Zeit der Eiablage gekommen ist. Schließlich sieht sie ein anderes Männchen, einen Nachbarn. Sie zeigt ihr Balzverhalten. Geschmeichelt und hoffnungsfroh folgt er ihr. Womöglich ist er das Männchen eines benachbarten Paars, das sie beide bereits kennen. Oder er ist ein unverpaartes Männchen. In jedem Fall ist er ein Vogel, den auch ihr Partner kennt. Also duldet er ihn, wenn sie es tut.

Das Lustige an diesem Szenario ist, dass es der Wahrheit durchaus nahekommen könnte.

Einige Anekdoten sind aussagefähiger als andere, weil sie eindeutig sind und wenig Spielraum für Interpretationen lassen. Unsere drei Vögel an besagtem Nest waren noch keine Interpretation. Im Laufe des Februars hatte ich zu drei verschiedenen Zeitpunkten Gruppen oder eine Gruppe von fünf gemeinsam fliegenden Raben gesehen. Später im März erblickte ich zweimal drei Raben, die auf der anderen Seite des Sees zusammen flogen. Ich hatte mich immer an die wahrscheinlichste Erklärung gehalten – dass es sich um nichtterritoriale Jungvögel handelte. Nun war ich mir nicht mehr so sicher. Es steckte mehr dahinter: revierbesitzende Raben verhielten sich nicht immer und automatisch aggressiv gegen alle anderen Individuen. Aber wann und warum nicht? Ich musste die Einzelheiten ihres Bindungsverhaltens kennenlernen, etwas, was mich vielleicht meine zahmen Vögel lehren konnten.

9. KAPITEL

Partnerschaften und soziale Netze

Die drei Vögel hatten in mir den Wunsch geweckt, mehr über das Bindungsverhalten von Raben in Erfahrung zu bringen. Das Beste und vielleicht Einzige, was ich zum damaligen Zeitpunkt tun konnte, war eine langfristig angelegte Beobachtung der Vögel, die ich gut kannte, Goliath und seine Altersgenossen sowie Volierenvögel, die noch dazukommen würden. Ich hatte bereits beobachtet, dass meine Vögel auf fremde Raben, die sich näherten, außerordentlich aufmerksam, neugierig und gelegentlich auch aggressiv reagierten. Andere Jungraben in der Nachbarschaft veranlassten sie, sie zu beobachten, zu lauschen und auch zu rufen, woraufhin die Neuankömmlinge in der Regel näher kamen. Dann offenbarten sich mir alle möglichen sozialen Verhaltensweisen, deren Natur oder Zweck ich nicht durchschaute. Vielleicht waren die Neuankömmlinge an der Nahrung in der Voliere interessiert, während die Volierenvögel versuchten, ihre Nahrung zu verteidigen, aber ich bin nicht davon überzeugt, dass diese naheliegende Erklärung die richtige ist. Das gleiche Verhalten legten sie an den Tag, wenn keine Nahrung weit und breit zu sehen war. Als ich Nahrung nach draußen in den Schnee legte, beachteten die Neuankömmlinge sie gewöhnlich nicht, interagierten aber mit den Vögeln durch den Draht. Sie zeigten ihr Imponierverhalten, als wollten sie die anderen beeindrucken, und riefen ein umfangreiches stimmliches Repertoire ab.

Nichtterritoriale Jungvögel sind ein geselliges Völkchen. Zu Dutzenden und manchmal zu Hunderten fliegen sie hoch in den Himmel hinauf, segeln mit Aufwinden, trudeln abwärts, steigen wieder im Aufwind empor. Während dieser »Flugpartys« führen sie ihre Himmelstänze zu zweit und zu dritt auf. Ich habe versucht herauszufinden, ob diese Zweiergruppen feste Paare bilden oder ob Dritte sich einmischen und Partner tauschen, aber die Ereignisse finden in der Regel zu rasch und in zu großer Entfernung statt, als dass ich Genaueres erkennen könnte. Ein ähnliches Phänomen konnte ich beobachten, wenn am frühen Morgen von den gemeinschaftlichen Schlafplätzen her Jungvögel oft paarweise Köder und Futterstellen aufsuchten. Konnten Jungvögel Paare bilden? Ich war skeptisch, obwohl die Felddaten diese Möglichkeit schon lange nahelegten. An Goliath und seinen Gefährten gewann ich dann neue Erkenntnisse über die Paarbildung von Raben.

Abgesehen von der Rachenfarbe sehen Raben, die einen Monat aus dem Nest sind, genauso aus wie Altraben. Raben können bereits mit drei Jahren brüten, doch manchmal tun sie es erst mit sieben. Männchen und Weibchen haben das gleiche Federkleid. Wir können sie an bestimmten Verhaltensweisen und Vokalisationen unterscheiden, doch beide Merkmale prägen sich erst im zweiten Lebensjahr verlässlich aus. In der Voliere bilden sich erkennbare Paare schon vor Abschluss des ersten Lebensjahrs. Das Balzverhalten verpaarter Vögel ist deutlich nachweisbar (Lorenz, 1940; Gwinner, 1964).

Am 8. Februar, mit fast einem Jahr, begann Lefty sich zu verbeugen, sich aufzuplustern, den Schwanz aufzufächern und ihre ersten unbeholfenen Versuche der spezifisch weiblichen, klopfenden Balzrufe an Fuzz zu richten. So erkannte ich, dass sie ein Weibchen war. War sie es tatsächlich? Die

Frage war berechtigt, denn ich hatte früher ein Rabenpaar gehabt, zwei sehr große dominante Brüder, die eine Bindung eingingen und ein perfektes Nest bauten, sich dann aber fürchterlich in die Haare gerieten, als der eine zur Zeit der Eiablage, also als das Nest fertig war, mit dem anderen kopulieren wollte. Daraus schloss ich, dass die Verfassung des Nestes und nicht die des Weibchens der Signalreiz für die Kopulation ist. Die Freundschaft der Brüder hatte Bestand, obwohl sie viele erbitterte Kämpfe nach Kopulationsversuchen ausfochten und obwohl Weibchen verfügbar waren.

In den folgenden Tagen wiederholte Lefty ihr Balzverhalten mehrfach, als übte sie und richtete es an niemanden im Besonderen. Von Houdi, dem etwas kleineren Raben, in dem ich ebenfalls ein Weibchen vermutete, hörte ich diese spezifisch weiblichen Rufe erst rund ein Jahr später.

Bei der Niederschrift dieses Buches im Juni 1998 habe ich noch eine weitere Gruppe von sechs Jungvögeln aufgezogen, die das Nest seit einem Jahr verlassen haben. Von diesen sechs hat sich ein Männchen, Blue, mit dem Weibchen Red verpaart, und zwar im Januar, als sie gerade einmal sieben Monate aus dem Nest sind. (Die Vögel sind nach der Farbe ihrer Markierungsringe benannt.) Regelmäßig hocken sie nebeneinander, kraulen sich gegenseitig und füttern sich. Blue ist der ranghöchste Vogel der Gruppe. Er und Red fressen jetzt freundschaftlich nebeneinander, doch alle anderen Vögel greift er an. Allem Anschein nach sind sie ein Paar. In freier Wildbahn wären sie nichtterritoriale Jungvögel und würden frühestens nach mehr als zwei Jahren brüten.

Wir wissen nicht, warum Jungraben gesellig leben, aber sie gliedern sich damit in ein soziales Netz ein, das möglicherweise mehr leistet als nur den Informationsaustausch über Nahrungsquellen. Wenn man bei der Nahrungsaufnahme mit anderen Vögeln auf vertrautem Fuß verkehrt, heißt das, dass man geduldet wird. Außerdem müssen die Vögel sich zeigen und für andere sichtbar sein, um potenzielle Partner zu finden. Partnerschaften können zur Paarung führen. Auch könnte die Anwesenheit in einem Fressverband bedeuten, dass man soziale Kontakte knüpft und Allianzen eingeht. Falls das stimmt, müssen die Vögel Individuen erkennen. Man hat oft angenommen, dass einige Vögel dazu in der Lage sind, aber wir wissen nicht, wie. Meine Hoffnung ging dahin, individuelle Unterschiede an meinen Schützlingen wahrzunehmen und letztlich auch Hinweise darauf zu entdecken, wie sie selbst diese Unterscheidung vornahmen.

Als Goliath und meine anderen drei Jungraben ein paar Wochen aus dem Nest waren, folgten sie mir auf den täglichen Spaziergängen, die ich in den Wald unternahm. Ende Juli dieses Jahres ließen sie erste Anzeichen von Unabhängigkeit erkennen. Ich befürchtete, dass sie, wie andere Raben, die ich aufgezogen hatte, bald selbstständig sein und mich verlassen würden. Da ich (unter anderem) ihre Paarbildung untersuchen wollte, behielt ich sie in meinem Volierenkomplex.

Im Frühherbst zeigten sich bereits erste Ansätze zur Paarbildung. Gewöhnlich hockte sich ein Vogel ganz nah zu einem anderen und beugte seinen Kopf, eine Aufforderung zum Kraulen (Gefiederpflege). Solche Aufforderungen ließen erkennen, wer von wem Aufmerksamkeit wünschte, und ob der betreffende Vogel gekrault wurde, zeigte, wer daran interessiert war, wem Befriedigung zu verschaffen. Anfangs kraulte jeder Vogel jeden anderen und wurde von jedem anderen gekrault. Allmählich bildeten sich spezifischere Kraulpartnerschaften heraus, bis sie am Ende kaum mehr variierten. Beispielsweise bildete Goliath eine Kraulpartnerschaft mit Lefty, während Fuzz nur Houdi kraulte und umgekehrt. Sie »gingen fest miteinander«. (Ich nehme an, es war reiner Zufall, dass Goliath sich mit Lefty, seiner Schwester, zusammentat.) Würden diese Paare auch Brutpartner werden? Um das herauszufinden, brachte ich beide Paare in getrennten Volieren unter.

Im Januar 1995 ließ ich Fuzz und Houdi in dem Komplex in Vermont zurück, während ich Goliath und Lefty in meinen Volierenkomplex in Maine brachte. Meist bewohnte das Paar eine eigene Seitenvoliere, getrennt von der Hauptvoliere, in der ich damals einen Trupp wild gefangener Jungvögel hielt. Am 26. April ließ ich das Paar in die Hauptvoliere zu dem größeren Trupp. Würde Goliath angegriffen werden, wenn er in ihr Gebiet eindrang? Keineswegs! Goliath schien große Lust zu haben, sich ihnen anzuschließen, und griff sofort *alle* ranghöheren Männchen an, besonders G 67, den ranghöchsten Raben dieser Gruppe. Binnen eines Tages erkannten sie alle Goliaths Dominanz an. Er jagte sie umher und zeigte sein Macho-Imponierverhalten, bis sie jede Gegenwehr aufgaben. Dabei konzentrierte er sich auf die, die Widerstand leisteten. Selten näherte er sich Weibchen, mit Ausnahme eines Vogels, der eine weiße Feder am linken Flügel hatte. Ursprünglich begegnete er diesem Weibchen mit dem gleichen Macho-Gehabe, das er an den Tag legte, wenn er sich Männchen näherte. Da »Whitefeather« ein Weibchen war, reagierte sie nicht mit Kampf, Flucht oder Demutsgesten, sondern mit ihren klopfenden Balzrufen, die besagten: »Ich bin ein starkes Weibchen.« Daraufhin trat er zur Seite. So konnte ich das Geschlecht manchmal am Verhalten bestimmen, und wer weiß, vielleicht machen es die Raben genauso.

Anschließend versuchte ich, Goliath und Lefty wieder in ihre private Seitenvoliere zu jagen. Sie kannten die Tür, weil es ihnen früher freigestanden hatte, die ganze Voliere zu benützen, doch sie schienen beide entschlossen, in der großen Voliere zu bleiben. Goliath blickte mich scharf an, dann hackte er ärgerlich auf Zweige ein und richtete die Ohren imponierend auf. Noch nie zuvor hatte er so auf mich reagiert, stets hatte ich ihn leicht zurückscheuchen können. Lefty, die sich ebenfalls weigerte, in den Seitentrakt zurückzukehren, fand ein Loch im Draht und entkam aus der Voliere. Eine Zeit lang saß sie oben in der Buche und stieß einige *kek-kek*-Rufe aus, dann flog sie hinunter ins Tal in Richtung Alder-Fluss. Während dieser Geschehnisse flog Whitefeather in Goliaths Voliere. Sobald sie dort war, stieß sie lange an- und abschwellende Territorialrufe aus, die ich noch nie zuvor von ihr gehört hatte, und in *seiner* Voliere waren die Rufe besonders überraschend. Normalerweise locken diese Rufe andere Vögel nicht an, doch Goliath reagierte augenblicklich, indem er zu ihr flog, zurück in seine Voliere. Ich erwartete, dass er den Eindringling angriff. Stattdessen nahm er dicht neben ihr Platz, als sie den Kopf beugte, die geplusterten Kopffedern darbot und eine lange Serie der drei aufeinander folgenden Klopfrufe ertönen ließ, die das Weibchen erkennen ließen. Beschwichtigend trat sie beiseite. Wohl zeigte er ein bisschen Macho-Imponierverhalten, doch ohne viel Getue. Dann war alles ruhig. Kein Kampf. Später ließ sie wieder eine lange Folge kurzer, repetitiver Klopfrufe ertönen. Offenbar waren sich die beiden einig geworden, daher schloss ich die Tür zu »ihrer« Voliere. Der Versuch, Goliath und Lefty wieder zusammenzubringen, wäre sinnlos gewesen. Das Schicksal hatte anders entschieden, und ich war neugierig, was als Nächstes geschehen würde.

Als Lefty von ihrem Besuch bei den wilden Raben zurückkam, die anderthalb Kilometer entfernt an einem Kalbskadaver fraßen, beachtete sie Goliath nicht. Sie hockte sich auf den Teil der Voliere, der die Fremden beherbergte, und schenkte ihrerseits der Seitenvoliere mit Goliath und Whitefeather keinerlei Aufmerksamkeit. So viel zu dem, was ich für eine Liebesaffäre gehalten hatte. Wenn es denn so etwas wie eine Beziehung zwischen Goliath und Lefty gegeben hatte, dann war sie offensichtlich von Bequemlichkeit diktiert worden.

Es war an der Zeit, alle wilden Vögel bis auf Goliath und Whitefeather freizulassen. Ich öffnete die Tür zum großen Komplex und legte einen Waschbärkadaver als Köder direkt vor die Voliere. Einige der Vögel begaben sich hinaus, um davon zu fressen, aber sie flogen nicht fort, sondern kehrten nach beendeter Mahlzeit zur Voliere zurück. Am Abend versuchten andere wiederholt, in das Innere zurückzugelangen – man konnte das sehr gut an den Pfaden im Schnee sehen, die sich am Draht entlangzogen. Es dauerte zwei Tage, bis sie draußen blieben.

Wochen später waren Goliath, der handzahme Rabe, den ich aufgezogen hatte, und Whitefeather, das wilde Rabenweibchen, noch immer ein liebendes Paar. Sie saßen nebeneinander, kraulten sich gegenseitig und gurrten sich an. Lefty war endgültig fort. Ich fragte mich, ob die Paarbildung zwischen Goliath und Whitefeather auch nur der Bequemlichkeit zu verdanken war und genauso leicht gesprengt werden konnte, wenn sich die Gelegenheit dazu bot. Es gab nur eine Möglichkeit, es herauszufinden: für eine solche Gelegenheit zu sorgen. Am 22. Juli brachte ich Goliath und Whitefeather nach Vermont und setzte sie dort in die Voliere des Paars Fuzz und Houdi. Dort wollte ich die vier einige Monate beobachten.

Zuerst setzte ich Goliath hinein. Als er aus der Transportkiste in die Voliere hüpfte, die Monate zuvor seine Heimstatt gewesen war, schien er völlig entspannt zu sein. Er schüttelte sich. Fuzz stieß in höchster Alarmbereitschaft seine *rap-rap-rap*-Rufe aus. Als sie noch zusammen gewesen waren, hatte er sich Goliath untergeordnet. In Goliaths Abwesenheit war sein Rang nicht infrage gestellt worden. Jetzt zeigte er Imponierverhalten und ging auf Goliath zu. Währenddessen blieb Houdi im Schlafverschlag und stieß Klopfrufe aus. Fuzz hatte sich hoch aufgerichtet, klappte mit dem Schnabel, ließ die weißen Nickhäute seiner Augen aufblitzen und stolzierte großspurig umher. Goliath reagierte nicht. Plötzlich griff Fuzz an, und Goliath nahm eine Demutshaltung ein, die ich noch nie zuvor an ihm bemerkt hatte. Damit war der Konflikt vorbei, einfach so.

Goliath, der der Ranghöhere gewesen war, war ihm nun untergeordnet. Diese Beziehung war in den ersten Minuten der Begegnung hergestellt worden und hatte fortan Bestand. Ihre angespannten sozialen Interaktionen deeskalierten im Laufe der nächsten 45 Minuten, aber das Ergebnis war eindeutig. Houdi hatte sich aus diesem rein männlichen Konflikt vollkommen herausgehalten. Dann ließ ich Whitefeather in die Voliere. Würde sie von dem revierbesitzenden Weibchen angefeindet und gebissen werden, wie es Goliath vom revierbesitzenden Männchen widerfahren war? Darauf hätte ich gewettet, zumal sich Whitefeather, ein wilder Vogel, nun an einem fremden Ort ohne jeden Heimvorteil befand.

Als Whitefeather aus ihrer Kiste auf eine Stange flog, gesellte sich Goliath sofort zu ihr und zeigte sein Machoimponieren. Das Weibchen stieß Klopfrufe aus. Schon bald hatten sie Schnabelkontakt und kraulten sich kurze Zeit gegenseitig. Fuzz stieß einen klingend-krächzenden Ruf aus, den ich noch nie von ihm gehört hatte. Einen langen Ton, den er mehrmals wiederholte. Als Houdi Whitefeathers Klopfruf hörte, antwortete sie ihrerseits mit einem Stakkato von Klopfrufen. Keines der Weibchen suchte Körperkontakt wie zuvor die Männchen. Ungefähr zehn Minuten lang ließen beide fast ununterbrochen ihre Klopfrufe ertönen, dann versiegte ihr stimmliches Duell langsam. Whitefeather hatte das letzte Wort, und Houdi verstummte.

Fortan ordnete sich Goliath Fuzz unter, während Houdi stets Whitefeathers höheren Rang respektierte. Houdi, die bislang dauernd Klopfrufe hatte ertönen lassen, verzichtete vollständig darauf. Auf Dauer. Die lärmende Whitefeather schien Houdis Lautäußerungen gänzlich zu unterdrücken. Ebenso wie der bisher so stimmgewaltige Goliath ganz verstummte und dem jetzt sehr expressiven Fuzz auch körperlich an der Nahrungsquelle immer den Vortritt ließ.

Obwohl sich das Dominanzverhältnis umgekehrt hatte,

waren die Paar- und Kraulbindungen die alten geblieben. Die Weibchen kraulten auch weiterhin ihre Männchen. Whitefeather, das ranghöhere Weibchen, blieb bei Goliath, ihrem nun rangniederen Männchen. Entsprechend blieb Fuzz, das nun ranghöhere Männchen, der treue Kraulgefährte von Houdi, dem jetzt verstummten rangniederen Weibchen. Täglich saßen die Partner jedes Paares stundenlang Seite an Seite.

Merkwürdigerweise stellte Goliath, der mich bislang als Einziger mit Ducken, Schwanzzittern und Demutsgesten begrüßt hatte, nun dieses Verhalten mir gegenüber ein. Dafür begrüßte mich Fuzz mit dem Macho-Imponierverhalten, das dazu dient, potenzielle Partnerinnen oder männliche Rivalen zu beeindrucken.

Die Rangordnung unter Vögeln war am deutlichsten an begehrten Ressourcen zu erkennen, vor allem an Stangen, Nahrungsquellen und bei den Badegelegenheiten. Wenn es Zeit für ein Bad war (in der großen Schubkarre), badete der ranghöchste Vogel zuerst, der rangniedrigste zuletzt. Doch gab es viele Versuche, die Reihenfolge zu verändern, was zu barschen Zurechtweisungen führte.

Der 22. Juli 1995 war ein extrem heißer Tag mit Temperaturen von über 30 Grad. Nachdem ich das Wasser in die Badewanne gegossen hatte, kam Fuzz herunter und sprang hinein. Er duckte und planschte, bis ihm das Wasser in Strömen herunterlief und alle seine Federn zu ulkigen Büscheln verklebt waren. Nach dem Bad flog er zu seinem Schlafplatz hinauf und putzte sich. Erst da wagte Goliath, sich vorsichtig dem Wasser zu nähern, um ebenfalls ein Bad zu nehmen. Normalerweise hätte sich Fuzz nun eine halbe Stunde lang geputzt, doch als er sah, dass sich Goliath dem Wasser näherte, um ein Bad zu nehmen, unterbrach er seine Gefiederpflege und flog wieder hinunter, immer noch völlig durchweicht, um ein weiteres ausgiebiges Bad zu nehmen. Als er fertig war, begab er sich abermals auf seine Stange und begann erneut, sich zu putzen. Kaum hatte er begonnen, hielt er wieder inne, um Goliath zu verjagen, der abermals versucht hatte, das Wasser zu erreichen. Diese Handlungssequenz wiederholte sich noch achtmal, bis Fuzz dem anderen endlich gestattete, zu baden, und sich selbst erlaubte, seine Gefiederpflege zu beenden. Ich konnte den praktischen Nutzen dieser aufwendigen Bemühungen, Goliath am Baden zu hindern, nicht erkennen, es sei denn, er wollte zeigen, dass er dazu in der Lage war. Dass es bei Menschen ein solches Verhalten gibt, weiß man, aber ich war doch überrascht, dass Raben so unvernünftig sein können.

Als Goliath schließlich baden durfte, wurde er abermals unterbrochen, diesmal von Whitefeather. Sie näherte sich ihm mehrmals, offenbar in der Absicht, ebenfalls in die 60 Zentimeter breite Schubkarrenwanne zu steigen, die sicherlich groß genug für beide gewesen wäre. Doch jedes Mal unterbrach Goliath sein Bad und jagte seine Partnerin fort. Partner, die lange zusammen sind, begegnen einander mit wachsender Toleranz; sie baden und fressen zusammen.

Als Nächste versuchte Houdi zu baden, wurde aber sofort von Whitefeather davongejagt, selbst noch, als diese schon gebadet hatte. Um Houdi am Baden zu hindern, ließ Whitefeather die typisch weiblichen, klopfenden Imponierrufe ertönen. Houdi näherte sich möglichst unauffällig der Wanne und behielt dabei ständig die anderen im Auge, als wollte sie sich vergewissern, dass sie mit anderen Dingen beschäftigt waren, bevor sie einen Versuch unternahm. Doch die bemerkten sie stets. Schließlich gab Houdi ihr Vorhaben auf.

Nach vier Monaten trennte ich ein Paar vom anderen, nicht nur, um den Treuetest zu beenden, sondern auch, um jedem Paar zu ermöglichen, ein Nest zu bauen und Junge aufzuziehen, denn es war nicht zu erwarten, dass beide in derselben Voliere nisteten. Fuzz und Houdi ließ ich in ihrer

Heimatvoliere in Vermont, Goliath und Whitefeather brachte ich in meine Hütte und das Untersuchungsgebiet in Maine zurück, wo sie sich kennengelernt hatten.

Am 21. November 1995, dem Tag, an dem ich die Paare trennte, machte Houdi eine bemerkenswerte Veränderung durch. Sie gewann ihre Stimme zurück – mit offensichtlichem Nachholbedarf. Stundenlang ließ sie ihre Klopfrufe ertönen und fand kein Ende. Als die Paare zusammengelebt hatten, hatte Fuzz Goliath die Zungenspitze abgebissen. Ich hatte gedacht, Goliaths Schweigen hätte möglicherweise etwas mit der Verletzung zu tun. Durchaus nicht. Sobald er von Fuzz getrennt war, stand ihm wieder das ganze Repertoire seiner Stimme zur Verfügung, und seine Rufe hatten sich, soweit ich es beurteilen konnte, überhaupt nicht verändert – Zungenspitze hin, Zungenspitze her. Auch sein Machoimponieren nahm er wieder auf.

Trotz der Trennung kam es noch einmal zu einer engen Berührung der Lebensgeschichten der beiden Rabenpaare. Fuzz und Houdi blieben das Musterbeispiel des liebenden Paares, das ganze Tage damit verbrachte, sich gegenseitig zu kraulen, wobei er sie fast doppelt so häufig kraulte wie sie ihn. Um ihn zum Kraulen aufzufordern, verfolgte sie ihn, setzte sich dicht neben ihn und beugte ihren Kopf, und schon begann er, eine Feder nach der anderen durchzusehen. Nach einer Weile wandte er sich ihrer Kehle zu, woraufhin sie den Kopf weit in den Nacken zurücklegte, damit er sich Kehlfeder für Kehlfeder vornehmen konnte. Auf keinem der beiden Vögel habe ich jemals einen Parasiten entdeckt; Staubfusseln hingegen störten sie kaum auf den Federn. Fuzz schien Houdi nie zum Kraulen aufzufordern, dafür stellte er ihr gegenüber manche Facetten seines Macho-Imponierverhaltens zur Schau, die er mit *uh-uh*-Rufen begleitete und sie dabei leicht anstupste. Houdi antwortete mit den klopfenden Balzrufen und stellte gelegentlich ihren Fuß auf seinen Rücken. Manchmal setzte er sich dicht neben sie, streckte den ihr benachbarten Fuß aus und ergriff den ihren, um ihn einige Sekunden fest zu umklammern. Ich konnte nicht klar herausfinden, was dieses Fußergreifen bedeutete, bis auf einige Male, wo es anscheinend als sanftes Einhaltgebieten gemeint war.

Houdi war verspielt. Auf dem Rücken rutschte sie von einem 60 Zentimeter hohen Schneehügel herunter. Zunächst schien sie sich beiläufig einen Spaß daraus zu machen hinabzurutschen, weil sie umgefallen war, während Fuzz sie gerade auf der Spitze des Hügels putzte, doch dann wiederholte sie die Prozedur mehrere Male absichtlich.

Am 28. Januar brachte Houdi zwei Zweige in den Verschlag, in dem sie, wie ich hoffte, ein Nest bauen würden. Fuzz interessierte sich augenblicklich für ihr Tun und heftete sich an ihre Fersen. Als sie den dritten Zweig in den Verschlag trug, nahm er auch einen in den Schnabel und folgte ihr zu der Stelle, wo sie ihre abgelegt hatte. Teilte sie ihm etwas mit?

In den nächsten beiden Wochen trug Fuzz alleine Zweige und kleine Äste herbei. Er trug sie zu der für das Nest bestimmten Stelle und hielt sie fest in seinem Schnabel, den er in eine rasch zitternde Bewegung versetzte. Diese zitternde Einbaubewegung soll normalerweise dafür sorgen, dass sich der Stock oder Zweig in dem entstehenden Nest fest verhakt, doch der Nestbau von Fuzz und Houdi schien eher ein Spiel zu sein. Zunächst einmal fielen ihnen ebenso viele Zweige aus dem Schnabel, wie sie hinauftrugen. Houdi, die nun keine Zweige mehr transportierte, begleitete Fuzz und beobachtete ihn bei der Arbeit. Die beiden waren fast drei Jahre alt. Waren sie noch zu jung, um sich ernsthaft an den Bau eines Nestes zu machen? Vielleicht waren die neuronalen Schaltungen, die für Nistverhalten erforderlich sind, noch nicht angelegt oder aktiviert.

Fast einen Monat später, am 22. Februar, bestand das Nest noch immer nur aus losen Bündeln von ungefähr zehn Zweigen. Fehlte ihnen etwas? Ich legte ihnen ein altes Schaffell mit langen Wollzotteln in die Voliere. Beide musterten das Material aufmerksam. Plötzlich ergriff Fuzz einen Stock, der in der Nähe lag, und brachte ihn zum Nest. Houdi dagegen nahm ein Stück Schafwolle, zerriss sie und trug sie ebenfalls ins Nest. Jetzt wurde auch das Männchen geschäftig! Wieder sah es so aus, als hätte er von ihr den entscheidenden Hinweis erhalten, denn nun schaffte er mehr und mehr Zweige und Äste herbei, manchmal zwei auf einmal. In 18 Minuten hatte er acht Zweige und sie drei Ladungen Fell geholt. Dazwischen hatten beide mit dem Fell und den Zweigen herumgespielt. Als ich ihnen Heu hinlegte, nahm Houdi es auf und trug es in einer einzigen großen Ladung zum Nest. Nach dieser stattlichen Portion ergriff sie mit dem Schnabel einen gewaltigen Eschenzweig, 70 bis 80 Zentimeter lang, packte ihn dann mit dem Fuß und ließ ihn etwas baumeln, bevor sie ihn ins Nest trug. Daraufhin war sie geschafft. Sie setzte sich auf den Nestrand, putzte sich und ließ zahlreiche Klopfrufe ertönen. Signalisierte ihm ihr Verhalten, dass er jetzt fleißig sein sollte? Anscheinend, denn er schaffte jetzt bis zu drei Zweige auf einmal heran, obwohl er nach wie vor Wolle und Gras verschmähte.

Einen Tag später hatte Fuzz die Rohform aus Zweigen fertig. Nun legte ich ihnen Häufchen von Innenrinde hin, die ich von einer abgestorbenen Pappel genommen hatte. Die trugen sie gemeinsam ins Nest. Beide waren jetzt fast in gleichem Umfang damit beschäftigt, Ladungen von Rindenfasern und Wolle ins Nest zu bringen. Am folgenden Tag schaffte Houdi drei Ladungen Polstermaterial zum Nest, wenn er eine brachte. Immer noch hob er Zweige auf, ließ sie fallen, hob sie wieder auf, als hätte er vergessen, wozu sie dienten. Dabei fehlte dem Nest jetzt nur noch die Auskleidung. Am nächsten Tag, dem 27. Februar, schien das Nest fertig zu sein. Es hatte eine schöne, dicke und tiefe Auskleidung. Das Gebilde hatte einen Durchmesser von 75 Zentimetern und eine Höhe von 50 Zentimetern. Die Nestmulde selbst war 30 Zentimeter im Durchmesser und 15 Zentimeter tief. Jeden Tag erwartete ich Eier.

Am 8. März sah ich, dass Houdi sich in das leere Nest hockte, sich mehrere Male darin herumdrehte, aber doch den größten Teil der Zeit ruhig darin saß. Nach einer ihrer Sitzungen, von 8.19 Uhr bis 8.35 Uhr, blickte ich ins Nest, doch es war leer. Noch immer wich Fuzz nicht von ihrer Seite, egal, was sie tat. Wenn sie im Nest saß, hockte er sich dicht neben sie. Um 8.54 Uhr setzte sie sich wieder ins Nest. Nachdem sie dort sechs Minuten verbracht hatte, hüpfte sie hinaus, woraufhin er dort vier Minuten lang Platz nahm. Um 9.27 Uhr hüpfte er wieder heraus, und sie hockte sich wieder sieben Minuten still hinein, während er sein Machoimponieren zeigte. Im Verlauf der nächsten vier Minuten, als er an der Reihe war, ließ sie ihre Klopfrufe ertönen. Sie absolvierte noch zwei weitere Sitzungen in dem noch immer leeren Nest, einmal neun und einmal drei Minuten. Mehrere Male plagte er sich damit ab, Haar aus einem Elchfell zu rupfen, das ich ihnen hingelegt hatte, spuckte es dann aber aus und vergaß es. Wenn sie aus dem Nest auf den Boden hüpfte, suchte er sie hin und wieder auf und hielt ihren Fuß, wenn sie sich auf die Seite legte. War dies die Einleitung zur Kopulation?

Als am nächsten Morgen ein wilder Rabe über die Voliere hinwegflog, brach Fuzz in wütende, tiefe *quork*-Rufe aus und konnte sich nur schwer wieder beruhigen. Später hockte er ungewöhnlich schweigsam, aber mit teilweise geplustertem Kopf da. In kurzen Abständen wurde sein ganzer Körper einige Sekunde lang von Zuckungen und Zitterbewegungen erschüttert. Das hatte ich nie zuvor und nie wieder an ihm beobachtet. Gewiss zitterte er nicht vor Kälte, denn es war ein warmer Tag. Ich merkte, dass er sehr aufgeregt war. Signalisierte ihm das fertige Nest, dass jetzt die Zeit zur Kopulation gekommen war?

Zwei Tage später, am 10. März 1996, fand ich morgens das erste Ei im Nest. Den größten Teil des Tages saß Houdi darauf. Unermüdlich hockte Fuzz daneben, stieß *uh-uh*-Rufe aus, klappte mit dem Schnabel, imponierte und ließ an- und abschwellende Revierrufe ertönen.

Am folgenden Tag ließ er schon bei Morgengrauen lange, tiefe territoriale *quorks* erklingen, die allen Nachbarn mitteilen sollten, sich fernzuhalten. Er war sehr wachsam und schaute in alle Richtungen. Um 6.30 Uhr hüpfte Houdi aus dem Nest, streckte den rechten Flügel und setzte sich zu ihm auf seine Sitzstange. Er begrüßte sie mit machohaftem Schnabelklappen, was sie mit ihren klopfenden Balzrufen beantwortete. Daraufhin watschelte er seitwärts auf der Sitzstange zu ihr hin und ergriff mit seinem rechten Fuß ihren linken. Sie kauerte sich hin, krümmte den Rücken und ließ den Schwanz kreisen. Beim Versuch aufzusteigen verlor er das Gleichgewicht. Daraufhin hüpfte sie auf den Boden. Er folgte ihr. Wieder kauerte sie sich hin und ließ den Schwanz heftig vibrieren. Er kauerte sich neben sie, machte rüttelnde Bewegungen mit dem Schwanz, stellte die Flügel aus und reckte den Schnabel in einem Winkel von rund 40 Grad nach oben. Das tat er etwa ein oder zwei Sekunden lang, dann hüpfte er wieder auf ihren Rücken und rutschte etwas nach hinten, um den Kloakenkontakt herzustellen. Nach zwei oder drei Sekunden war alles vorbei, sie ging hinüber zum Kalbskadaver, um zu fressen, während er wieder auf seine Stange flog. Ich nutzte die Gelegenheit für einen raschen Blick ins Nest. Noch kein zweites Ei.

Um 7.10 Uhr verließ sie das Nest, er hüpfte hinein und blieb 43 Minuten sitzen, bis sie wiederkam, sich neben ihn auf den Rand des Nestes setzte und gedämpfte, gutturale

Rufe ausstieß. Fuzz saß tief in der Nestmulde und rührte sich nicht, verließ aber später das Nest, als sie unten auf dem Boden fraß. Keine zwei Minuten nachdem er das Nest verlassen hatte, nahm sie dort Platz, um weiterzubrüten und/oder das zweite Ei zu legen.

Als ich mich um 9.40 Uhr dem Nest näherte, um sie zu verscheuchen und festzustellen, ob sie ein zweites Ei gelegt hatte, reagierte er zum ersten Mal aggressiv. Seine Wut war ausgesprochen einschüchternd. Er plusterte sich auf, stieß die raschen *kek-kek-kek*-Alarmrufe aus und hieb mit dem Schnabel so heftig in das Holz unmittelbar neben mir, dass die Splitter flogen. Indessen blieb sie ruhig, weigerte sich aber, das Nest zu verlassen. Stand er unter dem Einfluss seines Testosterons? Während der Brutzeit schwellen die Hoden männlicher Vögel auf das mehr als 30-Fache ihrer normalen Größe an. Vermutlich steigert Testosteron die Aggressivität. Doch Houdi, deren Testosteronspiegel ja wahrscheinlich äußerst gering war, verhielt sich mir gegenüber schon bald genauso aggressiv wie Fuzz. Um herauszufinden, was im Nest war, blieb mir nichts anderes übrig, als in die Trickkiste zu greifen.

»Hast du Lust auf ein Experiment?«, fragte ich eine Freundin, die zu Besuch kam.

»Klar!«

»Gut – dann steig zu dem Nest hoch und schau nach, ob zwei Eier drin sind.«

Sie tat es und entdeckte tatsächlich zwei Eier.

Keiner der beiden Vögel versuchte, sie davon abzuhalten. Keiner stieß Alarmrufe aus. Sie hatte noch nie zuvor mit den beiden Vögeln interagiert, und es hätte für sie eine größere Bedrohung bedeuten müssen als für mich, der ich sie aufgezogen hatte und dem sie bis zum gegenwärtigen Zeitpunkt vertraut hatten. Mich erstaunte das kaum, denn Raben sind immer für eine Überraschung gut.

In den kommenden Tagen wollte ich weiterhin das Nest untersuchen, und da nicht jeden Tag Besucher da waren, musste ich improvisieren. Ich hatte bemerkt, dass ich mir die brütenden Vögel in der Regel vom Leibe halten konnte, wenn ich etwas Großes in der Hand hielt. Eine Papiertüte reichte. Nie nahmen sie meine Zudringlichkeit persönlich. Oft saß ich auch ohne großen Gegenstand stundenlang 1,50 Meter von dem Nest entfernt, und sie beachteten mich beide nicht – vorausgesetzt, ich kam nicht näher. Schon die geringste Bewegung in Richtung des Nests ließ sie in wilde Drohungen ausbrechen. Dann klopfte mir das Herz bis zum Hals, weil ich wusste, dass sie Ernst machen würden, und jeden Augenblick erwartete ich, dass Houdi mir ins Gesicht fliegen und zuhacken würde.

Insgesamt legte sie fünf Eier, jeweils in einem Abstand von etwa 25 Stunden. Ich markierte jedes mit einem kleinen Stück Klebeband, auf dem eine Zahl stand, um die Reihenfolge des Geleges festzuhalten.

Die Kopulationen fanden jeden Morgen fast immer zur gleichen Zeit und auf die gleiche Art statt und hörten an dem Morgen auf, als das fünfte Ei gelegt wurde. Immer war es das gleiche Ritual. Jede Kopulation wurde dadurch eingeleitet, dass das Weibchen vom Nest hüpfte und sich während dieser ersten Morgenpause streckte. Er näherte sich und gab sein Balzimponieren zum Besten. Sie antwortete mit balzenden Klopfrufen, daraufhin ließ er die Flügel hängen und vibrierte mit dem Schwanz. Nun hockte sie sich nieder, woraufhin er zur Kopulation aufstieg.

Man hat immer angenommen, dass Raben monogam sind und ihrem Partner ein Leben lang treu bleiben. Doch wie fast alles bei ihnen hängt auch dieser Aspekt ganz von den Umständen ab. In der Literatur ist vielfach dokumentiert, dass ein Partner, der ums Leben kommt, binnen eines Tages ersetzt wird. Kürzlich hat John Marzluff, der nun im Westen der Vereinigten Staaten das Verhalten von Rabenvögeln untersucht, bei Raben, die offenes Gelände in Idaho bewohnen, außereheliche Kopulationen dokumentiert. Neben dem (am Flügel) markierten Männchen beobachtete er noch vier weitere Männchen, die mit dem Weibchen an den beiden Beobachtungsnestern kopulierten. John sagte: »Die Ehebrecher warteten, bis die revierbesitzenden Männchen fortflogen, was sehr selten vorkam. Sobald das Männchen sich entfernt hatte, waren sie zur Stelle, kopulierten jedoch nur zur Zeit der Eiablage – genau zu dem Zeitpunkt, zu dem die Kopulation zur Befruchtung führt.« Interessanterweise vollzogen sich diese Kopulationen anders als die, die ich bei den legitimen Paaren beobachtet hatte. Außereheliche Kopulationen fanden zu beliebigen Zeiten statt, nicht nur im Morgengrauen. Dabei saß das Weibchen stets im Nest, nie befand es sich außerhalb des Nestes. Es hat den Anschein, als wären dem Ehebrecher die näheren Umstände vollkommen bewusst, nicht nur in Hinblick auf den Reproduktionsstatus des Weibchens und/oder ihr Nest, sondern auch auf das charakteristische Verhalten des legitimen Männchens zum Schutz der Partnerin.

Die Eier waren ein bisschen birnenförmiger als Hühnereier und etwas kleiner als Größe »XS«. Das erste, das Houdi legte, war unfruchtbar und so dicht mit schwärzlich grauen Klecksen gefleckt, dass die grünblaue Untergrundfarbe fast völlig überdeckt war, besonders am abgeflachten Ende des Eis. Nummer zwei und drei hatten deutlich abgesetzte Kleckse, das vierte noch weniger. Das fünfte Ei hatte die eindeutigste Färbung. Sein helles Blaugrün hatte nur winzige dunkle Pünktchen, überwiegend am schmalen Ende.

Ich entfernte jedes Ei, nachdem es gelegt worden war, und wollte sie nach Abschluss der Eiablage wieder hineinlegen, um zu sehen, ob Houdi mit dem Eierlegen fortfahren würde, wie es einige Arten tun, bis das Nest voll war. Doch nach fünf Eiern war der Vorgang beendet, obwohl die beiden nie mehr als zwei auf einmal im Nest vorfanden. Als ich die vier Eier zurücklegte, die ich zuvor entfernt hatte, setzte Houdi sich ohne ein Anzeichen des Erstaunens auf die fünf Eier, obwohl sie eine Minute zuvor nur eins bebrütet hatte. Sobald alle Eier gelegt waren, brütete nur noch sie. Wenn sie das Nest vorübergehend verließ, hüpfte sie aufgeregt umher und begab sich gleich darauf wieder ins Nest. Selten suchte sie sich selbst Nahrung. Fuzz brachte fast alle Nahrung, die sie benötigte, wobei er sie am oder im Nest fütterte. Er stupste ihren Schnabel an, wenn sie seine Mitbringsel missachtete. Manchmal wiederum bettelte sie wie ein Nestling.

Aus dem dritten und vierten Ei schlüpften die Jungen am 4. April, 21 Tage nach dem Legen. Zwei Vögel waren schon zwei Tage früher geschlüpft, was darauf schließen ließ, dass die Eier, die ich drei oder vier Tage lang aus dem Nest entfernt hatte, am 16. März, als ich sie ins Nest zurückgelegt hatte, bereits bebrütet waren.

Fuzz' und Houdis Verhalten mir gegenüber veränderte sich erheblich, nachdem die Jungen geschlüpft waren. Ihre Aggression steigerte sich noch. Angesichts der vehementen Verteidigungshaltung des Paares hatte ich richtiggehende Angst, wenn ich die Jungen alle zwei Tage dem Nest entnahm, um sie zu wiegen. Nach dem Schlüpfen wogen die Jungen je 25 Gramm. Am 13. April brachten die vier Jungen pro Kopf 350 bis 360 Gramm auf die Waage. Ihre Augen öffneten sich allmählich. Obwohl sie noch immer nackt waren, zeigten sich bereits die Stoppeln von Federn unter der Haut. In vierzehn Tagen steigerten sie ihr Körpergewicht um einen Faktor von 24 auf 600 Gramm. Nach 32 Tagen waren sie befiedert, das Nest verließen sie aber erst im Alter von 48 Tagen.

Gleich nach dem Schlüpfen konnten die Jungen rufen, aber sie reckten erst ihre Hälse, sperrten die Schnäbel auf und ließen ihre hohen, heiseren Bettelschreie ertönen, wenn die Eltern sich auf den Nestrand hockten und einen sanften *grr*-Laut an sie richteten. Mit zwei Wochen bettelten sie in Reaktion auf fast jede Störung und brauchten nicht mehr das elterliche *grr*, um die Schnäbel aufzusperren.

Fuzz war ein aufopferungsvoller Vater. Sowohl er als auch Houdi verfütterten an ihre Jungen das Fleisch, das sie unmittelbar vorher aus Tierkadavern herausgerissen und vorübergehend in ihren Kehlsäcken verstaut hatten. Wenn sie die Fleischhäppchen wieder hervorwürgten, konnte ich den Speichel darauf erkennen. Ich fragte mich, ob der Speichel Verdauungsenzyme enthielt. Beide Eltern fraßen erst, nachdem die Jungen keinen Appetit mehr hatten. Mäuse waren eine bevorzugte Babynahrung. Die Altraben zerrissen sie in kleine Bissen, wobei sie die Eingeweide sorgfältig über einen nahen Ast legten, um sie wegzuwerfen oder selbst zu fressen. Wenn Houdi die Jungen huderte und Fuzz mit der Kehle voller Nahrung eintraf, gab er zuerst ihr etwas, während sie aufstand, und verfütterte dann den Rest selbst an die Jungen. Als ich ihnen mehrere Mäuse auf einmal anbot, nahmen sie sie mir alle ab, versteckten sie und zerrissen sie hinterher.

Die Nahrung, die sie selbst fraßen, war nicht unbedingt die Nahrung, die sie an die Jungen verfütterten. Die Jungen bekamen nur Fleisch. Wenn vorhanden, fraß und versteckte das Paar aber auch Beeren und Butter, verfütterte jedoch nichts davon an die Jungen. Die Eltern fraßen die größten, gröbsten Stücke Fleisch mit Knochen und Haut, nachdem sie die saftigsten, schmackhaftesten Stücke den Jungen gegeben hatten.

Bis die Jungen gefiedert waren, badete Houdi während des Brütens und Huderns nicht ein einziges Mal. Flügel, Brust, Schwanz und vor allem die Füße wurden nun äußerst schmutzig, obwohl sie sich putzte. Fuzz hingegen badete in Wasser, wenn es zur Verfügung stand, sonst im Schnee.

Schließlich war der Zeitpunkt gekommen, wo ich mir ihrer sicher genug war, um die Voliere zu öffnen. Ich glaubte nicht mehr, dass sie ihre Jungen verlassen würden. Am 20. April öffnete ich die Tür. Sie hatten es nicht eilig, die Voliere zu verlassen, doch Fuzz flog schließlich hinaus. Schon hatte sich das revierbesitzende Paar, das anderthalb Kilometer die Straße hinunter nistete, eingefunden, um Fuzz in Empfang zu nehmen – als hätte es einen Wink bekommen. Das Männchen stürzte sich sofort auf Fuzz. Eine wilde Jagd begann. Und das war das Letzte, was ich je von Fuzz sah.

Houdi verkroch sich stumm im Nistverschlag, während ihr Partner draußen angegriffen wurde. Stunden später erst wagte sie sich wieder auf den Boden der Voliere hinab, um zu fressen, und am folgenden Tag traute sie sich bis zu dem Kalb, das ich ihr vor der Voliere hingelegt hatte.

Meistens verhielt sie sich nur stumm. Eberhard Gwinner, der in den Fünfziger- und Sechzigerjahren Rabenstudien durchgeführt hatte, berichtet, dass ein Rabe, der seinen Partner verloren hat, quasi an Namens statt einen Ruf ausstößt, den nur der vermisste Vogel verwendet hat. Nicht so Houdi. Ihr häufigster Ruf war ihr eigener Name – der Klopfruf, der besagte: »*Hört her!* Ich bin es. Ich bin ein Weibchen.« Nur einmal, gegen 10.30 Uhr am nächsten Morgen, ließ sie ein Repertoire von anderen Rufen ertönen: krächzende Schreie, an- und abschwellende territoriale *quorks*, eine Art »Hundewinseln« und *rap-rap-raps*. Dreimal sah ich Raben in großer Höhe vorbeifliegen; da verstummte Houdi und hockte bewegungslos in einer Kiefer. Ein andermal, als ein Rabe in die Nähe kam, flog sie in die Voliere und versteckte sich neben dem Nest in dem überdachten Verschlag, von wo aus sie vorsichtig hinausblickte. Erst als der Vogel fort war, wagte sie sich wieder hinaus.

Gegen sechs Uhr am nächsten Morgen ließ sie als einzige Lautäußerung minutenlang ihre weiblichen Klopfrufe erschallen. Glaubte sie, Fuzz suche nach ihr? Nur so ergaben diese Rufe für mich einen Sinn. Doch sie lockten nicht ihn an, sondern ein wildes Männchen, das nicht einmal unwillkommen war. Houdi blieb in den Bäumen außerhalb der Voliere neben diesem neuen Männchen sitzen, das, wie ich annahm, jener revierbesitzende Nachbar war, der ihren Partner fortgejagt hatte. Er imponierte mit Verbeugen, Blinzeln der Nickhäute und Stöhnen, und sie antwortete, indem sie ihre klopfenden Balzrufe fortsetzte. Es sah ganz nach dem Anfang einer Affäre aus.

Nach einer halben Stunde flog das Männchen fort, und Houdi tat sich an dem Kalb gütlich, das ich in der Nähe im Wald ausgelegt hatte. Sie fütterte die Jungen, als wäre nichts geschehen. Ich saß in der Nähe des Kalbs, und sie kam ohne ein Anzeichen von Furcht oder Besorgnis dicht an mich heran. Was für eine Freude, sie über den Wald fliegen zu sehen, wo die Pappeln und Weiden blühten und die ersten Sänger, der Graukopfvireo und der Zaunkönig zu hören waren! Sie schleppte riesige Fleischportionen heran, eine nach der anderen, um die scheinbar unersättlichen Jungen in ihrem Nest in der Voliere zu füttern. Oft ließ sie eine große Ladung Fleisch in der Nähe des Nestes fallen und teilte sie in bis zu vier kleinere Portionen, bevor sie sie an die Jungen verfütterte.

Einmal traf plötzlich ein Paar Raben ein und stieß lange, nasale Schreie aus. Houdi saß gerade auf dem Kadaver und pickte Fleisch heraus. Sie blieb vollkommen stumm, unterbrach ihre Arbeit augenblicklich und kehrte ohne eine Fleischportion in die Voliere zurück, um sich in dem Nistverschlag zu verstecken. Sie gab keinen Piep von sich und sah entsetzlich eingeschüchtert aus. Inzwischen bedienten sich die beiden von »ihrem« Kalb. Das wäre sicherlich nicht passiert, wenn sie einen Partner gehabt hätte. Der wäre in dieser Situation außer sich vor Wut gewesen. Sie tat mir leid, daher reichte ich ihr aus meinem Schlafzimmerfenster, das sich direkt in den Nistverschlag öffnete, ein hart gekochtes Ei, das sie unverzüglich an ihre Jungen verfütterte.

Nachdem das Paar fort war, blieb sie noch 20 Minuten in ihrem Versteck. Manchmal stand sie mucksmäuschenstill da und reckte den Kopf waagerecht, um unter den Dachüberhang zu blicken, als wollte sie fragen: »Sind sie noch da?« Wusste sie, dass dieses Mal die Partnerin ihres Flirts mitgekommen war und dass die sich ihr gegenüber weniger tolerant zeigen würde?

Um sie zu ermutigen und um ihr zu bedeuten, dass die Luft rein war, ging ich zum Kadaver und rief sie. Sie würde wissen, dass kein wilder Rabe in meiner Nähe bliebe, und tatsächlich kam sie sofort zu mir herausgeflogen. Kaum war sie ein paar Minuten da, als ein einzelner Rabe erschien. Diesmal ergriff sie nicht die Flucht, sondern stieß eine Reihe von Rufen aus und flog hinter ihm her! Die beiden ließen sich nebeneinander nieder. Ich nahm an, dass es wieder das Männchen war, dieses Mal alleine. Er zeigte sein Imponierverhalten, und sie reagierte scheu. Doch die Party dauerte nicht lang, denn nach einigen Minuten traf ein zweiter Rabe ein. Zweifellos die Partnerin des ersten Vogels, die Houdi jagte, bis sie mich erblickte. Dann drehte sie ab und flog direkt zum Nest an der Swamp Road, wo ich das Paar auch vermutet hatte, denn im Winter hatte ich es oft in der Nähe meines Hauses fressen sehen.

Es war acht Uhr früh, und ich musste fort, als die Angelegenheit gerade interessant zu werden versprach. Erst um 15 Uhr war ich zurück, um die Beobachtung fortzusetzen. Das Nachbarpaar traf gerade wieder ein, und abermals jagte ein Mitglied des Paares Houdi. Der jagende Vogel hatte einen geplusterten Kopf, während Houdi die Federn angelegt hatte, um möglichst dünn auszusehen. Das Duo verschwand außer Sicht, dann blieb es lange still, und ich begann mir Sorgen zu machen. 35 Minuten später hörte ich Rabenrufe und sah zwei Vögel über mich hinwegfliegen. Einer kam herab. Es war Houdi. Als ich sah, dass sie sich wieder an dem Kadaver niederließ, um zu fressen, war ich sehr erleichtert. Zusammen würde es uns gelingen, die Jungen trotz der verflixten Nachbarin aufzuziehen.

In der nächsten Zeit kam das Männchen öfter zu Besuch. Immer zeigten Houdi und er Balzverhalten. Manchmal flog er zu ihr oder hinter ihr her, und manchmal flog sie hinüber, um ihn abzuholen. Nie kam es zu einer Aggression zwischen ihnen.

Am 1. Mai war ich fast erschreckt, als ich hörte, wie sie den Tag mit einem »Gebrüll« von Vokalisationen begann: 15 Minuten oder länger stieß sie Klopfrufe aus – *kek-kek-kek*-Rufe (kein Räuber in der Nähe!), Hundejaulen, lange, an- und abschwellende Territorial-*quorks*, ansteigende Krächzrufe und viele andere Vokalisationen. Lebhaft wie nie zuvor blickte sie in alle Richtungen, flog über Feld und Wald und landete schließlich auf den Bäumen bei der Voliere und ihrem Nest. Sie war voller Kraft und Energie, nicht mehr scheu und ängstlich. Irgendetwas war im Busch.

Am nächsten Morgen dagegen ließ sie überhaupt keine Rufe ertönen! Es war sehr ungewöhnlich, doch ich argwöhnte nichts. Leider, wie sich herausstellen sollte.

Am Nachmittag brach ich zu meiner lange geplanten Fahrt nach Maine auf und ließ ihr ein Kalb zurück. Als ich am 5. Mai zurückkehrte, war Houdi fort! Die Jungen hatten schrecklichen Hunger. Später erzählte mir eine Freundin, sie habe Houdi am Spätnachmittag des 3. Mai an der Hinesburg Road entlangfliegen sehen (in der Nähe der Stelle, wo das andere Paar sein Nest hatte). Die Freundin hatte Houdi an den beiden fehlenden Federn des rechten Flügels erkannt. Houdi sah ich nie wieder und saß da mit ihren vier Jungen.

Ich war nach Maine gefahren, um nach Goliath und Whitefeather zu sehen. Nachdem ich ihnen am 6. März Nistmaterial hingelegt hatte, hatten sie ihr Nest in nur zwei Tagen fertiggestellt! Am 23. April, als ihre Jungen zehn Tage alt waren, beobachtete ich, dass Whitefeather piepsende Laute an Goliath richtete und sie sich wie in einem langen Kuss an den Schnäbeln hielten. Lange saßen sie so dicht zusammen, dass sie sich fast berührten. Sie widmeten einander so viel Aufmerksamkeit, dass ich mich fragte, ob sie ihre Jungen vergessen hätten. Darauf bedacht, mich verborgen zu halten, beobachtete ich sie aus einem Schuppen durch einen Einwegspiegel. In den zwei Stunden und 15 Minuten, die ich anwesend war, bebrütete er die Jungen über eine Periode von 35 Minuten und sie während vier Perioden von fünf, drei, fünf und 14 Minuten. Er fütterte die Jungen dreimal, jedes Mal, nachdem er ihre Exkremente verschluckt hatte. Sie fütterte sie nur einmal und fraß die Mäuse, die ich gebracht hatte. Er war während der ganzen Zeit vollkommen still. Sie dagegen war sehr lautstark und ließ über drei längere Phasen ihre Klopfrufe ertönen. Einmal stieß sie eine lange Folge von hohen Krächzschreien aus, raschen nasalen Rufen, *korrk-korrk-korrk, rap-rap-rap*, an- und abschwellenden Territorial-*quorks* und rauen, krächzenden *quorks*. Alle diese Rufe waren augenscheinlich an ferne Nachbarn im Norden und Südwesten gerichtet, weil ich die Raben in drei weit entfernten Nestern aus diesen Richtungen mit ihren eigenen Rufen antworten hörte.

Wie an anderer Stelle (12. Kapitel) eingehender beschrieben, schob ich die vier von Fuzz und Houdi verlassenen Jungvögel schließlich Goliath und Whitefeather unter. Dann öffnete ich auch ihre Voliere. Ich erwartete, dass sich die Dinge hier anders entwickeln würden. Zunächst einmal war Whitefeather als wilder Vogel gefangen worden. Dies war ihr Heimatgebiet. Sie hatte die Hügel, den Wald, die topografischen Gegebenheiten des Landes aus der Luft gesehen. Vielleicht kannte sie sogar die Nachbarn noch. Sie würde nicht die Orientierung verlieren und sich verirren, wenn sie von ihnen gejagt wurde. Auch Goliath hatte sich nach dem Schlüpfen eine Zeit lang frei in diesen Wäldern bewegt. Also war ich zuversichtlich, als ich eine Seite der Voliere öffnete, damit die Vögel bequemen und direkten Zugang zu ihrem Nest hatten, in dem jetzt sechs Jungraben anstelle von zweien saßen.

Minuten später waren beide Altvögel draußen. Nach einem kurzen Verweilen in dem großen Ahorn neben der Voliere hatten sie wie zuvor meine beiden Raben in Vermont eine Begegnung mit einem Nachbarpaar, das wie durch Zauberei plötzlich aus dem Nichts auftauchte. Doch hier folgte keine wilde Jagd. Stattdessen ließen sich alle vier Vögel zusammen nieder, imponierten sich gegenseitig, ohne dass ich ein Ergebnis erkennen konnte, denn bald darauf flogen alle vier als Gruppe unter energischen Rufen davon. Rasch verklangen ihre Stimmen in der Ferne. Durch mein Fernglas sah ich sie verschwinden, winzige schwarze Punkte hoch am nördlichen Himmel. Den ganzen Morgen blieben sie fort. Ich hörte keinen Laut. Auch am Nachmittag ließen sie sich nicht blicken. Ich übernahm die Fütterung der Jungen, da ich fürchtete, ich hätte sie nun endgültig zu Waisen gemacht. Die ganze Nacht machte ich mir Sorgen, doch im Morgengrauen des folgenden Tages hörte ich zwei Raben in der Voliere rufen. Goliath und Whitefeather waren zurück! Ihre Abwesenheit am ersten Tag sollte für die Dauer der nächsten zwei Monate die einzige bleiben.

Zu den schönsten Erlebnissen dieses Sommers gehörten für mich die Augenblicke, die ich auf einem Baumstamm sitzend neben der Voliere verbrachte und den beiden Vögeln zusah, wie sie hinein- und herausflogen, um ihre Jungen mit Nahrung zu versorgen. Goliath kam bereitwillig herbei und nahm mir Leckerbissen aus der Hand. Die wild geborene Whitefeather traute sich nie so nah heran, aber sie reagierte auch nicht beunruhigt und näherte sich mir immerhin auf sechs Meter. Anders als Fuzz und Houdi drohten sie mir nicht, selbst wenn ich zum Nest emporstieg, um ihre Jungen in Augenschein zu nehmen.

Als die Jungen flügge wurden, verhielten sie sich wie alle Jungraben. Zunächst trieben sie sich in der Nähe des Nestes herum und zerrissen und zerhackten alles, was in Reichweite war. Allmählich dehnten sie ihre Ausflüge aus, indem sie einem oder beiden Eltern folgten oder sich allein auf den Weg machten. Im Juli wurden ihre Ausflüge zunehmend selbstständig, und bald darauf sah ich sie nicht mehr.

Einige Tage nachdem die Jungen fort waren, flogen auch Goliath und Whitefeather davon, doch nachdem sie sich einen Monat lang von den anstrengenden Pflichten der Jungenaufzucht erholt hatten, waren sie wieder zurück. Wie zuvor ließen sie jeden Morgen in der Dämmerung eine rasche Folge heiserer Schreie erschallen. Ich nahm an, dass sie diesen Hügel als ihr Revier in Beschlag genommen und sich auf Dauer niedergelassen hatten.

Goliath und Whitefeather lebten frei in der Umgebung meiner Hütte, sodass ich die Möglichkeit hatte, die Interaktionen mit ihren Nachbarn aus der Nähe zu beobachten und ihr Tun und Treiben ständig zu verfolgen. Eines Tages, als Whitefeather unterwegs war, legte ich auf einem Waldpfad etwa 200 Meter nördlich der Voliere einen Klumpen Fleisch aus. Es war unwahrscheinlich, dass Whitefeather oder Goliath ihn sofort entdecken würden. Ein Rabenpaar, das in großer Höhe flog, erspähte das Fleisch, kam herab und landete in einem Rotahorn, wo es mehrmals rief. Whitefeather verließ ihre Stange in der Voliere und flog direkt zu ihnen. Dann sah ich sie alle zusammen in einem Abstand von 30 Zentimetern sitzen, einer der Vögel zeigte Imponiergehabe, während Whitefeather ihre Klopfrufe ausstieß. Als die beiden Neuankömmlinge mich erblickten, flogen sie davon, während Whitefeather zur Voliere zurückkehrte. Ein paar

Tage später flogen Goliath und Whitefeather zusammen mit einem anderen Raben. Sie übernahm die Führung bei dieser Aktion, die wohl dazu diente, den Fremden aus dem Revier zu eskortieren. Dabei flog sie dicht hinter dem anderen Raben, der immer wieder Schreie ausstieß, während Goliath etwas zurückblieb. Wieder und wieder flog der Fremde zur Lichtung bei der Hütte zurück, und schließlich schloss sich ihm noch ein zweiter Rabe an.

Wenn ein Rabe aus der Ferne rief, ließen Goliath und Whitefeather sofort Anzeichen von Anspannung erkennen und versuchten, Fremde mit ihren Territorialrufen »niederzuschreien«. Eines Frühlingsmorgens saß Goliath neben mir, als ich wieder Rabenrufe im nahen Wald hörte. Goliath, der normalerweise ausrastete, wenn er Fremde hörte, blieb dieses Mal ganz gelassen. Merkwürdig, dachte ich und ging zu den Kiefern hinüber, um der Sache auf den Grund zu gehen. Natürlich war es Whitefeather. Später, als sich beide in der Voliere aufhielten, sah ich einen Raben in einer Entfernung von vielleicht anderthalb Kilometern vorbeifliegen. Beide machten sich sofort an seine Verfolgung. Einige Stunden später hatte ich gerade eine Fichte erklettert, als ich einen Raben stumm über das Tal fliegen sah, das zum Lake Webb hinabführt. Whitefeather und Goliath brachen in wütendes Gekrächze aus, und Whitefeather schwang sich in die Luft. Dann flogen der fremde Rabe und Whitefeather gemeinsam. Hätte ich es nicht besser gewusst, hätte ich denken können, die beiden seien ein Paar. Das »Paar« legte viele Kilometer zurück – nach Gammon Ridge, Mount Blue und dann hinunter zum Alder-Fluss. Währenddessen blieb Goliath in meiner Nähe und stieß an- und abschwellende territoriale *quorks* aus. Etwa eine Stunde später flog ein Paar über die Voliere. Zuerst nahm Whitefeather ihre Verfolgung auf, dann Goliath. Dieses Mal war es eine aggressive Jagd. Ich hörte die stakkatoartigen Jagdrufe und das Betteln der gejagten Vögel. Das war kein Spiel. Mehr als fünf Minuten blieben sie fort, dann kam Goliath als Erster zurück. Beide stießen tiefe, raue Laute und *rap-rap-rap*-Rufe aus.

Wiederholt kamen ein oder mehrere Paare vorbei, und jedes Mal schien die Verfolgungsjagd heftiger zu werden. Goliath stürzte sich regelrecht auf sie, wenn Whitefeather weit fort auf Nahrungssuche war, woraus ich schloss, dass Fremde offenbar auch aus größerer Entfernung identifiziert werden können.

Die fremden Raben, die ständig vorbeikamen, waren nicht nur an Nahrung interessiert. Einmal hatte ich einen Rotwildkadaver gut sichtbar auf dem Feld ausgelegt, als zwei Raben in enger Formation von Osten kamen, also aus der Richtung des nächsten Brutpaares am Hills Pond. Sie überflogen den Kadaver, ohne ihn zu beachten, und hielten stattdessen direkt auf das Nest von Goliath und Whitefeather zu. Goliath und Whitefeather machten sich beide auf die Jagd. Es war eine der wildesten Verfolgungen, die ich je beobachtet habe. Mindestens 20 Minuten dauerte sie. Ich vernahm wütende Schreie, Klopfrufe, Bettelrufe, *rap-rap-raps*, an- und abschwellende *quorks*, *kauks*, krächzende *quorks* und Erregungsschreie. Während der ganzen Zeit versuchte das fremde Paar, die Voliere zu erreichen, doch Goliath und Whitefeather hielten sie erfolgreich fern. Wollten die Eindringlinge das Nest und/oder die Jungen vernichten?

Nach einer Weile sahen die Nachbarn offenbar ein, dass sich das neue Paar auf dem Hügel nicht vertreiben ließ. Sie kamen nicht mehr vorbei, doch der Rufwettstreit zwischen ihnen setzte sich täglich fort. Immer wenn ein benachbartes Paar seine Revieransprüche mit Rufen aus ihrem Nistgebiet bekannt gab, wandten sich Goliath und Whitefeather in diese Richtung und antworteten mit ihren eigenen ohrenbetäubenden Territorialrufen. Wenn sie diese Rufe ausstießen, ließ sich nie ein Rabe sehen.

Anfang Juni führten Goliath und Whitefeather ihre Jungen in der ganzen Nachbarschaft herum und suchten die vielen verschiedenen Kadaver auf, die ich ausgelegt hatte. Zu dieser Zeit bettelten die Jungen noch. Dann riss ein Altvogel ein Stück Fleisch ab und verfütterte es unmittelbar an den bettelnden Jungvogel. Später gingen die Jungen dazu über, sich ihr Fleisch selbst abzureißen, während die Eltern ihre Jungen allmählich als Rivalen behandelten. Goliath, der bis dahin der Haupternährer gewesen war, hieb sogar wütend mit dem Schnabel nach ihnen.

Am 17. September 1996, kurz nachdem Goliath und Whitefeather nach einer langen Abwesenheit im Anschluss an die Aufzucht ihrer Jungen zurückkehrten, hörte ich einen Raben aus dem Gebiet um Hills Pond rufen. Goliath, der meist auf dem hohen Baumstumpf der toten Birke neben unserer Feuerstelle saß, wandte sich um und blickte aufmerksam in die betreffende Richtung. Merkwürdigerweise war er weder erregt noch abwehrbereit. Minuten später erhoben sich Goliath und Whitefeather und begannen zu kreisen. Dort, wo das Rufen zu hören gewesen war, flog ein Rabe auf und schloss sich den beiden an. Einträchtig segelten sie dicht nebeneinander und wechselten ihre Positionen so häufig, dass ich sie nicht mehr unterscheiden konnte. Nach fünf Minuten sozialen Fliegens entfernte sich der Neuankömmling und flog wieder dorthin, wo er hergekommen war, während Goliath und Whitefeather auf unseren Hügel zurückkehrten. Goliath war in spielerischer Stimmung. Beim Herunterkommen vollführte er zwei Sturzflugschrauben. Das waren die ersten Kunstflugfiguren, die ich überhaupt an ihm beobachtete. Plötzlich hörte ich ein Rauschen in der Luft: Zunächst flog er im Winkel von 45 Grad herunter, dann knickte er abrupt ab und schoss senkrecht herab, bevor er nach drei weiteren Schrauben neben seiner Partnerin landete.

Am nächsten Morgen kreiste das Paar wieder mit einem

dritten Raben über dem Hügel. Ein Eckschwanzsperber, der es auf sie abgesehen hatte, stieg auf. Als er auf einen der Raben herabstieß, drehte sich dieser auf den Rücken und streckte dem Greifvögel die Füße entgegen, da drehte der Sperber ab. Der dritte Rabe kehrte wieder in sein Revier am Hills Pond zurück. In großer Höhe flog ein weiteres Paar vorbei und wurde von Goliath und Whitefeather nicht beachtet. Am Spätnachmittag näherte sich eine Gruppe von acht Raben aus nördlicher Richtung. Auch von ihnen nahmen Goliath und Whitefeather keine Notiz. Hatten sie besondere Freunde?

Am 28. September flog Goliath mit einem anderen Vogel, der sich direkt über ihm befand, sie bewegten sich in vollkommenem Gleichklang, ein ideales Paar. Whitefeather saß in meiner Nähe, offenbar nicht im Mindesten beunruhigt. Das Paar in der Luft kreiste über dem Tal und dem kiefernbestandenen Hügel neben der Hütte. Die einzigen Rufe, die ich in den 15 Minuten während des Flugs der beiden hörte, waren die *kauk-kauk-kauk*-Rufe, die in meinen Ohren entspannt, freundlich und beruhigend klangen. Diese Rufe vernahm ich auch oft, wenn Goliath und Whitefeather allein waren. Nach dem Flug entfernte sich der dritte Rabe nach Norden, während Goliath zur Hütte und seiner Gefährtin zurückkehrte.

Am 28. Oktober regnete es, doch am frühen Nachmittag hörte der Regen auf, der Nebel hob sich, und dunkle Wolken trieben von Nordwesten heran. Die Luft war klar, und ich konnte die Spitzen der umliegenden Hügel erkennen. Gegen 14.20 Uhr hörte ich plötzlich *rap-rap-rap*-Rufe von Goliath und Whitefeather, die sich an der Voliere aufhielten. Hatten sie einen Fremden erspäht? Ich verließ die Hütte und hörte im Nordwesten aus der Ferne einen Raben gleichfalls *rap-rap-rap*-Rufe ausstoßen. Augenblicklich warf sich Goliath in die Luft und flog ihm entgegen, machte dann aber kehrt und landete, nachdem er einen großen Kreis beschrieben hatte, auf einem Ahorn in der Nähe der Hütte. Während er weiterhin in Richtung des anderen Raben blickte, stand er aufgerichtet, die »Federohren« aufgestellt, und wetzte den Schnabel heftig in übertriebenem Imponierverhalten an seiner Sitzstange. In der Ferne rief der Rabe noch einmal. Abermals hob Goliath augenblicklich ab, nachdem der Ruf ertönt war, dann war alles still. Fünf Minuten später vernahm ich die *kauk*-Rufe und sah zwei Raben um den Hügel neben der Voliere fliegen. War einer von ihnen Goliath? Einen Augenblick später hörte ich Klopfrufe. Daraufhin sah ich vier Raben den Hügel heraufkommen. Es gab keine Jagden, keine feindseligen Interaktionen. Die beiden Leitvögel waren Goliath und Whitefeather. Sie drehten ab und landeten in der Nähe ihrer üblichen Sitzplätze auf dem Hügel, während die anderen beiden Vögel wendeten und den Hügel hinab davonflogen, nach Osten, wohin Goliath einige Minuten zuvor, offenbar erregt, davongeflogen war.

Die Daten über die Verteilung von Nistplätzen sprechen durchaus für das Konzept des exklusiv verteidigten Reviers, und dennoch vermute ich, dass das Sozialverhalten von Raben viel komplexer ist. Meine Beobachtungen an Goliath und Whitefeather lassen darauf schließen, dass Altvögel zwischen Freund und Feind unterscheiden. Da Aggressivität auch mit dem Nahrungsvorkommen zusammenhängt, fragte ich mich, ob der Konflikt zwischen nichtterritorialen Jungvögeln und revierbesitzenden Altvögeln nicht in Wirklichkeit einer zwischen vertrauten und unvertrauten Individuen als zwischen Jung- und Altvögeln ist.

Die Frage, die sich mir beim Anblick der drei Vögel am Nest auf der anderen Seite des Sees gestellt hatte, konnte ich zwar noch immer nicht beantworten, aber ich war nicht mehr überrascht, dass solche Dinge geschehen. Ich hatte gelernt, dass Rabenpartnerschaften flexibel sind, wobei sexuelle

Aktivität und Eifersucht möglicherweise auf eine ganz kurze Periode während der Eiablage beschränkt sind.

Viele der Verhaltensweisen, die Raben während der Brutzeit erkennen lassen, werden durch Hormone ausgelöst, doch wie bei allen Vögeln und bei uns Menschen auch lässt die Komplexität der Reaktionen darauf schließen, dass die Seele der Vögel noch andere Antriebsquellen besitzt als nur Hormone. Die beobachteten Beziehungen in und zwischen Rabenpaaren sowie zu anderen Raben legen den Gedanken nahe, dass diese Vögel werten und wählen.

10. KAPITEL

Paare, die kooperieren und teilen

Alte Vorurteile sind hartnäckig. Lange Zeit hatte ich eine klare Vorstellung von Raben: Danach hockten sie auf hohen Felsenklippen, überwachten ihr Reich und jagten unterschiedslos jeden anderen Raben davon, der sich an ihrem Himmel blicken ließ. Die Vorstellung ist nicht unbedingt falsch, gibt aber nur eine Dimension eines vieldimensionalen Bildes wieder.

Goliath und Whitefeather sowie all meine anderen zahmen Raben hatten mir ungeahnte Einblicke in eine andere Größenordnung des Sozialverhaltens dieser Vögel eröffnet. Allmählich ahnte ich, dass Raben nicht nur streitsüchtige Einzelgänger sind, die keine anderen Artgenossen dulden, sondern dass sie auch starke Bindungen zu anderen Raben eingehen können. Vielleicht ermöglicht ihnen ihr hervorragendes fliegerisches Können lockere Beziehungen und freundliche Kontakte zu Nachbarn – Beziehungen, die für andere Corviden noch viel typischer sind.

In der Regel brüten Raben frühestens im dritten Lebensjahr, doch Goliath und viele andere Raben, die ich gehalten habe, begannen schon im Herbst ihres ersten Lebensjahres enge Partnerschaften zu bilden. Im Feld wären solche Partnerschaften schwer auszumachen, obwohl bei den Lufttänzen von Jungvögeltrupps Paare überwiegen. Das Problem besteht darin, dass wir nicht entscheiden können, ob diese Bindung nur einen Augenblick, eine Stunde, einen Tag oder ein Leben lang Bestand hat. Wie wir Menschen sind Raben außergewöhnliche Tiere, die sich, Jahre bevor sie brüten, als Freundespaare zusammenschließen können. Wie meine Beobachtungen an den Vögeln in meinen Volieren zeigen, sind einige Freundschaften von Dauer und andere nicht. In der freien Natur bleiben Altraben wahrscheinlich das ganze Jahr hindurch als Paar zusammen, nicht nur während der Jungenaufzucht. Tagsüber fliegen Rabenpaare gemeinsam umher, nachts schlafen sie zusammen, sie kommunizieren regelmäßig mit anderen und putzen sich gegenseitig.

Kann die Paarbildung zu kooperativen Jagdpartnerschaften führen? Die Geselligkeit der Raben an gemeinschaftlichen Schlafplätzen basiert auf Nützlichkeitserwägungen, da Vögel, die sich solchen Schlafgemeinschaften anschließen, zu Kadavern geführt werden, die andere aus dem Trupp gefunden haben. Sind es auch Nützlichkeitserwägungen, die Jung- und Altraben veranlassen, Paare zu bilden? Arbeiten Paare möglicherweise in Partnerschaften zusammen, die für beide Teile vorteilhaft sind, weil in einem Paar jeder mehr Nahrung bekommt, als er sich alleine beschaffen könnte?

Im Frühjahr 1992 hat der Tierfilmer Jeff Turner Raben auf Meeresklippen mit Brutkolonien von Lummen und Dreizehenmöwen am Cape Pierce in Alaska fotografiert. Dabei habe er, so berichtete er, einen Raben beobachtet, »der wie ein Habicht herabstieß und eine Dreizehenmöwe in der Luft angriff, und man sah weiße Federn stieben! Zwar war der Rabe bei dieser Gelegenheit nicht in der Lage, die Dreizehenmöwe alleine zu greifen, doch ich habe täglich Raben gesehen, die frische Dreizehenmöwen rupften. Gewöhnlich stieß ein Rabe herab und hackte mit dem Schnabel immer wieder auf die Möwe ein, bis sie auf dem Boden landen musste, wo dieser und andere Raben über sie herfielen und sie töteten.

Häufig arbeiteten die Raben in Paaren. Wir sahen sie auch oft zu den Nestern emporfliegen. Dort packte einer der Raben die Dreizehenmöwe am Flügel und zerrte sie aus dem Nest, woraufhin der andere Rabe die Eier nahm.« Der Ornithologe John R. Moran beobachtete an derselben Stelle, wie Raben große Möwen und Gänse angriffen und töteten.

Das Jagdverhalten von Raben könnte wirksamer sein, wenn zwei oder mehr Vögel zusammenarbeiten würden. Zahlreiche Anekdoten lassen darauf schließen, dass Raben tatsächlich in Teams jagen. Nehmen wir beispielsweise die Eichhörnchenjagd. Ein Eichhörnchen auf einem Baum kann fast jedem Verfolger entkommen, indem es sich entweder auf der anderen Seite des Baums in Sicherheit bringt oder auf dem Baum nach oben oder nach unten läuft, je nachdem, woher der Verfolger kommt. Würde sich jedoch ein Jagdpartner dem Eichhörnchen in den Weg stellen, wäre diesem der Fluchtweg abgeschnitten. Gary Keene, ein Vogelbeobachter aus Maine, weiß von einem ähnlichen Vorgang zu berichten: Ein Rabe jagte ein Grauhörnchen über die Straße, während ein zweiter auf der anderen Seite Stellung bezog.

Am häufigsten hat man bei Raben in solchen Fällen Teamwork beobachtet, in der sie Prädatoren ihre Beute abspenstig gemacht haben. Der Biologe George Schaller hat mir erzählt, er habe Rabenpaare in der Mongolei beobachtet, denen es durch Kooperation gelungen sei, Greifvögeln Ratten beim Fressen wegzunehmen. Und Ray Paunovich berichtete aus dem Yellowstone Park, er habe einen Rotschwanzbussard beobachtet, der ein Erdhörnchen geschlagen habe, als sich zwei Raben näherten. Einer habe den Bussard von vorne abgelenkt, während der andere von hinten das Erdhörnchen geschickt entwendet habe. Das gleiche Manöver hat Carsten Hinnerichs dreimal hintereinander auf einem Feld bei Brück in Deutschland beobachtet, wo ein Fuchs Feldmäuse fing. Terry McEneaney, ein Ornithologe im Yellowstone Park, studierte zwei Raben, die ein Fischadlernest umkreisten, wo das Weibchen brütete. Ein Rabe landete auf dem Nest und nahm sich einen Fisch. Während das Fischadlerweibchen von dem Dieb abgelenkt wurde, schoss der andere Rabe herab und stahl ein Fischadlerei.

Der Zoologe Ted Levin wurde Zeuge einer ähnlichen Form von Opportunismus bei Rabenpaaren, die die Nester von Regenbrachvögeln in der Tundra bei Churchill, Manitoba, ausraubten. Ein Rabe scheuchte den Vogel vom Nest auf, während sich der andere die Eier holte. Ludwig Kumlien, Ornithologe aus Wisconsin und Forschungsreisender in der Arktis, hat Rabenpaare beobachtet, wie sie junge Seehunde töteten, die in der Nähe ihrer Eislöcher in der Sonne lagen. Einer der Raben kreiste zunächst gemächlich über dem Seehund und ließ sich dann neben dem Fluchtloch des Tieres im Eis nieder. Der Partner des Raben trieb den Seehund dann zum Loch, wo der erste Rabe ihn tötete, indem er ihm mit dem Schnabel auf den Kopf hackte.

In der *Winnipeg Free Press* (19. Dezember 1992) berichtete David Hatch, er habe vier Eiderenten an der Hudson Bay in der Nähe von Churchill zugesehen, während er gerade mit einer Touristengruppe in einem offenen Geländewagen saß, wo sie ihre Lunchpakete verzehrten. »Zwei Raben landeten wenige Meter von den Eiderenten – die reagierten ängstlich, beruhigten sich aber nach fünf Minuten wieder und vergruben den Kopf in den Rückenfedern. Plötzlich machte einer der Raben vier oder fünf große Sprünge in ihre Richtung und hieb der einen Eiderente den Schnabel ins Auge. Dann hackten beide Raben auf den Kopf der Ente ein, und fünf Minuten später war sie tot.«

Lag dieser Teamarbeit Planung zugrunde? Eine Anekdote, die mir Professor Dieter Wallschläger, ein Biologe von der Universität Potsdam, berichtet hat, lässt zumindest in einigen Fällen ein planvolles Vorgehen möglich erscheinen. Auf der Insel Werda in der Ostsee beobachtete Wallschläger ein Rabenpaar, das einen brütenden Höckerschwan angriff. Der Schwan zischte und schlug nach ihnen, wich aber nicht von den Eiern. Irgendwie mussten die Raben den Schwan dazu bringen, seine Eier zu verlassen, ansonsten würde ihr Vorhaben scheitern. Darauf tat einer der Raben etwas höchst Ungewöhnliches: Er täuschte eine Verletzung vor, indem er einen Flügel hinter sich herzog, wie es Regenpfeifer routinemäßig tun, um Räuber von ihrem Nest fortzulocken. Der Schwan stürzte hinter dem offenbar flugunfähigen Raben her, woraufhin der andere Rabe herbeiflog und sich ein Ei nahm. Das Verleiten an sich ist nicht weiter bemerkenswert. Das tun viele, wenn nicht alle Küstenvögel und eine große Zahl anderer Bodenbrüter. Doch bei ihnen ist das wahrscheinlich eine angeborene, in den Genen festgelegte Reaktion. Das kann jedoch für das Verhalten der Raben nicht zutreffen, besonders wenn dieses Verhalten in einem ganz neuen Kontext gezeigt wird und damit einem völlig anderen Zweck dient.

Keines der zuvor geschilderten Beispiele beweist, dass die Raben die Folgen ihres Handelns antizipiert und sich bewusst nach untereinander abgestimmten Plänen gerichtet hatten. In den meisten Fällen muss man nicht auf ein solches Szenario zurückgreifen, es lässt sich aber auch nicht ausschließen. Die einfachste Hypothese ist nicht unbedingt die richtige. Tatsächlich könnte man sich heftig darüber streiten, welches denn die einfachste Hypothese wäre. Ich neige zu der Annahme, dass die Zusammenarbeit, die in diesen Anekdoten erkennbar wird, nicht unbedingt auf Planung und Voraussicht beruht, aus dem einfachen Grund, dass in den meisten Fällen keine Planung erforderlich ist. Im Beispiel mit dem Schwan steht diese Logik allerdings etwas auf tönernen Füßen.

Einige Forscher vertreten die Auffassung, man könne bei Vögeln nicht von Kooperation sprechen, wenn sie ohne bewusste Berücksichtigung anderer nur an dem eigenen Erfolg interessiert seien. Aus ökologisch-evolutionärer Perspektive ist jedoch nur die Wirkung relevant und die Absicht ohne Bedeutung, da Letztere eine ganz andere Frage ist. Kooperation kann stattfinden, auch wenn sie nicht beabsichtigt ist. Für die praktische Kooperation ist das Resultat entscheidend. Die Frage lautet also, ob lediglich ein Vogel einer Partnerschaft von der Beute frisst, an deren Beschaffung der zweite Vogel durch Jagen, Wegabschneiden oder Ablenken beteiligt war.

Auf diese Frage *haben* wir eine Antwort, und die Antwort erhalten wir durch Beobachtungen in der Voliere. Erstens habe ich festgestellt, dass Rabenpartnerschaften tatsächlich Jahre Bestand haben können und dass, wie schon früher vermutet, Paarungspartnerschaften fast unauflöslich sind. Ferner sorgt gegenseitige Toleranz zwischen Partnern dafür, dass Nahrung, die von einem besorgt und besessen wird, auch dem anderen zugänglich ist. Gegenüber Partnern wird Nahrung nicht verteidigt. Aus der Sicht der Evolutionsökologie kooperieren Paare also, während sie es aus jener der Psychologie nicht unbedingt müssen, aber könnten.

Ich habe den Effekt der Paarbindung in Tausenden von Interaktionen an meiner Gruppe von sechs Vögeln untersucht, als sie alle ungefähr zwei Jahre alt waren. In dieser Gruppe war Blue ein Männchen und unbestritten der ranghöchste Vogel der Gruppe. Wahrscheinlich würden die Vögel erst im nächsten Jahr brüten, aber Blue hatte bereits eine Partnerin – Red. Normalerweise kamen alle sechs Vögel friedlich miteinander aus, doch wenn sie hungrig waren und ich ihnen einen besonders leckeren Klumpen Fleisch gab, eine Kalbslende oder den Kadaver eines Waldmurmeltiers, setzte sich Blue sofort darauf und begann zu fressen, während er gleichzeitig alle anderen daran hinderte, ausgenommen seine Partnerin. Ein Jahr zuvor hatte er sie noch milde davongejagt, allerdings nur für kurze Zeit. Jetzt ließ er sie von Anfang an neben sich fressen, selbst wenn es sich um einen echten Leckerbissen handelte. Die »Regel« lautete: Blue frisst als Erster und verjagt die anderen. Die Regel wurde nur abgeändert, wenn er Angst vor der Nahrung hatte, dann wartete er, bis rangniedere Vögel die Nahrung »testeten«, sie für gut befanden und weiterfressen wollten – dann jagte er sie fort. Seine Partnerin Red war fast allen anderen Vögeln untergeordnet, doch sie schloss sich ihm immer an und fraß an seiner Seite, unbeeinträchtigt von der Anwesenheit der anderen. Blue jagte alle davon, die sich ihm zu nähern wagten, und da Red an seiner Seite fraß, blieb sie unter seinem Schutz praktisch unbehelligt. Als ich ihn einmal aus der Gruppe entfernte, musste sie sich allein mit ihnen auseinandersetzen. In dieser Phase ihrer Beziehung brachte er ihr noch keine Nahrung. Doch als sie zu nisten begann, fütterte er sie, wie er später die Nestlinge fütterte. Was einer fing, fraßen beide, und zusammen konnten sie besser für sich und ihre Jungen sorgen, als wenn jeder für sich gehandelt hätte.

11. KAPITEL

Jagd und Nahrungssuche

Die Passeriformes oder Sperlingsvögel, die Ordnung, zu der die Raben gehören, zeichnet sich durch artspezifische, weitgehend angeborene oder »fest verdrahtete« Eigenarten der Nahrungssuche aus. Raben sind ganz besondere Sperlingsvögel, nicht nur weil sie große Fleischfresser sind, denen jedoch die physischen Voraussetzungen der Greifvögel fehlen, sondern auch weil sie opportunistische Generalisten sind, die fast alles fressen können, von frischen Kadavern über die Insekten, die sich von verwestem Fleisch ernähren, Tomaten, Käsecrackern bis hin zu Hundekot. Noch eindrucksvoller als ihre Flexibilität sind die vielen einfallsreichen Techniken zur Nahrungsbeschaffung, die man an ihnen beobachtet hat. Diese Verfahren werden nicht von allen Raben verwendet, weil Raben Individuen mit besonderen Eigenschaften und Fertigkeiten sind, sodass jeder Beobachter nur darauf hoffen darf, einen sehr kleinen Ausschnitt des arteigenen Verhaltensrepertoires zu sehen.

Alle Raben, die ich als Nestlinge aufgezogen habe, fraßen zunächst krabbelnde Insekten und andere Wirbellose (bis auf Regenwürmer, die sie verabscheuten). Dann wandten sie sich größeren Beutetieren zu, die nur ein erkennbares Merkmal gemeinsam hatten: Sie mussten für die Jungraben zu fangen sein. In der Literatur gibt es zahlreiche Anekdoten über die räuberischen Großtaten von Raben. Da ist unter anderem die Rede von Angriffen auf Rentiere (Ostbye, 1969), Lämmer (Hewson, 1984) und Seehundjunge (Lyderson und Smith). Doch meist jagen sie andere Vögel – Waldhühner (Allen und Allen, 1986), Seevögel und Felsentauben (vgl. Anmerkungen und Literatur). Häufig wird die Beute in der Luft geschlagen (Elkins, 1964; Schmidt-Koenig und Prinzinger, 1992; Jensen, 1991).

Persönlich habe ich nie beobachtet, dass ein Rabe einen Vogel in freier Wildbahn erbeutet hat, doch ich habe Goliath einmal im Wald überrascht, als er einen Blauhäher rupfte. Auf den Federn des Hähers war frisches Blut. Da der Vogel geblutet hatte, konnte Goliath ihn nicht tot aufgefunden haben. Mir ist allerdings nicht klar, wie es ihm ohne Hilfe gelungen ist, einen Eichelhäher im Wald zu erwischen. Außerdem habe ich ein Rabengewölle gefunden, das drei Maulwurfschädel enthielt. Ein andermal entdeckte ich unter Goliaths Lieblingssitzplatz das Fell eines Grauhörnchens. An dem frischen Fell hingen noch die Beinknochen, die nicht gebrochen waren, und auf dem Oberschenkel des rechten Hinterbeins befand sich ein hellroter Fleck, ein Bluterguss. Ein weiteres Hämatom entdeckte ich zwischen den Augen. Offenbar hatte das Grauhörnchen zunächst einen Hieb auf das Bein und den Schädel erhalten, bevor es starb. Also war es nicht überfahren worden.

Adam Farrington, ein Rabenbeobachter aus Poland, Maine, hat beobachtet, wie ein Rabe ein Eichhörnchen angriff. Als Adam in einem Kiefergehölz unterwegs war, um ein Rabennest zu inspizieren, sah er plötzlich einen Raben herabstoßen und wie einen Habicht durch die Zweige schießen. Sein Angriff galt einem Eichhörnchen, das er aus dem Baum jagte und verfolgte. Dabei gelangte der Rabe in die Nähe von Adam, drehte ab und gab seinen Angriff auf. In der Nähe dieser Stelle entdeckte Adam einen Raben, der aussah, als umklammerte er einen dicken Baumstamm. Der Vogel hatte die Flügel um den Baum gelegt und verschloss auf diese Weise ein Baumloch, in das sich ein Eichhörnchen geflüchtet hatte. Solange das Tier im Baumloch blieb, war es sicher, weil Raben kein massives Holz mit ihren Schnäbeln aufhacken können wie Spechte. Allerdings können sie mit ihren Schnäbeln Erde aufgraben. Einem Bericht zufolge, den ich erhalten habe, grub ein Rabe in Colorado ein Erdhörnchen aus. Zahlreiche Berichte gibt es von Maines Inseln über Raben, die Sturmvögel aus ihren Nisthöhlen ausgruben. Ein Bericht handelt von Raben, die die Nester von Uferschwalben aus den Brutröhren auf den Sandbänken am Kenai River in Alaska ausbuddelten.

Das offene Land des Yellowstone Park eignet sich hervorragend für die Beobachtung der Nahrungsbeschaffung von Raben. Am 17. April 1987 beobachtete Terry McEneaney Raben beim Forellenfischen. Ein Rabenpaar fing, tötete und versteckte insgesamt zwölf Cutthroat-Forellen. Dabei standen die beiden Raben auf einer Sandbank in einem Nebenfluss des Yellowstone River im Hayden Valley. Wenn eine Forelle eine Stromschnelle des Flusses überwand, watete einer der Raben ins Wasser, packte den Fisch an der Rückenflosse und zog ihn auf die Sandbank. Dort tötete er den Fisch durch Schnabelhiebe und flog mit ihm in die Beifußsträucher, um ihn außer Sichtweite zu verstecken.

Manchmal werden Fische auch durch Vermittlung Dritter gefangen. Bob Landis hat ebenfalls im Yellowstone Park einen Raben gefilmt, der eine Cutthroat-Forelle auf eine etwas umständliche Weise fing. Ein Otter hatte die Forelle im Fluss gefangen, und als er den Fisch aus dem Wasser brachte, um ihn zu verspeisen, wurde er ihm von einem Weißkopf-Seeadler weggeschnappt, der sich hinhockte und anschickte, den Fisch zu fressen. Ein Rabe, der das für eine günstige Gelegenheit hielt, kam herbei und ärgerte den Adler, indem er ihn an den

Schwanzfedern zupfte. Der verblüffte Adler wandte sich dem Raben zu und ließ die Forelle einen Augenblick aus den Fängen, woraufhin der Rabe sich den Fisch schnappte und sich davonmachte.

Das letzte Beispiel könnte den Eindruck erwecken, dass der Fischfang von unberechenbaren Glücksfällen abhängig sei. Doch wie gewöhnlich macht der Rabe hier das Beste aus den Umständen. Glück ist selten so zufällig, wie es erscheint. Es bedeutet, dass man zur richtigen Zeit am richtigen Platz ist, und es bedeutet vor allem, dass man stets bereit ist, jede sich bietende Möglichkeit zu nutzen.

Manchmal erzwingen Raben ihr Glück auch, wie die folgende Beobachtung von Terry Goodhue und John Drury zeigt. Die beiden Biologen hatten reichlich Gelegenheit, Raben aus Seal Island vor der Küste von Maine zu beobachten, als sie dort die Wiederansiedlung von Papageientauchern durchführten und wissenschaftlich begleiteten. Die Insel ist baumlos, ungefähr anderthalb Kilometer lang und liegt 40 Kilometer vor der Küste. Sie ist das Revier eines Rabenpaares, das dort im Frühjahr auf einer Klippe an einem kleinen Teich nistet. Anfang Oktober kommen regelmäßig Spechte auf die Insel und in ihrem Gefolge Wanderfalken, die sie jagen. Sobald ein Falke einen Specht fing, waren die Raben auch schon zur Stelle, wie John und Terry bemerkten, entweder um ihm die Beute abzujagen oder die Überreste zu fressen, wenn er seine Mahlzeit beendet hatte. Außerdem zeigte sich, dass die Raben den Nutzen, den sie von den Wanderfalken hatten, durch eigene Maßnahmen steigerten: Regelmäßig jagten die Raben die Spechte aus den Verstecken, die sie sich am Boden gesucht hatten, um sie den Falken zuzutreiben, damit die sie fangen konnten. John Marzluff berichtet, dass Raben auch in Idaho in der Hälfte der Fälle zur Stelle seien, wenn Kaninchen von Steinadlern gerissen würden. Ob auch sie die Beute für den Adler aufscheuchen, ist nicht bekannt.

Wenn Raben die Beute, die ein Greifvögel reißt, so rasch finden, entdecken sie dann auch überfahrene Tiere genauso schnell? Meine Daten lassen keinen eindeutigen Schluss zu. 1995, auf einer Reise durch das Rabenland von Baker, Kalifornien, über Las Vegas nach Salt Lake City in Utah, machte ich mir genaue Aufzeichnungen. Auf der 1500 Kilometer langen Autofahrt habe ich nicht ein einziges Mal einen Raben gesehen, der von einem überfahrenen Tier fraß. Insgesamt habe ich 23 überfahrene Tiere gezählt. Obwohl die meisten zu nicht mehr identifizierbaren Fellstücken zerquetscht waren (bei 110 bis 130 Stundenkilometern), die seit Tagen oder Wochen auf der Straße von der Sonne ausgedörrt wurden, erblickte ich vier frische Schlangen, drei Eselhasen, einen Hund, zwei Stinktiere, einen Waschbären, einen kleinen Vogel und mehrere Tiere, bei denen es sich wahrscheinlich um Erdhörnchen handelte. An keinem dieser Tiere sah ich einen Raben. Die Gesamtdichte an überfahrenen Tieren betrug nur eins pro 67 Kilometer. Beträchtlich weniger Tiere waren es auf der Strecke durch die Wüste, und erst in dem grünen, fruchtbaren Mormon Valley nahm die Dichte zu. Alles in allem hat es nicht den Anschein, als würde die Mojave-Wüste ihre vielen Raben mit überfahrenen Tieren ernähren.

Auf einer Fahrt Ende September desselben Jahres von Burlington, Vermont, nach New York City über eine Strecke von fast 500 Kilometern habe ich ebenfalls jedes überfahrene Tier notiert, das ich unterwegs erblickte. Das Ergebnis sah wie folgt aus: drei Katzen, 14 Waschbären, ein Stachelschwein, elf Stinktiere, ein Vogel, ein Eichhörnchen, zwei Waldmurmeltiere, 178 Grauhörnchen und 96 nicht identifizierbare Überreste. Noch nie zuvor hatte ich so viele überfahrene Grauhörnchen gesehen. Sogar die Zeitschrift *Newsweek* berichtete in ihrer Ausgabe vom 5. September über die ungewöhnlich große Zahl dieses Jahres. Auf den Straßen und in der Luft sah ich 185 große schwarze Vögel. An der Straße handelte es sich ausnahmslos um Amerikanerkrähen, und in der Luft waren es in 20 Fällen Truthahngeier. Wie bei den meisten Fahrten nach Maine fiel mir nicht ein einziger Rabe auf einem überfahrenen Tier auf, dafür aber viele Krähen.

In der letzten Augustwoche 1996, als ich von Vermont über Quebec und Ontario nach Ann Arbor, Michigan, fuhr und durch Ohio, Pennsylvania und New York zurückkehrte, erblickte ich nicht ein einziges überfahrenes Grau- oder Rothörnchen. Stattdessen zählte ich zwei Hunde, ein Stinktier und ungefähr zwei Dutzend Waschbären. Ich sah zwei lebende Raben, einen in Ontario und den anderen im Adirondack Park im Staat New York, doch keiner saß auf einem überfahrenen Tier.

Die Untersuchung über Raben und überfahrene Tiere ist noch lange nicht abgeschlossen, aber meine ersten Ergebnisse lassen doch darauf schließen, dass die oft vertretene Hypothese nicht zu halten ist, nach der die Verteilung und Häufigkeit von Raben von der Zahl der überfahrenen Tiere abhängig ist. Sie legt auch den Schluss nahe (ohne ihn zu beweisen), dass die ein oder zwei Raben, die so häufig auftauchen, wenn ein Greifvogel eine Beute erlegt, nicht nur an dem toten Tier interessiert sind, sondern möglicherweise auch an dem Jäger.

Überfahrene Tiere sind zweifellos eine wichtige Nahrungsquelle für einzelne Raben. Wahrscheinlich gibt es einige Raben, die sich jeden Tag auf die Suche nach überfahrenen Tieren machen, so wie die beiden Raben, die am Hills Pond bei meiner Hütte in Maine nisten. Beim täglichen Joggen bin ich ihnen regelmäßig begegnet.

Wenn Raben sich so wirkungsvoll in die Beutezüge von Greifvögeln einschalten können, müssen sie wirklich gute Beobachter sein. Es wäre Zeitverschwendung, wenn ein Rabe die Dutzende von anderen großen Vögeln beobachten würde, die keine Greifvögel sind. Ich glaube, dass die Fähigkeit von

Raben, für sie interessante Vögel im Flug zu identifizieren, mit der Fertigkeit vieler guter Ornithologen mithalten kann. In Baja und Mexiko unterscheiden einige Raben sogar den Mohrenbussard, *Buteo albonotatus*, vom Truthahngeier, *Cathartes aura*. Wie der Name sagt, ist der Mohrenbussard ein schwarzer Vogel, der den Truthahngeier in Federkleid und Flugbewegung nachahmt. Segelnde Mohrenbussarde bilden mit ihren Flügeln ein V und schaukeln von einer Seite auf die andere, genau wie Truthahngeier. Der Rabenfreund Gary Clowers aus Oregon, der in jedem Winter nach Baja zieht, um Vögel zu beobachten, hat festgestellt, dass diese Bussarde häufig in Geiergruppen fliegen. Die meisten potenziellen Beutetiere haben Angst vor Bussarden, achten aber nicht auf Geier. Für den Bussard scheint das Fliegen mit Geiern eine Tarnung für die Jagd zu sein. Zunächst bereitete es Gary Schwierigkeiten, die falschen von den echten Geiern zu unterscheiden, das gelang ihm erst, als er die Raben beobachtete: Rabeneltern stiegen von ihren Nestern auf und griffen die Bussarde an, ohne von den Geiern Notiz zu nehmen.

Mich beeindruckte einmal ein Rabenpaar mit seinen ornithologischen Fähigkeiten, als ich auf dem Weg nach Umiat war, einst ein Zentrum der Ölgewinnung in der Tundra am Colville River in Alaska. Ein Vogel des Paares hockte stets auf einem ausrangierten Gerät und bewachte die Jungen. An zwei verschiedenen Tagen sah ich den Vogel plötzlich zum Leben erwachen und die scharfen, kurzen *kek-kek-kek*-Rufe ausstoßen, die vor Räubern warnen. Mit Mühe konnte ich einen kleinen schwarzen Punkt am Himmel erkennen, auf den sich der Rabe zubewegte. Mit dem Fernglas identifizierte ich den Punkt als einen Steinadler. Vermutlich versuchte der Rabe, den Adler zu vertreiben, indem er mehrfach auf ihn herabschoss. Die Jagd dauerte an und war bald aus der Reichweite der zehnfachen Vergrößerung meines Fernglases verschwunden. Ich war überrascht, dass der Rabe den Adler nicht nur auf eine Entfernung von mehr als drei Kilometern sehen, sondern ihn auch von anderen großen Vögeln wie Kanadagänsen, Blässgänsen, Kanadakranichen, Eismöwen und verschiedenen Enten und Strandläufern unterscheiden konnte, die alle vorbeigeflogen waren, ohne eine Reaktion des Raben hervorzurufen.

Raben kennen viele Arten der Nahrungsbeschaffung, doch keine hat so viel Aufmerksamkeit erfahren wie die angeblichen Angriffe auf große Säugetiere, die in ihrer Bewegungsfreiheit eingeschränkt waren. Da wurden gelegentlich entsetzliche Szenen geschildert. So hat McEneaney am 10. Februar 1985 im Yellowstone Park zwei Raben beobachtet, die von einem Bison fraßen, indem sie sich an das einzige Fleisch hielten, an das sie herankommen konnten, die Augen. Der Bison war im Schlamm des Madison River beim Mount Holmes stecken geblieben. Sein Kopf lag auf dem Boden, und das einzige Lebenszeichen, das er von sich gab, waren die Dampfwolken, die aus seinen Nüstern aufstiegen. Kein Nationalpark-Ranger würde ein solches Tier durch einen Schuss von seinem Leiden erlösen, weil die Grundsätze des Nationalparks jeden Eingriff in die Natur verbieten. Nachdem man die Wölfe im Park ausgerottet hatte, hatten Tausende von Bisons und Elchen das Gebiet extrem überweidet und das gesamte Ökosystem verändert. Nun verhungerten sie zu Tausenden; vom Hunger getrieben wanderten sie und wurden von Jägern abgeschossen. Diese strikte Nichteinmischungspolitik so wörtlich zu nehmen ist eine zwar gut gemeinte, aber unsinnige Paragrafenreiterei, für die man die Raben kaum verantwortlich machen kann.

Möglicherweise töten Raben sterbendes Vieh auch außerhalb der Nationalparks, was vielleicht die Empörung der Öffentlichkeit erklärt. In den Achtzigerjahren haben zwei Rancher in Nordarizona behauptet, Raben würden ihre Kühe umbringen, woraufhin die Behörde, die für Tierschäden zuständig ist, ein ehrgeiziges Programm zur Vernichtung der Raben auflegte, in dessen Rahmen sie auch die Rancher entschädigte, die Viehverluste durch Raben meldeten. Ganz ähnlich gab es in den Jahren 1994 bis 1996 in Deutschland eine Flut von Zeitungsartikeln und Fernsehsendungen über eine Bande von etwa 50 »Killerraben«, die in die idyllische schwäbische Alb bei Balingen eingefallen waren. »Die Natur hatte sich in ein Horrorszenarium verwandelt«, hieß es in der Presse. Walter Rehm, ein örtlicher Schäfer, hatte beschrieben, dass die Raben »diszipliniert wie Soldaten auf das Signal des Rabenanführers« gewartet hätten. Als der sein »raues Signal« ausgestoßen habe, seien die Vögel wie ein Regiment über das Opfer hergefallen und hätten »ihm Schnäbel so scharf wie Skalpelle in den Schädel getrieben«, um es zu töten und ihm dann die Augen auszupicken. Natürlich war das der reine Unsinn. Es gibt keine disziplinierten Rabenbanden, keine Rabenanführer, die Angriffssignale geben, und gewiss keine messerscharfen Rabenschnäbel. Rabenschnäbel können noch nicht einmal das Fell eines Grauhörnchens durchdringen, von dem Fell oder dem Schädel eines Schafs oder Kalbs ganz zu schweigen. Einige meiner Raben fressen überfahrene Grauhörnchen, indem sie in die Mundöffnung picken. Sie graben sich immer tiefer hinein, zermalmen die Knochen und reißen das Fleisch heraus, bis sie schließlich das Grauhörnchen von innen nach außen gewendet haben. Zurück bleibt ein Fell, das wie eine aufgerollte Socke seine Innenseite präsentiert, ohne ein Loch oder einen Riss aufzuweisen. Doch dieses hübsche Kunststück haben bisher nur einige meiner Vögel beherrscht.

Zeitschriften warteten mit effektvollen Illustrationen von fliegenden Raben auf, die Schauergeschichten über die dreisten Killerraben ausschmückten. Es hieß, die angreifenden Raben hätten ihre Schnäbel gierig aufgerissen – nun sind aber bei Raben geöffnete Schnäbel ein Zeichen für Überhitzung oder Furcht. Die Fernsehberichte über die Rabengefahr konnten es mit jedem Hitchcock-Film aufnehmen. Eine bluttriefende Schlagzeile nach der anderen flatterte mir ins Haus. Der Deutsche Jägerverband erklärte sich umgehend bereit, die armen Landwirte und die bedauernswerte bedrohte Tierwelt vor der neuen Gefahr in Schutz zu nehmen. In einem Brief an die Redaktion einer Lokalzeitung boten die Jäger ihre unschätzbaren Dienste an, um das Gleichgewicht in der Natur wiederherzustellen und die Welt von dieser schrecklichen Geißel zu befreien, die auch, so ihre Behauptung, die Singvögel, die Kaninchen, die Rebhühner und viele andere Tiere dezimiere.

Vorläufige Untersuchungen zeigten, dass Raben sich manchmal wirklich bei oder auch auf Weiden aufhielten, wo Schafe oder Rinder ihre Lämmer und Kälber zur Welt brachten, was für alle diejenigen, die es auf eine Entschädigung für totes Vieh abgesehen hatten, Beweis genug war. In Norddeutschland ließen die Bauern anders als früher ihre Kühe auch im Winter im Freien kalben und erhielten Geldentschädigungen für tote Lämmer oder Kälber. Immer häufiger wurden auf den Weiden Tiere mit ausgepickten Augen und Zungen gefunden, und die Raben waren immer irgendwo in der Nähe. Das war für alle ein gefundenes Fressen – für die Medien, die Jäger, die Politiker und sogar die Biologen. Als man mich um Rat fragte, sagte ich, eine einzige Dokumentation, die belege, dass eine Kuh von einem Raben getötet worden sei, würde uns schon weiterhelfen. Raben ernähren sich allerdings von Nachgeburten oder toten beziehungsweise sterbenden neugeborenen Lämmern. Zum Glück werden bei uns in Neuengland Kälber und Lämmer in Ställen geboren, sodass die Raben nicht für die zahllosen Kälber verantwortlich gemacht werden können, die ohne äußere Einwirkung bei der Geburt sterben.

Raben und andere Rabenvögel sind in Deutschland lange von den Jägern verfolgt worden, die in einem einflussreichen Verband organisiert sind und sich selbst stolz als Bewahrer der natürlichen Ordnung verstehen. In einem gestörten Ökosystem, das seine natürlichen Prädatoren eingebüßt hat, leisten sie in der Tat einen Beitrag zur Eindämmung der Rot- und Schwarzwildpopulation, die sonst die Regeneration der Bäume verhindern, das Unterholz wegfressen, den Boden beeinträchtigen, Erntepflanzen verwüsten und die Brutvögel empfindlich stören würde. Rabenvögel werden traditionell von Jägern verfolgt, weil sie die Nester anderer Vögel ausrauben. Angesichts der neuen Behauptungen verlangten die Jäger, man solle die Raben von der roten Liste nehmen, damit sie geschossen werden könnten wie in früheren Zeiten, als sie in Deutschland fast vollkommen ausgerottet waren.

Als ich Deutschland 1996 besuchte, hatten die Raben immer noch eine schlechte Presse, was Dieter Wallschläger, Professor für Tierökologie und Naturschutz an der Universität Potsdam, zu einer einschlägigen Untersuchung veranlasste. Wir waren einer Meinung, was die Frage anging, ob Raben eine öffentliche Gefahr darstellten. Ich bezweifelte die Geschichten über Killerraben, weil die Raben, die ich kenne, selbst bei unbeaufsichtigten Kadavern äußerste Vorsicht walten lassen. Wenn sie einen solchen Kadaver finden, hüpfen sie vor ihm auf und ab, um seine Reaktionen zu testen. Tierärzte verfügen sicherlich über die besseren Methoden, um festzustellen, ob ein Tier noch lebt, trotzdem genügt die Methode der Raben durchaus, um eindeutig zwischen gesunden und kaum noch lebenden oder toten Tieren zu unterscheiden. Normalerweise rühren sie kein Kalb an, das sich noch bewegt, obwohl es möglich ist, dass Raben, die sich oft genug von toten oder fast toten Kälbern ernährt haben, schließlich lernen, ohne lange zu zögern, auch von halb toten Kälbern zu fressen. Wer einen solchen Raben sieht, wie er einem sterbenden Kalb ein Auge auspickt, kann leicht auf den Gedanken kommen, der Rabe habe das Kalb getötet.

Dieter hörte, dass ich nach Berlin kam, und lud mich nach Potsdam ein. Mehr noch, er organisierte auch ein Minisymposium mit dem Titel »Killerraben in Brandenburg – Legende oder Besetzung einer neuen ökologischen Nische?«. Mit Vergnügen nahm ich daran teil. Nach den Einleitungsworten berichtete eine Landwirtin, Frau Brehme, über die Ergebnisse einer Umfrage über Rabenschäden. 1996 hatte sie einen Fragebogen an 141 Landwirte verschickt und 71 zurückbekommen. Unter denen, die geantwortet hatten, waren 50 Landwirte, die Raben gesichtet hatten; 41 Prozent von ihnen berichteten über »Veränderungen« an Tieren, das heißt über Tiere, an denen Raben gefressen hatten. In der anschließenden Diskussion über diesen Bericht erwähnte ich die hohe Sterblichkeit von Kälbern in Neuengland und den hohen Prozentsatz von »Veränderungen« mancher Kälber durch meine Raben, obwohl kein Zweifel daran bestehe, dass diese Raben die Kälber nicht getötet hatten. Die deutschen Naturschützer bestätigten, dass es bislang noch nicht einen einzigen bewiesenen Fall gebe, in dem ein Rabe den Tod eines gesunden Kalbs verursacht habe.

Bald verlangten die deutschen Behörden eindeutige Beweise für die Todesursache, bevor sie Entschädigungen zahlten. Tierärzte wurden mit Autopsien beauftragt. Durch die Untersuchung von Lunge und Augen neugeborener Kälber lässt sich feststellen, ob das Tier bei der Geburt stehen konnte. Die Untersuchungsergebnisse zeigten, dass fast alle von Raben »veränderten« Kälber von Geburt an unter Beeinträchtigungen gelitten hatten. Meist stellte sich heraus, dass sie nachlässigen Bauern gehörten, die es an der nötigen Sorgfalt hatten fehlen lassen. Gute Landwirte hatten kein Rabenproblem. Nachdem die Behörden auf Beweise bestanden und keine beigebracht werden konnten, wurde die Rabenentschädigung eingestellt. Und mit ihr leider auch die Forschungsgelder für Rabenuntersuchungen.

Die Abhängigkeit des Raben von großen Tieren ist ein zentraler Aspekt seiner Biologie. Als wir noch Jäger waren, schätzten wir die Raben als Gefährten; sie inspirierten Dichter und regten Mythen an. Die Anwesenheit von Raben bedeutete, dass große Tiere in der Nähe waren, bedeutete Fleisch und Freude. All das änderte sich, als wir sesshaft wurden und Vieh züchteten. Bald wurden Raben verdächtigt, Lämmer zu töten, Tod und Unheil zu bringen. Seither wurden sie unablässig verfolgt – weil sie mit dem Tod *assoziiert* wurden, nicht weil sie ihn wirklich brachten, das zeigen die wissenschaftlichen Untersuchungen recht eindeutig. Die physische Kraft der Raben, ihre Fähigkeit zu töten, wird überschätzt, während die Differenziertheit ihrer Reaktionen, die ihre eigentliche Stärke ausmacht, unterschätzt wird.

12. KAPITEL

Adoption

Bei vielen Seevögeln, Fledermäusen und anderen Koloniebrütern, bei denen die Eltern ihre Jungen mit anderen Jungen zusammenkommen lassen, ist die Gefahr groß, dass die Eltern zufällig außer den eigenen Jungen auch fremde füttern. Diese Tiere haben im Zuge der Evolution die Fähigkeit erworben, die eigenen Jungen in einer größeren Menge zu erkennen, damit von der mühsam herbeigeschafften Nahrung ausschließlich der eigene Nachwuchs profitiert. Ich fragte mich, wie Raben wohl auf fehlende oder zusätzliche Junge reagieren. Können sie zählen? Otto Koehler und seine Kollegen von der Universität Freiburg sind zu dem Schluss gelangt, dass Raben bis sieben zählen können, nachdem sie einem Raben beigebracht hatten, sich seine Nahrung aus einem von mehreren Gefäßen zu holen. Zuvor hatte er gelernt, dass er die Nahrung nur in einem Behälter erwarten durfte, der die richtige Anzahl von Punkten auf dem Deckel hatte.

Auch mit Houdi hatte ich in Vermont ein Zahlenspiel gespielt, als ihre Jungen schon teilweise gefiedert waren und fast ihr endgültiges Gewicht erreicht hatten. Während sie von einem Kalbskadaver fraß, den ich in der Nähe im Wald ausgelegt hatte, kletterte ich in aller Eile aus meinem Schlafzimmerfenster zu ihrem Nest und holte zwei der Jungen ins Haus. Die beiden Kleinen waren noch zu jung, um Angst zu haben. Sie waren in einem Alter, in dem sie still bleiben, solange sie nicht die Alarmrufe der Eltern hören. Da Fuzz, der Vater, verschwunden war (vgl. S. 186), konnte ich sicher sein, dass kein Elternteil gesehen hatte, wie ich mich an den Jungen zu schaffen gemacht hatte. Als sie in das Nest zurückkehrte, in dem die halbe Brut fehlte, fütterte sie die Jungen wie immer in wenigen Sekunden, hüpfte in die Wasserschale, um zu trinken, setzte sich in die Nähe, um sich zu putzen und zu schütteln, und verließ die Voliere in Richtung Kalbskadaver, um eine neue Fleischportion zu holen. Sobald sie außer Sicht war, kletterte ich wieder zum Fenster hinaus und nahm die anderen beiden Jungen an mich, während ich die beiden ersten wieder ins Nest zurücksetzte. Als sie zurückkam, gab sie abermals keine Lautäußerungen von sich und zeigte keine Emotionen. Ich reichte ihr ein Hühnerei. Sie nahm es eifrig, öffnete es und fütterte die Jungen dreimal. Nachdem sie das Nest verlassen hatte, setzte ich die fehlenden zwei Jungen wieder hinein, sodass jetzt die Brut von vier wieder vollständig war. Der Unterschied zwischen einem Nest mit zwei und vier Jungen wurde von Houdi allem Anschein nach nicht gezählt, nicht beachtet und/oder nicht erkannt.

Wie oben berichtet, verwaisten Houdis Jungen später. Die Pflichten, die die stündliche Versorgung von gefräßigen Rabenvierlingen mit sich brachte, vertrugen sich damals nicht mit meinem Stundenplan. Ich hoffte, meine Verantwortung abwälzen und gleichzeitig ein Experiment durchführen zu können. Goliath und Whitefeather in Maine hatten nur zwei Junge, die allerdings noch viel jünger und nackt waren. Würden die beiden Altraben Houdis vier Waisen trotz des Altersunterschiedes akzeptieren?

Am 6. Mai fuhr ich nach Maine und setzte Houdis vier gefiederte Junge mitten in der Nacht in Goliaths und Whitefeathers Nest, sodass sie nicht sehen konnten, was vor sich ging. Ihre beiden eigenen Jungen nahm ich vorübergehend aus dem Nest, weil ich befürchtete, die Eltern könnten die Neuankömmlinge mit ihren eigenen Jungen vergleichen, sie ablehnen und verletzen. Beim Morgengrauen begab ich mich in die nahe Beobachtungshütte, um genau zu verfolgen, was geschah.

Um 5.10 Uhr war es schon seit zehn Minuten hell, und die beiden Eltern hockten friedlich im Verschlag am Nest. Sie mussten die vier fremden Jungen in ihrem Nest gesehen haben, sie mussten auch bemerkt haben, dass ihre beiden Jungen fehlten, aber sie zeigten keine erkennbare Reaktion.

Um 5.29 Uhr begann ein Junges zu betteln. Whitefeather streckte sich. Ein weiteres Junges begann zu betteln. Zehn Minuten später, als die Sonne hinter dem Hügelkamm hervorkam und direkt in den Nistverschlag hineinschien, erstarrten die Altvögel plötzlich zu Salzsäulen. Die Jungen waren stumm, nur ihre blauen Augen blinzelten, während ihre Köpfe auf dem Nestrand ruhten. »Sprachlos« musterten die Altvögel die Kleinen. Beide bewegten ihre Köpfe auf seltsame Weise von einer Seite zur anderen, betrachteten die Jungen in ihrem Nest erst mit einem Auge, dann mit dem zweiten aus einem anderen Winkel. Zwei oder drei Jungen standen auf und bettelten. Da plusterte sich Whitefeathers Kopf auf. Sie war erregt. Zunächst zögernd, dann immer heftiger stieß sie die *kek-kek-kek*-Alarmschreie aus. In Reaktion auf ihre Rufe und Bewegungen bettelten die Kleinen nur noch mehr. Daraufhin machte sie aggressive Schnabelbewegungen in Richtung ihrer Köpfe, um ihrem Zorn Ausdruck zu verleihen, berührte sie aber nicht. Mit immer noch aufgeplustertem Kopf öffnete sie ihren Schnabel etwas, wie es Raben tun, wenn sie Angst haben oder unruhig sind. Das lief nicht so, wie ich mir es vorgestellt hatte. Sie war ganz und gar nicht glücklich. Goliath dagegen zeigte keine Reaktion.

Fünf Minuten später verließen beide Vögel den Nistverschlag und stießen wiederholt lange und krächzende Alarmrufe aus, wie sie üblich sind, wenn sich ein Eindringling nähert. Voller Wut hämmerte Whitefeather auf Äste in der Nähe ein. Dann ließ sie sich, am Maschendraht festgekrallt, kopfüber baumeln. Beide Verhaltensweisen hatte ich noch nie an ihr beobachtet. Daraufhin verließ ich meinen Beobachtungsschuppen und versuchte, ihren Zorn zu beschwichtigen, indem ich ihnen ein überfahrenes Tier darbot. Beide Tiere begrüßten mich (und den toten Biber) ohne ein Zeichen der Beunruhigung und begannen augenblicklich zu fressen. Anschließend brachten sie große Fleischportionen zum Nest. Unbeeindruckt bettelten die Kleinen. Whitefeather fütterte sie nun so bereitwillig, als hätte sie vollkommen vergessen, wie beunruhigt sie wenige Minuten zuvor gewesen war. Ich war verblüfft. Offenbar waren die vier Jungen nun doch adoptiert.

Daraufhin erschien es mir ungefährlich und notwendig, den beiden die eigenen Jungen ins Nest zurückzusetzen, sodass die Brut jetzt insgesamt sechs Junge umfasste. Würden die Eltern nun vorwiegend ihre eigenen Jungen füttern? Ganz im Gegenteil, bei den ersten 13 Futterflügen zum Nest, zwölf von Whitefeather und einer von Goliath, gingen alle Nahrungsportionen an Houdis Junge, nicht an die eigenen Babys. Wahrscheinlich fütterte Whitefeather einfach die Jungen, die am lautesten und hartnäckigsten bettelten. Für sie war ein aufgesperrter rosafarbener Rachen offenbar unwiderstehlich. Nachdem die Jungen aufgehört hatten zu betteln, stand sie am Nestrand und betrachtete sie, wobei sie wiederholt die sanften *krr-krr*-Laute hören ließ, die Junge veranlassten, ihren Schnabel aufzusperren. Sie wollte sichergehen, dass die Kleinen genug hatten. Auch Goliath fütterte bald alle Jungen. Die Frage und mein Dilemma waren damit gelöst. Whitefeather und Goliath hatten Neuankömmlinge rückhaltlos akzeptiert. Während der nächsten Monate brachte ich ihnen noch weitere Leckerbissen wie den Biberkadaver, doch das

Paar kam jetzt allein zurecht und zog »seine« sechs Jungen erfolgreich auf, bis sie selbstständig waren.

Im nächsten Jahr, im Frühjahr 1997, hatten Goliath und Whitefeather begonnen, ihr Nest in der Voliere neu zu bauen, doch später brachen sie den Brutversuch ab. Daraufhin brachte ich andere Jungraben in die Voliere, die ich für spätere Beobachtungen aufzog, weil ich sehen wollte, ob sie freundlich aufgenommen wurden. Zunächst beherbergte ich die Jungen in der Hütte. Goliath reagierte rasch auf ihr lautes Betteln, als ich sie fütterte. Er kam herbei, setzte sich auf die Birke vor der Hütte und stieß lange, schrille Alarmrufe aus, eine Art ansteigendes Trillern. Mehrmals flog er ganz nahe an die Hütte heran, als wolle er hereinkommen, und dabei ließ er das männliche Imponierverhalten erkennen – aufgeplusterter Kopf, Schnabelklappen und Kopfbeugen bei gleichzeitigem Auffächern von Schwanz und Flügeln.

Am selben Tag hatte ich ihn beobachtet, wie er einen Rotschwanzbussard jagte und dabei die schnellen Stakkatorufe ausstieß, die er bei Annäherung von Greifvögeln normalerweise hören ließ. Als drei Truthahngeier vorbeikamen, flog er sogleich zum Nest in der Voliere, ließ schrille Alarmschreie vernehmen und plusterte sich auf. Auch andere Raben, die vorbeikamen, verjagte er entschlossen.

Schließlich holte ich zwei der Jungen, fast ausgewachsene Raben, aus der Hütte und setzte sie auf den Campingtisch, wo sie herumhüpften. Als die Jungen mich anbettelten, wurde Goliath, der neben mir auf dem Stamm der abgestorbenen Birke hockte, ärgerlich. Er starrte die Jungvögel an und stieß einzelne lange Rufe aus, einen nach dem anderen, sehr hoch und am Ende noch ansteigend, die normalerweise territoriale Bedeutung hatten. Dann flog er über die Jungen hinweg, die sich duckten und vorübergehend mit dem Betteln aufhörten. Schließlich setzte sich Goliath 40 Meter weiter in eine Fichte, plusterte sich auf und hackte mit dem Schnabel so wütend nach Zapfen und Zweigen, dass sie umherflogen. Merkwürdigerweise unternahm er keinen Versuch, auf den Tisch zu fliegen und den Kleinen etwas zu tun.

Raben haben wie die meisten anderen Vögel im Zuge der Evolution keine Verhaltensweisen entwickelt, die dazu dienen, Jungvögel in ihrem Nest abzulehnen, selbst wenn sie diese Jungen merkwürdig finden, denn normalerweise werden in ihre Nester keine fremden Jungen gesetzt. Anders verhält es sich gelegentlich mit Eiern, aus denen fremde Junge werden könnten. Ein Ei könnte versehentlich in das Nest eines Nachbarn gelegt werden, außerdem haben sich einige Arten darauf spezialisiert, andere Eltern zu parasitieren, indem sie ihre Eier Ersatzeltern unterschieben. Sie bauen keine eigenen Nester mehr. Die bekanntesten Beispiele sind der Kuckuck in der alten Welt und die Kuhstärlinge in der neuen.

Nun ruft in der Evolution fast jede Strategie eine Gegenstrategie hervor, die Erstere unwirksam macht. So schaukelt man sich gegenseitig hoch, bis entweder in der unübersichtlichen »wirklichen Welt« ein Gleichgewicht erreicht ist, oder man setzt den Wettstreit fort, bis eine der beteiligten Arten ausgestorben ist. Bei den Vögeln wird das Wettrüsten zwischen Brutparasiten und ihren Wirten weitgehend über die Eifarbe ausgetragen. Dabei bemühen sich die Parasiten um eine möglichst genaue Nachahmung der Eifarbe, um die Ersatzeltern zu täuschen, während diese ihre Fähigkeit entwickeln, Farbunterschiede – und damit die Täuschung – zu erkennen. Das ist ein klassisches Beispiel für Koevolution, bei der sich eine Art in Reaktion auf eine andere entwickelt. Die Schönheit und die Vielfalt in der Farbgebung von Vogeleiern ist eines der größten Naturwunder und vermutlich dem Konflikt zwischen den Brutparasiten und ihren Wirten zu verdanken, Vögeln mit offenen Nestern und gut sichtbaren Eiern (die meisten Höhlenbrüter haben farblose Eier).

Auf der Populationsebene bedeuten die Farbunterschiede *zwischen den Arten* erhebliche Schwierigkeiten für die lokalen Brutparasiten. Und solche Unterschiede kann die Evolution leicht hervorbringen. Wenn sich ein Parasit beispielsweise darauf spezialisiert, seine Eier bei Opfern mit blauen Eiern abzulegen, sagen wir bei den Arten A, B, C und D, dann wäre ein Individuum einer dieser Opferarten geschützt, wenn es eine Mutation hätte, die seine Eier mit lila Flecken versähe. Die Mutation würde sich rasch ausbreiten, bis schließlich alle Individuen dieser Art lila gefleckte Eier hätten.

Auf der gegenwärtigen Evolutionsstufe hat das Wettrüsten in der Eifärbung der Singvögel zu einer außerordentlichen Vielfalt geführt. Am vertrautesten sind uns in Nordamerika beispielsweise die blassblauen Eier des Rotkehlchens, die weißen Eier der Phöben und die weißen Eier mit lila, schwarzen und lavendelfarbenen Punkten der Tyrannen. Eine ähnliche Farbvielfalt trifft man bei den Eiern europäischer Vögel an. In Europa ist der Kuckuck der verbreitetste Brutparasit. Die Eier des Kuckucks haben große Ähnlichkeit mit den Wirtseiern. Das müssen sie auch. Würden Kuckucke in Europa weiße Eier legen, könnten sie keine Vögel parasitieren, die blaue Eier legen, weil diese Arten, nach einer langen evolutionären Geschichte des Parasitismus, in ihrem blauen Gelege ein weißes Ei sofort erkennen würden. Der Kuckuck würde seine auffälligen Eier verlieren, und die Kuckuckslinie, die weiterhin weiße Eier in Nester mit blauen Eiern legte, würde aussterben. In Europa hat das dazu geführt, dass jedes Kuckucksweibchen Eier von nur einer Farbe legt und sie nur in Nestern der »richtigen« Art platziert – der Art, deren Eiern sie die ihren angeglichen hat. Doch die Kuckuckspopulation besteht aus verschiedenen Individuen, die verschiedenfarbige Eier legen und diese in den Nestern von Arten unterbringen, in denen sie nicht auffallen. Natürlich ist die Ähnlichkeit der Kuckuckseier nicht immer vollkommen – und manche Wirte sind manchmal in der Lage, ein Ei mit einer Farbabweichung zu entdecken und aus dem Nest hinauszuwerfen, weil in Europa die Wahrscheinlichkeit groß ist, dass ein Ei mit Farbabweichung ein Kuckucksei ist. Die Aussichten des Wirts, eine richtige Entscheidung zu treffen – das Kuckucksei und nicht ein eigenes hinauszuwerfen –, erhöhen sich außerordentlich, wenn zwei Voraussetzungen gegeben sind: dass der Wirt sich erinnert, wie das zuerst gelegte Ei aussieht, und dass alle Eier des Geleges fast gleich aussehen. Genau das ist der Fall.

Raben haben grünblaue Eier, die unterschiedlich mit grauen und schwarzen Flecken gesprenkelt sind. Häufig, nicht immer, sind sie innerhalb eines Geleges ziemlich unterschiedlich (vgl. S. 184). Wenn wir von den oben dargelegten Überlegungen ausgehen, erscheint es also unwahrscheinlich, dass die Färbung von Rabeneiern standardisiert worden wäre, um einen einheitlichen Hintergrund zu liefern, vor dem fremde Eier auffallen würden. In Nordamerika gibt es keine Brutparasiten des Raben, daher liegt kein Grund für die Annahme vor, dass Raben ein Ei-Abwehrverhalten entwickelt hätten. Möglicherweise erkennen sie ein fremdes Ei, doch normalerweise besteht keine Gefahr, dass sie ein fremdes Junges aufziehen, andererseits wäre es fatal, wenn sie einen Fehler begingen und eines ihrer eigenen Eier hinauswürfen. So ergibt sich aus der evolutionären Logik also der Schluss, dass sie ihr Nest zwar gegen fremde Weibchen verteidigen, die ihre Eier in ihr Nest legen könnten, dass sie merkwürdig aussehende Eier aber *nicht* hinauswerfen, weil es sich höchstwahrscheinlich um ihre eigenen handelt.

Ich beschloss die Ei-Erkennung experimentell zu überprüfen. Zunächst versuchte ich, zum Rabennest an der Melcher-Farm hochzuklettern, wo meines Wissens die Altvögel brüteten, und ihnen ein Hühnerei in ihr Gelege zu schmuggeln. An Melchers Stall hielt ich und fragte Paul nach dem Rabennest, dann ging ich über sein großes hügeliges Feld, auf dem noch eine dichte Schneedecke lag, und stieg zum Flüsschen auf der anderen Seite hinab. Unter den Eisbrücken gurgelte das Wasser. Ich überquerte das Gewässer auf einer dieser Brücken und kletterte auf der anderen Seite den steilen Hang empor, der im Schatten hoher Hemlocktannen lag. Seit zehn Jahren hatte ein Rabenpaar sein Nest in einem Gehölz großer Weymouthskiefern kurz unterhalb des Hügelkamms. Da ich die beiden Raben zu Beginn des Frühjahrs über dem Hügel hatte kreisen sehen, erwartete ich, dass sie ihr Nest dort wieder gebaut hatten.

Als ich mich den Kiefern näherte, setzten die stakkatoartigen *kek-kek-kek*-Alarmrufe ein. Zu meiner Überraschung befand sich das große Gebilde aus Ästen und Zweigen an derselben Stelle, an der sie es einige Jahre zuvor gebaut hatten.

Als ich schließlich die starken lebenden Äste direkt unter dem Nest erreicht hatte, war ich zwar erschöpft, doch frohgemut. Das Nest enthielt sechs Eier. Wie die meisten Rabeneier lagen sie in einer tiefen Nestmulde aus zerrupfter Zedernrinde und Büscheln von Rotwild- und Rinderhaaren, dazu Fetzen aus der Innenrinde von abgestorbenen Eschen. Die Eier waren grünblau mit einer Vielzahl unregelmäßig geformter grauer und schwarzer Punkte und Flecken. Einige der dunklen Kleckse hatten eine olivfarbene Tönung, andere spielten zart ins Violett hinüber. Die Graustufen der Punkte und Flecken erstreckten sich von Rauchgrau bis Schwarz, in der Größe reichten sie von kleiner als ein Stecknadelkopf bis größer als eine Stubenfliege. Wie bei Houdi waren auch diese Eier individuell unterschiedlich. Bei einigen war die Grundfarbe ein helles Blaugrün, bei anderen war der Hintergrund weitgehend verdeckt durch die dichten, olivengrünen Flecken. Ich konnte mir kaum etwas Schöneres vorstellen und kaum einen klareren Beweis wünschen: Diese Vögel konnten unmöglich auf eine längere evolutionäre Geschichte von

Brutparasitismus zurückblicken. Die Eier waren viel zu unterschiedlich in der Farbe.

Nachdem ich Aufnahmen vom Nest, den Eiern und dem Ausblick gemacht hatte, hängte ich meinen Rucksack an einen Ast. Sobald meine Füße festen Halt gefunden hatten, nahm ich einen Joghurtbecher heraus, wickelte das darin eingepackte weiße Hühnerei aus und legte es ins Rabennest. Ich wusste, dass Raben runde Gegenstände zunächst einmal als Nahrung ansehen, was sie auch gewöhnlich sind. Ferner wusste ich, dass die Eier von Hühnern und anderen Vögeln zu den Lieblingsspeisen von Raben gehören. Was würde der Rabe tun? Das Hühnerei fressen, es bebrüten, hinauswerfen oder das Nest verlassen?

Besser als in Erwartung auf ein Untersuchungsergebnis lässt sich ein Tag gar nicht beginnen, und ich war sehr gespannt, als ich am nächsten Morgen zurückkehrte, um nach dem Hühnerei zu sehen. Es gab beinahe für alles eine Erklärung, was ein Rabe mit einem großen weißen Ei anstellen mochte, das ihm wie durch ein Wunder in sein Nest hoch oben in einer Kiefer gefallen war. Tatsächlich aber hatte ich nicht die geringste Ahnung, was dieses Paar tun würde. Die Raben stießen Alarmrufe aus, als ich mich dem Nest näherte. Im Wipfel der Kiefer angekommen, stellte ich fest, dass die Eier noch warm waren. Alle sieben!

Ich hatte mit der Möglichkeit gerechnet, dass das Hühnerei nicht mehr da sein würde. In diesem Fall hätte ich mich gefragt, ob die Vögel vielleicht ein Ei akzeptiert hätten, das weniger fremd aussah. Da ich das durchaus für möglich hielt, hatte ich ein zweites Hühnerei mitgebracht, das ich grünblau gefärbt und mit Flecken versehen hatte, sodass es einem Rabenei glich. Da die Raben bereits ein rein weißes Ei angenommen hatten, erschien es reichlich unwahrscheinlich, dass sie jetzt ein rabenähnliches Ei ablehnen würden. Ich nahm an, sie würden auch dieses akzeptieren. Indes, es war ein langer schwieriger Aufstieg gewesen, und ich hatte nichts zu verlieren, wenn ich das weiße Hühnerei gegen das imitierte Rabenei austauschte.

Als ich am Vortag wieder hinuntergeklettert war, hatte ich beim Verlassen des Kieferngehölzes den musikalischen Doppelruf *glag-glag* gehört, mit dem der Vogel in das Nest zurückgekehrt war, in dem nun das weiße Ei lag. Nachdem ich dieses Mal den Baum verlassen hatte und die Mutter in ihr Nest zurückgekehrt war, hörte ich stattdessen die lauten, langen und tiefen Krächzlaute, die Zorn verraten. War die Rabenmutter das erste Mal gleichgültig gewesen oder einfach verwirrt? War sie dieses Mal zornig, weil sie das neue Ei als rabenähnlich erkannte und dachte, ein Artgenosse wolle ihr einen bösen Streich spielen? Von beiden Vögeln waren auch klagende Rufe zu hören, die ich bisher noch nie in der Nähe des Nestes vernommen hatte. Da die Raben diesmal ganz anders auf das Ei reagierten, musste ich noch einmal in den Baum klettern und nachsehen, ob das neue Ei angenommen wurde. Doch wo war die Grenze? Würden sie auch ein rotes Ei hinnehmen? Am Ostersonntag malte ich ein Hühnerei vollkommen rot an. In vorhergehenden Versuchen hatte ich festgestellt, dass Rotkehlchen rote Eier hinauswerfen, während sie grün oder blau gefärbte Kontrolleier behalten. Als ich das rote Ei in das Rabennest legte, nahm ich daher nicht an, dass es lange unbemerkt bleiben würde. Und so kam es. Ich verbarg mich ganz in der Nähe im nebligen Wald, wo ich das erwartete Gezeter hören könnte.

Als die Mutter zum Nest zurückkehrte, um weiterzubrüten, stieß sie lange Folgen rascher *kek-kek-kek*-Rufe aus. Das sind äußerst erregte Alarmschreie, die normalerweise nur bei Anwesenheit von Nesträubern ertönen. Dann entfernte sie sich vom Nest, und die Alarmrufe nahmen etwas ab. Doch jedes Mal, wenn sie sich dem Nest wieder näherte, setzten die Alarmrufe mit der alten Heftigkeit ein. Erst nach 15 Minuten verklangen sie allmählich. Stattdessen hörte ich nun das sanfte, umgängliche *gro-gro*.

Auch das rote Ei hatte Aufnahme gefunden, wie mir die Kletterpartie des folgenden Tages zeigte. Als letztes Präsent legte ich ein schwarzes Filmröhrchen ins Nest, das ich mit Wasser gefüllt hatte, damit es in etwa dem Gewicht eines Eis entsprach. Das wurde entschieden abgelehnt, obwohl es ungefähr die Größe eines Rabeneis hatte. Dabei hatten die Raben es nicht einfach hinausgeworfen, denn auf dem Boden in der Nähe des Nistbaums war es nicht zu finden.

Die Dinge, die im Gelege angenommen werden, sind also bestimmten Einschränkungen unterworfen. Bei diesem Rabennest und bei weiteren, die ich anschließend untersuchte, verhielt es sich so, dass keines der Eier abgelehnt wurde, selbst wenn es sehr merkwürdig gefärbte Eier waren. In nachfolgenden Experimenten mit gefangenen Vögeln, die zum ersten Mal nisteten, beobachtete ich *keine* Reaktion auf Hühnereier oder ihre Nachbildungen, vielleicht weil sie zum ersten Mal brüteten und noch nicht gelernt hatten, ihre eigenen Eier zu erkennen. Die Ablehnung fremder Eier ist bei Raben nicht evolutionär festgelegt worden, obwohl ich zumindest bei einem Paar älterer Brutvögel beobachtete, dass es fremde Eier erkannte und von ihnen beunruhigt war. Das Verhalten von Raben mag uns manchmal dumm erscheinen, doch ist es nicht immer ein Maßstab für ihre Intelligenz. Schließlich akzeptieren auch kleine Mädchen ihre Lumpenpuppen und schmusen mit ihnen. Dabei ist anzunehmen, dass sie den Unterschied zwischen ihrer Puppe und einem richtigen Baby kennen. Oder nicht?

13. KAPITEL

Sensorische Unterscheidung

Vögel leben in einer sensorischen Welt, die sich mit der unseren überschneidet. Gehör und Gesichtssinn sind scharf. Im Großen und Ganzen sehen und hören sie wohl, was wir sehen und hören, obwohl ihre Aufmerksamkeit sicherlich auf andere Einzelheiten ausgerichtet ist und auch die neuronale Informationsverarbeitung anders aussehen dürfte. Wahrscheinlich erfassen sie Einzelheiten, die uns gar nicht bewusst werden, und bemerken andere nicht, die für uns ganz offenkundig sind. Außerdem können viele Vögel die magnetischen Felder der Erde, polarisiertes Licht und Ultraschall wahrnehmen.

Von dem Tag an, da Goliaths und Whitefeathers Jungen das Nest verlassen hatten, pickten, griffen, zermalmten und schluckten sie alle Arten von Gliederfüßern: Ohne zu zögern, fraßen sie Käfer und Maden, braune Falter, bunte Schmetterlinge, Libellen, Heuschrecken, Fliegen, Köcherfliegen und Larven. Sie verspeisten sogar Aaskäfer; ihrer ersten Maus näherten sie sich jedoch mit großer Behutsamkeit. Nachdem sie die erste zerrissen und gefressen hatten, stürzten sie sich allerdings gierig auf alle nachfolgenden.

Trotz der uns manchmal recht eklig erscheinenden Tiere, die sie fressen, unterziehen Raben potenziell Essbares einem sorgfältigen Geschmackstest: Unbekannte Nahrungsmittel zerdrücken und bewegen sie viele Sekunden lang vorsichtig in ihrem Schnabel, bevor sie sie entweder herunterschlucken oder ausspucken. Einige potenzielle Nahrungsmittel lassen sich nicht fressen, nicht weil sie unangenehm schmecken oder riechen, sondern weil sie unangenehme Reaktionen hervorrufen, etwa einen stechenden Schmerz im Mund. In biologischen Lehrbüchern belegt eine Folge von Fotografien das Verhalten einer Kröte gegenüber einer Hummel: Die Kröte schluckt die Hummel herunter und spuckt sie wieder aus. Wahrscheinlich hat das Insekt der Kröte in die Zunge gestochen. Als sich die nächste Hummel nähert, duckt sich die Kröte ängstlich zusammen. Denkbar einfach. Raben verhalten sich vermutlich genauso.

Meine erste Rabengruppe, Goliath und seine drei Nestgefährten, waren gierige Insektenfresser. Trotzdem fand ich es merkwürdig, dass sie wenig Interesse an den ersten Hummeln zeigten, denen sie begegneten. Es war ungewöhnlich, dass sie überhaupt etwas nicht beachteten. Verblüfft beobachtete ich, dass sie einige der toten Hummeln, die ich vor ihnen ausgestreut hatte, um ihre Reaktion zu testen, nur lustlos aufpickten, um sie gleich wieder fallen zu lassen und ihre Kopffedern aufzuplustern, was auf Widerwillen schließen ließ. Das konnte keine Reaktion auf Stacheln sein. Tote Hummeln stechen nicht. Auch hatten sie keine Angst vor ihnen. Da die entfernte Möglichkeit bestand, dass sie bereits irgendwelche Erfahrungen mit Hummelstacheln gemacht hatten, musste ich den Test wiederholen. Das geschah 1997 mit einer Gruppe von sechs neuen Raben.

Zum Glück für meinen Test haben Drohnen, die männlichen Hummeln, keine Stacheln (modifizierte Ovipositoren), dagegen stechen die Arbeiterinnen. Auf sehr schmerzhafte Weise habe ich gelernt, dass Drohnen und Arbeiterinnen gleich aussehen – als ich mir nämlich, um anzugeben, Hummeln in den Mund steckte, von denen ich leider annahm, es wären Drohnen. Seither achte ich sehr auf die Unterschiede zwischen männlichen und weiblichen Geschöpfen und tat es auch jetzt, als ich eine Handvoll Drohnen sammelte. Alle Hummeln krabbelten und summten. Die sechs Raben versammelten sich um die Insekten und pickten sie ohne Zögern auf. Lebende Hummeln waren mehr nach ihrem Geschmack als tote, offenbar waren sie durch frühere Erfahrungen nicht gegen Hummeln konditioniert. Nachdem meine Raben die Hummeln jedoch aufgepickt hatten, plusterten sie sich augenblicklich auf und schüttelten die Köpfe, genau wie es die andere Gruppe bei den toten Hummeln getan hatte. Hummeln hatten für Raben offenbar einen ekligen Geschmack! Ich dachte eigentlich, sie schmecken völlig normal.

Meine Raben pickten auch Honigbienen eifrig auf und ließen sie wie die Hummeln fallen, ohne sie zu fressen. In meinem Stock gab es eine große Zahl von Drohnen. Von denen gab ich meinen Raben eine Handvoll lebender Exemplare, denen ich einen Flügel beschädigt hatte, sodass sie nicht mehr fliegen konnten. Die Raben zeigten ebenso wenig Angst wie bei den Hummeln. Sie pickten die Bienen auf, zerdrückten sie und spien sie aus. Ich gab ihnen Schwebfliegen – *Eristalis* –, die der Honigbiene so täuschend gleichen, dass nur wenige Menschen sie unterscheiden können. Die Raben pickten sie auf, zerkleinerten sie, sammelten Speichel und schluckten sie herunter. Fliegen, die nur wie Honigbienen aussahen, waren also schmackhafte, verträgliche Nahrungsmittel.

Vespiden? Ich versuchte es mit Wespen (*Vespula*) und Weißgesichtigen Hornissen (*Dolichovespula maculata*). Die Raben fürchteten sich weder vor der einen noch vor der anderen Art. Sorgfältig zerdrückten sie sie, manche schluckten einen Teil hinunter und spuckten den Rest wieder aus. Wie *Eristalis* wurden Schwebfliegen, die die Wespen fast perfekt nachahmen, sofort verschlungen. Bei jedem Test nahm ich eine Kontrolle vor: Ich gab den Raben noch ein weiteres Insekt. Keiner von ihnen zögerte, dieses gierig zu fressen.

Von einigen Insekten weiß man, dass sie sich durch einen sehr unangenehmen Geschmack zumindest gegen Vögel, ihre potenziellen Räuber, schützen. Das erreichen sie häufig durch chemische Stoffe, die sie aufnehmen, wenn sie von chemisch geschützten Pflanzen fressen. Gewöhnlich signalisieren sie dem Vogel ihre Schädlichkeit rechtzeitig, damit er sie nicht zunächst tötet und erst dann wegen des unangenehmen Geschmacks wieder ausspeit.

Im Sommer 1997 gedieh das Schwalbenwurzgewächs in Vermont sehr gut, daher war es auch ein guter Sommer für den hellen, ziegelroten Bockkäfer und die leuchtend schwarzweiß-gelb gestreiften Raupen des Monarchfalters, die sich beide vom Schwalbenwurzgewächs ernähren. Der Käfer und die Raupe sind beide auffallend genug gefärbt, um mögliche Räuber abzuschrecken. Ihren unangenehmen Geschmack bekommen sie von dem giftigen Schwalbenwurzgewächs.

Ich zog ein Dutzend Monarchraupen auf und entließ die geschlüpften Schmetterlinge in die Voliere. Eifrig jagten die Raben hinter den großen Faltern her, fingen sie und rissen ihnen die Flügel aus. Doch sie zeigten kein großes Interesse daran, sie zu fressen. Sie probierten und zerdrückten sie, schüttelten den Kopf und ließen die Schmetterlinge dann Stück für Stück aus dem Schnabel fallen, ohne einen einzigen zu fressen. Andere Schmetterlinge wurden begeistert und restlos verspeist. Diese Ergebnisse waren geradezu klassisch – »wie aus dem Lehrbuch« –, genauso wie ich sie erwartet hatte. Doch das waren nicht die einzigen Ergebnisse. Ich warf ihnen auch die leuchtend gefärbten Raupen sowie die vom Schwalbenwurzgewächs lebenden roten Bockkäfer vor. Würden sie die auch verschmähen? Keineswegs! Beide Arten schlangen sie gierig hinunter. Ich hatte erwartet, sie würden die unschädlich gemachten Stechinsekten fressen und die

Insekten mit Signalfarbe, die chemisch vergällt waren, ablehnen. Doch offenbar hatten die Raben die Lehrbücher nicht gelesen oder sie falsch verstanden.

Einige Dinge erregen das Interesse von Raben allein durch ihr Erscheinungsbild. Jungraben, die noch nie Eier gefressen hatten, fühlten sich von ihnen sofort angezogen, als seien ihre neuronalen Schaltkreise so verdrahtet, dass sie nahrhaftes Futter augenblicklich erkennen. Andererseits fanden sie Kartoffelchips weit schmackhafter als rohe Leber (was ich ihnen gut nachfühlen konnte!). Die Jungraben, die ich aufzog, wurden in der Phase raschen Wachstums fast ausschließlich mit zerkleinerten Tieren der verschiedensten Art ernährt. Fleisch ist der Hauptbestandteil ihrer Ernährung. Daher war es ein bisschen überraschend, dass sie zerkleinerte Hühnerinnereien verschlangen, aber ihre Schnäbel verachtungsvoll abwendeten, wenn ich ihnen frische Leber vorlegte, während sie sich auf Kartoffelchips stürzten, als wären sie eine große Delikatesse.

Was »sahen« sie in einem Ei? Als ich ihnen zum ersten Mal ein Sperlingsei hinlegte, stürzten sich alle sechs darauf, jeder wollte der Erste sein. Ähnlich verhielt es sich mit einem Gänseei. Alle drängten sich darum und pickten eifrig daran. Ich fragte mich, ob ein länglicher, glatter Gegenstand, der ihnen unbekannt war, die gleiche Reaktion hervorrufen würde. Eine reife Banane! Alle betrachteten sie aus der Ferne, dann beachteten sie sie einige Minuten lang nicht. Und wie stand es mit einem *Riesenei*? Ich legte ihnen ein Straußenei hin. Das ranghöchste Männchen näherte sich ihm augenblicklich, und die anderen folgten. Dann flog einer der Vögel auf, woraufhin alle anderen seinem Beispiel folgten und Alarmrufe ausstießen. Noch ein paar Minuten betrachteten sie das Straußenei von ihren Sitzstangen darüber, dann beachteten sie es nicht mehr.

Wie stand es mit anderen runden Gegenständen, die nicht ganz so glatt waren? Zum Beispiel Hickorynüssen? Alle sechs näherten sich augenblicklich, pickten an ihnen herum und verloren rasch jedes Interesse. Eine Handvoll Pistazien? Mehr als zehn Minuten spielten sie mit ihnen. Ich sage »spielten«, weil ihnen die Nüsse bei dem Versuch, sie zu knacken, aus den Schnäbeln sprangen und ein, zwei Meter durch die Gegend flogen. Die Vögel jagten hinter ihnen her, und das gleiche Spiel wiederholte sich. Es war eine komische Szene. Man hätte denken können, die Nüsse sprängen von alleine umher. Nur ein weiblicher Vogel versuchte, die Pistazie mit den Krallen festzuhalten und mit dem Schnabel in die Spalte der Schale zu hacken. Auf diese Weise gelang es ihm, ein paar winzige Stücke der Nuss aufzupicken, doch keiner der Vögel schaffte es, die Nuss beim ersten Versuch zu öffnen. In der nächsten Zeit warf ich ihnen immer wieder Pistazien hin, und eine Woche später öffneten einige der Vögel die Nüsse genauso geschickt wie ich und aßen sie mit dem gleichen Vergnügen.

Die glatten, runden Eier, die Falter und die Schmetterlinge, auf die sie sich begeistert stürzten, sind nach meiner Einschätzung durchweg auffällige Objekte. Würden die Raben leuchtende, bunte Blumen verschmähen? Während ich durch die Voliere ging, ließ ich so unauffällig wie möglich je fünf oder sechs rote Rosen, lila Phlox- und gelbe Erbsenblüten fallen. Ein paar Vögel hüpften auf den Boden und pickten ohne große Begeisterung an ihnen herum, doch alle verloren das Interesse binnen einer Minute. Eine Stunde später wiederholte ich das Experiment mit blauen Schwertlilien, Gänseblümchen, Rotklee und gelbem Habichtskraut. Das Ergebnis war ähnlich, obwohl ein Vogel vier einzelne Schwertlilienblüten aufpickte und ein anderer drei Kleeblüten nahm und sie in die Wasserschüssel legte, um sie anschließend wieder herauszunehmen. Zwei andere pflückten jeweils die

Blütenblätter von einem Gänseblümchen. Drei Vögel zeigten überhaupt kein Interesse an den Blumen. Waren sie an diesem Tag vielleicht grundsätzlich nicht sehr reaktionsbereit? Ein rascher Test mit einer Handvoll Pistazien belehrte mich eines Besseren – *alle* stürzten sich sofort darauf. Anschließend versuchte ich es mit einer Reihe *verschiedener* Blumen, weil ich wissen wollte, ob die Vögel jetzt verallgemeinern und alle Blumen als uninteressant behandeln würden. Usambaraveilchen und rotes Alpenveilchen? Kein Interesse. Um ganz sicherzugehen, versuchte ich es mit einem dritten Blütensortiment. Rosa und Blaue Lupinen sowie Weißklee. Ein Vogel kam von seiner Sitzstange herab, zerriss den Blütenstand einer Lupine und versteckte eine andere, indem er sie mit einem Blatt bedeckte. Eine Minute später spielten er und die anderen wieder mit Steinen, Knochen, Nüssen, Zweigen und Rinde. Immer noch waren ein paar Blumen im Garten übrig. Die nächste Zusammenstellung bestand aus rotem Springkraut und blauen Petunien. Zwei Vögel pickten ein paar Blüten auf und warfen sie beiseite. Ihr Interesse an Blumen war nichts im Vergleich zu dem an einem Tischtennisball, einer Glühlampe, zwei Filmröhrchen und einem rotweißen Angelschwimmer, Gegenstände, die ich ihnen anschließend gab. Dann versuchte ich es mit einem Stinktier.

Wir hatten Spätwinter, die Zeit, wo sich die Stinktiere zu ihren ersten Rundgängen zeigen. Überall lagen diese überfahrenen Tiere, von denen die typischen Ausdünstungen ausgingen. Meine Raben hatten noch nie ein Stinktier gesehen oder gerochen, aber sie zögerten nicht einen Augenblick. Sofort hatten sie sich über den Kadaver hergemacht und hackten ihm mit den Schnäbeln in alle Körperöffnungen. Gierig schlangen sie das Fleisch hinunter. Stinktiere sind fett, und Fett ist gut für Raben. Der Gestank kümmerte sie nicht, wenn sie ihn überhaupt wahrnahmen.

Meine Voliere ließ sich durch eine undurchsichtige Trennwand in zwei Abschnitte unterteilen, so konnte ich sie auf der einen Seite einschließen, ohne dass sie sehen konnten, was ich auf der anderen tat. Es lagen 30 Zentimeter Schnee. Immer wenn ich unter ihren Augen ein Eichhörnchen vergraben hatte, hatten sie es unweigerlich gefunden und wieder ausgegraben. Andererseits blieben Eichhörnchen, Erdnüsse, Brot und Kalbfleischklumpen, die ich vergraben hatte, ohne von ihnen beobachtet zu werden, stets vergraben. Ich schloss daraus, dass Raben Nahrung nicht mithilfe des Geruchs entdecken. Doch bis zu diesem Zeitpunkt hatte ich es noch nicht mit einem Stinktier versucht.

Viermal vergrub ich das inzwischen teilweise aufgefressene Stinktier außerhalb ihrer Sicht. Jedes Mal, wenn ich sie in den rund 140 Quadratmeter großen Volierenbereich ließ, in dem sich das Stinktier befand, hatten sie den Kadaver nach wenigen Minuten ausgegraben. Im Nu hatten sie ihn aus dem Schnee herausgezerrt, sodass sie ihre Mahlzeit fortsetzen konnten. Ich dachte, sie hätten ihn gerochen, weil sie nicht gesehen hatten, wo ich ihn vergraben hatte. Doch als Experimentalbiologe bin ich reichlich obsessiv. Ich fragte mich, ob ihr Wunsch, das Stinktier zu fressen, möglicherweise so groß war, dass sie auf leiseste Hinweise achteten.

Im fünften Versuch legte ich vier falsche Grabungsstellen an, außerdem eine, in die ich das Stinktier tatsächlich hineingab. Als ich die Vögel wieder an den Ort des Geschehens ließ, flatterten sie wild umher, als suchten sie nach dem Stinktier. Und wie zuvor fanden sie es. Aber sie gruben nicht nur dort, wo es lag, sondern auch an jeder der falschen Grabungsstellen. Sie hatten also gelernt, auf einen zweiten Hinweis zu achten, der viel schwächer war als der Gestank – auf die Stellen, wo ich die Schneedecke aufgewühlt hatte.

Diese Experimente setzte ich jedoch nicht sogleich mit den Hunderten von Versuchen fort, die ein detailliertes Versuchsprotokoll verlangt hätte. Ich war zufrieden, und der

Gestank in der Voliere und rund ums Haus war nach einer Woche auch völlig ausreichend. So erklärte ich das Experiment für beendet und schleppte das Stinktier weit fort in den Wald.

Einige Tage später tobte ein Schneesturm. Als es zu schneien begann, war mir klar, dass die Gelegenheit zu gut war, um sie einfach verstreichen zu lassen. Der Schnee würde meine Spuren zudecken. Ich holte also den bereits entsorgten Stinktierleichnam wieder und ließ die Raben noch einmal ihr Glück an ihm versuchen; der frische Schneefall würde meine Spuren im Schnee jetzt verdecken.

Dieses Mal grub ich in der Versuchsvoliere fünf falsche Löcher in den Schnee und ein sechstes, in dem ich das Stinktier tatsächlich beerdigte. Ich ließ die Raben in der Seitenvoliere, bis fünf Zentimeter Neuschnee gefallen waren und alle Spuren ausgelöscht hatten. Ich nahm an, dass die Vögel, wenn ich sie hereinließ, sofort auf Nahrung gefasst sein und nach ihr suchen würden, wie sie es die ganze Zeit vorher getan hatten. Doch wenn meine Hypothese stimmte, würden sie sie jetzt nicht finden.

Als ich die Vögel in die Versuchsvoliere ließ, benahmen sie sich wie eine Horde Kinder bei der Ostereiersuche. Sie schauten in jeden Winkel, als erwarteten sie, dass ich etwas versteckt hätte. Doch stürzten sie sich nicht alle auf die Stelle, wo das Stinktier sich befand, wie zu erwarten gewesen wäre, hätten sie sich am Geruch orientiert. Vielmehr gruben sie an allen sieben Stellen, obwohl die Spuren meiner Grabungen unter dem Neuschnee verborgen waren. Die Stelle, wo das Stinktier lag, war die vierte, der sie sich zuwandten. Jeder der sechs Vögel grub an mindestens drei verschiedenen falschen Grabungsorten. Wenn ein Vogel anfing zu graben, folgten die anderen seinem Beispiel, als dächten sie, wenn er dort grübe, müsse er etwas wissen. Ich habe keine Ahnung, was sie tatsächlich wussten.

Nachdem das Stinktier teilweise exhumiert war, nahm ich es weg und wiederholte das Experiment in gleicher Form zu einem späteren Zeitpunkt. Da es weiterschneite, vergrub ich das Stinktier an einem anderen Ort, legte sechs weitere falsche Grabungsstellen an und wartete die ganze Nacht lang, bis noch einmal fast 20 Zentimeter Schnee gefallen waren. Am Morgen gab es keinerlei Hinweise auf Grabungshügel, abgesehen von einem mehr als einen Meter hohen Schneehaufen, den ich angelegt hatte, um sie irrezuführen. Dieses Mal hatten die Vögel ihr Stinktier auch nach zwei Tagen noch nicht gefunden. Stattdessen gruben sie nur in dem Schneehaufen. Offenbar richteten sie sich nicht nur nach Veränderungen in der Schneeoberfläche, sondern auch nach Unebenheiten. Dieses Mal hatten sie bis auf den extragroßen Hügel keine Unebenheiten im Schnee bemerkt. Glaubten sie, ich hätte dort einen Riesenkadaver vergraben?

Anders, als ich nach den ersten Tests angenommen hatte, lieferte das Verhalten der Raben keinen Anhaltspunkt dafür, dass sie sich bei der Suche nach Nahrung vom Geruch leiten ließen. Sie schienen die Ausdünstung des Stinktiers nicht zu riechen und sich schon gar nicht an ihr zu stören. Hingegen konnte ich feststellen, dass Raben auf winzigste visuelle Hinweise achteten. Auf winzige Hinweise zu reagieren ist zugegebenermaßen keine Intelligenz, wohl aber eine Voraussetzung für viele Arten intelligenten Verhaltens.

Vor allem aber lernte ich, dass man vorher nie sicher sein kann, was für sie in einer gegebenen Situation relevant ist. Man kann nicht vorhersagen, was sie wahrnehmen, an welchen Hinweisen sie sich orientieren oder wie sie reagieren werden. Stets sind sie für eine Überraschung gut. Ich gelange immer mehr zu der Überzeugung, dass das, was sie *tun*, weniger von dem abhängt, was sie wahrnehmen, als davon, wie sie in ihrem Geist Information verarbeiten.

14. KAPITEL

Individuelles Erkennen

Würde man eine Anzahl von Raben nebeneinander aufreihen, wären die meisten Menschen nicht in der Lage, den einen vom anderen zu unterscheiden. Ich jedenfalls kann es nicht, und dabei habe ich viel Übung. Einen einzelnen Raben kann ich ebenso wenig erkennen, wie ich eine einzelne Erbse unter den Erbsen aus einer Schote herausfinden kann. Wohl sehe ich vielleicht hier einen Fleck auf einer Flügelfeder und dort einen Schönheitsfehler auf einer Stoßfeder, doch das sind alles nur vorübergehende Erkennungszeichen. Auch unterschiedliche Verhaltensweisen kann ich wahrnehmen, doch kann ich nicht davon ausgehen, dass das Verhalten konstant ist, vor allem nicht, wenn es Gegenstand meiner Untersuchung ist.

Die Vögel scheinen viele ihrer Artgenossen als Individuen zu behandeln. Ein Hinweis auf individuelle Erkennung lässt sich am Abend auf gemeinschaftlichen Schlafplätzen beobachten. Bei einigen der lärmendsten und nachhaltigsten Zankereien geht es um die Frage, wer zusammen mit welchem Vogel schläft. Paare und Kraulpartner sitzen immer dicht nebeneinander, und häufig jagen sie bestimmte Individuen davon, während sie andere in ihrer Nähe dulden. Jeder Vogel reagiert auf jeden anderen in unterschiedlicher Weise, als würde er jeden Vogel einzeln kennen. Beispielsweise habe ich beobachtet, dass die meisten ranghöheren Vögel alle anderen jagen, um sie dazu zu bringen, einen Nahrungsbissen in ihrem Schnabel fallen zu lassen. Rangniedere Vögel jagen nur den Artgenossen Bissen ab, die in der Hierarchie noch tiefer stehen. Ich habe viele Hundert solcher Jagden beobachtet und nie gesehen, dass sich ein rangniederer Vogel angeschickt hat, einem ranghöheren einen Bissen wegzuschnappen. Ein solches Unterfangen hätte natürlich keine Erfolgsaussichten, entscheidend ist jedoch, dass sich die Vögel bei der Identifizierung der anderen niemals irren.

Leider hatte ich keinen Beweis für dieses individuelle Erkennen und suchte nach einem Experiment, das meine Ahnung bestätigen konnte. Doch was für Kriterien konnte ich verwenden, die sich statistisch auswerten ließen? Was für Daten müsste man beispielsweise sammeln, um zu beweisen, dass Menschen, von denen wir ja wissen, dass sie sich gegenseitig als Individuen erkennen, dies tatsächlich tun? Wie Paul Sherman, Hudson Reeve und David Pfennis kürzlich in einem Forschungsüberblick dargelegt haben, ist der einzige objektive Anhaltspunkt für individuelles Erkennen die unterschiedliche Behandlung. Um uns Individuen gegenüber unterschiedlich zu verhalten, müssen wir sie zunächst einmal erkennen. Das ist vermutlich ein konservativer Ansatz, denn selbst wenn wir einander erkennen, könnten wir uns ja demokratisch begegnen.

Im Januar 1998, als meine Gruppe von sechs Raben acht Monate aus dem Nest war, wog ich sie und bestimmte ihre Rangordnung. Letzteres ist leichter als Ersteres. Wenn die Vögel von einem Kadaver fressen, herrscht ein ständiges Gedrängel, weil sie neben bestimmten Individuen fressen wollen und gegen bestimmte andere Individuen aggressive Ausfälle zeigen. Ich kann notieren, wer neben wem frisst und wer wem Platz macht, und nach ein paar Stunden weiß ich, wer der ranghöchste und wer der rangtiefste Rabe ist und wer die Nähe von wem sucht. In diesem Fall war die Hierarchie nach lediglich 155 Interaktionen klar. Bei Blue verzeichnete ich 78 Fälle, in denen er andere Vögel herausforderte, und nicht einen, wo er vor einem anderen zurückwich. Er war der ranghöchste Rabe. White, seine Schwester, drohte nicht ein einziges Mal, wurde aber insgesamt 53-mal von den anderen bedroht und wich vor allen zurück. Sie war der rangtiefste Rabe. Die anderen ordneten sich dazwischen ein, sodass sich von oben nach unten folgende Rangordnung ergab: Blue, Orange, Green, Yellow, Red, White. Blue und Orange waren Männchen und zugleich in dieser Gruppe die größten Vögel.

Im August, acht Monate später, überprüfte ich die Rangordnung der sechs Vögel, die ich auch in der Zwischenzeit zusammengelassen hatte, noch einmal. Eines hatte sich geändert: Blue und Red hatten sich angefreundet (wahrscheinlich würden sie in zwei Jahren zu nisten versuchen); regelmäßig fraßen, spielten sie zusammen und kraulten sich gegenseitig. Anderthalb Wochen lang brachte ich den Vögeln täglich eine Kalbskeule und registrierte 678 Dominanzinteraktionen. Nach wie vor war Blue unbestritten der ranghöchste Rabe, auf sein Konto gingen 366 aggressive Interaktionen, ohne dass er ein einziges Mal herausgefordert wurde. White befand sich noch immer am untersten Ende der Hierarchie, sie erduldete insgesamt 382 der 678 aggressiven Interaktionen und forderte nicht ein einziges Mal einen anderen Vogel heraus. Interessanter waren die Beziehungen der vier Raben dazwischen. Orange hatte seinen zweiten Platz in der Rangordnung behalten. Er wurde nur von Blue herausgefordert, doch er selbst forderte jetzt nur noch *selten* einen anderen Vogel heraus, obwohl er früher Red gedroht hatte. Blues Freundin Red war eine Sprosse auf der sozialen Leiter nach oben geklettert. 56-mal war sie gegen Yellow und 75-mal gegen White aggressiv geworden, ohne dass sie eine Aggression von ihnen hätte erdulden müssen. Aber sie wurde auch von den beiden Vögeln über ihr, Orange und Green, kaum behelligt – insgesamt verzeichnete ich nur zehn Aggressionen gegen sie. Das heißt, Red teilte an die beiden rangtieferen Vögel, Yellow und White, kräftig aus, während sie vor den Angriffen von Orange, Green und Blue praktisch geschützt war. Der Grund war nicht schwer zu erraten: Sie fraß unter dem Schutz ihres dominanten Partners Blue. Ich war sehr gespannt, was passieren würde, wenn ich Blue aus der Gruppe entfernte.

Also brachte ich Blue in die angrenzende Voliere und trennte ihn von den Übrigen durch einen Maschendraht ab. Als ich die Gruppe fütterte, kam er nicht an den Maschendraht und unternahm keinen Versuch, ihn zu überwinden. Vielmehr wandte er der fressenden Gruppe den Rücken zu und verlieh seinem Zorn durch lange, krächzende Rufe Ausdruck. Nachdem ich 863 aggressive Interaktionen in der Gruppe ohne Blue notiert hatte, erkannte ich bedeutsame Veränderungen. Erstens: Statt wie bisher nur vier Prozent zeigte Orange jetzt 33 Prozent aggressive Interaktionen. Ein Viertel seiner Angriffe richteten sich jetzt gegen Red, die er vorher nicht angerührt hatte. Red sank im Status, und die Rangordnung ähnelte wieder der vom Januar 1998. Red wurde jetzt häufiger »geschlagen«, nicht nur von Orange, sondern auch von Green. Merkwürdigerweise führte sogar White, der rangniederste Vogel, der bisher in Tausenden von Interaktionen immer klein beigegeben hatte, jetzt fünf »Schläge« gegen Red. Das mag nicht viel erscheinen, zumal White 184-mal von Red geschlagen wurde, aber White hatte bisher noch keinen Vogel geschlagen.

Nach diesen Experimenten öffnete ich die Tür und ließ Blue wieder herein, nachdem ich zuvor zwei Fleischhaufen in einem Abstand von ungefähr drei Metern ausgelegt hatte. Blue stürzte sich auf einen Fleischhaufen und begann zu fressen. Seine Partnerin Red eilte an seine Seite und fing ebenfalls zu fressen an. Er duldete sie. Die vier übrigen Vögel begaben sich an die andere Futterstelle, um Blue aus dem Weg zu gehen. Doch Blue, gierig wie immer, erhob Anspruch auf beide Fleischhaufen, was ihm einige Probleme bereitete. In der einen Stunde, die ich das Geschehen beobachtete, flog er 17-mal zwischen den beiden Haufen hin und her, unermüdlich gefolgt von Red. Gewöhnlich stürzten sich die anderen sofort auf den Fleischhaufen, den er verließ, selbst wenn Red sich noch dort befand. Sobald Blue zurückkam, eilten sie zum anderen Fleischhaufen. Befand sich Red an einer Futterstelle, wo Blue sich *nicht mehr* aufhielt, war sie nach wie vor ein rangniederer Vogel. Sie näherte sich nur den Individuen, die sie akzeptierten, und hielt deutliche Distanz zu Orange und Green.

Wenn Blue kam, ließen die Vögel ihr Fleischstück fallen, nicht, weil er sie geschlagen hatte, sondern um zu vermeiden, dass er sie schlug. Sie flogen davon, sobald er sich ihnen auf ein oder zwei Meter näherte, und niemand näherte sich dem anderen Stück Fleisch, wenn Blue dort bereits war. Mit anderen Worten, die Vögel erkannten sich offenbar aus einer Entfernung von mindestens ein bis zwei Metern, eine Fähigkeit, die ihnen gestattete, sich von aggressiven Individuen fernzuhalten und die Nähe von toleranten Vögeln zu suchen.

Die Experimente zeigten weiterhin, dass das Weibchen Red von seiner Partnerschaft mit Blue profitierte. Er duldete sie, und sie folgte ihm. Unter den Bedingungen, die in der Voliere herrschten, schien das eine einseitige Beziehung zu sein, weil Blue keinerlei Vorteile von Red hatte. Doch wie Sie sich sicherlich erinnern (vgl. 10. Kapitel), erweist sich in freier Wildbahn Teamwork als vorteilhaft, wenn es gilt, Beutetiere zu fangen und/oder sie stärkeren Widersachern wegzunehmen. Dort wäre die Partnerschaft also nützlich für beide Seiten.

Wenn die Vögel einander erkannten, wie meine Beobachtungen nahelegten, stellte sich die nächste Frage: Was ist die Grundlage des Erkennens? Wir halten uns an Gesichter, Stimmen, Gestik, Gangarten und Kleidung. Wir können ein Individuum vom anderen unterscheiden, obwohl sich unser Gesichtsausdruck enorm wandeln kann und obwohl unser Mienenspiel neben der Identität noch eine Vielfalt anderer Informationen übermittelt. Auch bei Raben kann der »Gesichts«- (Kopf-)Ausdruck sehr unterschiedlich ausfallen. Ihre Haut ist zwar durch Federn verdeckt, aber die Federn können in ihrer Anordnung durch Muskeln in der Haut verändert werden und auf diese Weise ein breites Spektrum von Stimmungen, Emotionen und Absichten mitteilen. Ich sehe auf einen Blick, ob ein Rabe ängstlich, selbstbewusst, aufmerksam, wütend oder zufrieden ist. Gleiches gilt für Verhaltensveränderungen. In der Gegenwart von Fuzz wechselte Goliaths Verhalten von Dominanz zu Demut. Alles an ihm – Stellung der Kopffedern, Körperhaltung und Vokalisation – erfuhr eine radikale Verwandlung. Doch die Paarungspartner erkannten sich trotzdem noch und bewiesen damit, dass ein bestimmter Status als solcher kein entscheidendes Merkmal ist, das als Identitätshinweis dient. Wären diese Vögel nicht beringt gewesen, hätte ich ohne jeden Zweifel Fuzz mit Goliath verwechselt und wichtige Verhaltensbeobachtungen nicht einordnen können.

Woran erkennen Raben Individuen? Wir Menschen müssen uns bei der Identifizierung individueller Raben notwendigerweise auf äußere Kennzeichen verlassen. Die besten Kennzeichen sind natürlich diejenigen, die der Vogel bereits mitbringt. Ich habe zwei Vögel mit weißen Flügelfedern und einen mit einer teilweise weißen Flügelfeder erlebt. Einem, Stumpy, fehlte ein Fuß, einem anderen das rechte Auge. Ein Dritter hatte unbrauchbare gebogene Zehen an einem Fuß, und bei einer ganzen Reihe waren die Schnäbel ungewöhnlich geformt. Meistens musste ich die Raben jedoch markieren, um sie identifizieren zu können. Zunächst versah ich sie mit handelsüblichen farbigen Fußringen aus Kunststoff, doch waren diese nach zwei Jahren verschlissen. Dann versuchte ich es mit Kaltbrand (*Freeze-Branding*). Die Kälte tötet die pigmentproduzierenden Melanozyten ab. Bei Säugetieren wird das Haar, das an der kältebehandelten Stelle nachwächst, weiß. Die Kennzeichnung von Haustieren durch Kaltbrandgeräte ist mittlerweile eine verbreitete Technik (Farewell und Johnson, 1973). Da ich kein Kaltbrandgerät hatte, probierte ich es mit Trockeneis, das eine Temperatur von minus 57 Grad Celsius aufweist. Ich versuchte, verschiedene Federfluren von vier jungen Raben zu markieren, indem ich ein Stück Trockeneis fünf bis zehn Sekunden auf die betreffende Stelle drückte. Die gleiche Technik hatte ich an mir selbst erprobt, indem ich mir das Trockeneis 30 Sekunden an meine Kopfhaut gehalten hatte. Ich empfand keinen Schmerz. Leider blieben die Jungraben, als sie schließlich gefiedert waren, völlig schwarz, genau wie mein Haar, das so braun wie vorher war. (Später erfuhr ich, dass nur dann weißes Haar nachwächst, wenn die Haut zuvor erheblich geschädigt worden ist.) Was die weißen Flügelfedern einzelner Raben anbelangt, so waren sie alle dort gewachsen, wo ich zuvor eine Flügelmarkierung mit einer Metallniete angebracht hatte. Allen Vögeln wuchsen im dritten Lebensjahr nach der Mauser schwarze Federn nach.

Die beste Methode zur individuellen Kennzeichnung von Raben schienen verschiedenfarbige, mit Zahlen versehene Plastikmarken zu sein, die an den Flügeln befestigt wurden. Sie hielten bis zu zehn Jahre, dann verschwanden die Vögel wieder in der anonymen Menge. Auch befestigte ich an den Beinen der Vögel nummerierte Aluminiumringe, wie sie von der amerikanischen Naturschutzbehörde verwendet werden, doch kann man die gewöhnlich nur lesen, wenn man den Vogel in der Hand hält.

Im Winter 1992 konnte ich von den 22 wild gefangenen Raben, die ich in meinem Volierenkomplex hielt, einige auch ohne ihre Markierung erkennen, nachdem ich eine Zeit lang täglich mit ihnen Umgang gehabt hatte. Zunächst hatte ich angenommen, ohne ihre farbigen Fußringe und Flügelmarkierungen würden sie alle anonym für mich bleiben. Doch dank dieser Markierungen war ich schließlich in der Lage, einige Individuen zu erkennen, ohne ihre künstlichen Kennzeichen zu sehen. Unter diesen aus der Menge herausgehobenen »Persönlichkeiten« hatte ich meine Lieblinge, zu denen ich Bindungen knüpfte.

Eine Zeit lang war C48 mein Lieblingsrabe, ein großer, dominanter Vogel, der immer als Erster alles Neue untersuchte und sich auch als Erster über das Futter hermachte, das ich brachte. Allmählich hob sich auch Yellow O von der Menge ab. Sie war ungewöhnlich zahm für einen wild gefangenen Vogel und schien es darauf anzulegen, sich stets zwischen mich und den Rest des Trupps zu setzen. Die anderen waren auf Abstand bedacht, es sei denn, ich brachte Futter, doch Yellow O kam auch und ließ sich ganz in meiner Nähe nieder, wenn ich keine Nahrung hatte. Ruhig und gelassen hockte sie da, mit teilweise aufgeplusterten Federn, die ihren entspannten Gemütszustand signalisierten. Dabei beobachtete sie mich. Ich fragte mich, warum.

Schließlich avancierte Red Dot zu meinem Lieblingsvogel in dieser Gruppe. Ich gab ihm den Spitznamen »Hook«, weil sein Schnabel deutlich länger als der aller anderen war und an der Spitze eine hakenartige Kurve beschrieb. Anders als Yellow O hockte sich Hook nie zu mir. Wenn sich Futter in meiner Nähe befand, ging er, ohne zu zögern, hin, wobei er den Kopf so geneigt hielt, dass der Schnabel etwas nach oben zeigte. Er stolzierte langsam und setzte gravitätisch einen Fuß vor den anderen. Seine Hosen- und Brustfedern schienen ungewöhnlich lang und flatternd, weil er sie nicht eng gegen den Bauch drückte. Oft waren seine Kopffedern etwas aufgestellt, sodass sein Kopf aufgeplustert aussah. Im Gegensatz dazu hatten die anderen ranghohen Männchen gewöhnlich glatt anliegende Kopffedern. Wenn sie nicht imponierten, zeigten sie keine Hosen und gingen rascheren Schritts. Obwohl die Federstellung häufig krasse Unterschiede von Individuum zu Individuum aufwies, konnte sie kaum die Schlüsselinformation für die individuelle Identifikation durch die Raben selbst enthalten, änderte sie sich doch von Augenblick zu Augenblick.

Einzelne, individuell identifizierbare Raben haben seit jeher besondere Bedeutung für den Menschen, dabei sind die verwendeten Farbcodes teilweise noch merkwürdiger als meine. Bei den Athabascan-Indianern gibt es einen Mythos, der erklärt, warum Raben schwarz und die Welt unvollkommen ist: Als es den Menschen noch nicht gab und die Welt noch jung war, da war der Rabe (ein Individuum) weiß wie Schnee. Er war Schöpfer der Berge und Hüter des Lebens, und in seiner Seele wohnten Licht und Schönheit. Diese Güte machte seinen bösen, schwarzen Zwillingsbruder so eifersüchtig, dass er den weißen Raben mit einer Axt erschlug. Seither ist die Welt unvollkommen und der Rabe schwarz.

Auch in anderen frühamerikanischen Legenden war der Rabe zunächst weiß und wurde dann schwarz, zahlreich und anonym. Bei den Tingit heißt es, er sei durch Rauch verwandelt worden.

Farbe ist das äußerlichste Merkmal, das zur Identifikation der Raben, jedenfalls der mythischen, verwendet wird. In der Regel nehmen wir Raben stereotyp als schwarz wahr, dabei können sie, von Nahem betrachtet, einen grünlichen, blauen und violetten Schimmer haben. Normalerweise können wir kein Individuum vom anderen unterscheiden, und deshalb nehmen wir ihr Verhalten als stereotyp und programmiert wahr.

In seltenen Fällen gibt es Raben in der freien Natur, die anhand ihrer Farbe identifiziert werden. Im Sommer 1997 erreichte mich das Foto eines weißen Jungraben von Josina Davis von den Queen Charlotte Islands. Von Augen, Füßen und Schnabel abgesehen, die rosa waren, war der Vogel weiß wie Schnee. Ein Albino. Davis schrieb: »Er treibt sich in der Stadt (Port Clements) herum und wird, wie ich beobachtet habe, von seinen Artgenossen schikaniert. Als ich ihn am Postamt sah, lief ich rasch nach Hause, um meine Tüten mit Brot und Hundefutter zu holen. Er rief die anderen Raben nicht, sondern schnappte sich die größten Brotstücke – nachdem er zwei Krähen verscheucht hatte – und versteckte Brot und Hundefutter auf einem leeren Grundstück in der Nähe. Als er zurückkam, fraßen vier Krähen von dem Futter, das ich hingelegt hatte, und er unternahm keinen Versuch, sie zu verscheuchen. Wir haben Warnschilder ›Vorsicht, weißer Rabe‹ aufgestellt.«

Andere Briefschreiber haben mir von weißen Raben berichtet, die in Trupps mit anderen flogen. Ein abgemagerter weißer Rabe wurde in New Brunswick, Kanada, gefunden, und kam in eine Tierpflegestation. Die Rabenpflegerin Mary Majka schrieb: »Albie ist ungeheuer scheu und erschrickt vor dem eigenen Schatten. Wir hatten schon oft Raben hier – sehr intelligente, neugierige, unverfrorene Geschöpfe. Doch dieser Vogel hat sein Verhalten überhaupt nicht verändert, obwohl er schon zwei Jahre bei uns ist.« Ich war nicht überrascht, dass Albie ein ganz individuelles Verhalten zeigte. Die meisten tun es, sobald man sie identifizieren kann und kennenlernt.

Ferner erhielt ich das Foto eines schokoladenbraunen Raben, den eine Zeitung in Alaska als den ersten »andersfarbigen Raben in Anchorage« bezeichnete, dabei hatte es dort in den Siebzigerjahren schon einen silbrig glänzenden Raben gegeben. »Der Vogel ist sehr bemerkenswert. Im Sonnenlicht sieht er fast wie ein goldener Rabe aus.« Der in Alaska lebende Rabenbiologe Rick Sinnett schrieb: »Dieser Vogel scheint ein Einzelgänger zu sein, auf dem die anderen Raben herumhacken.« Die Zeitung von Anchorage titelte: »Andersfarbiger Rabe Opfer von Raben-Rassismus«.

Wenn wir von diesen seltenen Farbabweichungen absehen, müssen Raben normalerweise in der Lage sein, einander an anderen Hinweisen als der Farbe zu erkennen. Vielleicht sind Bewegungen ein wichtiger Anhaltspunkt. Doch dieser Hinweis lässt sich schwer interpretieren, es sei denn, man weiß, wann er fehlt.

Angesichts der Vorliebe von Raben für Geflügel jeder Größe warf ich meinen Vögeln einen Raben hin, der kurz zuvor von einem Krähenjäger geschossen worden war. Sie reagierten auf diesen Raben mit lauten, tiefen, krächzenden Alarmrufen. Nach einigen Stunden lag der Rabe noch immer unberührt da. Sie hatten ihn nicht nach wenigen Minuten verschlungen, wie andere Vögel, die ich ihnen gegeben hatte und auf die sie sich sofort gestürzt hatten. Sie fraßen ihn überhaupt nicht.

Eine lebende Krähe würden sie leicht erkennen. Aber eine tote? Würden sie sie fressen? Meine Neugier war erwacht. Jetzt wollte ich ihre Reaktion auf eine tote Krähe sehen. Aus dem Vorrat an überfahrenen Tieren in meiner Tiefkühltruhe legte ich Whitefeather und Goliath eine junge gefrorene Krähe hin. Beide Vögel brachen in heftige, tiefe, krächzende Alarmrufe aus, und wie beim toten Raben fraß auch hier keiner der beiden Vögel vom Kadaver. Schließlich verweste er dort, wo ich ihn hingeworfen hatte. Sie gruben noch nicht einmal nach den Maden.

Zwei Monate später legte ich denselben Raben nebst Fuzz und Houdi eine andere Krähe vor, eine kopflose dieses Mal. Die Reaktion war die gleiche. Zwei Tage später, am 18. September, präsentierte ich ihnen die kopflose, gefrorene Krähe erneut, um ihre Reaktionen genauer zu beobachten. Die Reaktionen waren jetzt äußerst merkwürdig, um es vorsichtig auszudrücken. Als ich die Voliere mit der Krähe in der Hand betrat, brach Fuzz in tiefe, lange, krächzende Alarmrufe aus, die normalerweise in Reaktion auf Bodenfeinde ausgestoßen werden. Binnen Sekunden fielen alle Vögel in diese Rufe ein. Zunächst stießen alle nur diese tiefen Krächzlaute aus. Nach einigen Minuten ließen sie auch die raschen *rap-rap-rap*-Rufe ertönen, die normalerweise die Annäherung eines anderen Raben anzeigen. Daraufhin stimmte Fuzz mehrere Folgen von hohen, flötenden *quork*-Lauten an, die ich noch nie von ihm vernommen hatte. Whitefeather, das dominante Weibchen, nahm plötzlich eine extreme Kauerstellung ein (die oft als Präkopulationsgeste bezeichnet wird), ihre Flügel stellte sie weit aus und zitterte heftig mit dem Schwanz. So kauerte sie minutenlang an Ort und Stelle, als sei sie an ihrer Sitzstange festgeklebt. Das gleiche Verhalten habe ich beim Betteln beobachtet, etwa wenn einem rangtieferen Vogel der Zugang zum Futter oder zum Bad verweigert wird. Dann brach sie in Klopfrufe aus, das weibliche Rivalenimponieren. Houdi, das rangtiefere Weibchen, präsentierte eine abgeschwächte Form des Kauerns, stieß jedoch keine Klopfrufe aus. Fuzz saß auf der Stange und fuhr mit dem Schnabel wild hin und her, eine Übersprunghandlung, die bei gegensätzlichen Emotionen häufig vorkommt. Derartige Verhaltensweisen habe ich nie beobachtet, wenn ich ihnen andere Vogelkadaver anbot – die fraßen sie einfach, und zwar meist ohne langes Zögern.

Nach einigen Minuten lebhaften Interesses hüpften Fuzz und Goliath auf den Boden, um den Krähenkadaver zu untersuchen. Nur Fuzz, das ranghöchste Männchen, berührte ihn. Er näherte sich in seiner hoch aufgerichteten Macho-Imponierhaltung mit glatten Kopffedern und berührte die tote Krähe leicht mit dem Schnabel, dann schrie er sie direkt an. Er starrte auf den Kadaver, während er mehrere Folgen rascher *rap-rap-rap*-Rufe ertönen ließ, die normalerweise ausgestoßen werden, wenn ein Rabe in der Ferne vorbeifliegt, ein Ruf, der, glaube ich, besagt: »Pass auf, ich bin hier.« Eine Zeit lang betrachtete er den Kadaver noch, dann entfernte er sich gleichgültig. Danach schenkte keiner der anderen Vögel dem Krähenkadaver noch erkennbare Aufmerksamkeit. Als Nächstes warf ich ihnen ein Baumwollschwanzkaninchen hin, über das sie sich sogleich hermachten.

Sieben Tage später legte ich ihnen dieselbe gefrorene, kopflose Krähe noch einmal hin. Sie reagierten ähnlich wie im vorangegangenen Experiment, nur dass Whitefeather dieses Mal Klopfrufe ausstieß, aber nicht kauerte. Ich ließ die Krähe liegen. Zwei Tage später hatten sie noch immer nicht davon gefressen. Nachdem ich sie gehäutet und Flügel und Beine entfernt hatte, näherte sich Fuzz ihr in weniger als zehn Sekunden und fraß sie.

Besitzen Raben eine Kannibalismushemmung, und haben sie die tote Krähe mit einem Raben verwechselt? Oder hat sie einfach das Schwarz aufgebracht? Ich legte ihnen ein Stück schwarzes Gummi hin, das sie noch nie gesehen hatten. Sie stießen tiefe, krächzende Alarmrufe aus, aber keine *rap-rap-rap*-Rufe. Dann versuchte ich es mit rotem Plastikabsperrband. Die gleiche Reaktion. Als ich ihnen einen fast weißen Vogel hinwarf – eine Ringschnabelmöwe –, reagierten sie abermals mit tiefen, krächzenden Alarmrufen. Auch diesen Vogel fraßen sie nicht sofort. Doch als ich ihnen zwei Monate später eine zweite Ringschnabelmöwe gab, näherte sich Fuzz ihr nach wenigen Minuten, rupfte sie und begann zu fressen. Bei der verrücktesten Vogelnachahmung, die ich finden konnte, einem rosafarbenen Plastikflamingo, den ich speziell für sie gekauft hatte, stießen sie keine Alarmrufe aus. Sie nahmen ihn überhaupt nicht zur Kenntnis. Anschließend brachte ich ihnen einen großen schwarzen Plastikraben, der sprechen konnte. »Das Ende ist nah, das Ende ist nah – ha, ha, ha, ha«, sagte er, wenn man auf einen Knopf drückte. Lange bevor ich diesen Knopf betätigte, flatterten die Vögel schon ängstlich mit teilweise geöffneten Schnäbeln umher. Obwohl dieser falsche Rabe deutlich kleiner war als sie, brachte das Verhalten aller Vögel Furcht zum Ausdruck. Keiner näherte sich dem Spielzeug oder zeigte ihm gegenüber Imponierverhalten. Auch als ich den Raben etwas später »sprechen« ließ, schien es sie nicht merklich zu beeindrucken. Goliath, das große Männchen, stieß tiefe krächzende Alarmrufe aus. Offenbar wirkte der falsche Rabe fremd und daher ziemlich beängstigend auf sie. Nachdem ich den Spielzeugraben aus der Voliere entfernt hatte, flogen beide Männchen zu ihren Partnerinnen und stießen gutturale, schluckaufartige Rufe aus, die erst tiefer wurden und dann wieder melodisch anstiegen. Bei diesem Ausdrucksverhalten zeigten sie ihre Federohren, offenbar um die Partnerinnen von der eigenen Stärke und Macht zu überzeugen. Keine Anzeichen von Beunruhigung ließen die Raben erkennen, als ich ihnen den Kadaver eines schwarzen Huhns hinlegte. Die schwarzen Federn führten sie nicht einen Moment in die Irre. Augenblicklich machten sie sich daran, es zu rupfen und zu fressen. Außerdem gab ich ihnen ein totes, ausgewachsenes Opossum. Obwohl sie noch nie eines gesehen hatten, war keine Minute vergangen, und schon war Fuzz bei dem Kadaver. Dann folgten alle und fraßen davon. Es gibt keine einfache Erklärung für diese Beobachtungen. Deshalb sind Raben so interessant. Trotzdem denke ich, die Experimente zeigen, dass die Körpersprache für sie ein wichtiges Erkennungsmerkmal ist, auch um zwischen einem Raben und einer Krähe zu unterscheiden, denn am lebenden Objekt ist das eine leichte Übung für sie.

Ich bin sicher, dass die Vögel sich gegenseitig nicht an den Markierungen erkannt haben, mit denen ich sie versah, etwa den Fußringen. Kein Vogel hat jemals auf die Beine eines anderen geblickt, bevor er sich ihm freundlich genähert hat. Nie hat Goliath über Whitefeathers Schulter gesehen, wenn er sich ihr von links näherte, um sich der weißen Feder an ihrem rechten Flügel zu vergewissern. Als sie sich mauserte und die weiße Feder verlor, hat sich sein Verhalten ihr gegenüber nicht verändert. Soziales Kraulen (Fremdputzen) ist häufig von leisen Komfortlauten begleitet, deren individuelle Besonderheit die Vögel möglicherweise erkennen, aber sie »riefen« nicht, um sich vor dem sozialen Kraulen gewissermaßen auszuweisen.

Die entscheidenden Hinweise, nach denen die Raben sich richten, werden mit dem Alter spezifischer. Jungvögel sind in den ersten Lebenswochen blind und reagieren auf jede Erschütterung des Nestes, indem sie die Hälse recken, laut betteln und die Schnäbel nach Nahrung aufsperren. Die Erschütterungen werden normalerweise durch die Landung der Altvögel auf dem Nestrand verursacht. Die jungen Nestlinge erkennen die Eltern noch nicht als solche, denn ihre Hälse sind direkt nach oben gerichtet, egal wo sich der Altvogel befindet. Nachdem sich die Augen der Jungen geöffnet haben, sperren sie die Schnäbel gegen fast jedes bewegte Objekt auf. Im Laufe der Zeit prägen sie sich immer mehr spezifische Details ihrer Eltern ein. Zu dem Zeitpunkt, da sie das Nest verlassen, haben sie gelernt, auf zahlreiche Hinweise zu reagieren und zuverlässig zu erkennen, wer sie füttert, egal ob es sich um Rabeneltern oder um ein menschliches Adoptivelternteil handelt. Schon bald folgen sie bestimmten *Individuen* und fliegen ängstlich vor Fremden davon, Menschen wie Raben.

Der Gesichtssinn spielt ebenfalls eine wichtige Rolle beim Erkennen, aber ich habe keine Ahnung, wohin sie bei anderen Raben blicken, was sie ansehen. Meine Raben erkennen mich – ich bin das einzige Wesen, das sich ihnen regelmäßig auf einen Meter nähern kann, während sie fressen. Wenn jemand anders auf 15 Meter an sie herankommt, ergreifen sie furchtsam die Flucht. In einer Reihe von Experimenten habe ich sie mit bestimmten Hinweisen auf meine Identität vertraut gemacht, oder aber ich habe sie ihnen vorenthalten, um zu sehen, welche Hinweisreize wichtig für sie sind. Als meine Jungraben noch kein Jahr alt waren, bekamen sie Angst, wenn ich andere Kleidung trug. Auch reagierten sie erschreckt und flogen davon, als ich eine scheußliche Halloweenmaske trug. Vielleicht dienten ihnen Kleidungsstücke und Gesichter zur Identifizierung von Menschen.

Als meine vier zahmen Raben über zwei Jahre alt waren, zeigten Tests, dass in diesem Alter mehr Hinweisreize beteiligt sein mussten. In einem Experiment betrat ich nach einwöchiger Abwesenheit den Käfig und trug meine blaue Jacke, Schneehosen und Schneeschuhe, hatte aber meine grüne Strickmütze, die sie eigentlich gut kannten, ganz übers Gesicht gezogen, sodass nur winzige Löcher für die Augen blieben. Wenn ich im Rahmen der Tests derart »gesichtslos« ihre Voliere betrat, achtete ich sorgfältig darauf, kein Wort zu sagen, um zu verhindern, dass akustische Hinweise alle anderen überlagerten. Augenscheinlich war mein Gesicht nicht das einzige Kriterium, das sie zu meiner Identifizierung heranzogen. Die Vögel verhielten sich ganz gelassen, obwohl sie mich etwas sorgfältiger als sonst zu mustern schienen. Beim nächsten Versuch bedeckte ich mein Gesicht nicht, trug aber Kleidungsstücke, die sie noch nie an mir gesehen hatten. Wieder zeigten sich die Vögel ganz gelassen. Dagegen waren sie ziemlich beunruhigt, als ich in einem Bärenfell erschien, vor allem als ich dann noch auf allen vieren kroch.

Meine Nachbarin Ann war so liebenswürdig, sich am nächsten Experiment zu beteiligen. Wie erwartet, waren meine vier Vögel außer sich vor Furcht, als sie die Voliere betrat. So weit, so gut. Wir verließen den Käfig, tauschten die Kleidung und gingen wieder hinein. Ich trug Anns blaues Hemd, sie meine Stiefel, meine Jacke, meinen Schneeanzug, außerdem hatte sie sich die grüne Strickmütze mit den Augenlöchern über den Kopf gezogen. So betrat sie die Voliere erneut. Sie war genauso maskiert und gekleidet wie ich, als die Vögel vollkommen gelassen reagiert hatten. Jetzt flatterten sie mit geöffneten Schnäbeln voller Furcht in ihrer Voliere umher, wenn auch nicht ganz so wild wie vorher, als Ann den Käfig in ihren eigenen Kleidern betreten hatte. Als Nächstes ging ich mit Anns blauem Hemd und ihrer Schneemaske hinein. Die Vögel waren nicht ganz so entspannt wie bei meinem Besuch in eigenen Kleidern und mit Maske, zeigten aber auch keine wilde Furcht. Sie waren leicht beunruhigt. Als ich meine Maske absetzte, wurden sie vollkommen gelassen.

Anschließend testete ich die Reaktionen einer anderen Gruppe von Vögeln, die wir wild gefangen hatten, die aber nach einem Jahr zahm geworden waren. Viermal hatte ich diese Vögel zuvor mit einem langstieligen Kescher gejagt und gefangen. Dabei hatte ich versucht, meine Identität zu verbergen, indem ich mir während der Jagd eine schwarze Maske und eine Perücke aufgesetzt hatte. Auf diese Weise hoffte ich zu erreichen, dass sie mich später für Verhaltensbeobachtungen trotzdem noch nahe genug an sich heranlassen würden. Wenn ich mich ihnen später näherte, trug ich immer meine »gute« Mütze, die orangefarbene, die mein Gesicht freiließ. Danach flogen sie immer davon, wenn sie mich entweder mit dem Kescher oder mit der schwarzen Maske und Perücke kommen sahen. Was erkannten sie, den Kescher, mich oder meine Maske? Mit meiner »guten« orangefarbenen Wollmütze betrat ich die Voliere und warf ihnen eine Handvoll Hafergrütze hin. Wie Hühner versammelten sie sich um mich. Klar, sie hatten keine Angst vor mir und meiner orangefarbenen Mütze. Sobald ich die schwarze Maske aus der Tasche zog, flogen sie alle davon. Sie hatten also Angst vor der *Maske*. Daraufhin bat ich Chelsea, eine meiner Studentinnen, mit meiner orangefarbenen Mütze in die Voliere zu gehen. Das Ergebnis war eindeutig: Sobald sie die Voliere betrat, verließen die Vögel den Hauptkäfig und flogen in die Seitenvolieren davon. Auch als sie ihnen die Hafergrütze hinwarf, blieben alle auf Distanz. Erst als Chelsea die Voliere verlassen hatte, kamen die Vögel zurück und fraßen die Hafergrütze. Nun ging ich hinein, sie ließen sich nicht stören und fraßen in meiner Nähe. Ohne Zweifel erkannten die Vögel individuelle Menschen, unabhängig von dem, was sie anhatten oder trugen. Doch können Kleidungsstücke oder andere Accessoires, die man trägt, durchaus beängstigend für sie sein, vor allem wenn sie mit furchteinflößenden Situationen assoziiert sind.

Eine Gruppe meiner zahmen Vögel hatte sich nicht dadurch beunruhigen lassen, dass ich mein Gesicht verborgen hatte, aber ich fragte mich, ob sie mich vielleicht an meiner Kleidung identifiziert hatten. Wie stand es mit einem *fremden* Gesicht? Ich zog eine groteske Grimasse, indem ich die Augen verdrehte und schielte. Kein Unterschied. Den fressenden Vögeln einer späteren Gruppe konnte ich mich auf einen Meter nähern. Mit einer dunklen Sonnenbrille ließen sie mich auf drei Meter heran. Offensichtlich lieferten ihnen auch meine Augen nicht den entscheidenden Hinweis auf meine Identität. Ich versuchte es mit Humpeln. Sie ließen mich fast ebenso nahe heran, doch als ich auf einem Bein hinkte, flogen sie schon bei sieben Metern auf. Meinen Gang registrierten sie also, doch auch er war nicht die entscheidende Eigenschaft, mein »Erkennungsmerkmal«, für sie. Sie wussten sehr wohl, dass ich es war, und waren nur beunruhigt über mein seltsames Verhalten.

Doch einige Dinge erschreckten sie auf die gleiche Entfernung, wie es Fremde taten: wenn ich ein Gewehr trug, ein langes Kleid anhatte oder einen Besen in der Hand hielt. Die

Vögel waren zu diesem Zeitpunkt anderthalb Jahre alt und hatten keine Angst mehr vor meiner normalen Kleidung. Aber einem Kimono? Als ich einen anhatte, flogen sie in einem Abstand von 15 Metern hoch, doch ließen sie sich nicht lange täuschen. Nach meiner 13. Annäherung im Kimono duldeten sie diese Aufmachung wieder. Doch niemals durfte ich mich ihnen mit einem Besen nähern, obwohl ich sie nie mit einem gejagt hatte.

Ich hatte keine eindeutigen Hinweise gefunden, die ihnen dazu dienten, mich oder einander zu identifizieren. Die Schwierigkeit lag darin, dass ich jedes Mal, wenn ich ein Merkmal ausblendete, ein anderes hinzufügte. Mein Gesicht konnte ich nicht einfach entfernen, sondern nur ersetzen. Ich gelangte zu dem Schluss, dass die Raben mich erkannten, ohne mein Gesicht zu sehen und ohne meine Kleidung zu identifizieren, obwohl sie sich beider Hinweise bedienten, wenn sie verfügbar und aussagekräftig waren. Wahrscheinlich ziehen sie auch eine Vielfalt von Anhaltspunkten zu Rate, um einander zu erkennen.

Besonderheiten der Lautgebung sind sicherlich für das individuelle Erkennen wichtig, etwa auf größere Entfernungen oder im zärtlich-flüsternden Zwiegespräch des Paares. Männchen wie Weibchen, ranghohe wie rangtiefe Vögel sind Ausdrucksformen und Lautäußerungen zu eigen, die Geschlecht und Rang signalisieren, doch alle diese Merkmale erklären nicht, wie sie sich gegenseitig unterscheiden, wenn sie intensiv mit Fressen beschäftigt sind und ihnen, wie die oben beschriebenen Experimente zeigen, ein Blick genügt, um einander zu erkennen.

Können Raben sich im Spiegel erkennen? Das Selbsterkennen gilt als höhere geistige Fähigkeit. Bisher ist sie noch bei keinem Vogel nachgewiesen. Im Gegenteil, Vögel stellen ihre Unfähigkeit, sich selbst zu erkennen, immer wieder und überzeugend unter Beweis, indem sie wütend auf die Spiegeloberfläche einhämmern, oft bis ihnen der Schnabel blutet, in dem offensichtlichen Bemühen, einen Rivalen in seine Schranken zu weisen. In Nordamerika hat fast jeder Hausbesitzer, der ein Fenster vor einem dunklen Kellerraum hat, schon erlebt, dass ein männliches Rotkehlchen oder eine Singammer in der Brutzeit morgens oft stundenlang auf die Scheibe einschlägt. Es gibt keinen Anhaltspunkt dafür, dass die unglücklichen Vögel jemals begreifen, wie absurd ihr Verhalten ist, obwohl sie sich täglich brutal dafür bestrafen.

Noch nicht einmal Krähen sind davor gefeit, sich im Spiegel anzugreifen. Am 12. Mai 1996 brachte die westaustralische *Sunday Times* das Bild einer Neuhollandkrähe, die angeblich »auf frischer Tat« dabei ertappt worden war, dass sie ein Auto demolierte. Dabei hatte ich eher den Eindruck, dass der Vogel sein Spiegelbild im Autofenster angriff. Ich fragte mich, wie ein ranghoher Rabe der nördlichen Hemisphäre, *Corvus corax*, der stets jedem anderen ranghohen Raben aggressiv begegnet, auf sein Spiegelbild reagieren würde. Ich hatte vor, Fuzz, das Alphatier, mit der Videokamera zu filmen, wenn er seinem unnachgiebigen und identischen Ebenbild begegnete.

Am 25. Juni 1995 war ich seit drei Tagen mit dem äußerst frustrierenden Experiment beschäftigt, die Reaktion des Raben auf das eigene Bild in einem randlosen Spiegel von 42 × 90 Zentimetern, den mir eine Glaserei freundlicherweise zu diesem Zweck überlassen hatte, auf Videoband festzuhalten. Ich hatte den Spiegel aufgestellt, aber hinter einer Sperrholzplatte von gleichen Ausmaßen verborgen. Ein totes Streifenhörnchen hatte ich an einem Stock davor festgebunden. Fuzz, der mutigste meiner Raben, ließ erst einmal einen ganzen Tag verstreichen, ehe er sich traute, an dem Streifenhörnchen vor der Sperrholzplatte zu zerren, die den Spiegel verbarg.

Ich hatte mir vorgenommen, in einem geeigneten Moment die Platte wegzuziehen, sodass der Spiegel sichtbar wurde, und das Schauspiel aus dem Hintergrund zu filmen. Fuzz würde nicht nur dem vermeintlichen Rivalen in der Voliere imponieren wollen, sondern auch bestrebt sein, den Vogel zu verscheuchen, der sich erdreistete, ihm einen Leckerbissen streitig zu machen. Und was geschah tatsächlich? Sobald ich die Sperrholzplatte entfernt hatte und die Spiegelfläche sichtbar wurde, drehten alle Vögel durch. Sie flüchteten in ihren Verschlag. Nach einigen Stunden begannen sie mitleiderregend zu betteln. Sie waren hungrig und wollten das Streifenhörnchen, aber sie trauten sich nicht herunterzukommen.

Am 5. Juli versuchte ich es noch einmal, und das Ergebnis war fast eine genaue Wiederholung der Ereignisse aus der Vorwoche. Ich ließ die Sperrholzabdeckung vor dem Spiegel. Die Vögel fraßen jeden Tag vor der Holzplatte und gewöhnten sich daran, an dieser Stelle zu fressen.

Am 20. September um 7.02 Uhr legte ich Fuzz, Goliath, Whitefeather und Houdi einen ausgesprochenen Leckerbissen – zerkleinertes Eichhörnchen – an den gewohnten Platz, ließ dieses Mal aber die Spiegelfläche unbedeckt. Das Fleisch befand sich wenige Zentimeter von der glänzenden, makellosen Spiegelfläche entfernt. Der Spiegel war so aufgestellt, dass jeder Vogel, der zum Futterplatz ging, den »anderen« Raben sehen musste, der sich von der anderen Seite näherte.

Die Vögel blickten von ihren Sitzstangen herab. Nervös hüpften sie auf und nieder. Nach 14 Minuten flatterte Goliath schließlich auf den Boden, näherte sich vorsichtig dem Spiegel und nahm ein Stück Fleisch. Sofort jagte Fuzz ihn, bis er das Fleisch fallen ließ. Zufällig fiel es wieder vor den Spiegel.

Nach vier weiteren Minuten hüpfte Fuzz vor den Spiegel und schnappte sich ein Stück Fleisch. Goliath folgte ihm und nahm sich ebenfalls eins. Nun bettelten die beiden Weibchen und bekamen Futter von ihren jeweiligen Partnern. Merkwürdigerweise verhielt sich keines der beiden Männchen bei der Annäherung an den Spiegel so, als sähe er, was sich *darin* befand.

Am 23. September enthüllte ich den Spiegel abermals, und die Vögel suchten binnen zwei Minuten die Futterstelle auf, die dieses Mal nur fünf Zentimeter vom Spiegel entfernt lag. Ihr Verhalten ließ nur leichte Nervosität erkennen. Obwohl sich alle vier Vögel direkt vor dem Spiegel aufhielten und fraßen, wurde zu keinem Zeitpunkt offensichtlich, dass sie irgendetwas im Spiegel sahen. Ich war von diesen Ergebnissen einigermaßen verwirrt. Daraus konnte ich schließen, dass sie die Spiegelbilder nicht angriffen, wie sie es getan hätten, wenn es fremde Vögel gewesen wären, andererseits mochte ich aber auch nicht daraus schließen, dass sie sich selbst erkannten, weil sie die Spiegelbilder nicht angriffen.

Am 25. Oktober testete ich eine andere Rabengruppe vor demselben Spiegel. Als ich den Spiegel zunächst in die Voliere brachte und ihn vor eine Sperrholzplatte platzierte, hatten auch diese Vögel Angst davor. Ich drehte die Spiegelfläche nach hinten, um ihnen Gelegenheit zu geben, sich an den Spiegel als fremdartiges Objekt zu gewöhnen. Als ich den Spiegel nach einer Woche schließlich umdrehte, sodass seine Spiegelfläche freilag, hatten sie wieder Angst und wagten sich nicht an das Futter heran, das ich davor auslegte. Im Morgengrauen des folgenden Tages kamen sie dicht an den Spiegel heran, holten sich das Futter und nahmen ihre Spiegelbilder offenbar nicht zur Kenntnis, wie es bei der Gruppe zuvor der Fall gewesen war. Doch dann watschelten zwei aus der Gruppe von sechs Vögeln zurück, um ein bisschen mit dem Spiegel zu interagieren. Die beiden starrten aufmerksam in den Spiegel, den Schnabel am gespiegelten Schnabel, dann streckten beide wiederholt die Füße nach vorn, als wollten sie das Spiegelbild ergreifen. Dabei waren sie stumm und schienen nicht aggressiv zu sein. Diese Vögel waren im Frühjahr zur Welt gekommen, während die Vögel im ersten Experiment älter als zwei Jahre gewesen waren. Ich behaupte nicht, dass das Alter eine Rolle spielt; vermutlich ist das nicht der Fall. Es ist nur der einzige Unterschied, der erheblich genug ist, um ihn zu erwähnen.

Bald nachdem ich diese Beobachtungen gemacht hatte, erhielt ich einen Anruf von Matt Libby im nördlichen Maine, der mir von einem seltsamen Rabenproblem berichtete. Seit 100 Jahren führe seine Familie ein Camp in unberührter Natur. Bis vor etwa drei oder vier Jahren habe es nie irgendwelche Konflikte mit Raben gegeben. Jetzt säßen immer zwei oder drei auf dem Verandageländer der Hütte, wo sie reichlich weiße Spuren hinterließen, das Zedernholz der Stühle zerrissen, in die Fensterrahmen hackten und die Fenster unter der überdachten Veranda beschmutzten. Raben hätten schon immer in der Gegend gelebt, seien aber, wie gesagt, nie ein Problem gewesen. Ich fragte ihn, ob sich irgendetwas geändert habe. Nichts, sagte er. Doch dann fiel ihm eine winzige Kleinigkeit ein: »Nur dass wir jetzt Thermopanefenster statt der einfachen Scheiben haben.« Ich fragte bei Glasern nach und erfuhr, dass Thermopanefenster heutzutage sehr schwach reflektierend seien. Sie haben außen eine Beschichtung, die den Wärmestrahlen das Eindringen erlaubt und sie dann wieder nach innen reflektiert, sodass weniger Wärmestrahlung entweichen kann. Hatte das zur Folge, dass die Raben nun auf der schattigen Veranda ihre Spiegelbilder angriffen oder von ihnen angelockt wurden? Meine Daten geben keine Antwort auf die Frage, aber sie legen interessante Untersuchungen nahe, die sicherlich viel Spaß bereiten würden; Experimente nicht nur mit Spiegeln, sondern auch mit Fernsehmonitoren wären denkbar. Bis dahin musste ich mich aber damit zufriedengeben – und war es auch –, Raben im Feld zu beobachten, wo sie ständig andere – und wohl wichtigere – Erkenntnisleistungen vollbringen.

15. KAPITEL

Gefährliche Nachbarn

Raben sind flexibel. Sie nisten auf Kiefern in der unberührten Natur des Hinterlands von Maine, auf hohen Buchen in Norddeutschland, auf Hochspannungsmasten, auf Radartürmen, auf Gebäuden über verkehrsreichen Straßen, unter Autobahnüberführungen, auf befahrenen Eisenbahnbrücken und in verlassenen Gebäuden. Es gab Raben, die im Kofferraum eines Autowracks in der Mojave-Wüste oder einem Baseballstadion in Elmita, New York, genistet haben. Gegenwärtig gibt es auch noch ein aktives Rabennest unter der Pressetribüne des Beaver Stadium der Penn State University.

Wenn möglich, nisten Raben gern hoch oben im Fels unter Überhängen. Das sind die gleichen Standorte, die einige ihrer Todfeinde bevorzugen: Steinadler, Gerfalken und Virginia-Uhus. So merkwürdig es erscheinen mag, Greifvögel und Raben bewohnen oft denselben Felsen, ja, manchmal nisten sie nur ein paar Meter voneinander entfernt. Sehr häufig übernehmen Falken und Uhus ein altes Rabennest, weil diese Arten keine eigenen Nester bauen können. Oft bauen die Raben, wenn sie aus ihrem alten Nest vertrieben werden, in der Nähe ein neues. So sind Raben Nestlieferanten für Greifvögel und Eulen.

In Bern nisteten 1988 Raben über einem zentral gelegenen, verkehrsreichen Platz der Stadt auf dem Bundeshaus. 1995 hatte das Paar bereits fünf Nester auf verschiedenen Simsen des Gebäudes erbaut, und mindestens fünf Paare zweier verschiedener Falkenarten – Turmfalke (*Falco tinnunculus*) und Wanderfalke (*Falco peregrinus*) — hatten die Nester bezogen, die die Raben erbaut hatten. 1998 nisteten die Raben noch immer dort und trugen zur Unterhaltung der Berner bei.

Die Raben-Greifvögel-Verbindung ist nicht immer einseitig. Auch für die Raben hat es Vorteile, sich mit Greifvögeln zusammenzutun, denn oft können sie die Reste der Beutetiere verzehren, die die Greifvögel reißen. Wichtiger noch ist folgender Aspekt: Wenn man eine gefährliche Art in der Nähe des Nestes duldet, macht man sie zum »Wachhund« gegenüber anderen Feinden, denn fremde Greifvögel werden gnadenlos von ihr vertrieben.

Allerdings haben die meisten Rabennester keinen »lieben Feind« als Wache, daher bleibt ein Altvogel des Paars ununterbrochen am Nest und passt auf. Im Denali Park in Alaska hatte ich Gelegenheit, einige Wochen lang ein Rabennest mit mehreren halb erwachsenen Jungen zu beobachten. Das Nest lag auf einer Klippe, an der ich gelegentlich Wanderfalken, Gerfalken und Steinadler in einiger Entfernung vorbeifliegen sah. Auf der Klippe selbst nistete kein Greifvogel. Ein Vogel des Rabenpaars hielt ständig Wache und begrüßte mich laut, wenn ich in die Nähe des Nestes kam. Der zweite Altvogel, durch die Aufregung des ersten aufmerksam gemacht, kam sofort herbei und stimmte in das Gezeter ein. Eines Tages war einer der Altvögel verschwunden. Da der zurückgebliebene Vogel das Nest verlassen musste, um Nahrung zu suchen, blieben die Jungen während dieser Zeit ohne Schutz zurück. Schon nach einem Tag waren die Jungen aus dem Nest verschwunden. Nur ein großer Greifvogel konnte sie geholt haben, da das Nest vom Boden aus unerreichbar war.

Beim Fressen kommen Raben mit zahlreichen anderen potenziell gefährlichen Vögeln in Kontakt. Im Folgenden schildere ich einige Beobachtungen an einem Raben, mehreren Krähen, einem Truthahngeier und zwei Breitflügelbussarden, *Buteo platypterus*, die 1994 vom selben Kadaver in der Nähe meines Hauses in Vermont fraßen.

Am 2. April tat ich meine Pflicht wie alle Menschen, die es sich zur Aufgabe gemacht haben, Vögel im Winter zu füttern. Ich legte Vogelfutter aus. In meinem Fall hieß das, dass ich ein totes, aufgeschnittenes Kalb in Sichtweite meines Schlafzimmerfensters platzierte. Die ersten Vögel kamen im Morgengrauen: drei Krähen und ein Rabe. Der Rabe machte sich bald über den Kadaver her und flog mit herausgerissenen Fleischklumpen davon. Die Krähen hockten abwechselnd in den Bäumen und fraßen, wenn der Rabe fort war. Der Rabe, das Männchen des Paares, das in der Nähe nistete, kam schon seit einigen Jahren, um von den Kadavern zu fressen, die ich auslegte. Das Weibchen brütete wohl schon, und er brachte ihr täglich Fleisch von diesem Kalb.

Am 3. April traf am frühen Morgen ein Rabe zusammen mit einer Krähe und einem Truthahngeier ein. Der Geier fraß mindestens zwei Stunden lang fast ständig im Beisein der Krähe oder des Raben. Wie zuvor auch fraßen Krähe und Rabe nur abwechselnd, aber unbeeinträchtigt vom Geier, den sie gar nicht beachteten. Der Geier seinerseits kümmerte sich nicht um die Corviden.

Am Vormittag gesellten sich noch acht Krähen hinzu. Bis zu fünf von ihnen fraßen gleichzeitig neben dem Geier, doch alle Krähen verließen den Köder, wenn der Rabe zurückkam, um sich Fleisch zu holen. Krähen jagen heftig hinter Raben her, besonders in Frühjahr und Sommer, manchmal aber auch in Herbst und Winter. Doch hier wagte sich keine der acht Krähen auf den Boden, wenn der Rabe in der Nähe war. Der Rabe achtete nicht auf die Krähen. Ich habe übrigens nie gesehen, dass sich Raben aggressiv gegen Krähen verhielten oder sie von Kadavern verjagten.

Am folgenden Tag waren die acht Krähen und der Rabe zurück und benahmen sich wie am Vortag.

Nachdem ich ein paar Tage fort gewesen war, stellte ich am 8. April fest, dass der Kalbskadaver nicht nur fünf Krähen, einem Truthahngeier und zwei Breitflügelbussarden als Nahrungsquelle diente, sondern auch einem Kojoten. Letzterer verließ den Ort des Geschehens beim ersten Tageslicht, bevor die Vögel eintrafen.

Abermals flogen die Krähen auf und fraßen nicht, wenn der Rabe sich an dem Kadaver zu schaffen machte, dagegen setzten sie ihre Mahlzeit friedlich und ohne ein Anzeichen der Beunruhigung neben einem der Bussarde und dem Geier fort. Der andere Bussard hockte im Baum und wartete, bis er an der Reihe war. Er fraß nur, wenn der andere Bussard den Kadaver verlassen hatte. Wie immer ließ sich der Rabe durch niemanden stören. Ohne zu zögern, setzte er sich auf den Kadaver, egal, ob ein Bussard auf dem Kalb oder im benachbarten Baum saß. Doch wenn er fraß, wagte sich keine Krähe in die Nähe dieses männlichen Raben. Der biss unbekümmert in die Schwanzfedern der Bussarde oder des Geiers, wenn sie ihm zu nahe kamen.

Es ist bekannt, dass Raben in der Nähe von Kadavern Greifvögel am Schwanz ziehen. Der Grund dafür ist nicht ganz klar, wohl aber die Wirkung, die es auf die Greifvögel hat, wenn sie auch unterschiedlich ausfällt. Als man kürzlich in Nordarizona, im Rahmen eines Kondorprojekts in der Gefangenschaft aufgezogene Kalifornische Kondore (*Gymnogyps californianus*) mit Tierkadavern fütterte, wurden die Vögel häufig von Steinadlern aufgescheucht, woraufhin sie oft tagelang nicht zurückkehrten. Doch Amy Nichols, die für den Peregrine Fund an diesem Kondorprojekt arbeitet, berichtet, die Raben würden nicht nur »ständig die Kondore schikanieren, indem sie sie an den Federn ziehen«, sie würden auch jedem Steinadler bösartig zusetzen, der sich nähert.

Die Adler wichen vor den Raben zurück und gäben auf diese Weise den Kondoren Zeit zum Fressen, während sich diese durch die Raben nicht vom Kadaver verdrängen ließen.

Normalerweise interagieren Raben nicht mit Hühnern, doch unwissende Raben haben unter Umständen keine Möglichkeit, sie von Adlern zu unterscheiden. Wie verhalten sie sich ihnen gegenüber? Unsere Nachbarin hatte ein Dutzend Rhode Island Reds, von denen jedes fast doppelt so viel wog wie ein Rabe, und ich hatte eine Gruppe von sechs Raben, die ein halbes Jahr alt waren. Die Hühner hatten das Legealter schon hinter sich, weshalb sie mir meine Nachbarin im Namen der Wissenschaft überließ. Sie selbst wollte sie nicht töten, rupfen, säubern, kochen und essen. Nachdem ich eins probiert hatte, wusste ich, warum. Meine Raben hatten weniger empfindliche Gaumen. Das gegrillte Hühnchenfleisch mundete ihnen ausgezeichnet. Doch bevor ich ihnen den Rest, wie geplant, roh gab, wollte ich zunächst herausfinden, wie sie auf die lebendigen Tiere reagierten.

Als ich die ersten beiden aus dem Sack, in dem ich sie transportiert hatte, in die Voliere ließ, gackerten sie aufgeregt, gingen langsam und gemessen umher und schienen unbeeindruckt von den sechs Raben, die sich um sie versammelt hatten. Die Raben rückten näher heran, bewegten sich jedoch seitwärts und geduckt, was ihnen einen raschen Rückzug ermöglichte, den sie auch jedes Mal antraten, wenn ein Huhn auch nur einen Schritt auf sie zumachte. Nach einer Stunde wurden einige Raben mutiger und zupften von hinten hin und wieder an einer Schwanzfeder. Wenn eines der Hühner lief, hüpften die Raben auf ulkige Weise hinter der gackernden Henne her. Bald unterbrachen die Raben ihr übliches Spiel mit Zweigen und anderen Objekten, um sich gegenseitig in »Heldentaten« gegenüber den Hühnern zu übertreffen. Diese Beschäftigung hielt sie fast den ganzen Tag in Atem.

Abgesehen davon, dass die Hühner ein paar Schwanzfedern verloren, wurde ihnen kein Leid angetan. Die Raben verloren allmählich ihr Interesse, und die Hühner wurden immer gelassener. Noch vor Ablauf von zwei Tagen fraßen sie mit den Raben Seite an Seite von einem Kalbskadaver. Die Raben beachteten sie nicht und machten keinerlei Anstalten, sie von »ihrem« Kadaver zu verjagen, obwohl sie sich untereinander häufig sehr intolerant verhielten.

Um herauszufinden, ob Raben sich im Allgemeinen an Hühner gewöhnen oder ob es nur bei diesen Exemplaren der Fall war, ersetzte ich das erste Paar durch zwei andere. Ein neues Huhn der Rasse Rhode Island Red, das ich nachts in die Voliere setzte, schien sehr aufgeregt zu sein, als es am nächsten Morgen erwachte und feststellte, dass es von lauten Raben umflattert wurde. Dieses Huhn geriet in Panik und wurde kurz von den Raben »getestet«, wie die beiden, die vorher in der Voliere gewesen waren. Alle weiteren Hühner, die ich später in die Voliere hineinließ, wurden überhaupt nicht beachtet.

Als Nächstes war der Hahn an der Reihe – ein robuster schwarzweißer Plymouth mit einem knallroten Kamm und einem mächtigen Hals. Als ich ihn aus dem Sack ließ, richtete er sich so hoch auf, dass man Angst haben musste, er würde umfallen. Er spreizte die Schultern, schlug mit den Flügeln, krähte sechsmal und lief dann zu den Hennen. Die Raben blieben unbeeindruckt und setzten ihr Spiel mit Zweigen fort. Der Hahn verhielt sich, als gäbe es die Raben nicht. Wenn er zufällig einem der Raben näher kam, zog der sich hastig zurück. Keiner der Raben »testete« ihn, wie sie es mit den beiden ersten Hennen getan hatten. Genauso wenig trauten sie sich an ein anderes selbstbewusstes Huhn heran, das ich zu ihnen in die Voliere ließ, ein starkes Orkington. War ihnen die Verallgemeinerung gelungen, war ihnen klar geworden, dass sie trotz oberflächlicher Unterschiede alle nur Geflügel waren?

Eine der Hennen ließ ich einen Monat lang in der Voliere. Die Raben machten ihr stets Platz und zogen sie noch nicht einmal am Schwanz. Wann immer Futter vorhanden war, das sie und die Raben interessierte, war sie auch schon zur Stelle, woraufhin die Raben kurz aufflogen. Das ist nicht ganz das Verhalten, das man von Raben erwarten würde, die mutig Adler und Wölfe an den Schwänzen ziehen, Steinadler davonjagen und zusammen mit Wölfen von Beutetieren fressen.

Einige Monate später steckte ich zwei Rhode-Island-Red-Hennen zu ihnen, die genauso groß waren und genauso aussahen, aber noch jung waren. Die eine Henne verhielt sich unsicher. Als die Raben näher rückten, geriet sie in Panik. Daraufhin wurde sie pausenlos angegriffen. Nach zwei Minuten sah ich mich gezwungen, die Henne aus dem Käfig zu nehmen, weil offenbar ein Blutbad drohte. Wie ein Strauß, der den Kopf in den Sand steckt, hatte sie Zuflucht gesucht, indem sie den Kopf hinter ein loses Brett steckte. Die andere Henne, ein sehr selbstsicheres Individuum, fraß neben ihnen und wurde nicht beachtet.

Am nächsten Experiment war eine adulte Truthenne mit Wildtypfärbung beteiligt. Als die riesige Henne die Raben sah, plusterte sie sich auf, um noch größer auszusehen, fächerte ihren gewaltigen Schwanz breit auf, hielt den Kopf waagerecht, zischte und ging langsam und gespreizt. Die sechs Raben konnten einfach nicht widerstehen. In den ersten 30 Minuten zupften sie sie insgesamt 62-mal am Schwanz. Ich ließ die Truthenne an diesem und am folgenden Tag in der Voliere und führte noch vier weitere halbstündige Zählungen durch. Die Häufigkeit des Schwanzzupfens pro halbe Stunde fiel fortlaufend von 61 auf 46, 28, 16 und schließlich auf zwei. Zwei Raben zupften die Henne jeweils 40-mal, während ein Vogel es nur ein einziges Mal tat. Zusammen erbeuteten die sechs Raben nur etwa ein Dutzend Schwanzfedern.

Am 16. Mai präsentierte ich ihnen einen fetten, selbstsicheren und sehr gelassenen Ganter mit braunem Rücken. Die sechs Raben kamen sofort von ihren Sitzstangen herunter und umringten den Ganter. Alle waren stumm. Sie versuchten sich hinter seinen Rücken zu schleichen, aber der Ganter drehte sich zu ihnen um, und die Raben wichen zurück. Eine Rabendame zupfte schließlich vorsichtig an seinem Schwanz. Als der Ganter einen Ausfallschritt gegen sie machte, kam ihr ihr Gefährte zu Hilfe und riss seinerseits am Schwanz des Ganters. Aber das war alles, was geschah. Nach 15 Minuten hatten alle Raben das Interesse verloren und trollten sich. Als ich später eine zahme Kanadagans in ihre Voliere ließ – zwei Monate lang hatte sie ständig davorgestanden –, wurde sie sofort heftig angegriffen. Wie schon bei der verängstigten Henne fürchtete ich um ihr Leben und trennte sie rasch von den Raben.

Die nächste Begegnung vermittelte ich den Raben mit Murphy, der lebhaften deutschen Schäferhündin meiner Tochter. Der Hündin kamen sie zwar mit wesentlich mehr Respekt entgegen als dem Geflügel, aber mit mindestens ebenso viel Interesse. Zunächst stießen die Raben hohe, ansteigende Alarmrufe aus. Murphy indessen kümmerte sich nicht darum. Sie schnüffelte herum und machte sich nach wenigen Sekunden über das gefrorene Kalb her, während alle sechs Raben um sie herumflatterten. Die Vögel waren aufgeregt und verspritzten die ganze Zeit heftig Exkremente, sodass diese immer weniger wurden. Nach ein oder zwei Minuten waren alle Raben mit Ausnahme von White durch die offene Tür in die Seitenvoliere geflogen, wo sie sicher und still auf den hohen Sitzstangen in ihrem Verschlag hockten. White, die normalerweise vollkommen stumm war und sich ganz am Ende in der Rangordnung dieser Rabengruppe befand, verhielt sich völlig anders. Sie blieb nicht nur in der Hauptvoliere und beobachtete Murphy aufmerksam, sondern folgte dem Hund auch, zischte dicht über seinen Kopf hinweg und stieß krächzende Rufe aus. Blue, unangefochten das Alphamännchen, hockte währenddessen mit den anderen stumm im Verschlag der angrenzenden Voliere. Nach einigen Minuten wurde Whites Geschrei lauter, geradezu ohrenbetäubend, und sie selbst immer erregter! Sie hatte sich nicht nur dazu entschieden, mit dem großen Hund in einer Voliere zu bleiben, sondern entfaltete nun auch ein außergewöhnliches Ausdrucksverhalten, das ich noch nie an ihr beobachtet hatte. Es war ganz anders als ihre sonst so blasse Körpersprache. Hoch aufgerichtet stand sie da, der Schnabel zeigte nach oben, die Federohren waren aufgestellt (ein Ausdruck von Macht und Dominanz); sie plusterte die Kehlfedern auf und spreizte die Flügelfedern (auch Bestandteil des Rivalenimponierens). Dieses durch Körperhaltung und Federstellung zum Ausdruck gebrachte Imponierverhalten verstärkte sie durch ein verblüffendes Spektrum von Rufen in einem endlosen, energischen Monolog, einer ununterbrochenen Folge von langen Trillern, lauten Schreien, hohen raschen *jipps*, die sie hin und wieder durch tiefes, raues Grollen unterbrach. Die Lautäußerungen schwankten ständig zwischen hohen quietschenden Lauten, die so hoch waren, dass ihre Stimme brach, und tiefen, grollenden Äußerungen. All das begleitete sie mit wilden Ausdrucksbewegungen des Kopfes und der Flügel. Alle paar Minuten hielt sie inne, um wieder dicht über den Rücken der Hündin hinwegzuschießen, wobei sie ein gleichförmiges, langes Krächzen ausstieß, jene Art von Rufen, mit denen Raben auf fremde Tiere, manchmal auch fremde Raben reagieren. Ihr lebhaftes Verhalten verblüffte mich einmal mehr, weil sie seit Monaten fast stumm gewesen war. Außerdem hatte ich bisher noch nie ein derartiges Machoimponieren bei ihr beobachtet. Vom Mauerblümchen hatte sie sich zu einer gewinnenden, glücklichen, selbstbewussten und eindrucksvollen Persönlichkeit gemausert. Allerdings bezweifelte ich, dass dieses Imponierverhalten für den Hund bestimmt war. Vielleicht war ihr klar geworden, dass sie allein war und dass die anderen auf Distanz bleiben würden (vgl. S. 293f.).

Nach vier separaten Zehn-Minuten-Sitzungen mit Murphy in der Voliere war ihr keiner der Raben nahe genug gekommen, um sie am Schwanz zu zupfen, wie es bei einem früheren Experiment eine Gruppe junger Raben innerhalb von ein oder zwei Minuten mit einem alten, lahmen Husky getan hatte, den ich zu ihnen hineingelassen hatte.

Meine Experimente mit Geflügel und Haustieren mögen ein bisschen willkürlich erscheinen, aber sie waren informativ. Sie zeigten, dass Raben einige Anstrengungen unternehmen, um sich mit unbekannten großen Tieren vertraut zu machen. Nachdem sie sich einen Eindruck verschafft haben, schenken sie ihnen entweder keine Beachtung oder versuchen, sie zu töten. Dennoch ist dies kein Ersatz für die konkrete Feldbeobachtung, wo der Realitätstest erfolgt, wenn die Raben es mit großen, grimmigen Fleischfressern zu tun bekommen.

In den Jahren zuvor hatte ich geplant, in den Yellowstone Park und nach Oregon zu reisen, wo Kollegen sich freundlicherweise bereit erklärt hatten, Kadaver für mich auszulegen, sodass ich wilde Raben in Interaktion mit konkurrierenden Arten und Karnivoren beobachten konnte. Damals waren Wölfe noch nicht wieder im Yellowstone Park angesiedelt worden, aber die Kojoten dort waren (anders als in Maine) tagaktiv, und mich interessierte, wie sie mit Raben interagierten. Als der Flugtermin heranrückte, befand ich mich leider in der entscheidenden Phase eines Telemetrieexperiments und durfte dieses Projekt jetzt nicht aufs Spiel setzen. Doch in Delia Kaye hatte ich eine begeisterte Freiwillige gefunden, die nur zu gern bereit war, als meine Abgesandte zu reisen und sich ausführliche Notizen zu machen.

Mitte Februar 1992 brach Delia in den Yellowstone Park

auf, wo sie gastfreundlich von John Williams aufgenommen wurde, dessen Forschungsteam das Rudelverhalten von Kojoten untersuchte. Die Nationalparkraben standen nicht unter Nahrungsstress. Wie gewöhnlich, wenn Raben Ende des Winters zu brüten beginnen, gab es Elchkadaver in Hülle und Fülle – Tiere, die dem Winter zum Opfer gefallen waren. Sie waren so zahlreich, dass an einigen Kadavern gar keine Raben zum Fressen erschienen. Die Vögel hielten sich offenbar an die frischesten, gerade geöffneten Kadaver.

Delia war zur Stelle, als ein Rudel Kojoten begann, einen Elchbullen zu zerreißen, der gerade verendet war. Nach einigen Minuten hatten die Kojoten ihm ein Loch in den Hals gerissen, daraufhin erschienen zwei Raben und fraßen ebenfalls davon. Gelegentlich schnappten die Kojoten nach den Raben, doch die Vögel hüpften einfach zur Seite und kamen sofort zurück. Meistens fraßen die Raben, deren Zahl rasch auf etwa ein Dutzend anwuchs, unbehelligt von den Kojoten an ihrer Seite. Die Vögel machten einen überraschend gelassenen Eindruck in Gegenwart der Kojoten.

In Ostoregon war die Situation ganz anders. Gary Clowers, unser Gastgeber dort, hatte bei Grandview einen Rotwildkadaver an den östlichen Ausläufern der Cascade Mountains ausgelegt. In einem Versteck, das in der Nähe dieses Kadavers angelegt worden war, bezogen Gary und Delia vier Tage Posten. Zwar kamen keine Kojoten, doch gelegentlich waren bis zu 26 Raben anwesend. Anders als im Yellowstone Park und ähnlich wie in Maine flogen diese Vögel nicht sofort zu dem geöffneten Kadaver hinunter. Stattdessen lungerten sie eine Zeit lang in der Umgebung herum und hatten offenbar Angst vor dem unbeaufsichtigten Kadaver.

In charakteristischer Art und Weise versammelten sich die Raben zehn bis fünfzehn Meter von dem Kadaver entfernt auf dem Boden, um sich dann als Gruppe zu nähern. Dabei wagten sich zwei oder drei Vögel zögernd bis zum Kadaver vor und zogen die anderen nach. Dann hüpften sie alle wieder zurück und flogen davon. Wie in Maine bewegten sie sich nur zögernd, den Schnabel ängstlich geöffnet, und hüpften wie Hampelmänner vorwärts. Selbst am vierten Tag, als sich mittlerweile 20 Raben ständig in der Nähe des Kadavers aufhielten, wagten sich nur zwei Vögel nahe genug an ihn heran, um fressen zu können. Diese Ergebnisse waren fast identisch mit denen von Maine. Allerdings mit einem großen Unterschied. Statt dass sich die ganze Schar schließlich auf dem Kadaver versammelte, bekamen die meisten Raben ihr Fleisch, ohne dass sie sich in die Nähe des gefürchteten Kadavers begeben mussten. Sie benutzten Zwischenträger. Die etwa ein Dutzend Elstern, die sich an dem Ort versammelt hatten, zeigten keinerlei Bedenken, von dem Kadaver zu fressen. Genauso wenig wie die vier Adler (zwei junge und ein adulter Weißkopf-Seeadler sowie ein junger Steinadler). Die Adler gingen ohne jedes Zögern zum Kadaver und begannen zu fressen. Wenn eine Elster, ein Rabe oder Adler den Kadaver mit einem Fleischlappen verließ, machten sich Mitglieder der furchtsamen Rabenschar an seine Verfolgung. Nur Vögel, die den Kadaver mit Fleisch verließen, wurden gejagt. Bis zu vier Raben verfolgten einzelne Adler oder Elstern. Die Elstern ließen ihre Beute rasch fallen, wenn sie von Raben bedrängt wurden, doch ob auch alle Adler ihr Fleischstück fallen ließen, konnte nicht festgestellt werden, weil sich die Adlerjagden über weite Landstriche erstreckten.

In Neuengland gibt es keine Elstern, und auch Raben sind selten. Blauhäher und Krähen nähern sich im Gegensatz zu Elstern keinem Kadaver, an dem sich Raben aufhalten. Daher ist die Strategie, sich die Nahrung von Zwischenträgern zu stehlen, statt sich einem furchterregenden Kadaver zu nähern, in Maine weniger wirksam. Doch habe ich bei zahlreichen Anlässen beobachtet, dass Raben, die ein Stück Fleisch ergattert hatten und anschließend von anderen Raben gejagt wurden, in der Regel das Fleisch fallen ließen. In gleicher Weise werden auf Mülldeponien Möwen von Raben gejagt, bis sie ihre Nahrungsbrocken preisgeben.

An der Küste von Maine erhielten Weißkopf-Seeadler an Futterstationen einige Jahre lang Zusatznahrung, um sie an der Abwanderung in den Süden zu hindern, wo sie mit Pestiziden verseucht wurden. Diese Futterstationen wurden vor allem zu Anziehungspunkten für *Raben*, die in großen Scharen an ihnen erschienen. Sie ignorierten die seltenen Adler keineswegs, sondern behandelten sie, wie meine Jungraben in der Voliere die Hühner und die Truthenne behandelt hatten, als sie ihnen zum ersten Mal begegneten: Sie näherten sich ihnen von hinten und rissen an ihren Schwanzfedern. Wollten sie ihnen etwas mitteilen, die Konkurrenten entmutigen, etwas herausfinden oder potenzielle Paarungspartner durch ihr mutiges Verhalten beeindrucken? Hier gab es Anhaltspunkte dafür, dass es auf und in der Umgebung von Kadavern eine gegenseitige Abhängigkeit von Raben und anderen Tieren gibt, obwohl mir die tatsächliche Bedeutung dieser Interaktionen noch nicht klar ist.

16. KAPITEL

Lautkommunikation

Zu den Kommunikationskanälen in der Tierwelt gehören Tast-, Hör-, Seh- und Geruchssignale. Zitteraale benutzen sogar elektrische Impulse. Insekten teilen ihre sexuelle Bereitschaft und ihren Aufenthaltsort durch Gerüche, Geräusche und Bewegungen mit. In unseren sozialen Interaktionen übermitteln wir alle Arten von Informationen unbewusst durch Augen, Gesten, Tonfall und Mienenspiel. Auch Raben sind sehr expressiv. Durch eine Kombination von Lautäußerungen, Muster des ausgestellten Gefieders und Körperhaltung teilen Raben sich so klar mit, dass ein erfahrener Beobachter Wut, Zuneigung, Hunger, Neugier, spielerische Stimmung, Furcht, Mut und (selten) Niedergeschlagenheit erkennen kann. Alle Rufe von Raben haben eine Grundbotschaft: auf sich aufmerksam zu machen. Weiter gehende Funktionen sind Botschaften wie: Füttere mich, bleib weg, komm her, ach, du bist es. Differenziertere Informationen ergeben sich aus dem Zusammenhang. Die spezifischen Rufe werden nicht als Sprache verwendet. Raben haben keine Rufe, die Kadaver, Essen, komm, Fleisch und so fort bedeuten. Raben können nicht sagen: »Komm mit mir zu dem Kadaver ein bisschen Fleisch fressen.« Solche Kommunikation setzt komplexe Denkprozesse voraus. Raben denken nicht in Worten. Wenn sie denken, dann in bildlichen Vorstellungen, so wie wir, wenn wir keine Worte benutzen; doch das Grundprinzip, die Logik der Kommunikation bleibt die Gleiche.

Nehmen wir ein Beispiel für die Logik der Kommunikation: die lauten Bettelschreie der Jungraben. Das Betteln verstehen die Eltern als den Wunsch der Jungen, gefüttert zu werden. Natürlich können die Jungen auch »lügen« – in der Rivalität mit den Geschwistern könnten sie versuchen, die anderen zu übertrumpfen, um mehr als den ihnen zustehenden Anteil zu ergattern. Es handelt sich wohlgemerkt um einen unbewussten Vorgang, weil ich hier von der evolutionären Logik spreche. Ein hoher Preis für das laute Betteln könnte das Anlocken von Feinden sein, die sie, die Jungen, fressen würden. Das wäre eine *Informationsübermittlung* an die Feinde, aber keine *Kommunikation*. Informationsübermittlung findet auch zwischen Jungen und Eltern statt, doch in diesem Fall handelt es sich um Kommunikation, weil sowohl Sender wie Empfänger Nutzen davon haben. Aber Kosten und Nutzen der Beteiligten können schwanken, und die Evolution verfolgt bei allen Beteiligten das Ziel, die Kosten zu minimieren. Warum Jungraben im Vergleich zu den meisten anderen Jungvögeln besonders laut sind, zeigen die »Experimente«, die die Evolution seit Jahrmillionen durchführt. So können wir beispielsweise beobachten, dass junge Spechte, die in ihrer Festung aus massivem Holz geborgen sind, gemessen an ihrer Größe noch mehr lärmen als Raben. Junge Spechte lärmen praktisch unaufhörlich, während alle Bodenbrüter, deren Junge Feinden extrem ausgeliefert sind, fast vollkommen stumm bleiben, von den wenigen Piepsern abgesehen, die sie von sich geben, wenn ein Altvogel am Nest mit Nahrung erscheint. Daraus können wir also schließen, dass junge Raben erstens lärmen, weil sie hungrig sind, und zweitens eine solche Lautstärke entfalten, weil sie in ihren schwer zu erreichenden Nestern relativ sicher sind. Die Nachteile ihrer Lautstärke sind gering. So können sie »lügen«

und sich aufführen, als wären sie am Verhungern, obwohl sie vielleicht nur Appetit haben. An keinem Abschnitt dieses Vorgangs sind Bewusstseinsprozesse beteiligt.

Die oben beschriebene Kommunikation entspricht der Theorie, die als Handicap-Prinzip bezeichnet wird und von dem israelischen Biologen Amotz Zahavi entwickelt wurde. Ein Großteil tierischen Signalverhaltens wird im Lichte dieser Theorie verständlich. Dort heißt es, Signale könnten nur wirksam sein, wenn sie verlässlich seien. Damit der Empfänger weiß, dass sie verlässlich sind – dass er sie ernst nimmt –, muss ihre Erzeugung schwierig oder mit Gefahr verbunden sein, etwa der Gefahr, Feinde anzulocken. Wenn ihre Hervorbringung nicht mit solchen Nachteilen verknüpft ist, dann können die Signalgeber sie dazu verwenden, zu »schwindeln« oder falsche Informationen zu liefern. Doch diese Logik lässt sich nicht immer ohne Weiteres auf die Rufe von Raben anwenden, wie das folgende Beispiel zeigt.

In der Abenddämmerung des 7. Septembers 1997 schlich sich ein Puma an, als Ginny Hannum an der Rückseite ihrer Hütte oben auf dem Boulder Canyon in Colorado beschäftigt war. Der Puma kauerte flach zwischen den Felsen, ungefähr sechs Meter entfernt, und setzte zum Sprung an. Hannum, 45 Kilo schwer und eins achtundvierzig groß, war ein gut gewähltes Ziel.

Zwar ahnte Mrs. Hannum nichts von der Anwesenheit des Pumas, war aber »etwas genervt« von einem Raben, »der ein Höllenspektakel veranstaltete«, wie sie mir berichtete: »Der hat solchen Lärm gemacht, dass es nicht auszuhalten war.« Der lärmende Rabe kam immer näher, nachdem er das Theater 20 Minuten zuvor in einer Entfernung von rund 300 Metern begonnen hatte. Noch nie hatte Hannum Raben bemerkt, die »wie verrückt zetern«. Versuchte dieser Rabe ihr etwas mitzuteilen? Sie hörte genauer hin.

Der Puma war im Begriff, seine Beute zu reißen, doch der

Rabe war jetzt ganz nah. Er flog dicht über die Frau hinweg, stieß ein raues Krächzen aus und flatterte dann zu einer Felsengruppe empor, wo die Frau endlich den zum Sprung geduckten Puma erblickte. Als sie in dessen gelbe Augen sah, die unverwandt auf sie herabstarrten, wich sie zurück und rief ihren 140-Kilo-Mann. Der Überraschungsangriff war verhindert worden. Sie war gerettet. Mrs. Hannum erklärte: »Die Bestie hat den Kopf ein wenig bewegt, als der Rabe über sie hinwegflog. Da habe ich sie gesehen. Sonst hätte ich sie nie bemerkt. Dieser Rabe hat mir das Leben gerettet.« Der Vorfall wurde in den Nachrichten zum Wunder ausgerufen.

Ein Wunder ist jedes Ereignis, dessen natürliche Ursachen wir nicht verstehen. Dadurch werden einigen von uns – mir auf jeden Fall – eine stattliche Zahl an Wundern zuteil. Warum hat der Rabe gerufen? Für die frommen Hannums erschien es als Wunder, dass dieser Rabe sich so ungewöhnlich verhielt, um einem Menschen das Leben zu retten. Auch für mich ist das Verhalten von Raben immer noch ein Wunder, obwohl ich glaube, dass sich das Verhalten dieses Raben in den Grenzen dessen bewegte, was Raben normalerweise tun. Sie achten auf Karnivoren, die sie möglicherweise mit Futter versorgen können, und auf alles, was ungewöhnlich ist in ihrer Umgebung. Vielleicht wollte der Rabe den Silberlöwen zu einer lohnenden Beute locken. Wenn der Puma zu fressen gehabt hätte, dann hätte es auch der Rabe gehabt. Auf diese Weise hätten beide ihren Nutzen gehabt, womit das Grundprinzip der Kommunikation erfüllt gewesen wäre.

David P. Barash, Professor für Psychologie und Zoologie an der University of Washington in Seattle, berichtete mir von zwei Beobachtungen, die darauf schließen lassen (aber nicht beweisen), dass einige Raben Pumas folgen, um von ihren Beutetieren zu fressen. Barash arbeitete im Rahmen seiner Dissertation an einem Forschungsprojekt über die Soziobiologie von Präriehunden im Olympic National Park, als er beobachtete, wie sich ein Puma an eine Präriehündin anpirschte und sie riss. Wie er in seinem Notizbuch festhielt, tauchten »in Sekunden« zwei Raben auf und folgten dem Puma mit der Präriehündin im Maul. Wer folgte wem? War der Puma vielleicht zuerst den Raben gefolgt?

Ein Bericht über ein möglicherweise ähnliches Szenario erschien in den *Anchorage Daily News* (29. Dezember 1998). Dort heißt es, George Dalton junior habe auf einem Jagdausflug in der Nähe seines Wohnortes False Bay plötzlich einem Grizzly gegenübergestanden. George hatte ein Stück Rotwild verwundet und war der Schweißspur in das dichte Gehölz gefolgt, in das sich das Wild zurückgezogen hatte, um zu verenden. Der Bär hatte das Tier gefunden und beanspruchte es nun für sich. Nach einer heißen Diskussion, in deren Verlauf der Bär wütend auf den Boden gestampft hatte, teilte ihm George (auf Tlingit) mit, er solle ihn gefälligst in Ruhe lassen. Der Bär rückte ihm trotzdem näher auf die Pelle, sodass George seinen heißen Atem spürte und um sein Leben fürchtete. Schnell sagte er: »Okay, okay, du kannst ihn haben. Er gehört dir.« Mit diesen Worten wich er zurück und verzog sich in das dichte Unterholz. Der Bär kam trotzdem hinter ihm her. George beschrieb es so: »Raben folgten mir und kreischten. Ich glaube, sie führten mich und warnten mich, dass mir der Bär noch immer folgte.«

Ich würde auch diese Geschichte genau umgekehrt interpretieren. Ich nehme an, die Raben haben nicht den Mann gewarnt, sondern den Bären über ein potenzielles Opfer informiert. Raben haben großen Nutzen von einem Beutetier, das ein Bär reißt. Wahrscheinlich versuchten sie, ihn zu einem vermeintlichen, vielleicht vorher auserkorenen Beutetier zu führen. Nach allem, was ich über Raben weiß und was die Legenden und Sagen berichten (vgl. das Nachwort), kommunizieren sie nicht nur untereinander, sondern auch mit Raubtieren und Jägern, um in den Genuss der Beutereste zu kommen.

Egal, was diese beiden Vorfälle sonst noch erkennen lassen, auf jeden Fall zeigen sie, wie schwierig es ist, Kommunikation zu interpretieren, und wie sehr die Interpretation von der Einstellung des Empfängers abhängt. Die Hannums und George Dalton glaubten, die Raben würden mit ihnen kommunizieren. Stattdessen haben die Raben wahrscheinlich die Raubtiere informiert. Um den Sinn von Kommunikationsprozessen zu verstehen, muss man zuerst fragen: Welchen Kosten und Nutzen haben die Sender und die etwaigen Empfänger der gesendeten Signale?

Seit vorgeschichtlichen Zeiten schreibt man Raben übernatürliche Kräfte zu. Anfangs wurden Raben im Tower von London gehalten, weil man glaubte, ihre Lautäußerungen würden vor drohender Gefahr warnen, so wie die Hannums und George Dalton der Meinung waren, die Vögel hätten sie vor gefährlichen Raubtieren gewarnt. Kein Vogellaut hat in der Geschichte der Menschheit mehr Aufregung hervorgerufen als der des Raben. Noch heute horcht jeder auf, der sie in Wald, Feld oder Gebirge vernimmt. In ihrem 587 Seiten starken und 1996 erschienenen Buch *Ecology and Evolution of Acoustic Communication in Birds* gehen Donald E. Kroodsman und Edward H. Miller jedoch mit keinem Wort auf den Raben ein, obwohl sie der Gattung *Corvus* zugestehen, sie sei »besonders interessant für eine Untersuchung«. Wir wissen unendlich viel weniger über die Lautkommunikation von Raben als über die Rufe von Fröschen, Grillen oder Zebrafinken. Das liegt weniger an unserem Desinteresse als an den Schwierigkeiten, wiederholbare Daten zu erheben. Je komplexer und spezifischer ein Kommunikationssystem wird, desto zufälliger und willkürlicher hört es sich an. Und wir haben Schwierigkeiten, es von nichtssagenden Geräuschen (»Rauschen«) zu unterscheiden. Unter diesen Umständen ist uns jede Bedeutung willkommen.

In einer 1988 abgeschlossenen Untersuchung hat Ulrich

Pfister von der Universität Bern einen Winter lang alle Vokalisationen von Rabenpaaren aufgenommen, die auf einem Gebiet von etwa 1000 Quadratkilometern südlich von Bern lebten. Von den 34 verschiedenen Rufarten, die er aufgezeichnet hatte, waren 15 individualspezifisch, elf geschlechtsspezifisch und acht spezifisch für die Raben dieser Gegend. Sein Mitarbeiter Peter Enggist-Düblin hat seither in der Nähe von Bern 64000 weitere Rabenrufe aufgenommen. Mit jedem neuen Rabenpaar, das in der Studie berücksichtigt wurde, waren neue Rufe zu verzeichnen. Nachdem Peter 74 einzelne Raben, also 37 Paare, untersucht hatte, kam er auf eine Gesamtzahl von 81 Rufen. Vermutlich fände man in diesem einen Untersuchungsgebiet noch mehr Rufe, wenn man mehr Raben in die Stichprobe aufnähme. Ohne eine strenge Untersuchung durchzuführen, kann ich noch nach 15 Jahren in meinem Untersuchungsgebiet in Maine fast jedes Jahr neue Rufe verzeichnen. Es gibt eine enorme Vielfalt von Intonationen und Dialekten, und ich bin mir keineswegs sicher, ob es sich bei dem, was ich als einen Ruf wahrnehme, nicht in Wahrheit um viele Rufe handelt und umgekehrt. Doch welche Bedeutung haben sie? Peter kommt in seiner Untersuchung zu dem Schluss, dass Rabenrufe nicht immer die gleiche Bedeutung haben. Einige Bedeutungen sind kontextabhängig und werden durch Konvention festgelegt. Dann werden sie kulturell weitergegeben.

In einem Brief an mich bekannte Peter: »Wir haben Schwierigkeiten, unsere Ideen zu veröffentlichen, die nach unserer Auffassung über das gegenwärtige Kommunikationsverständnis der Tierverhaltensforschung hinausgehen und daher auch eine Kritik an ihm darstellen, womit einige Gutachter offenbar schlecht umgehen können.« Bald sollte ich herausfinden, wie Recht er mit dieser Einschätzung hatte.

Aufgrund der Beobachtung meiner beiden zahmen Paare Fuzz und Houdi sowie Goliath und Whitefeather hatte ich ein informelles kurzes Glossar von 17 Rabenrufen zusammengestellt (vgl. Tabelle 16.1, S. 297). Davon waren sieben auf ein Geschlecht beschränkt (vier auf die Männchen und drei auf die Weibchen), und von diesen sieben wurden vier nur von einem der vier Individuen geäußert, und zwar erst, nachdem die Vögel mehr als ein Jahr alt waren. Das heißt, tendenziell traten geschlechtsspezifische Rufe erst auf, wenn die Vögel älter waren, und einige dieser Rufe waren überdies individualspezifisch. Zahllose Abstufungen, die sich fortlaufend ergaben, konnte ich nicht einordnen, also fasste ich die Rufe grob zusammen, statt sie fein zu differenzieren. Das Glossar beruht daher nur auf willkürlichen Stichproben, statt auf systematischen Aufzeichnungen. Mein Ziel war es vor allem, die Rufe nach dem Gehör unterscheiden und so die Vögel im Feld mit den Ohren »beobachten« zu können, wenn ich sie nicht sah. Eine systematischere Untersuchung mochte folgen, falls ich eine interessante Hypothese fand, deren Überprüfung sich lohnte. Trotz der Unzulänglichkeit meiner Methode entdeckte ich etwas Wichtiges: Unabhängig von der Art des Rufes bringen Ranghohe beiderlei Geschlechts praktisch alle Vögel des eigenen Geschlechts in ihrer Gegenwart zum Schweigen (vgl. Tabelle 16.1, S. 297). Als Houdi beispielsweise mit ihrem Partner Fuzz allein lebte, gingen 804 der 2 309 Rufe, die ich im Mai 1995 aufzeichnete, auf Houdis Konto. Vier Monate später war das Paar Fuzz/Houdi mit dem Paar Goliath/Whitefeather in einer Voliere untergebracht. Houdi (keine Rufe) und Goliath (13 Rufe) wurden fast stumm, da Fuzz und Whitefeather die meisten Lautäußerungen hervorbrachten (467 beziehungsweise 338 Rufe). Abermals trennte ich die beiden Paare, Fuzz/Houdi und Goliath/Whitefeather, woraufhin Houdi und Goliath ihre Stimmen zurückgewannen und von Dezember bis Januar 380 beziehungsweise 902 der insgesamt 6 570 aufgezeichneten Rufe äußerten.

Im Großen und Ganzen bestätigten meine Ergebnisse, was

Pfister und Enggist-Düblin herausgefunden hatten. Einige der Rabenrufe, die sie aufgezeichnet hatten, waren allen Vögeln gemeinsam, doch die Mehrzahl konnte erlernt und kulturell weitergegeben werden. Selbst in dem 1 000 Quadratkilometer großen Untersuchungsgebiet in der Schweiz gab es eine geografische Ost-West-Grenze in der Verteilung der Rufarten. Je größer die Entfernung zwischen den Nestern, desto weniger Rufarten waren ihnen gemeinsam. Einige Individuen auf der Dialektgrenze waren im Hinblick auf bestimmte Rufarten »zweisprachig«. Da einige der Rufe nur von Männchen und andere nur von Weibchen geäußert wurden, gelangten die Forscher zu dem Schluss, Männchen würden ihre Rufe eher von Männchen und Weibchen eher von Weibchen lernen. Außerdem gäbe es eine Tendenz verpaarter Vögel, gemeinsame Rufe zu entwickeln.

Raben sind bekannt für ihre Fähigkeit zur Nachahmung, die besonders ausgeprägt ist, wenn sie von Artgenossen isoliert leben. Muskat, der einzige Bewohner eines Käfigs im Living Desert Museum in Arizona, konnte die Störgeräusche eines Kofferradios perfekt wiedergeben. Ein Rabe, der für physiologische Forschungszwecke vor dem Biologiegebäude der Duke University gehalten wurde, konnte ein aufheulendes Motorrad imitieren. Von zwei, wie ich finde, interessanteren und ungewöhnlicheren Rabenrufen hat mir David P. Barash berichtet. Während David Anfang Juni im Olympic National Park seine Präriehunde in einer Kolonie untersuchte, hörte er ganz deutlich: »Three, two, one, *bccccchhh.*« (Der letzte Ton war ein gutturaler Laut von etwa vier Sekunden Dauer, der als ausgezeichnete Nachahmung einer Explosion gelten konnte.) Diese Sequenz wurde mindestens dreimal wiederholt. Barash schrieb mir: »Es klang so realistisch, dass ich mich nach dem Sprecher umblickte und sogar laut rief: ›Wer ist da?‹, obwohl ich Gefahr lief, dadurch die Präriehunde zu stören, die ich beobachten wollte.« Es stellte sich heraus, dass der »Sprecher« ein Rabe war, der auf einem Baumstumpf in der Nähe saß. Nationalparkwächter hatten in der Woche zuvor Lawinenschutzmaßnahmen durchgeführt. Offenbar hatte der Rabe sie gehört und war tief beeindruckt. Weiter schrieb David: »Später im Sommer hörte ich oft das gurgelnde Geräusch einer Toilettenspülung. Wieder waren Raben die Schuldigen – diesmal mindestens zwei verschiedene Vögel. Etwa einen halben Kilometer entfernt gab es einen Picknickplatz, der mit Toiletten ausgestattet war. Dort wurden die Urinbecken etwa alle 30 Sekunden gespült. Und die Raben saßen oft auf diesen Gebäuden.« Augenscheinlich hatten sie diese Geräusche ebenso beeindruckt wie die des Lawinenschutzkommandos.

Eine hochinteressante Frage ist, ob Raben beliebige Laute lernen und sie dann mit Bedeutungen verknüpfen können. Beispielsweise können Babys zunächst nur plappern und erzeugen Laute wie »mama« oder »papa«, die sie erst später mit den entsprechenden Menschen assoziieren. Darwin, der Rabe, den Duane Callahan in Kalifornien gegenwärtig für Rettungseinsätze in freier Natur trainiert, lässt Anzeichen dafür erkennen, dass er die Bedeutung einiger Laute weiß, vielleicht weil er für bestimmte Laute belohnt wird, die zufällig mit bestimmten Konsequenzen assoziiert sind. Beispielsweise hat er gelernt, was die Worte »Want to go outside?« – »Willst du nach draußen?« – bedeuten, weil Duane sie immer äußert, bevor er ihn hinausbringt und frei fliegen lässt. Vielleicht hat er von Susan und Duanes Bruder Charles auch »Duane, Duane« gelernt. Jetzt sagt Darwin »Duane, Duane, want to go outside?«, wenn er hinausmöchte. Vielleicht bittet er damit tatsächlich um Ausgang. Außerdem kann Darwin Charles' raues Lachen perfekt nachahmen. Manchmal, wenn das Telefon klingelt und Duane antwortet: »Nein, Charles ist im Augenblick nicht da«, lässt Darwin im Hintergrund »eine täuschend ähnliche Imitation von Charles' Lachen« ertönen. Ist das bloßer Zufall? Hört der Rabe »Charles« und denkt dann – weil er weiß, wer das ist – an sein Lachen?

Die Vokalisationen des Raben legen den Vergleich mit unserer Sprache nahe, und mit diesem Vergleich vor Augen interessierte ich mich speziell für die Sprachentwicklung bei meinem Sohn. Eliots erste Laute waren Schreie, die Emotionen zum Ausdruck brachten – Unzufriedenheit, Überraschung, Zufriedenheit oder Ärger. Eltern können aus dem Zusammenhang auf die Bedeutung zumindest einiger dieser Laute schließen, genauso wie ich oft dem Kontext die Bedeutung von Rabenrufen entnehme. Die anderen frühen Vokalisationen von Eliot waren Laute des Erkennens. Erblickte er eine Katze, einen Hund, ein Auto, eine Schildkröte oder sonst etwas, was ihn überraschte, dann sagte er: »Da, da, da ...«, wobei die Zahl der Wiederholungen schwankte und vom Grad seiner Überraschung abhing. Das nächste Stadium der Lautentwicklung betrifft die Spezifität. Beispielsweise bringen Raben verschiedene Abstufungen von Überraschung oder Beunruhigung angesichts von Feinden oder möglichen Feinden zum Ausdruck, für die es keine »Rabenworte« gibt. Wenn bestimmte Rufe Bedeutung haben, können sie nur von den anderen Raben richtig interpretiert werden, die regelmäßig mit diesem Individuum zusammen sind und daher wissen, welcher Laut mit welchem Objekt verknüpft ist. Ähnlich war es bei Eliot. Mit zwölf Monaten war für ihn alles Nasse oder Flüssige beispielsweise »Saft«. Er unterteilte die Tierwelt in »Hund« (alle Pelztiere), »Schildkröte« (Reptilien und Käfer) und »Fisch« (Pisces aller Ordnungen sowie Delfine). »Dada« war Dad und merkwürdigerweise auch einige andere Männer sowie jeder Affe. Im Laufe der Zeit machte er dann feinere Unterschiede; die Laute, die er äußerte, bekamen spezifische Bedeutung und bezeichneten einen stetig sich erweiternden Kreis von anderen Menschen, über den engen Zirkel von Eltern, Verwandten und Bekannten hinaus.

Nachdem sich Goliath und die anderen drei Raben seiner Gruppe zur Nachtruhe auf ihren Schlafplatz begeben hatten (als sie noch kein halbes Jahr alt waren), öffnete ich häufig mein Schlafzimmerfenster, das in ihren Schlafverschlag ging, und sprach mit ihnen, wie man mit Babys spricht. Stets antworteten sie mit sanftem, leisem Murmeln – *mm, mm*. War das Murmeln sehr leise und gedämpft, fast ein Flüstern, fühlten sich die Vögel, wie ich ihrer entspannten Körperhaltung entnahm, zufrieden und behaglich. Die Rufe schienen Kontaktlaute zu sein, mit der Bedeutung: »Ich hör dich. Alles bestens.« Die gleichen Rufe, nur leicht ansteigend im Ton, äußerten die Jungen, wenn wir auf gemeinsamer Entdeckungsreise im Wald unterwegs waren und uns aus den Augen verloren hatten. Aus dem Kontext schloss ich, dass die Bedeutung hier war: »Wo bist du?«, weil die Vögel, wenn ich mich meldete, ohne ansteigenden Tonfall antworteten. Sie ließen mich wissen, dass sie mich hörten und wir noch Kontakt hatten. Wären sie von einem Feind angegriffen worden, dann hätte ich das, dessen bin ich mir sicher, an ihren Rufen erkannt. Genauso sicher bin ich mir, dass niemand dazu in der Lage gewesen wäre, der die Vögel nicht kannte.

Ihre zärtlichen Abendlaute am Schlafplatz erfolgten fast im Flüsterton, wenn wir ganz dicht beieinander waren. Mit ihrem Flüstern beruhigten sie mich, und ich beruhigte sie. Wenn unser Gespräch beendet war, hörte ich gelegentlich noch gedämpftes Federschütteln, das seidige Geräusch, das Flügelfedern verursachen, wenn sie durch Schnäbel gezogen werden, das gedämpfte Kratzen einer Kralle auf einem Hinterkopf und das hohl klingende Geräusch von Füßen, die auf der Sitzstange ein bisschen zur Seite treten. Hatte ich das Fenster geschlossen, vernahm ich noch gelegentlich ein gedämpftes Husten oder eine leise Bewegung auf einem Zweig. Diese Laute hatten Bedeutung für mich, weil sie mir etwas über die Verfassung der Vögel auf ihrem Schlafplatz mitteilten.

Als meine Raben älter und selbstständiger wurden, plauderten sie nicht mehr so viel mit mir. Stattdessen weckten sie mich beim ersten Morgenlicht mit rauen Rufen. Sie hockten auf der Fensterbank, spähten ins Zimmer und stießen meist heftige *rap-rap-rap*-Rufe aus, aber auch tiefe, durchdringende Krächzlaute. Beide Rufe ertönen sonst, wenn sich fremde Raben nähern. Meine Raben verlangten meine Aufmerksamkeit und Futter. Beides bekamen sie, und damit verstärkte ich dieses besondere Lautverhalten. Wenn sie Hunger hatten, ließen sie ebenfalls lang gezogene, hohe Rufe ertönen, die ich ihr »Betteln« oder »Schreien« nannte und die verstummten, wenn ich sie gefüttert hatte.

Es gibt noch andere Rufe, die Aufmerksamkeit erregen sollen und vermutlich so viel bedeuten wie »Hier bin ich«; sie dienen als Nachrichtenübermittlung über weite Entfernungen hinweg. Wahrscheinlich sind es territoriale Rufe, denn sie sind kilometerweit zu hören und werden von Nachbarn beantwortet, locken diese aber nie an. Es gibt mehrere solche langen durchdringenden Rufe, die von Vögeln beiderlei Geschlechts verwendet werden und, wie ich annehme, nicht so sehr dazu dienen, Aufmerksamkeit zu erregen, als vielmehr kundzutun: »Dieses Gebiet ist besetzt!« Richten sich diese Rufe an Raben in Sichtweite, dann stellen die Rufer ihre »Federohren« auf, die Schulterfedern aus und plustern ihre Kehlfedern auf. Das Machoimponieren unterbleibt, wenn sich die Rufe an mich richten. Ich nehme an, die Rufe sollen meine Aufmerksamkeit erregen, weil meine zahmen Raben sie beenden, nachdem ich das Fenster geöffnet habe und sie begrüße.

Zahlreiche andere Rufe werden von Raben unter Bedingungen geäußert, die man als besondere Umstände bezeichnen könnte. Meist herrscht dann eine Emotion vor und wird gewissermaßen nebenbei, ohne bewusste Absicht zum Ausdruck gebracht, etwa wenn ein Vogel im Morgengrauen eifrig von einem Schlafplatz hüpft. Beispielsweise sollte man Alarmrufe erwarten, wenn sich ein Mensch oder anderer Feind dem Nest nähert. Stattdessen können viele verschiedene Arten von Rufen ertönen, wobei die Zusammenstellung der Rufe von einem Paar zum anderen variieren kann. Eine offenkundig noch beunruhigendere Situation, wie etwa eine Gefangennahme, veranlasst Raben nie zu einer Lautäußerung. Ich vermute, dass Rufe, wenn sie verletzt oder hilflos sind, Feinde und nicht Helfer anlocken würden und dass daher Schweigen auch unter diesen Umständen Gold ist. Es gibt zahlreiche Spielarten von »Komfortlauten«, doch stoßen frisch gefangene wilde Vögel keine »Freudenschreie« aus, wenn sie wieder freigelassen werden. In diesem Fall würde das Rufen als Ausdruck einer Emotion keinen Zweck erfüllen, weil es keinen möglichen Zuhörer gibt, der ihnen in irgendeiner Weise nützen könnte. Doch das ist eine Vereinfachung, denn Raben rufen häufig, ohne dass ein Zuhörer in der Nähe ist.

Ein Beispiel dafür war Rabe Nummer 34. Er war einer von 22 wild gefangenen Raben, die ich freiließ, nachdem ich sie mehr als ein Jahr in der Voliere gehalten hatte. Alle diese Vögel flogen fort, bis auf Nummer 34, der abwechselnd auf der Voliere, auf einer Buche links von ihr oder auf einem großen Rotahorn rechts von ihr saß. Stundenlang sang er. Sein Gesang war so beschwingt und jubilierend, dass ich meinen Kassettenrekorder holte und ihn aufnahm. Keine fünf Meter von ihm entfernt setzte ich mich hin, und er schenkte mir keine Beachtung. Sein Konzert bestand aus Gurgeln, Glucksen, schrillen Schreien, Trillern, Schnabelklappen, *quorks* und Geräuschen, als würde Kiesel von Wasser hin und her gerollt. Da der Vogel keine weiblichen Klopflaute äußerte, vermutete ich, dass es sich um ein Männchen handelte, aber sicher war ich mir nicht.

Während er sang, richtete er den Kopf hoch auf, drehte ihn häufig und blickte in alle Richtungen; Dabei putzte und streckte er sich abwechselnd, pickte nach Zweigen und nahm immer wieder einen Schnabel voll Schnee. Ich sprach mit ihm, sagte ihm, wie schön sein Rabengesang sei – dass er das Schönste sei, was ich je gehört hätte. Zwar wusste er nicht genau, was ich sagte, aber ich denke doch, dass er die Botschaft verstand. Er hätte anders reagiert, wenn ich mich mit scharfen, kurzen Schreien an ihn gewandt hätte. Wie beabsichtigt, zeigte er mir nicht die geringste erkennbare Aufmerksamkeit. Er setzte seinen Gesang fort, steigerte ihn abermals zu einem rauen Crescendo und ließ ihn dann in einer Reihe leiser Gluckser und Gurgler ausklingen. Ein gutes Stück den Hügel hinunter im nahen Wald gab ein weiterer Freigelassener einen ähnlichen Monolog zum Besten, ebenfalls ganz allein und für sich. Nie habe ich diese Rabengesänge vernommen, wenn es ein großes Publikum gab, an einem Kadaver zum Beispiel.

Eine anthropomorph verzerrte Interpretation würde lauten, die Vögel hätten gesungen, weil sie überglücklich waren, dem Käfig entkommen zu sein. Wäre wirklich die Freiheit der Grund gewesen, dann hätten sie alle zu singen anfangen müssen, sobald sie den Käfig verlassen hatten. Sie wussten, dass sie frei waren, weil sie erst in den Wald flogen und dann noch einmal zurückkehrten, um sich im Käfig, auf ihm und ringsumher niederzulassen, bevor sie sich endgültig zerstreuten. Keiner der 22 Vögel hatte meines Wissens während des gesamten zurückliegenden Jahres in der Schar gesungen. Ein andermal ließ ich drei Vögel von vieren frei, und der Vogel, der allein im Käfig *zurückblieb*, war derjenige, der in Gesang ausbrach. Daraus schloss ich, dass sie sangen, weil die anderen fort waren. Wie erwähnt, können ranghohe Vögel Artgenossen gleichen Geschlechts völlig zum Schweigen bringen.

Der Ausdruck von Wut richtet sich gewöhnlich an andere Raben und ist daher ein weit nützlicheres Signal als der Ausdruck von Freude, der nur für den Vogel selbst bestimmt ist. Am greifbarsten kommt Wut bei den Individuen zum Ausdruck, die ihre Feinde kennen und die tapfer und erfahren genug sind, um ihr Nest zu verteidigen. Wenn sich ein Mensch oder ein anderer vermeintlicher Feind dem Nest nähert, hämmern diese Raben heftig auf das Astwerk ein, schleudern Zweige und Kiefernzapfen umher und stoßen lange krächzende Rufe aus, die kundtun, dass der Rufer stark ist und es ernst meint. Ein Waschbär, der versucht, das Nest auszurauben, würde dieses Ausdrucksverhalten sicherlich nicht missverstehen, und ein Mensch ebenso wenig.

Eines der unzähligen Beispiele für Wutäußerungen von Raben ereignete sich im Volierenkomplex, wo sich die wild gefangenen Vögel seit Langem daran gewöhnt hatten, dass ich ihnen das Futter brachte. Kaum stellte ich es hin, kamen sie alle sofort herbeigeflogen und begannen zu fressen. Eines Tages versperrte ich zufällig den Eingang der Seitenvoliere, in der sich noch C 48 befand. Natürlich wollte auch er zum Futter, kam ganz dicht an mich heran, blickte mir in die Augen und brach in die gleichen langen, tiefen Alarm- oder Wutrufe aus, mit denen ich empfangen werde, wenn ich mich Nestern mit Jungen nähere. Dieses Drohverhalten wäre einige Zeit vorher undenkbar gewesen, als er noch Angst vor mir hatte und immer klein beigab. Dieses Mal zeigte er keine Furcht vor mir und wagte, mir seine Emotionen kundzutun. Unter den gegebenen Umständen war mir seine Botschaft klar: »Geh mir aus dem Weg – ich will an dir vorbei zum Futter.« Ohne den situativen Kontext und meine persönlichen Erfahrungen mit Raben wären seine Rufe bedeutungslos geblieben und hätten keine Botschaft enthalten.

Seine Botschaft hätte er mir nicht übermittelt, ohne damit zu rechnen, dass ich ihm Platz machte. Tatsächlich hatte er mit mir gesprochen, denn seine Botschaft war nur für mich bestimmt. Ich vernahm sie, verstand sie und trat zur Seite. Und er schlüpfte augenblicklich an mir vorbei.

Auch die Körpersprache ist für Raben außerordentlich wichtig. Offenbar sprechen Handlungen für sie eine deutlichere Sprache als Worte. Im Gegensatz zu zahlreichen Berichten in der Literatur habe ich nie gehört, dass ein Rabe einen Alarmruf ausgestoßen hat, wenn ich in die Nähe einer fressenden Schar kam. Wenn nur ein Vogel aus der Gruppe mich sieht und auffliegt, fliegen die anderen fast augenblicklich davon. Wiederholt habe ich erlebt, als ich mich vor einem Fresstrupp versteckte, dass ein Vogel über mich hinwegflog, der mich entdeckte und daraufhin den Rhythmus seines Flügelschlags veränderte, meist indem er rasche Bremsbewegungen machte. Ohne dass ein einziger Ruf ertönte, flog der Trupp augenblicklich auf und zerstreute sich, obwohl er an einer anderen Futterstelle jenseits eines Hügelkamms, unbehelligt von mir seine Mahlzeit hätte fortsetzen können.

Da Raben sehr viel intelligenter als Insekten sind, brauchen sie keine langen Lieder und Tänze wie die Honigbienen, um ihre Artgenossen von einer Futterquelle in Kenntnis zu setzen. Die Information ist in einfachen Handlungen enthalten. Nehmen wir an, vier bis fünf Raben, die wissen, wo Futter ist, verlassen den gemeinschaftlichen Schlafplatz eiligst 30 Minuten vor Sonnenaufgang. Da alle Vögel, die Kenntnis von einer Futterstelle haben, den Schlafplatz am frühen Morgen als Erste verlassen, ist den anderen Vögeln natürlich sofort klar, was los ist, wenn eine kleine Gruppe so eifrig und so früh aufbricht. Die hungrigen Vögel, die nicht wissen, wo Futter ist, folgen denen, die eine solche Zielstrebigkeit an den Tag legen.

Dabei können sich meine Spekulationen durchaus auf einige Daten stützen. Einen ganzen Winter hindurch bin ich Stunden vor Morgengrauen aufgestanden und habe hohe Fichten in der Nähe von ausgelegten Ködern erklettert. Dieses seltsame Vergnügen – in der Dunkelheit bei Temperaturen unter dem Gefrierpunkt auf vereiste Fichten zu steigen – hatte durchaus einen ernsten Hintergrund. Ich wollte Vögel zählen. So beobachtete ich, dass die *ersten* großen Verbände stets eintrafen, bevor es hell wurde. An den nachfolgenden Tagen kamen die Vögel immer später und in kleineren Gruppen, sogar einzeln oder paarweise. Sobald die Vögel mit dem Fressen begonnen hatten, wussten sie natürlich, wo die Nahrungsquelle war. Von da an brauchten sie keinem anderen Vogel mehr zu folgen und mussten den gemeinschaftlichen Schlafplatz nicht mehr vor Morgengrauen verlassen, sobald der erste Vogel aufbrach. Sie konnten alleine hinfliegen und den Zeitpunkt ihres Aufbruchs selbst bestimmen. Hier könnte man einwenden, dass es sich nicht um Informationsübermittlung, sondern um Informationsparasitismus handelte. Das würde voraussetzen, dass eine Seite auf Kosten der anderen profitiert. Im Falle des oben beschriebenen Geschehens profitierten jedoch sowohl die Raben, die den anderen folgten, als auch diejenigen, denen die anderen folgten. Für beide Gruppen wurde der Weg zur Futterquelle frei, weil sie so den revierverteidigenden Vögeln überlegen waren und/oder ihre Furcht vor der Nahrung überwanden. Mithin war es Kommunikation, wenn auch eine nichtvokale.

17 der häufigsten Vokalisationen von Fuzz, Goliath, Houdi und Whitefeather

1 = laute, hohl klingende *karks*, die einzeln oder mit großem zeitlichen Abstand geäußert wurden
2 = zärtliche, intime *mm*-Laute
3 = leise Schreie
4 = nasale Schreie
5 = rasche Folge von *quork*-Rufen
6 = sehr rasche Folge von *rap-rap-rap*-Rufen
7 = tiefe, kurze Krächzlaute
8 = lange, an- und abschwellende Revierrufe
9 = lange, tiefe, laute Krächzrufe
10 = laute, schrille Bettelrufe
11 = Klopfrufe, als schlüge ein Stock gegen eine Fahrradfelge
12 = *uh-uh*-Rufe
13 = Rufe wie Hundewinseln
14 = *schioh*-Rufe
15 = sanfte, ansteigende Laute mit Gesangscharakter
16 = dumpfe Klagelaute
17 = lang anhaltender, monologischer Singsang

TABELLE 16.1 RUFSCHLÜSSEL *(vgl. Legende)*

	1	2	3	4	5	6	7	8	9	10	11	12	13	14	15	16	17	**insg.**
Fuzz und Houdi allein, Mai 1995																		
Fuzz	0	0	0	0	0	170	199	87	65	495	0	138	0	71	0	10	10	**1245**
Houdi	0	0	0	0	0	220	23	33	16	25	351	0	112	0	24	0	9	**813**
Goliath und Whitefeather zusammen mit Fuzz und Houdi in der gleichen Voliere, September 1995																		
Fuzz	0	0	0	0	0	20	15	17	15	380	0	9	0	5	6	0	0	**467**
Houdi	0	0	0	0	0	0	0	0	0	0	0	0	0	0	0	0	0	**0**
Goliath	0	0	0	0	0	0	0	0	1	12	0	0	0	0	0	0	0	**13**
Whitefeather	0	0	0	0	0	39	27	120	0	0	124	0	0	0	28	0	0	**338**
Fuzz und Houdi wieder zu zweit, Dezember 1995																		
Fuzz	1	3	0	30	0	35	15	17	80	10	0	33	0	65	0	0	0	**289**
Houdi	0	0	0	10	0	37	10	90	50	0	130	0	0	0	15	0	0	**342**
Goliath und Whitefeather wieder zu zweit, Januar 1996																		
Goliath	87	68	0	0	14	523	2	98	105	5	0	0	0	0	0	0	0	**902**
Whitefeather	0	127	380	575	978	652	19	161	6	487	827	0	118	0	300	0	0	**4630**
Fuzz und Houdi zu zweit, Januar 1996																		
Fuzz	0	0	40	0	13	357	606	96	254	0	0	10	0	0	0	0	0	**1375**
Houdi	0	8	43	164	0	508	84	212	0	0	289	0	22	0	0	0	0	**1330**

17. KAPITEL

Prestige unter Raben

Kommt eine Gruppe von Jungraben erstmals in einer Voliere zusammen, fordern sie einander auch schon heraus und stellen eine Rangordnung her. Trotz des Dominanzwechsels zwischen Fuzz und Goliath und später zwischen Red und Yellow sind Statusveränderungen selten. Im Allgemeinen kann ein rangtiefer Vogel seinen Status nur verbessern, indem er seine Gefährten verlässt und sich einer anderen Gruppe anschließt. Dabei kann aber auch der umgekehrte Fall eintreten, nämlich ein Statusverlust, wie der folgende Fall zeigt.

Ein Rabentrupp hatte hundert Meter von einigen Kalbskadavern in einem dichten Tannenbestand geschlafen, doch an diesem Tag, dem 1. März 1993, erschienen nur zehn Vögel, um davon zu fressen. Einer war ein neuer Vogel, den ich noch nie gesehen hatte, mit einem langen, gekrümmten Oberschnabel, der fast einen Zentimeter vorsprang und sich dann nach unten bog. »Hakenschnabel« unterschied sich deutlich von anderen, die sich gelegentlich blicken ließen, unter anderem von »Kein Schnabel« (dem der halbe Oberschnabel fehlte), »Holzbein«, »Einauge«, »Humpelbein« und einigen anderen, die wohl alle Opfer von Schrotschüssen oder Fallen waren. Hakenschnabel, die neu in diesem Trupp war, ließ sich selbstbewusst auf ein Klopfrufduell mit einem anderen Weibchen ein.

Plötzlich begann eine wilde Jagd durch den Wald, in dem der Kadaver lag. Der jagende Rabe hatte sich einen bestimmten Vogel ausgeguckt, dem er hartnäckig auf den Fersen blieb, in halsbrecherischem Flug zwischen den Bäumen hindurch und vorbei an allen anderen Vögeln. Ich nehme an, der gejagte Vogel war Hakenschnabel, weil sie anschließend im Fresstrupp fehlte. Als sie 20 Minuten später zurückkehrte, blieb sie an der Peripherie des Trupps, wo niemand sie beachtete. Ich studierte den Fresstrupp noch eine weitere halbe Stunde. Während dieser Zeit ging sie den anderen aus dem Weg und verharrte in Demutshaltung. Der ranghohe Vogel, der sie bei ihrer Ankunft offenbar gewesen war, hatte sich in einen Raben verwandelt, der sich allen anderen unterordnete. Seit der Jagd hatte sie nicht einen einzigen Klopfruf mehr von sich gegeben.

Beim Pfauhahn und den meisten anderen männlichen Vögeln steht das Imponierverhalten unter dem Einfluss von Hormonen, im Wesentlichen dem Testosteron. Um diesen hohen Testosteronspiegel zu gewährleisten, wachsen die Hoden etwa auf das Dreißigfache ihrer ursprünglichen Größe an. Bei Raben unterdrücken ranghohe Vögel nicht nur das Verhalten von Geschlechtsgenossen, sondern auch ihre sexuelle Entwicklung. Ich fragte mich, ob das Gehirn ranghoher Raben vielleicht schon in frühem Alter testosterongesättigt ist. Um dieser Frage nachzugehen, führten Michael Romero, ein Endokrinologe von der Tufts University, und ich eine Studie zu den Hormonprofilen im Blut von Raben durch.

Einen Winter und unzählige vorstellbare und unvorstellbare Pannen später war es mir gelungen, genügend Blutproben von Raben zu beschaffen, deren Rangplatz in der Dominanzhierarchie uns bekannt war. Dieses Rabenblut und aus reiner Neugier auch eine Blutprobe von mir schickte ich an Romero, der damals noch an der University of Seattle forschte und die Hormontests vornehmen wollte. Die Ergebnisse waren sehr aufregend, weil ich sie nicht erwartet hatte. Wir hatten die Blutproben im Spätwinter entnommen, in der Brutsaison der Vögel (auch wenn unsere Nichtbrüter waren). Ich hatte von Altvögeln (schwarzer Rachen) und Jungvögeln (rosa Rachen) beiderlei Geschlechts, ranghohen wie rangtiefen, Blutproben entnommen. Die Testosteronspiegel waren niedrig, und wir entdeckten keinen statistisch signifikanten Unterschied im Testosteronspiegel zwischen Vögeln von verschiedenem Status und Geschlecht. Die großen ranghohen, schwarzrachigen Männchen hatten nur unwesentlich höhere Testosteronspiegel als die rosarachigen, immaturen Weibchen. Folglich ist Testosteron nicht das Hormon, das für die *Erhaltung* des Status in der Rabengesellschaft verantwortlich ist. Es kann auch beim Erwerb des Status keine Rolle spielen, weil Raben ihre Dominanzbeziehung binnen weniger Minuten nach ihrer ersten Begegnung festlegen. Leider befanden die Gutachter unseres Manuskripts, unsere Ergebnisse würden eher zur »Verwirrung« als zur Bestätigung der herrschenden Lehrmeinung beitragen, daher wurde es abgelehnt. Hätten unsere Ergebnisse diese Bestätigung gebracht, dann wären sie, wie ich fand, auch nicht der Erwähnung wert gewesen.

Wir hatten auch den Corticosteronspiegel ermittelt. Corticosteron ist ein Hormon, das bei erhöhtem Stress in die Blutbahn ausgeschüttet wird. Anders als Testosteron kann dieses Hormon rasch, in Minutenfrist, in die Blutbahn abgegeben werden. Wir entnahmen unsere Proben eine Minute nach der Gefangennahme der Raben sowie später und stellten wie erwartet fest, dass es kurz nach der Gefangennahme der Vögel zu einem raschen Anstieg des Corticosteronspiegels kam und dass dieser Spiegel rasch wieder auf sein Normalniveau fiel. Weder in den Grundwerten noch im Anstieg des Stresshormonspiegels zeigten die Vögel am oberen und am unteren Ende der Hackordnung irgendwelche Unterschiede. Erfreut nahm ich zur Kenntnis, dass die physiologische Stressreaktion der Vögel so rasch zurückging und dass die Stressbelastung von rangtiefen Vögeln offenbar nicht höher war als die von ranghohen Vögeln.

Die Rangordnung von Raben wird nicht durch Hormone bestimmt, sondern durch die Körpergröße. Bei Vögeln ist die wirkliche Größe nicht leicht ersichtlich, weil sie unter einer dicken Gefiederschicht verborgen ist. Die Federn können aufgestellt oder angelegt sein, sodass der Vogel je nach Situation unterschiedlich groß wirkt. Bei der anfänglichen Verbeugungszeremonie der Männchen übertreibt der Neuankömmling oft seine Größe, indem er langsam und gespreizt stolziert; den Kopf hält er prahlerisch, und dabei unterstreicht er seine selbstbewusste Haltung, indem er entsprechende Imponiergesten ausführt. Dadurch, dass er den Kopf hochreckt und den Schnabel steil nach oben stellt, erscheint der Vogel noch eindrucksvoller. Die erhobenen »Ohren«, das teilweise aufgeplusterte Kopfgefieder und der durch die lanzettförmig ausgezogenen Kehlfedern verdickte Hals betonen seine scheinbar massigen Konturen. Glänzend reflektieren die Kehlfedern das Licht und zittern infolge der Schluckbewegungen. Das lenkt die Aufmerksamkeit auf den Hals, der fast zum Umfang des restlichen Körpers angeschwollen zu sein scheint. Der Umfang des Hinterleibs wird dadurch aufgewertet, dass die hageren, stockartigen Beine durch herabhängende Bauchfedern verdeckt werden, die wie Hosen aussehen. Wenn sich das Männchen einem möglichen Rivalen nähert, schnappt es energisch mit dem Schnabel und zieht immer wieder seine auffälligen weißen Nickhäute vor, sodass es aussieht, als würden Scheinwerfer an- und ausgeschaltet. Es schreitet, wie ein Rabenbeobachter spöttelte, »mit einer Großspurigkeit einher, die an einen Schlägertyp erinnert, der auf dem Bürgersteig die Leute anrempelt«.

Wenn der Vogel, dem all dieses Imponiergehabe gilt, kleiner und gebührend beeindruckt ist, unterwirft er sich, indem er den Kopf tief zwischen die Schultern zieht und den Schnabel nach unten richtet. Damit ist der Zusammenstoß gewöhnlich beendet. Wenn sich das Imponieren jedoch an einen selbstbewussteren Vogel richtet, reagiert dieser auf die Herausforderung unter Umständen mit ähnlichem Imponiergehabe. Sind beide dann entsprechend aufgeplustert, kann es zum Gerangel und Kampf kommen. Dabei wird der Schnabel, eine gefährliche und unter Umständen tödliche Waffe, selten rücksichtslos eingesetzt. Der Vogel, der als Erster Beschwichtigungsgesten ausführt, hat den Kampf verloren.

»Schummeln« kleinere Vögel, und versuchen sie gegenüber größeren Raben zu bluffen? Die Antwort lautet, nicht allzu sehr. Jedes Individuum, das sich zum aggressiven Imponieren entschließt, muss damit rechnen, dass andere Vögel, die sich ein oder zwei Stufen über ihm wähnen, versuchen werden, es in seine Schranken zu weisen. Prestigeimponieren (wie es potenziell durch Testosteron angeregt werden könnte) kann für einen schwächeren Vogel nachteilig sein, weil man ihm aggressiv begegnen wird. Das Rivalenimponieren von Raben ist also im Allgemeinen ein »ehrlicher« Ausdruck von Größe und Kraft. Es ist kein Testosteronstoß und kann auch keiner sein.

Zur Eleganz des Rabenverhaltens gehört, wie erwähnt, dass die Vögel, wenn sie sich zum ersten Mal begegnen und taxieren, neben Selbstvertrauen, Rang und Prestige noch etwas anderes signalisieren. Sie offenbaren gleichzeitig ihr Geschlecht. Das heißt, es gibt zwei Prestige-Imponierformen, eine für Männchen und eine für Weibchen. Männchen und Weibchen, die für uns völlig gleich aussehen, können ihre sexuelle Identität also nur offenbaren, wenn sie ranghohe Tiere sind. Wie das folgende Beispiel zeigt, bleiben die chronisch rangtiefen Tiere praktisch geschlechtslos.

Im April 1992 habe ich in der Voliere eine Gruppe wild gefangener Raben gehalten, unter ihnen auch White Slash (ein Weibchen, das nach seiner Flügelmarke benannt worden war) und Blue Diamond, ein Männchen. Sie hockten zusammen, kraulten sich, und das Weibchen bettelte ihn immer an. In der Gruppe gab es nur fest verpaarte Vögel, die ihre Krauldienste nie einem anderen Vogel anboten. Blank White, ein weiteres Weibchen, »ging« locker mit No Tag, der vorher mit verschiedenen anderen Vögeln Kraulkontakte gehabt hatte. Yellow O, ein großes juveniles Männchen, von dem schon die Rede war, kraulte einmal Green und wurde einmal von ihr gekrault. Ansonsten imponierte er gegenüber keinem Vogel, und kein Weibchen suchte seine Nähe. Er schien geschlechtslos und anonym zu sein. Nachdem ich die Gruppe etwas gemischt hatte, sollte sich das in Minutenschnelle ändern.

Ich scheuchte einige Vögel aus der Seitenvoliere in den Hauptkäfig, weil ich ihr Versteckverhalten untersuchen wollte (vgl. 22. Kapitel). Bei dieser Umsiedlung blieb Yellow O, das stumme, verschüchterte Männchen, mit dem Weibchen One Dot zurück. Das war nicht geplant. In dem allgemeinen Aufbruch hatten sie es einfach nicht geschafft. Um nicht noch mehr Störungen zu verursachen, hatte ich sie dort gelassen. Sobald sie allein waren, begannen sie, prachtvoll zu imponieren. Derartige Verhaltensweisen hatte ich an ihnen nie beobachtet, als sie noch mit den anderen zusammen waren. Beide waren Jungvögel mit hellrosa Rachen, die noch nicht das glänzende Federkleid hatten, obwohl ihr Verhalten jetzt den Eindruck hervorrief, sie seien ausgewachsene Altvögel. Die beiden rückten dicht zusammen. Das Männchen stand hoch aufgereckt, den Schnabel steil nach oben gestellt, die Kehlfedern aufgeplustert, die Seiten- und Flügelfedern weit aufgestellt, sodass es viel größer wirkte. Hin und wieder richtete es auch seine »Ohren« in der typischen Art ranghoher Männchen auf. Es ließ die weißen Nickhäute seiner Augen aufblitzen und spulte das ganze männliche Lautrepertoire ab –

Würgelaute, Gurgeln, Schnabelklappen, Grunzen, Schreien sowie hohe und tiefe *quorks*. Zwischendurch äußerte es tiefe, nasale *quorks*, tiefe, krächzende *quorks* und dann wieder hohle, gongartige Laute. Offenbar beeindruckt, machte One Dot mit aufgeplustertem Kopf eine Verbeugung und ließ die typischen weiblichen Klopflaute ertönen. Da das Balzimponieren praktisch ununterscheidbar vom sozialen Rivalenimponieren ist, war mir jetzt auch klar, warum sie es nicht in Gegenwart der Gruppe gezeigt hatten. Blue Diamond und die anderen hätten sie augenblicklich angegriffen, um sie in ihre Schranken zu weisen. Nun konnten sie sich beide nach Herzenslust brüsten, ohne dass es ihnen jemand verwehrte.

Wenn es größeren Vögeln aufgrund ihrer Gestalt leichter fällt, zu imponieren, um Nahrung zu verteidigen, Partner zu bekommen, Nachkommen aufzuziehen und sich bei niedrigeren Temperaturen warm zu halten (weil die Körpergröße zur Erhaltung der Körperwärme beiträgt), warum hat die Selektion dann nicht viel stärker auf Körperwuchs gesetzt? Bei Raben ist es wie überall: Der Fortschritt hat seinen Preis. Wie der Schwanz des Pfauhahns hat die Dominanz eines männlichen Raben zuzeiten große Vorteile, doch überwiegend ist sie wahrscheinlich eine Last. Der Energieaufwand, der erforderlich ist, um eine große Körpermasse zu erwerben und aufrechtzuerhalten, ist vielleicht nicht immer unmittelbar ersichtlich, weil an großen Kadavern, wo Raben fressen, Nahrung in unbegrenzter Menge vorhanden ist, selbst für große, ranghohe Vögel.

Wenn die Nahrungsressourcen nicht mehr vorhanden sind, mit denen sich überdurchschnittliche Körpergröße und Dominanz bewahren lassen, dann entfallen möglicherweise die Vorteile dieser Eigenschaften, und es schlägt die Stunde der kleineren Rangtiefen. Dass die Dominanz eines Raben ihren Preis hat, wurde während eines ungeplanten Experiments erkennbar. Als ich für drei Wochen verreisen musste, hatte ich eine Gruppe von 15 gefangenen Raben und einer Krähe in der Obhut eines gewissenhaften Freundes und Nachbarn zurückgelassen. Um es meinem Helfer Ron leichter zu machen, besorgte ich fünf Kalbskadaver, schleppte sie auf einen Hügel und packte sie in eine kalte Grube, damit sie sich besser hielten. Zur Isolierung legte ich eine dichte Schicht Ahornlaub darüber. Außerdem ließ ich einige Säcke Kartoffeln zurück, die er gekocht an die Vögel verfüttern konnte. Außerdem hatte ich Ron erklärt, dass er die Kälber aufschneiden müsse, damit die Vögel an das Fleisch herankämen, und hatte ihm zu diesem Zweck ein scharfes Messer gegeben. Ich wusste das Wohlbefinden meiner Vögel in besten Händen und fuhr in der Gewissheit fort, alles aufs Beste geregelt zu haben.

Bei meiner Rückkehr suchte ich meinen Freund sogleich auf, der sich sicher war, dass er seinen Pflichten als Rabenfütterer gewissenhaft nachgekommen war, und mir stolz berichtete, wie »zahm« einige Raben geworden seien. Als ich die Voliere betrat, war ich entsetzt. Einer der Raben war gerade verendet. Andere, die »zahm« erschienen, waren einfach vom Hunger geschwächt. Dann bemerkte ich die Kälber. Obwohl sie längs des Bauches aufgeschnitten worden waren, war der größte Teil des Fleisches unzugänglich geblieben. Eiligst schnitt ich die Kalbfelle so auf, dass mehr Fleisch freilag – so als hätte ein Raubtier das Kalb gerissen, und innerhalb von zwei Tagen waren die übrigen Vögel wieder zu Kräften gekommen.

Das Überraschende an diesem Vorfall war – von der Unachtsamkeit meines Ersatzmannes abgesehen –, dass ausgerechnet NT verhungert war, der unbestrittene Ranghöchste der 15 Raben. Die erheblich kleinere Krähe, die allen Raben vollkommen untergeordnet war, hatte keinerlei Einbußen an Kraft und Gesundheit zu verzeichnen. Auch die kleineren, rangtieferen Raben waren wenig beeinträchtigt. Die Raben hätten die Krähe leicht fangen und töten können, was sie mit vielen anderen Vögeln getan hatten, die durch den grobmaschigen Draht in die Voliere gelangt waren – unter anderem mit Blauhähern, einem Kragenhuhn, Rotkehlchen und einem Sägekauz. Sie hätten auch den toten NT fressen können.

Ein hoher Rang bringt einem Raben Vorrechte. Er kann, wenn er sich die Mühe macht, einen Kadaver monopolisieren. Am 23. April 1995 um 7.30 Uhr tauchten beispielsweise plötzlich acht nichtterritoriale Raben am Kalbskadaver hinter meinem Haus in Vermont auf. Innerhalb von Minuten erschien das Männchen des revierbesitzenden Brutpaares. (Das Weibchen huderte zu diesem Zeitpunkt die Jungen und konnte nicht kommen.) Ununterbrochen jagte er die Eindringlinge einen nach dem anderen. Der fortgesetzte Kampf dauerte 62 Minuten. Um 8.32 Uhr stand schließlich der Sieg des revierbesitzenden Männchens fest – die acht Nichtbrüter verließen die Stätte ihrer Niederlage, ohne ein einziges Mal gefressen zu haben. So anstrengend die Verteidigung des Kadavers auch gewesen sein mochte, seinen Jungen kam sie wahrscheinlich zugute.

Ranghohe Vögel können auch frei bestimmen, wann sie an einem ihnen unheimlich erscheinenden Kadaver zu fressen beginnen – und dadurch das Risiko verringern. Ende April 1992 beobachtete ich Raben im Volierenkomplex, nachdem ich ihnen einen Kadaver hingelegt hatte. Erst nach einer vollen Stunde näherte sich einer der Vögel dem toten Tier und begann zu fressen. Innerhalb der nächsten Minute machten sich die meisten anderen Vögel der Gruppe ebenfalls über das Kalb her. Alle mit Ausnahme von White Slash, einem Weibchen von sehr hohem Rang, und ihrem Partner Blue Diamond, dem Ranghöchsten der Gruppe. Sie stupste ihn ständig an und stieß ihre charakteristischen Bettelschreie aus. Diese Laute waren tiefer und gutturaler als die der anderen. Sie war auch der einzige Vogel in der Gruppe, von dem ich solche nahrungsbezogenen Rufe vernahm. Ihre Schreie richteten sich nur an ihn. Wenn sie ihn auffordernd anstieß, kraulte sie ihn häufig und wurde wiedergekrault. Es sah aus, als fordere sie ihn auf, sich zum Kalb zu begeben. Das tat er dann auch bald, woraufhin sie beide fraßen.

Zunächst war ich überrascht, dass die Vögel mit dem höchsten Rang *nicht* als Erste fraßen, und begann die Statusinteraktionen genauer zu beobachten. Das erste Muster, das ich während der folgenden drei Tage erkannte, war die Tatsache, dass der Vogel, der als Erster fraß, immer ein rangtiefer Vogel war. Sobald das Fressen begonnen hatte, kamen White Slash und Blue Diamond herbei und fraßen, wo es ihnen passte. Sie hatten den anderen einfach das Risiko überlassen, sich einem Kadaver zu nähern, den sie fürchteten, während sie die Vorteile, die er zu bieten hatte, für sich beanspruchten.

Ein Pfauhahn signalisiert sein Geschlecht und seine Stärke dadurch, dass er einen extravaganten Schwanz mit sich herumschleppt, die Verkörperung dessen, was Zahavi eine »verlässliche Information« in der Kommunikation nennt. Die meisten Interaktionen von Raben mit Artgenossen finden statt, während sie von Kadavern fressen. Wie kann ein Rabe sein Geschlecht und seine Stärke bekannt geben? Von verschiedenen Möglichkeiten habe ich bereits berichtet. Eine weitere entdeckte ich, als ich meiner Gruppe von gefangenen Raben im Mai 1992 beim Fressen zusah.

Oft befindet sich hoch oben auf einem Kadaver ein Rabe in einer fast gefährlich anmutenden Position. Ich hatte immer angenommen, der Ranghöchste würde diese Position einnehmen, weil sie der beste Platz zum Fressen sei. Doch als ich mir meine früheren Beobachtungen an Vögeln, die ich als Individuen kannte, durch den Kopf gehen ließ, wurde mir klar, dass ich etwas falsch verstanden haben musste. In der Nähe einer Beute kommt es zu ständigen Kabbeleien. Dieses Verhalten hatte ich als Futterstreit interpretiert, aber hatte ich wirklich jemals gesehen, dass ein Vogel ausgeschlossen wurde? Nein! Noch nicht einmal der schwächliche X, von dem ich annahm, dass er eine Schrotkugel im rechten Brustmuskel trug, weil er seinen rechten Flügel hängen ließ. In den drei Tagen, die sie an dem Kadaver fraßen, hatte es nicht einen einzigen Kampf gegeben. Fast alle der zahlreichen Hiebe waren von ranghohen an rangtiefe Vögel gerichtet, offenbar, um sie zu der Beschwichtigungsgebärde mit aufgeplustertem Kopf zu veranlassen. Sobald die rangniederen Vögel ihren Status durch entsprechendes Verhalten zum Ausdruck gebracht haben, dürfen sie neben den ranghohen fressen. Es gab keinen Hinweis, dass die Rangtiefen weniger Nahrung bekamen als die Ranghohen, wie ich in einer Reihe von Experimenten feststellte, in denen ich die Vögel unmittelbar nach den Fresszeiten einfing und wog. Wenn überhaupt ein Unterschied festzustellen war, dann nahmen die Ranghohen kleinere Bissen zu sich und mussten länger fressen, um die gleiche Menge Nahrung aufzunehmen. Es gab eine feste Reihenfolge am Esstisch. Einige Vögel wollten am »Kopfende« sitzen, nicht nur um zu essen, sondern auch, »um gesehen zu werden«. Bei den Zankereien ging es nicht so sehr um die Frage, wer fressen, sondern wer wo seinen Platz einnehmen durfte. Ganz oben auf dem Kadaver zu stehen, das entspricht etwa dem Kopfende des Tisches, ein sehr prestigeträchtiger Platz, jedoch keiner, an dem sich das Fleisch unbedingt am leichtesten und schnellsten verschaffen lässt.

Tagelang konnte man die Vögel beobachten, ohne selbst in den engen Grenzen der Voliere eine Vorstellung davon zu gewinnen, welchen Rang ein Vogel in Beziehung zu einem anderen einnahm. Doch sobald sie zu fressen begannen, war nach 30 Sekunden klar, wer der Alphavogel war. Der Alphavogel sitzt ganz oben auf dem Kadaver. Während er dort frisst, sind seine Flügelfedern aufgestellt, sodass er breiter erscheint, mit dem Ergebnis, dass die Flügelspitzen über dem Schwanz *gekreuzt* sind, statt parallel zu ihm zu liegen. Auch der Schwanz ist in der Regel etwas erhoben, statt waagerecht zu stehen oder leicht zu fallen.

Der Rang des Alphatieres wird auch in anderen Situationen erkennbar. In meinem Volierenkomplex gibt es eine große abgestorbene Buche, die oben in einem Stumpf endet, der offenbar der Lieblingssitzplatz von Green 67 war, dem ranghöchsten Vogel in einer späteren Gruppe wild gefangener Raben, die ich hielt. Dieser Vogel wurde im Gegensatz zu den anderen Raben der Gruppe Mitte April ruhelos, als wollte er unbedingt fort. Er flog eine Runde nach der anderen in der Voliere und kehrte immer wieder auf seinen Buchenstumpf zurück. Wenn er bei seiner Rückkehr einen anderen Vogel auf dem Stumpf vorfand, stieß er ihn einfach hinunter. Der flatterte dann davon oder landete in den Brombeersträuchern. Da Green 67 von diesem Stumpf aus immer in die gleiche westliche Richtung blickte, nahm ich an, er hätte ein bestimmtes Ziel vor Augen, und dieser Baumstumpf wäre ein geeigneter Ort, um diese Richtung anzuvisieren. (Ich hatte ihn an einem Ort gefangen, der in dieser Richtung gut sechs Kilometer von der Voliere entfernt lag, und als ich ihn dort später freiließ, kreiste er und flog dann tatsächlich in diese Richtung weiter.) Nachdem Green 67 die Voliere verlassen hatte, wurde Blue 110 der Ranghöchste und beanspruchte denselben Baumstumpf. Dabei gab es keinen Mangel an Baumstümpfen. Wenn Blue 110 nicht auf der Buche saß, nahm NV, der Nächste in der Rangordnung, diesen Platz ein. Schließlich ließ ich Goliath zu diesen Vögeln hinein, woraufhin er der ranghöchste Rabe wurde und den Platz auf der Buche für sich reklamierte.

Aus diesen Beobachtungen schloss ich, dass der Status für viele Aspekte des Rabenverhaltens von entscheidender Bedeutung ist. Es ist aufwendig, einen hohen Status unter Beweis zu stellen und zu verteidigen. Bei Raben beruht er auf der Körpergröße, wobei andererseits zu berücksichtigen ist, dass ein Vogel umso mehr Futter braucht, je größer er ist. Ein hoher Rang wird durch Imponieren zum Ausdruck gebracht, und wer imponiert, muss sich auf Herausforderungen gefasst machen. Trotzdem sind die Vorteile eines hohen Status vielfältig. Nur ranghohe Vögel können ständig ihr Geschlecht signalisieren, und nur deshalb können sie anziehend auf potenzielle Paarungspartner wirken. Sie sind gute Ernährer, weil sie in der Lage sind, Nahrungsvorkommen zu verteidigen, was von großer Wichtigkeit ist. Der Status entscheidet darüber, wer an einer begehrten Futterquelle als Erster fressen darf, und auch darüber, wer es anderen erlauben kann, als »Vorkoster« an einer möglicherweise gefährlichen Nahrungsquelle zu fungieren.

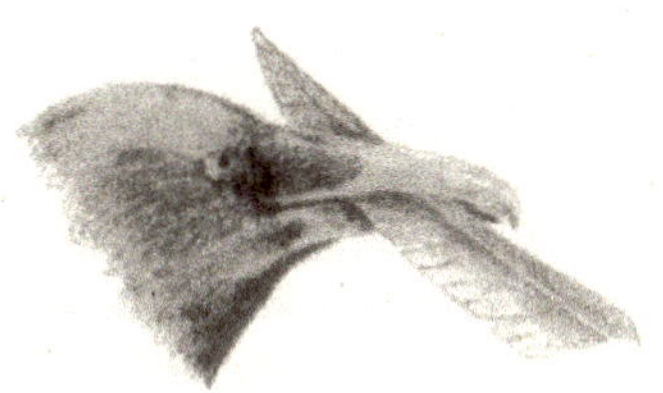

18. KAPITEL

Rabenängste

Die Ängste von Raben habe ich als äußerst merkwürdig empfunden. Raben, habe ich gelernt, zeigen nicht nur wenig Neigung, in Fallen zu gehen, in denen Kadaver als Köder ausgelegt wurden, sondern auch eine verblüffende Scheu vor völlig harmlosen Kadavern. Wiederholt habe ich beobachtet, dass sie sie überflogen, ohne zu landen. Wenn sie schließlich Stunden oder sogar Tage später landeten, geschah das in der Regel mehr als zehn Meter entfernt. Daraufhin näherten sie sich vorsichtig – nach Möglichkeit in einer ganzen Gruppe –, hielten immer wieder inne und blickten sich des Öfteren um. Wenn sie sich schließlich auf einen Meter herangetraut hatten, sprangen sie hoch und zurück und schlugen mit den Flügeln, als hätten sie sich erschreckt. Dann näherten sie sich wieder, wiederholten das Hampelmannmanöver und versetzten dem Kadaver einen Schnabelhieb, bevor sie sich erneut zurückzogen. Das nächste Mal näherten sie sich ein bisschen rascher. Es dauerte immer lange, bevor das Fressen begann. Ich begriff nicht, warum sie so vorsichtig waren. Dass Raben Angst vor Kadavern haben, erschien mir so absurd, als hätten Kaninchen Angst vor Karotten. Paul Sherman, ein Freund und Kollege von der Cornell University, äußerte die Vermutung, Raben hätten vielleicht keine Furcht vor Kadavern als solchen, sondern vor Bodenfeinden, die in der Nähe lauern könnten. Dieser Gedanke erschien mir plausibel, daher zog ich ein Kalb hoch in einen Baum. Zu meiner Überraschung schienen die Raben jetzt sogar noch mehr Angst zu haben als vorher. Freunde von mir legen die Überreste von Rotwild- und Elchkadavern auf Bäume, um damit Spechte, Eichelhäher und Meisen zu füttern. Sie haben mir erzählt, bei Morgengrauen kämen regelmäßig Raben und schrien, würden das Fleisch aber nicht anrühren. Ich war so schlau wie vorher.

Vielleicht konnte eine andere Hypothese die Scheu der Vögel erklären. Möglicherweise war ihnen die Furcht vor Kadavern nicht angeboren. Unter Umständen hatten nur Einzelne gelernt, Kadaver mit Fallen zu assoziieren, und diese Furcht dann an andere weitergegeben. Wenn die Furcht erlernt war, dann war davon auszugehen, dass Raben, die nie irgendeiner Gefahr in der Nähe von Kadavern ausgesetzt gewesen waren, solche Kadaver in geringerem Maße fürchteten als Altvögel. Anders würde es sich indessen verhalten, wenn die Angst vor Kadavern tatsächlich angeboren war. Um festzustellen, welche dieser Hypothesen zutraf, beschloss ich, die Reaktionen an von mir großgezogenen Nestlingen auf Kadaver zu testen.

Raben haben sich darauf spezialisiert, sich im Winter von Tierkadavern zu ernähren, doch zu meiner Überraschung zeigten die jungen Raben, die ich mit Hundefutter und den zerkleinerten Resten überfahrener Tiere gefüttert hatte, unübersehbare Panik angesichts überfahrener Tiere, die ich ihnen vorlegte. Sie versteckten sich in ihrem Verschlag und kamen erst nach etwa einem Tag wieder zum Vorschein. Wenn sie sich dem Tier schließlich näherten, sprangen sie augenblicklich wieder fort. Um sicherzugehen, dass es kein Zufall war, wiederholte ich die Experimente mit drei verschiedenen Rabengruppen und allen möglichen Tierkadavern beziehungsweise unterschiedlich geformten Gegenständen. Eine Gruppe von Vögeln war von John Marzluff aufgezogen worden, eine andere von Bill Adams, einem

Nachbarn und Kindheitsfreund, die dritte von mir selbst. Die Ergebnisse blieben in allen Fällen gleich. Wir gelangten zu dem Schluss, dass Objekte mit Federn oder Fell Angst auslösten, runde glatte Objekte dagegen sehr verlockend waren. Lange, dünne Nahrungsobjekte wurden gleichgültig behandelt. Erfreut über die Schlüssigkeit unserer Daten, kamen wir zu dem Ergebnis, dass es sich bei der Furcht vor Kadavern um ein angeborenes, erwartungswidriges und verwirrendes Phänomen handelt.

Als ich später Goliath und die drei anderen Jungraben bekam, stellte sich das Bild ganz anders dar. Ich zog sie auf, indem ich sie mit der gleichen Nahrung auf die gleiche Weise fütterte wie die vorherigen Gruppen. Doch von dem Tag an, da sie aus dem Nest hüpften, führte ich sie durch den Wald. Anders als die anderen Jungraben hatten diese vier überhaupt keine Angst. Sie suchten jeden Kadaver und jedes Objekt auf, das ich ihnen zeigte. Auch stürzten sie herbei, um auf einem riesigen blauen Wassereimer, braunen Papiertüten oder einem toten Waldmurmeltier herumzupicken. Bei wilden Raben habe ich zwar die gleichen Verhaltensweisen beobachtet, aber nur bei essbaren Objekten.

Dingen, die meine Raben nicht unter meiner Obhut kennengelernt hatten, begegneten sie eingeschüchtert. Schildkröten zum Beispiel. Mit knapp zwei Jahren waren Fuzz und Houdi, wie ich fand, reif für die Begegnung mit einer Schildkröte. Zu diesem Zeitpunkt hatten sie Bekanntschaft mit den häufigsten Verkehrsopfern aus der Tierwelt gemacht und stets von ihnen gefressen, ohne lange zu zögern. Eine tote Krähe war jedoch mit krächzenden Alarmrufen in Empfang genommen und nicht angerührt worden. Am 6. Juni 1995, als die Zierschildkröten die Teiche verließen, um ihre Eier am Ufer zu legen, holte ich mir ein ausgewachsenes, gut 15 Zentimeter langes Exemplar, um die Reaktionen der Raben wie die der Schildkröte zu beobachten. Als ich die Schildkröte von der Straße aufnahm, streckte sie Beine und Kopf aus, als versuchte sie, aus meiner Hand zu entkommen. Sie zog sich nicht in ihren Panzer zurück.

Sobald ich die Schildkröte mitten in die Voliere setzte, waren Fuzz und Houdi neugierig und etwas beunruhigt. Beide stießen lange, tiefe Alarmkrächzer aus, Houdi etwas höhere als Fuzz. Zögernd machte die Schildkröte ein paar Schritte vorwärts und blieb an einem Baumstamm stehen, als beide Vögel herunterkamen und sie von Nahem betrachteten. Obwohl Fuzz Houdi sonst nie an einer Futterquelle angriff, bedrohte er sie jetzt, woraufhin sie zurückwich und zusah, wie er sich der Schildkröte näherte.

Diese hatte sich inzwischen in ihren Panzer zurückgezogen. 21 Minuten später hatte Fuzz die reglose Schildkröte noch immer nicht angerührt, aber er räumte Zweige, Blätter und andere störende Dinge fort, während er immer wieder näher rückte, um gleich darauf nervös zurückzuspringen. Die Schildkröte rührte sich nicht. Nach weiteren 33 Minuten verloren schließlich beide Vögel das Interesse an ihr. Als sich die Schildkröte jedoch weitere 20 Minuten später langsam und vorsichtig 15 Zentimeter näher auf einen kleinen Grasfleck zubewegte, nahmen beide Vögel wieder ihre krächzenden Rufe auf, und Fuzz kam erneut heran. Die Schildkröte zog sich in ihren Panzer zurück. Dieses Mal ließ Fuzz bereits nach sieben Minuten von ihr ab. Nachdem er das Interesse verloren hatte, erwachte Houdi zum Leben, hüpfte vor und zurück und stieß krächzende Rufe aus. Nach 32 Minuten, um 7.10 Uhr, streckte die Schildkröte abermals ihren Kopf vor, doch Fuzz hatte alle Lust verloren. Um 7.33 Uhr kroch die Schildkröte schließlich davon, unbeachtet von den Vögeln, die desinteressiert auf ihrem Baum saßen. Daraufhin ließ ich eine gerade aus dem Ei geschlüpfte Schildkröte in die Voliere. Nach weniger als einer Minute flog Fuzz hinunter, packte sie und zerdrückte sie in seinem Schnabel. Klopfrufe ausstoßend, wagte Houdi sich in seine Nähe. Er reagierte mit Machoimponieren, dann versteckte er die kleine Schildkröte, die sich Houdi augenblicklich holte und fraß.

19 Tage später, am 26. Juni, fand ich eine weitere weibliche Zierschildkröte, die gerade ihre Eier gelegt hatte, und setzte sie in die Voliere. In weniger als einer Minute ging Fuzz zu ihr hinüber und untersuchte sie gelassen. Zwei Minuten später griff er mit dem Schnabel unter die Schildkröte und drehte sie mit der gleichen geschickten Bewegung auf den Rücken, mit der die Raben im Yellowstone Park Büffelfladen wenden, um an die Insekten darunter heranzukommen. Er tanzte um sie herum und pickte leicht gegen ihren Panzer. Dann ging er fort und zeigte kein Interesse mehr.

Normalerweise richtet sich eine Zierschildkröte in Sekundenschnelle wieder auf. Doch diese stellte sich angesichts der Raben tot. 90 Minuten blieb sie unbeweglich auf dem Rücken liegen, bevor ich sie herausnahm und durch einen vertrockneten Riesenseidenspinner ersetzte. Der tote Falter löste tiefe, krächzende Alarmrufe aus. Mindestens zehn Minuten tanzte Fuzz um ihn herum, sprang nach vorne und wieder zurück, stieß und zuckte mit dem Schnabel wie ein Stierkämpfer mit seinem Degen. Offenkundig hatte er Angst – vor einem Falter! Nach einigen zögernden Schnabelhieben gegen die Flügel packte er ihn schließlich und verspeiste ihn. Wie immer hielt sich Houdi im Hintergrund und sah dem Geschehen aus sicherem Abstand zu. Was lernte sie über dieses Objekt, den Falter, indem sie Fuzz beobachtete?

Es besteht kein Zweifel daran, dass die Jungen ursprünglich am Beispiel der Eltern lernen. Am 7. Juni eines späteren Jahres – 1996 –, als Goliath und Whitefeather Eltern waren, legte ich ein Grauhörnchen, ein Waldmurmeltier, ein Kalb und ein Stachelschwein an verschiedenen Stellen der Lichtung vor meiner Hütte aus. Goliath und Whitefeather fraßen ohne zu zögern von einem Kadaver nach dem anderen, und ihre sechs Jungen folgten ihnen dicht auf den Fersen. Die Jungen hatten noch nie einen dieser Tierkadaver gesehen. Anders als alle meine selbst aufgezogenen Raben dieses Alters, sprangen die sechs munter hinter ihren Eltern auf jeden Kadaver hinauf. So bekamen sie vom Grauhörnchen, vom Kalb, vom Waldmurmeltier und vom Stachelschwein zu fressen und pickten auch selbst an dem Fleisch. Sie ließen keinen Anflug von Besorgnis erkennen. Sogar als die Eltern fortgingen, fraßen sie noch weiter an den verschiedenen Kadavern. Auf diese Weise hatten die Jungen mühelos alle Furcht überwunden, die sie sonst davon abgehalten hätte, ohne die Eltern von diesen Futterquellen zu fressen. Kein Wunder, dass Goliath, kaum war er aus dem Nest, mir auf Schritt und Tritt folgte, alles eingehend untersuchte, was ich berührte, und rasch von allem fraß, was Nahrung war. Sein Nachfolgeverhalten sorgte dafür, dass er von einem älteren Individuum mit Erfahrung, einem Elternteil – in diesem Fall mir – lernte, was er *nicht* zu fürchten brauchte und was Nahrung war.

Zehn Tage später legte ich weitere überfahrene Tiere auf dem Feld vor der Hütte aus – zwei Waldmurmeltiere, eine Zierschildkröte und eine große Schnappschildkröte. Nach wenigen Minuten kam die ganze Horde von acht Raben wild krächzend aus dem Wald geflattert. Goliath ging zunächst bei dem Waldmurmeltier nieder. Die Jungen folgten und pickten selbst am Fleisch. Goliath ließ sie daraufhin allein und begab sich erst zu der einen Schildkröte, dann zur anderen. Die Jungen folgten ihm und fraßen ohne zu zögern auch von den Schildkröten. Rasch und mühelos hatten sie von seinem Beispiel gelernt.

Acht Tage später legte ich wieder einen Kadaver aus, den die Jungen noch nie gesehen hatten: eine überfahrene Katze. Um 7.45 Uhr kreiste einer der Jungen über ihr und flog davon. Goliath und Whitefeather waren an diesem Morgen fort.

Um 9 Uhr hielten sich fünf der Jungen in der Nähe der Katze auf, hockten in einer Fichte, blickten umher und schrien erbärmlich. Sie wollten fressen, trauten sich aber nicht näher heran. Goliath kam um 10.44 Uhr zurück, sah die Katze augenblicklich, zerrte an ihr, rollte sie auf die andere Seite und begann aus ihrem aufgeschnittenen Bauch zu fressen. In Sekundenschnelle kam der ganze Trupp der fünf Jungen herab, versammelte sich um ihn und begann ebenfalls zu fressen. (Ich nahm an, dass Whitefeather am Morgen mit dem sechsten Jungen fortgeflogen war.)

Wilde Raben rühren keinen Kadaver an, wenn sie ihn mit jemandem assoziieren, dem sie nicht trauen, wie das folgende Beispiel zeigt. Ende Oktober 1992 hatte ich 14 frisch gefangene wilde Raben in der Hauptvoliere, während sich 13 wild gefangene Veteranen des Vorjahrs in einer Seitenvoliere aufhielten. Obwohl die Neuankömmlinge unter sich blieben, brauchten sie drei Tage, um von einem Kalb zu fressen, das, wie sie beobachtet hatten, von mir zu ihnen hineingezogen worden war. Außerdem hatte ich ihnen zwei Kalbslungen und ein Grauhörnchen hingelegt, Leckerbissen, auf die sich die zahmen Raben nach wenigen Sekunden gestürzt hätten. Dieses Fleisch war noch nach fünf Tagen unberührt.

Ich legte eine Kalbslunge direkt neben das Kalb, von dem die 14 mittlerweile zu fressen begonnen hatten. Würden sie an der »sicheren Stelle« von der Lunge fressen oder sie trotzdem meiden, weil sie gesehen hatten, dass ich sie getragen hatte? Die Antwort ließ nicht lange auf sich warten. Im Nu machten sie sich über die Lunge her, die ich liegen gelassen hatte, während sie diejenige, die ich neben das Kalb gelegt hatte, nicht anrührten. Hatten sie vergessen, dass ich sie vor drei Tagen angefasst hatte, weil sie mich gerade eben nur die eine und nicht die andere hatten tragen sehen? Zwei Tage später war von der Lunge nichts mehr übrig als eine sauber abgepickte Luftröhre. Die andere Lunge, die sie mich zum Kalb hatten tragen sehen, von dem sie nach wie vor fraßen, hatten sie noch immer nicht angerührt.

Die einfachste Erklärung meiner widersprüchlichen Experimental- und Beobachtungsdaten ist, dass Raben bestimmte Entwicklungsphasen durchlaufen. Anfangs, wenn sie das Nest verlassen haben, begegnen sie wie menschliche Babys allen Gegenständen mit größter Neugier. Sie sind furchtlos und »stecken ihre Nase« in alles, was sie entdecken. In dieser Zeit werden sie von ihren Eltern begleitet, die sie von allen Gefahrenpunkten fernhalten. Dank dieses elterlichen Schutzes haben die Jungen die Möglichkeit, zu erkunden und zu lernen. Während dieser ersten Monate lernen sie aus den Reaktionen ihrer Eltern auch was gefährlich, was harmlos und was eine Nahrungsquelle ist. Die Eltern haben möglicherweise jahrzehntelange Erfahrung, die ihnen teilweise von den eigenen Eltern vermittelt worden ist, sodass die Jungen im Prinzip auch von den Großeltern lernen. Die erste Gruppe von Jungraben, die ich untersuchte, hatte Angst vor Kadavern, weil sie die Lernphase übersprungen hatte, in der die Jungen normalerweise ihren Eltern folgen. Diese Jungen mussten sich alles selbst aneignen, daher hatten sie wenig Anleitung zu entscheiden, was gefährlich war und was nicht. Auf diese Weise brauchten sie zwei Tage und nicht zwei Minuten, um von einem geöffneten Waschbärkadaver zu fressen.

Wenn schließlich die Bindung an die Eltern aufgelöst ist, sind die Jungen auf sich selbst gestellt. Nun könnten sie auf Dinge stoßen, die ihre Eltern womöglich vermieden hätten. Sie gelangen in eine Entwicklungsphase, in der sie neophob sind, das heißt, Furcht vor allem Neuen haben. Sie können sich nicht mehr an ihren Eltern orientieren, um möglichen Gefahren aus dem Wege zu gehen. Nun müssen sie selbst herausfinden, was es mit jedem neuen Ding auf sich hat. Sie können jedoch nicht zu jedem unbewegten Objekt gehen – vielleicht einem schlafenden Wolf – und versuchen, ihm die Augen auszupicken, um ihren Hunger zu stillen.

Ein Vogel, den die Evolution an ein Leben mit Wölfen, Menschen und vielen anderen Fleischfressern angepasst hat, hat vieles zu fürchten. Die Neophobie, die Angst vor allem Neuen, könnte in den Vereinigten Staaten während der letzten Jahrhunderte bei Raben besonders selektiert worden sein, was an den Menschen läge. Seit rund 250 Jahren kann ein Rabe nicht mehr einfach auf eine Nahrungsquelle zugehen, ohne darauf zu achten, ob sie nicht eine böse Überraschung für ihn bereithält. Beispielsweise eine Falle oder vergiftetes Fleisch. Das sind Gefahren, die sich am einfachsten und sichersten vermeiden lassen, indem man erst einmal alle neuen und »merkwürdigen« Dinge meidet. Das Ergebnis wäre, dass die überlebenden Vögel viele irrelevante Dinge fürchten würden. All die scheinbar überflüssigen Ängste wären ein notwendiger Preis, evolutionärer Ballast, um die möglicherweise wenigen, aber unvorhersagbaren Gefahren zu vermeiden. Es folgen einige Experimente, die ich durchgeführt habe, um die Ängste von Raben zu erforschen.

Furcht vor Quantität oder Konfiguration

Während ihres ersten Sommers verspeisten Goliath, Fuzz, Lefty und Houdi 66 zerkleinerte Rothörnchen; sie schlangen sie mit »Haut und Haar« – Innereien, Knochen, Fell – herunter. Am 2. und am 15. August bot ich ihnen dann *ganze* Rothörnchen an. Ich dachte, ein ganzes Rothörnchen würde weitaus attraktiver sein als ein zerstückeltes, und erwartete eine entsprechende Reaktion. Doch sie verweigerten das Tier, weil sie offenbar Angst hatten. An beiden Tagen wagten sie noch nicht einmal, sich ihm zu nähern.

Zuvor hatte ich sie mit Spaghetti gefüttert, und sie hatten eifrig die einzelnen Nudeln aufgepickt und gefressen, die ich ihnen auf den Boden geworfen hatte. Als ich ihnen mehrere Kilo Spaghetti auf den Boden schüttete, sprangen sie furchtsam empor, wenn sie in Reichweite der Nudeln kamen. Hin und wieder näherten sie sich zögernd dem kleinen Haufen, jederzeit zum raschen Rückzug bereit. Dann wagten sie sich noch ein Stück näher – um in letzter Sekunde zurückzuspringen, bevor sie tatsächlich mit den Nudeln in Berührung kamen. Erst einen ganzen Tag später überwand der Hunger schließlich die Furcht, und endlich machten sie sich an dem tellergroßen Spaghettihaufen zu schaffen.

Begeistert fraßen die vier zahmen Raben auch die zweieinhalb Zentimeter langen, gelborangen Käseplätzchen. Wann immer ich ihnen dieses Fertiggebäck auf den Boden streute, stürzten sich die vier enthusiastisch darauf. Plätzchen, die sie nicht sofort herunterschlangen, wurden zur späteren Verwendung versteckt. Eines Tages schüttete ich ihnen eine Großpackung hin. Kamen sie herbei? Keineswegs. Sie waren beunruhigt. Nach einer Weile rückten die Mutigeren etwas näher und pickten ein Stück auf, das ein paar Zentimeter vom Haufen entfernt lag. Der Haufen selbst blieb unberührt. Ich gab ihnen nichts anderes zu fressen, obwohl sie mitleiderregend bettelten. Speichel tropfte ihnen aus dem Schnabel – als könnten sie diese Plätzchen »schmecken«. Fünf lange Stunden hörte ich mir ihre ständigen Bettelschreie an, bevor ich mich endlich ihrer (oder meiner) erbarmte. Kaum hatte ich den Haufen verstreut, waren sie auch schon zur Stelle und ließen kein Plätzchen übrig. Als ich ihnen Spaghetti oder Käseplätzchen zum zweiten Mal in Haufenform darbot, gab es keine Probleme mehr. Ohne zu zögern stürzten sie sich sofort darauf.

Das Stück-versus-Haufen-Experiment war leicht durchzuführen, daher wiederholte ich es noch dreimal – einmal mit

Hundefutter, einmal mit Süßwassermuscheln und einmal mit Cornflakes –, jeweils mit ähnlichem Ergebnis. Ich hatte gedacht, ihre irrationale Angst vor der Haufenform würde sich im Laufe der Zeit legen, doch das war nicht der Fall. Sie blieben vorsichtig. Jede Art von Haufen wurde gesondert beurteilt.

Am 14. November 1993 ließ ich eine Handschwinge eines Raben in die Voliere fallen. Sie sorgte für gehörige Aufregung unter den acht Monate alten Vögeln. Neugierig und ängstlich umflogen sie die Feder, starrten sie an, flogen hinab und flüchteten gleich wieder auf einen hohen Sitzplatz. Während Lefty und Houdi rasch das Interesse verloren, stießen Fuzz und Goliath weiterhin ihre Alarmrufe aus. Nach rund zehn Minuten packte Goliath schließlich die Feder, bearbeitete sie etwa 30 Sekunden mit dem Schnabel, ließ sie dann fallen. Danach schenkten weder er noch einer der anderen Vögel der Feder einen einzigen Blick.

Mitte Januar 1994 hatten die Raben alle Zweige und den größten Teil der Rinde von den Ästen und dem Stamm einer 15 Zentimeter dicken Kiefer in der Voliere entfernt. Da ich dachte, dass sie nun Lust hätten, einen neuen Baum zu entrinden und zu ertasten, brachte ich ihnen eine andere, kleinere Kiefer in die Voliere. Doch statt sich das Bäumchen vorzunehmen, versteckten sie sich alle in ihrem Verschlag und blieben dort anderthalb Tage, ohne zum Fressen herunterzukommen. Doch als sie schließlich wieder aus ihrem Versteck hervorkamen, schienen sie finster entschlossen, dem Baum den Garaus zu machen.

Phantombewegungen

Fuzz und die anderen Vögel stürzten sich augenblicklich auf lebendige Beute. Alle Tiere, die sich durch den Maschendraht in ihre 2000 Quadratmeter große Voliere verirrten, jagten sie, und in den meisten Fällen fingen sie sie auch – Streifenhörnchen, Mäuse, Spitzmäuse und Vögel. Sie waren Jäger. Aus diesem Grund nahm ich eine tote Kurzschwanzspitzmaus, *Blarina brevicaudata* (ein bevorzugter Leckerbissen von ihnen und ein ungewöhnliches Säugetier, weil es einen giftigen Biss hat), band einen langen weißen Faden daran und warf die Spitzmaus in den Schnee, während ich das Ende des Fadens, von dem ich hoffte, er werde im Schnee nicht zu sehen sein, in der Hand behielt. Wie erwartet, stürzten sie sich alle darauf. Goliath schnappte sie sich zuerst und flog mit ihr davon. Als er drei bis vier Meter entfernt war, ruckte ich an dem Faden. Als er die Maus in seinem Schnabel zucken fühlte, ließ er sie augenblicklich fallen, landete und beobachtete das reglos im Schnee liegende Tier aus respektvoller Entfernung. Hier stimmte irgendetwas nicht. Auch die anderen schienen es zu wissen. Alle zogen sich von der Spitzmaus zurück, als sei sie eine Geistererscheinung.

In der Hoffnung, sie zu veranlassen, die Maus wieder zu ergreifen, zog ich sie langsam über den Schnee, wie man Barschköder durchs Wasser ziehen würde. Sie hielten weiterhin Abstand. War ich zu nah? Glaubten sie, ich sei die Ursache des unerklärlichen Verhaltens dieser unheimlichen Spitzmaus? Um sie in Sicherheit zu wiegen, entfernte ich mich 15 Schritt von der Maus, wobei ich die Rolle mit dem weißen Faden in der Hosentasche hielt und fortlaufend abwickelte. Immer noch keine Reaktion. Als ich mich auf sie zubewegte, die Rolle in der Hand, flogen sie sogar vor mir davon. Nach ungefähr fünf Minuten hüpfte Houdi in den Schnee hinab, näherte sich vorsichtig der Spitzmaus und nahm sie mit dem Schnabel auf, ließ sie dann aber augenblicklich wieder fallen und flog davon. Sie kam nicht zurück. Ich rollte den Faden auf, band die Maus los und warf sie zurück in den Schnee. Daraufhin flog Houdi sofort wieder herbei, griff sie mit dem

Schnabel, riss sie entzwei und verschlang die beiden Teile gierig.

Ich fragte mich, ob sie vor der Garnrolle Angst gehabt hatten, weil die Rolle neu für sie gewesen war, und versuchte es mit anderen Objekten. Ich warf ein Fünfcentstück in den Schnee. Alle kamen sie sofort zu mir, als wäre nichts gewesen, und Lefty holte sich das Geldstück. Als zusätzlichen Anreiz oder als zusätzliche Kontrolle für mein Experiment zog ich meine Schlüsselkette mit vier Schlüsseln aus der Tasche und ließ sie vor ihnen klirren. Noch nie hatten sie Schlüssel oder Schlüsselketten gesehen, und sie umdrängten mich, um diese Spielzeuge zu ergattern. Ich dachte nicht daran, ihnen meine Schlüssel zu überlassen, aber nachdem ich sie so nah herangelockt hatte, zog ich die Rolle mit weißem Garn aus der Tasche. Alarm! In heller Panik flogen sie davon. Als ich den Faden entrollte und in den Schnee legte, hatten sie nicht die geringste Scheu. Offenbar assoziierten sie das neue Objekt, die Rolle, mit den Phantombewegungen der Spitzmaus, die sie nicht verstanden und als furchterregend erlebt hatten.

Um die Angst vor Phantombewegungen eingehender zu untersuchen, band ich eine Schnur an einen Stock, der mit einer waagerechten Sitzstange verbunden war, die von Fuzz, Goliath, Houdi und Whitefeather benutzt wurde. An einer ähnlichen Schnur war das Plastiknetz aufgehängt, das einen Teil ihrer Voliere überspannte, daher waren die Raben an sie gewöhnt und hatten keine Furcht vor ihr. Ich führte die Schnur von dem Stock in ihrer Voliere zu meinem Schreibtisch vor einem Fenster. An einem windstillen Tag brachte ich dann Stock und Sitzstange vom Haus aus zum Wackeln. Ihre Reaktion war heftig: Als hätten sie einen elektrischen Schlag erhalten, sprangen sie hoch, obwohl sie mehrere Meter von der unbenützten wackelnden Sitzstange entfernt saßen. Dann drehten alle vier Vögel die Köpfe rasch in alle

Richtungen und zogen sich in ihren Verschlag zurück. Viermal führte ich den Stockwackeltest durch, und jedes Mal gerieten sie in Panik. Ging ich dagegen in die Voliere und bewegte Schnur, Stock oder Sitzstange für sie sichtbar mit der Hand, zeigten sie keine erkennbare Reaktion. Entsprechend konnte ich in der Voliere alle Arten von Geräuschen machen. Wenn sie mich sahen, waren sie nicht aus der Ruhe zu bringen. Doch wenn ich im nahen Holzschuppen ein bisschen lärmte, wo sie mich nicht sehen konnten, hörte ich auch schon, wie sie in offenkundiger Panik herumflogen.

Ein Rabe hat Angst vor Dingen, von denen er weiß, dass sie gefährlich sind, doch scheint diese nur ein verschwindender Anteil seiner Ängste zu sein. Vor allem fürchtet er sich vor Ereignissen, die seinen Erwartungen widersprechen. Vielleicht geht es ihm wie uns, und er hat Angst vor dem, was er nicht versteht. Wenn Raben fürchten, was sie nicht kennen, folgt daraus, dass sie erkennen und wissen. Abgesehen von dieser Schlussfolgerung war ich der Beantwortung meiner ursprünglichen Frage keinen Schritt näher gekommen – warum Raben Angst vor Kadavern haben, andererseits aber die Gefahr geradezu herausfordern, indem sie Adler und Wölfe am Schwanz ziehen, sich auf dem Rücken von Keilern (Dathe, 1964; Steinbacher, 1964) und Büffeln niederlassen (D. Stahler, persönliche Mitteilung) oder einem Esel auf der Weide von Bill Chesters Farm in Turnbidge, Vermont, Fellhaare für die Auspolsterung ihres Nestes ausreißen.

19. KAPITEL

Raben und Wölfe im Yellowstone Park

Der gepflegte junge Mann, der neben mir im Flugzeug nach Bozeman, Montana, sitzt, stellt sich als Gebrauchtwagenhändler aus Memphis, Tennessee, vor. Die ganze Zeit über hat er in einer Bibel gelesen, nun erzählt er mir, dass er mit einer Gruppe von Leuten – alle aus Tennessee – zu einem Konvent in Bozeman unterwegs ist, »um zu lernen, wie man zu Menschen spricht, damit sie errettet werden und in den Himmel kommen«.

Er fragte mich, was ich täte. »Raben erforschen«, sagte ich. Die Unterhaltung geriet ins Stocken.

»Wie kommt man in den Himmel?«, fragte ich.

»Indem man an den Herrn Jesus Christus glaubt.« Und er fügte hinzu: »Glauben *Sie*?«

»Ich glaube nicht, ich *weiß*«, sagte ich zu ihm. »Ich bin auf dem direkten Weg in den Himmel – in den Yellowstone National Park, um Raben zusammen mit Wölfen zu beobachten.«

Sobald wir in Bozeman gelandet waren, mieteten meine Frau Rachel und ich uns ein Auto und fuhren nach Gardiner am Nordeingang des Parks, um in unserem Motel einzuchecken. Ich hatte noch nie in ein Motel eingecheckt, dessen Parkplatz über und über mit Blut bedeckt war. Neben unserem Mietwagen, einem neuen weißen Nissan, standen mehrere Pick-ups und Wohnmobile, beladen mit ausgenommenen Elchen. In vier Trucks vom Montana Department of Livestock saßen Männer mit breiten Hüten und langen Gewehren. Das waren vom Staat angeworbene Jäger, die sich hier aufhielten, um im Park Bisons zu schießen. In unserem Motelzimmer lagen neben den in Zellophan eingepackten Plastikbechern einige Lappen, auf denen stand: »Diese Lappen dürfen Sie benutzen. Um Ihre Waffen zu reinigen. Bitte lassen Sie sie hier, wenn Sie fertig sind (sic). Nehmen Sie die Lappen bitte nicht mit.« Nicht im Traum wäre es mir eingefallen.

Es war noch dunkel, als wir am nächsten Morgen, einem Sonntag, aufstanden. Die Hügel rundherum waren mit Schnee bedeckt, und die Stadt schien ausgestorben zu sein. Zum Frühstücken gingen wir ins Town Café. Eine fette Schlagzeile in der *Billing Gazette* verkündete: »Drei Tote bei Kneipenschießerei«. Eine große Sache. In einem klein gedruckten Text unter der dicken Schlagzeile hieß es, dass bislang 665 der Parkbisons abgeschossen worden seien, weil sie auf der Suche nach Futter das Parkgebiet verlassen hätten. Die Männer des Montana Department of Wildlife, die jeden Abend in unser Motel zurückkehrten, hätten dafür gesorgt. Bis zum Frühjahr würde noch einmal die gleiche Anzahl von Bisons abgeschlachtet werden. Fast ein Drittel des gesamten Yellowstone-Bestands.

Keiner der vielen Tische war besetzt. »Wo sind die Leute alle?«, fragte ich die Kellnerin. »Auf der Elchjagd«, sagte sie.

Die Wände des Cafés waren über und über mit Trophäen geschmückt: Dickhornschafe, Bisons, Großohrhirsche und Elche. Gegen 7.30 Uhr, als es hell wurde, brachen wir auf, nachdem wir, soweit unsere Kräfte reichten, die größten Pfannkuchen vertilgt hatten, die ich in meinem Leben gesehen habe. Als ich aus dem Café in die Morgendämmerung hinaustrat, sah ich einen Raben über uns hinwegfliegen, direkt auf eine Bisonherde zu, die vor uns graste, an der Steineinfahrt zum Yellowstone Park – der Himmelspforte.

Wölfe gibt es im Park erst seit Herbst 1994, als sie von derselben Behörde wieder angesiedelt wurden, die sie erst 50 Jahre zuvor mit Gift, Fallen und Dynamit ausgerottet hatte. Jetzt wurden die Wölfe für viele Millionen Dollar zurückgebracht, obwohl sie sicherlich auch von allein wieder eingewandert wären. Doch wenn man der Natur einfach ihren Lauf gelassen hätte, wären sie automatisch unter das Naturschutzgesetz gefallen. Dadurch, dass man diese gefährdete Art *vorsätzlich* ansiedelte, durfte man die Wölfe abschießen, wenn sie den Park verließen. Diese Wölfe waren nicht geschützt, sondern unterlagen der Rechtsprechung des Staates. Die wieder angesiedelten Wölfe hatten Rudel gebildet und würden bald Welpen haben. Viele Welpen. Sie würden dafür sorgen, dass die überhandnehmenden Elche, Hirsche und Bisons das Ökosystem nicht zugrunde richteten. Schon jetzt waren die sich ungehindert vermehrenden Huftiere im Begriff, den Park leer zu fressen. Wenn die Wölfe ihre Zahl einschränkten, würden die Pappeln wieder wachsen. Die Biber würden wieder Nahrung finden. Die Flüsse würden gestaut, sodass mehr Enten, Gänse und Schwäne brüten würden, Wiesen würden sich bilden, sodass Rallen, Zaunkönige ... und so weiter und so weiter. Es würde eine Lebensgemeinschaft sein, eine Lebensgemeinschaft, der ich mich innerlich zugehörig fühle und die alle einschließt – die Bären, die Elche und die Raben.

Mein Kontaktmann und Freund Doug Chadwick von der Zeitschrift *National Geographic* hatte mir gesagt, im Lamar Valley würden wir »garantiert« Wölfe sehen. Alle waren sie mit Sendern versehen, sodass die Daten der Luft- und Bodenüberwachung praktisch ständig verrieten, wo sie sich aufhielten und was sie gerade taten. Ironischerweise waren die wenigen Wölfe – zu diesem Zeitpunkt 52 im ganzen

Park – regelrechte Berühmtheiten, während zuvor alle Wölfe »Schädlinge« gewesen waren. Jetzt konnten die Touristenbroschüren über den Yellowstone Park gar nicht genug Einzelheiten aus ihrem Leben berichten. Von jedem Wolf war die Lebensgeschichte bekannt, als sei er ein Schoßtier.

An diesem ersten Tag im Park erblickten wir keine Wölfe, noch nicht einmal das berühmte Druid-Rudel von Lamar Valley. Wir sahen viele Bisons und Elche in den offenen Tälern und auf den schneebedeckten Bergen, die mit einem dichten Netz von Bison- und Elchspuren überzogen waren. In Mammoth Hot Springs zogen Bisons auf der Straße vor den Bürogebäuden vorbei. Bisons lagen am Straßenrand und schienen uns in unserem Auto nicht zu beachten oder starrten uns aus dunklen, hervorquellenden Augen an. Die Tiere schienen sich in einer Art Kältestarre zu befinden. Gelegentlich kamen wir auch an Hirschen, Kojoten und Dickhornschafen vorbei.

Schließlich erblickten wir in der Ferne vier Kojoten, in deren Gesellschaft sich Raben befanden. Innerhalb weniger Minuten hörte ich vier verschiedene Rabenrufe, die ich noch nicht kannte. Die Klopfrufe dieser Raben bestanden aus einer Folge von lediglich vier raschen Lauten, die hölzerner klangen als die flüssigeren und rascheren Rufe des Maine-Dialekts, an den ich gewöhnt war. Obwohl wir die Wölfe noch immer nicht zu Gesicht bekommen hatten, fanden wir ein unlängst von Wölfen gerissenes Elchkalb. Nur Haut und Knochen waren noch übrig, trotzdem flogen ein Dutzend Raben auf. Im Laufe unseres zehntägigen Aufenthalts stieß ich insgesamt auf neun von Wölfen gerissene Elchkühe und -kälber. Auf allen Kadavern fraßen Raben.

Als wir am nächsten Tag im ersten Morgenlicht zum Lamar Valley fuhren, sahen wir wiederholt Raben über uns hinwegfliegen. Sie waren einzeln, in Paaren und in kleinen Gruppen von bis zu sechs Vögeln unterwegs. Immer wenn zwei zusammen flogen, sahen wir sie hin und wieder mit den Flügeln wippen und vernahmen einen *glack-glack-glack*-Ruf. Während der nächsten Woche flogen die meisten Raben, derer wir am frühen Morgen ansichtig wurden, paarweise, dabei waren der *glack-glack-glack*-Ruf und das Flügelwippen charakteristische Begleiterscheinungen. Ich kannte eine Sage der Inuit, nach der Raben mit ihren Flügeln wippen, um menschliche Jäger auf eine Beute hinzuweisen, und fragte mich, ob es sich um dieses Ausdrucksverhalten handelte.

Wieder sahen wir keine Wölfe, fanden aber gleich hinter dem Lamar Valley zwei gerade gerissene Elche, indem wir Raben »folgten«. Das Soda-Butte-Rudel hatte die Tiere erlegt und das meiste Fleisch liegen lassen. Die beiden weiblichen Elchkadaver lagen fast Seite an Seite auf einem Hang des Soda Butte. Einer war nur am Hals aufgerissen worden, beim anderen klaffte die Seite offen. Dutzende von Raben, vier Weißkopf-Seeadler und ein Steinadler hielten sich an den Kadavern auf. Die Raben kümmerten sich nicht um den Stein- und die Seeadler, aber an den Felsen bei Mammoth Hot Springs hatten wir gerade beobachtet, wie ein Rabenpaar einen Steinadler angriff und ihn anschließend aus dem Revier eskortierte. Zwei, drei Kilometer die Straße hinauf, bei Pebble Creek, entdeckten wir drei weitere frische Elchkuhkadaver und viele Wolf- und Kojotenspuren. Ein Kadaver hatte ein großes Loch im Hinterleib, das es den Raben ermöglichte, tief in den Elch einzudringen. In einem Umkreis von einem knappen Kilometer befanden sich noch zwei weitere Elchkadaver, und von beiden fraßen Raben. Häufig fressen die Wölfe hier nur die für sie schmackhaftesten Teile eines Tiers, das sie gerissen haben, und ziehen dann weiter, um das nächste zu töten. Ein wahrer Rabenhimmel.

Das lange Wochenende war vorüber, als wir am Nachmittag nach Gardiner zurückkehrten. Es war auch das Ende der zweiten oder späten jährlichen Elchjagd, die nur an »4-Tage-Wochenenden« stattfindet. Freitag bis Montag. Die Bisonjäger waren ebenfalls fort, und das Best Western Motel erweckte einen fast verlassenen Eindruck. Als ich aus dem Fenster schaute über den Parkplatz und den Ort hinweg, erblickte ich rund 15 Raben in dem Aufwind tollen, der sich an den hohen Bergen nordwestlich des Ortes bildet. Überall sah man Raben hoch in der Luft kreisen. Rasch schwang ich mich ins Auto, um mir das Schauspiel von Nahem anzusehen. Über den Hügelkämmen rund um die Stadt sah ich andere Trupps flattern, herabschießen, miteinander spielen und gemeinsam mit Weißkopf-Seeadlern vor den blau-schwarzen Schneewolken fliegen. Ein Adler hatte eine rote Marke auf seinem Flügel. Ein Rabe näherte sich dem kreisenden Adler immer wieder und versuchte, nach seiner Marke zu picken.

Die Adler waren auf dem Weg zu einem gemeinschaftlichen Schlafplatz in einem Tal mit einem Bestand von den hoch aufragenden Douglastannen. Den Hang dahinter bevölkerten Elche und stiegen ihn langsam hinab auf dem Weg zum Park hinaus. Das ganze Gebiet war mit einem dichten Geflecht von Spuren überzogen, immer mehr Elche, die den Park verließen. Sie kamen in langen Reihen hintereinander, im hohen Schnee trat einer in die Spuren des anderen, um Energie zu sparen. Hungrige Tiere.

Die Adler kamen einzeln, im Sturzflug mit unbewegten, teilweise zusammengefalteten Flügeln. Kurz hinter dem Schlafplatz breiteten sie ihre Schwingen aus, vollführten eine rasche Wendung, um ihre Abwärtsbewegung zu bremsen, kamen zurück und landeten weich auf einem der Bäume. Dabei gaben sie hohe zwitschernde oder piepende Rufe von sich, wie Möwen oder Strandläufer, Rufe, die für den Partner bestimmt sind, wie einige Forscher meinen. Die Weidendickichte in den Feuchtgebieten zwischen beifußbewachsenen Hügeln waren übersät mit Elsternestern. In diesem Gebiet, kaum fünf Autominuten vom Motel entfernt, sah ich viele blutige Schleifspuren im Schnee, wo Jäger Elche zur Straße geschleppt hatten. Hier gab es sicherlich viele Eingeweide, aber keine Wölfe. Und Raben, die von diesen Jagdresten fraßen?

Weiter südlich im Park, für fliegende Raben nur eine knappe Minute entfernt, erlegt jedes Wolfsrudel im Durchschnitt alle anderthalb Tage einen Elch. An jedem frischen Kadaver finden sich fast augenblicklich Raben ein, um von ihm zu fressen. Häufig sind die Raben schon da, bevor der Elch gerissen ist. An diesem Abend zeigte uns der Tierfilmer Bob Landis im Ort Filmaufnahmen von einem Wolfsrudel, das gemächlich mit einer Gruppe von Elchen mitlief und die Tiere mehrere Minuten lang taxierte. Plötzlich wechselte einer der Wölfe das Tempo und machte sich an die Verfolgung eines Elches, die er unermüdlich fortsetzte, auch als das Tier sich wieder der Herde anschloss. Schließlich packte der Wolf den Elch an der Kehle, während ein zweiter ihm half, das Tier niederzureißen. Während die Wölfe die Beute erlegten, kreisten ununterbrochen Raben über ihnen.

Hielten sich die Raben immer an die Wölfe, oder fraßen sie auch von den Elchresten, die die Jäger außerhalb des Parks zurückgelassen hatten? Um das herauszufinden, fuhr ich früh am nächsten Morgen die schmale, schlechte Straße nach Jardine entlang. Kaum brach die Morgendämmerung an, hörte und sah ich Raben. Zumeist paarweise, Seite an Seite fliegend, bedeckten sie den Himmel von einem Horizont zum anderen. Wohin waren sie unterwegs und warum?

Auf einem ausgetretenen Bisonpfad stieg ich die felsigen Hügel hinauf. Bald fand ich die roten Schleifspuren, wo ausgenommene Elchkadaver entlanggezogen worden waren, und folgte ihnen. Nach dreieinhalb Stunden hatte ich insgesamt 16 Haufen mit Elcheingeweiden entdeckt, die meist Leber, Milz, Lungen, Därme, Magen und Zwerchfell enthielten. An keinem waren Raben zu sehen, obwohl an einigen Haufen gefressen worden war. Warum hatten sich die Vögel nicht in Scharen über diese Nahrungsquellen hergemacht? Ich war überrascht, aber was ich hier sah, entsprach durchaus den Ergebnissen einer Reihe von Experimenten, die ich in Nova Scotia durchgeführt hatte.

Mitten im Winter hatte ich das Canadian Wolf Research Center in Shubernacadie, Nova Scotia, aufgesucht, um zehn halbzahme Wölfe in einem zehn Hektar großen Reservat zu beobachten. Im Rahmen von Experimenten, in denen es um die Vorlieben von Raben ging, hatte ich gleichzeitig zwei Fleischhaufen ausgelegt. Die Wölfe hatten stets als Gruppe gefressen, jeweils von einem Haufen nach dem anderen. Dort, wie hier in Yellowstone, hatten die Raben die Wahl – entweder mit den Wölfen oder ohne sie zu fressen. Stets hatten sie sich *für* die Wölfe entschieden. Sie hatten gefressen, wo die Wölfe gerade fraßen oder vor Kurzem gefressen hatten. Die Beobachtungen gehörten angesichts der Furchtsamkeit von Raben, die ich zuvor registriert hatte, zu den unerwartetsten und überraschendsten Dingen, die ich je über diese Vögel in Erfahrung gebracht hatte. Es ergab einfach keinen Sinn.

Dann dachte ich an meine Raben in Maine, deren Ängstlichkeit in der Nähe von Kadavern ich mir mit übermäßiger Furcht vor Bodenräubern erklärt hatte. Hatte ich das völlig missverstanden? Waren sie vielleicht so ängstlich, weil an den Kadavern in Maine *keine* Wölfe waren? Der Gedanke faszinierte mich, ich brauchte mehr Daten. Vielleicht waren Raben »Wolfsvögel«! Vielleicht hatte die Evolution in Abermillionen Jahren einen Mutualismus mit Wölfen angelegt, und die Raben wurden jetzt misstrauisch, wenn keine Wölfe anwesend waren.

Während ich bestrebt war, die Stichprobe der Eingeweidehaufen zu vergrößern, stieg ich höher und höher. Schließlich gelangte ich in tieferen Schnee, in offenes mit Beifuß bedecktes Gelände, dann in ein Gebiet mit Douglastannenbeständen, wo ich neben Raben auch Rothörnchen, Kanadakleiber und Kiefernhäher vernahm. In dem Tannengehölz stieß ich auf Blutflecken im Schnee ohne Schleifspuren, was auf ein angeschossenes Tier schließen ließ. Ich folgte der Schweißspur und fand bald eine tote Elchkuh mit Einschusslöchern im Leib. Ein oder zwei Raben hatten Abdrücke in der dünnen Schicht frischen Schnees hinterlassen. Die Vögel hatten sich ein Auge und ein Stück von der Elchzunge geholt. Da kein Wolf oder Kojote diesen Kadaver aufgerissen hatte, war ihnen nicht mehr Fleisch zugänglich gewesen.

Der Kadaver war noch nicht geöffnet. Mit meinem Klappmesser schnitt ich ihn auf und zog das Fell auf der einen Seite ab, damit die Vögel einen Zugang zu den mehreren 100 Pfund unverdorbenen roten Fleischs hatten. Während ich mich an dem Elch zu schaffen machte, kamen drei Raben nahe heran und stießen laute Rufe aus. Einer setzte sich in eine nahe stehende Tanne, wo er kurze und lange Krächzlaute ertönen ließ. Dann flog er fort. Ich kehrte ins Motel zurück und malte mir aus, dass ich bei meiner Rückkehr in ein paar Tagen einen riesigen Trupp Raben vorfände.

In der Zwischenzeit beobachtete ich 30 Raben an einem Elchkalb, eine halbe Stunde nachdem es im Park von Wölfen gerissen worden war. Außerdem hatte uns Doug Smith, der Leiter des Yellowstone-Wolfprojekts, den Wolfszwinger auf der Lamar-Rangerstation gezeigt, wo wir eine große Rabenversammlung antrafen, obwohl im Zwinger kein Fetzen Fleisch mehr war. Als ich das zweite Mal zum Kadaver der Elchkuh hochstieg und dann noch ein drittes und letztes Mal, stellte ich zu meiner Überraschung fest, dass sich dort trotz des reichhaltigen Fleischangebots kein Rabentrupp aufhielt.

Eines Morgens kurz nach dem Frühstück fuhren wir in Richtung Cooke City. In der Nähe vom Soda Butte stießen wir auf zwei geparkte Vans, von denen einer eine Funkantenne auf dem Dach hatte. Das waren Forscher, also waren mit einiger Wahrscheinlichkeit auch Wölfe in der Nähe. Wir hielten und stellten uns vor. Nathan Varley, Lisa Belmonte und Dan McNulty hatten Spektive auf den Hügelhang gerichtet und boten uns an, einen Blick durch ihre Optik zu werfen.

Ich sah die fünf Mitglieder des Druid-Rudels im Schnee faulenzen wie eine große, glückliche Familie beim Mittagsschläfchen. Zwei Wölfe waren pechschwarz, zwei grau und einer lohfarben. An diesem Morgen hatte das Rudel gegen 9.30 Uhr eine Elchkuh gerissen. Endlich Natur im Urzustand.

Der Elch lag weitgehend aufgerissen unter einer Espe. Bislang hatten die Wölfe wenig von dem Fleisch gefressen, nun begann der zweite Akt des Schauspiels. Drei oder vier Raben und mindestens ebenso viele Elstern fraßen bereits auf dem Kadaver. Die Raben machten keinerlei Anstalten, die Elstern zu verjagen. Ein Steinadler schoss herab und landete auf dem Kadaver. Die Raben und Elstern flogen vorübergehend auf, gingen dann in immer engeren Kreisen um den Kadaver herum und begannen schließlich nach und nach wieder zu fressen. Nach einer halben Stunde flog der Steinadler davon. Seinen Platz nahm ein Weißkopf-Seeadler ein. Die Raben und Elstern blieben. Nicht ein einziges Mal jagten die Raben einem anderen Vogel Futter ab, wie sie es in Oregon getan hatten. Nicht ein einziges Mal zögerten die Raben, bevor sie sich der Futterquelle näherten, wie sie es in Maine tun. In Gegenwart der Wölfe hatten die Raben keine Furcht vor dem Kadaver. Sie kamen und gingen nach Belieben und holten sich ihr Fleisch.

Einige Stunden später schneite es heftig. Die Wölfe erwachten aus ihrem Verdauungsschläfchen und streckten sich. Einer kehrte zum Kadaver zurück und fraß kurz, dann verschwanden sie im Gänsemarsch hintereinander wie Geistererscheinungen im dichten Schneetreiben und umrundeten den Kamm einer niedrigen Hügelkette. Am folgenden Tag stieg ich hinauf, untersuchte den Kadaver und entdeckte viele frische Kojoten- und Wieselspuren. Selbst wenn die Wölfe nur wenig von ihrer Beute fraßen, wurde jeder Kadaver schließlich aufgefressen. Von diesen Kadavern ernährten sich Wiesel, Grizzlys, Kojoten, Füchse, Aaskäfer, Corviden, Adler, Maden und möglicherweise Vielfraße. Die Wölfe sorgten für alle, doch ich nahm an, dass hier für die Maden im nächsten Frühjahr kaum etwas übrig bleiben würde.

Man berichtete mir, dass Raben sich manchmal Wölfen anschlossen. Doch selbst wenn nicht zu erkennen sei, dass sie dem Rudel folgten, seien sie »immer in Minutenschnelle« zur Stelle. Für Wolfsbeobachter und -forscher ist die Anwesenheit von Raben eine Selbstverständlichkeit, meist merken sie nur an, dass Raben und Wölfe immer zusammen anzutreffen sind. Das gilt als so sonnenklar, dass keine weiteren Überlegungen oder Daten erforderlich scheinen. Ich versuchte den Wolfsforschern klarzumachen, dass sich die Sache durchaus nicht so eindeutig verhält, dass niemand wirklich weiß, in welchem Umfange Raben Karnivoren beobachten und ihnen folgen. Oder ob sie einfach opportunistisch und scharfäugig genug sind, um Fleisch zu erspähen, wenn es verfügbar wird – die These, die allgemein vertreten wird, die sich aber nicht mit meinen Daten deckte. Meine Beharrlichkeit hatte Erfolg.

Im nächsten Winter unterstützte Doug Smith ein Rabenprojekt, das mit seinem Wolfsprojekt gekoppelt wurde. Dan Stahler, der seit Langem das Verhalten von Wölfen untersucht, erklärte sich bereit, auch Rabendaten zu sammeln. Er hielt sich dabei an ein systematisches Beobachtungsprotokoll, das die Grundlage der ersten kritischen Studie über die Beziehung zwischen Raben und Wölfen bildete.

Nach den ersten sieben Beobachtungstagen Ende November 1997 berichtete mir Dan über seine Ergebnisse. In diesem Zeitraum hatte er 24 Wolfsaktivitäten gesehen – Wandern,

Ruhen, Jagen, Reißen sowie misslungene Versuche, Beute zu machen. Von drei Fällen abgesehen, waren immer Raben dabei. Dagegen waren bei neun Aktivitäten von Kojoten nur in zwei Fällen Raben zugegen. Im März hatte Dan Daten über zwei Dutzend kürzlich von Wölfen gerissene Tiere, und stets hatten Raben »binnen Sekunden oder Minuten« von den Kadavern gefressen. Die Zahl der Raben an Tieren, die von Wölfen gerissen worden waren, betrug im Durchschnitt 32 und bewegte sich in der Regel zwischen 15 und 30, in einem Fall waren es über 80. Meist fraßen die Raben nur wenige Meter von Wölfen, Kojoten und Adlern entfernt.

Bei der folgenden Beschreibung zitterte Dans Stimme vor Aufregung: »Letzten Mittwoch beobachtete ich einen riesigen Grizzly, der mehr als vier Stunden auf einem frisch gerissenen Elch lag, während neun Wölfe und zwölf bis 16 Raben hungrig versuchten, an den Kadaver heranzukommen. Während der vier Stunden hielt der Bär zweimal ein Nickerchen auf dem Kadaver – alle viere von sich gestreckt –, während die Wölfe keine 30 Meter entfernt lagen. Dem Bären gelang es recht gut, sie alle fernzuhalten, er war aber sehr ärgerlich über die Raben, die sich ständig Fleisch holten, obwohl er nach ihnen schlug. Das kommt ganz oben auf meine Liste mit den besten Feldbeobachtungen. Doug (Smith) hat angefangen, Daten aufzuzeichnen, wenn er zur Wolfsbeobachtung in der Luft ist (im Leichtflugzeug). Neulich hat er drei verschiedene Rudel bei der Elchjagd beobachtet (zwei davon erfolgreich). Bei zwei Jagden flogen Raben direkt über den Wölfen oder hockten ganz in der Nähe. Bei einer Jagd, an der acht Wölfe beteiligt waren, schwebten acht Raben und zwei Weißkopf-Seeadler direkt darüber. Erstaunlich!«

Ja, dem würde ich beipflichten. Es hat ganz den Anschein, als wären Raben von Wölfen abhängig – nicht nur, weil sie die Tiere reißen und öffnen, sondern weil sie den Raben helfen, ihre angeborene Scheu vor großen Nahrungsquellen zu überwinden, egal ob in Form eines großen Kadavers oder eines Haufens (vgl. 18. Kapitel). Diese Daten lassen auf einen evolutionären Kausalzusammenhang schließen.

Anmerkung: Bevor dieses Buch in Druck ging, hatte Dan in Zusammenarbeit und mit Erlaubnis der Nationalparkbehörde aufgeschnittene Kadaver in markierten Wolfsrevieren ausgelegt, wo Raben in mehr als 30 zuvor beobachteten Fällen stets in Minutenschnelle aufgetaucht waren, wenn Wölfe ein Tier gerissen hatten, und neben den Wölfen von dem Kadaver gefressen hatten. In den 25 Versuchen, in denen das ausgelegte Fleisch nicht von Wölfen aufgesucht wurde, stellte sich in der einstündigen Beobachtungszeit, die das Versuchsprotokoll vorsah, kein Rabe zum Fressen ein. In den neun Fällen, wo ein oder zwei Raben den nicht von Wölfen beachteten Hirschkadaver entdeckten, umkreisten sie das Fleisch kurz und flogen dann davon.

20. KAPITEL

Von Wolfsvögeln zu Menschenvögeln

Durward Allen, ein Pionier der Wolfsforschung, berichtete, dass die Raben auf der Isle Royale im Lake Superior Wölfe auf ihren Wanderungen begleiten, von ihren Beutetieren fressen und manchmal sogar ihren Kot verspeisen. L. David Mech von der University of Minnesota, der seit Jahrzehnten Wölfe beobachtet, hat gesehen, wie Raben Wölfe gejagt haben, indem sie wenige Zentimeter über ihren Kopf flogen. In seinem Buch *The Wolf* berichtet er: »Einmal watschelte ein Rabe zu einem ruhenden Wolf und pickte auf seinen Schwanz ein. Als der Wolf nach ihm schnappte, sprang er zur Seite. Beim Versuch des Wolfs, sich zu rächen, indem er sich an den Raben anschlich, ließ der Vogel ihn auf 30 Zentimeter herankommen, bevor er davonflog. Dann landete er ein, zwei Meter von dem Wolf entfernt und wiederholte seinen Streich.«

Wie Allen erwähnte auch Mech, dass Raben Wölfen zu folgen scheinen, und äußerte die Vermutung, beide Arten müssten über die psychologischen Mechanismen verfügen, die erforderlich sind, um soziale Bindungen zu knüpfen. Individuen beider Arten nähmen Mitglieder der anderen in ihre sozialen Gruppen auf und unterhielten Beziehungen zu ihnen.

Rolf O. Peterson, ein ehemaliger Student von Mech und heute an der Michigan Technical University, hat ebenfalls Beobachtungen an den Wölfen von Isle Royale vorgenommen.

Er kommt zu dem gleichen Ergebnis: »Es gibt eine mehr als oberflächliche Beziehung zwischen Wölfen und Raben. Raben leben von den Resten der von Wölfen erlegten Elche (je frischer, umso besser), und wenn wir morgens über den Wolfsspuren entlangfliegen, überholen wir des Öfteren einen Raben, der das Gleiche tut. Wenn die Wölfe eine Rast einlegen, machen auch die Vögel eine Pause, sie hocken sich in Bäume oder landen auf dem Eis, von wo aus sie die Wölfe aus unmittelbarer Nähe beobachten und ärgern können. So gestört, nehmen die Wölfe ihre Wanderung wieder auf, was die Raben beabsichtigten. Außerdem entgehen nur wenige Wolfsexkremente, die auf dem offenen Eis zurückbleiben, der Aufmerksamkeit der Raben, die auf Nahrungssuche ihre Kreise ziehen.«

Ein weiterer Student von Mech, Fred Harrington von der University of Nova Scotia, hat beobachtet, dass Raben von Wolfsgeheul angelockt werden. In Gebieten, wo viel Hochwild gejagt wird, kommen die Raben auch bei Gewehrschüssen herbei. Das Geheul, das die Wölfe ausstoßen, bevor sie auf die Jagd gehen, ist für die Vögel zu einem wichtigen Signal geworden. Umgekehrt reagieren die Wölfe möglicherweise auf bestimmte Lautäußerungen oder Verhaltensweisen von Raben, die Beute anzeigen.

Bei seinem Studium von Wölfen und ihrer Verbindung mit Raben im Yellowstone National Park sah Dan Stahler, dass Raben den Wölfen nicht nur bei der Jagd folgten, sondern sich auch in der Umgebung ihrer Baue aufhielten. Immer wenn sich die Wölfe eines Baus auf die Jagd vorbereiteten, heulten sie, woraufhin auch die in der Nähe herumlungernden Raben zum Leben erwachten und ebenfalls riefen. Die Welpen kommen mit ungefähr drei Wochen aus dem Bau. Sie sind kleiner als die Raben und könnten von ihnen getötet werden. Doch die Raben gehen nur gelegentlich hinter einem Welpen her und zupfen ihn am Schwanz.

Es gibt auch unzählige Anekdoten über die Interaktion von Hunden und Raben. Lassen Sie mich als ein Beispiel von vielen Graham W. Rowley zitieren, der in seinem Buch *Cold Comfort: My Love Affair with the Arctic* schreibt: »Eines Tages beobachtete ich einen Raben, der gegen den Wind niedrig über ein Inuitlager flog. Hinter ihm jagten etwa 20 Hunde her. Der Rabe beschloss, sich eine Rast zu gönnen, und ließ sich auf einem Stein nieder, ohne auf die Hunde zu achten, die auf ihn zujagten. Als der erste Hund nur noch drei Meter entfernt war, wandte der Rabe ihnen den Kopf zu und stieß einen einzigen grimmigen Schrei aus. Alle Hunde blieben wie vom Blitz getroffen stehen, drehten ab und trabten lammfromm ins Lager zurück. Der Rabe ruhte sich noch einige Minuten aus, bevor er sich wieder in den Wind warf.« Wie die Angst des Raben vor Kadavern ist auch seine besondere Wechselbeziehung zu Wölfen und/oder Hunden Ausdruck uralter Selektionsprozesse.

Die Assoziation zwischen Wölfen und Raben ist möglicherweise schon fast eine Symbiose, von der die Raben und die Wölfe gleichermaßen profitieren. Der Tierfotograf und Tierschriftsteller Jim Brandenburg erzählt in seinem Buch *Bruder Wolf* von Raben, die zu einem ungeöffneten Bärenkadaver kamen. Sie konnten nur an die Augäpfel gelangen, weil Raben einen Kadaver nicht zu öffnen vermögen. Daraufhin begannen die Raben zu schreien; schon bald erschien ein Wolf und riss den Kadaver auf. Wiederholt hat Brandenburg beobachtet, dass Wölfe und Kojoten an Kadavern erschienen, die er ausgelegt hatte, nachdem Raben sie entdeckt und gerufen hatten.

Möglicherweise leisten Raben für Karnivoren noch mehr, als nur Fleisch zu orten. Brandenburg sagt, für ihn stehe eindeutig fest, dass Raben an einem Tierkadaver vorsichtiger und wachsamer seien als Wölfe. »In vielen Fällen habe ich bemerkt, dass Raben schon bei meinen kleinsten Bewegungen nervös wurden, während die Wölfe scheinbar regungslos blieben. Es scheint so, als ob die Vögel Wölfen als zusätzliche Augen und Ohren dienten.«* Das Gleiche vermutet der Tierfilmer Jeff Turner. »Ich kann mich an einen Wolf heranschleichen«, erzählte er mir, »aber *auf keinen Fall* an einen Raben. Sie sind *unglaublich* wachsam.«

In der nördlichen Arktis folgen Raben den Eisbären und fressen von ihren Beutetieren, und im Yellowstone Park fressen sie nicht nur neben Kojoten und Wölfen, sondern manchmal auch neben einem Braunbären. In seinem Buch *Grizzly Years* schildert Doug Peacock, dass er eine große Grizzlybärin und ihr Junges Ende Mai am Rand des Wild Goose Valley im Yellowstone Park beobachtet hat. Die Bärin grub und wühlte zwischen den Beifußbüschen im Boden und wurde dabei von Raben umflogen. Hin und wieder erhob sie sich auf die Hinterbeine und schlug nach der Wolke von Raben, indem sie wie wild mit ihren Tatzen herumfuchtelte. Höchstwahrscheinlich hatten die Raben Appetit auf das, was die Bärin suchte, vermutlich Taschenratten oder ihre Samenverstecke.

Selten versuchen Lebewesen, die die Raben mit Nahrung versorgen, vor allem Wölfe und Menschen, die Vögel zu verjagen, so wie es die Grizzlybärin tat. Den Wikingern, die ja bekanntlich sehr kampfeslustig waren, waren Raben hochwillkommen. Für sie waren die Vögel ein Symbol des Sieges, nicht von Tod und Untergang. Warum sonst wären sie wohl unter dem Rabenbanner in die Schlacht gezogen? Wenn die Raben den Menschen in der Erwartung einer reichen Ernte an Kadavern folgten, dann taten sie es aus den gleichen Gründen, aus denen sie heute Wölfen folgen. Wie wir sehen werden, folgen die Raben auch heute noch manchen Menschen (vgl. S. 346 f.).

* Jim Brandenburg, *Bruder Wolf*, Steinfurt, Tecklenborg, 1996, S. 119.

Auch im schottischen Hochland sollen sie Rotwildjäger begleiten, daher gilt dort ihre Anwesenheit als Vorzeichen einer erfolgreichen Jagd (Ratcliffe, 1997).

Aus dem Blickwinkel eines Raben findet das Ereignis, das am ehesten mit dem Ergebnis eines Wikingerüberfalls zu vergleichen ist, jeden Oktober in Nordmaine statt – nämlich bei der jährlichen Elchjagd. Ich musste es sehen, daher fuhr ich nach Greenville, an der Spitze des Moosehead Lake gelegen, wo ich am Eröffnungstag der Jagd in Bob Lawrences Jagdhütte wohnte. Im Morgengrauen brachen die Elchjäger scharenweise auf und fuhren mit ihren Pick-ups auf den holprigen Wegen entlang. Niemand brennt darauf, weit in den Wald hineinzugehen, um ein Tier von einer halben Tonne Gewicht zu schießen und es dann hinauszuschleppen. Ich sah zwar keinen frisch geschossenen Elch, fand aber anhand von Unterhaltungen mit Jägern sechs Eingeweidehaufen beziehungsweise ihre Reste, die weniger als einen Tag alt waren. An allen Haufen fraßen Raben. An einer Stelle mit den Eingeweiden eines Elchs, der am Abend zuvor erlegt worden war, kamen rund 50 Vögel zusammen, als ich ihn im Morgengrauen beobachtete. Einer der Vögel aus diesem Trupp flog direkt auf mich zu, kreiste in einer Entfernung von rund zehn Metern zweimal über meinem Kopf und flog dann zu den anderen zurück. Dieses Verhalten ergab für mich keinen Sinn. Hielt mich der Vogel für einen Jäger?

Manchmal können wir bemerken, dass Raben sich mit uns verständigen. Craig Comstock, ein Rabenbeobachter aus Starks, berichtete von einem Raben, der über ihn hinwegflog. Craig rief: »He, wie geht's?« Augenblicklich führte der Rabe eine Wendung durch, machte eine halbe Luftrolle und setzte seinen ursprünglichen Weg fort. Craig wartete, bis er ein Stück weiter war, dann rief er ihn erneut an. Wieder machte der Rabe eine Wendung, gab zwei Rückwärtssalti und eine halbe Luftrolle zum Besten, um dann kehrtzumachen und seine gleichmäßige Flugbewegung wieder aufzunehmen. Craigs Kommentar: »Ich kann nicht beweisen, dass diese Kunststücke für mich bestimmt waren. Natürlich hat die wissenschaftliche Methode ihre Berechtigung, aber ... es gibt Zeiten, wo die Natur nur einmal spricht und es ein großer Verlust wäre, würde man dann nicht zuhören.«

Obwohl Raben in Neuengland auffällig scheu sind, habe ich mehrfach erlebt, dass sie mir unerklärlich nahe gekommen sind, als wollten sie mich genau unter die Lupe nehmen. Don Pattie, ein kanadischer Arktisbiologe, hat mir erzählt, er habe in der arktischen Tundra hoch im Norden Kanadas Fallen für kleine Säugetiere kontrolliert, als ein einzelner Rabe herbeigeflogen sei und sich ganz in der Nähe niedergelassen habe. Don sprach mit ihm und hielt ihm die Hand hin, darauf kam der Rabe näher heran, biss ihm in die Hand und flog davon. Don war ein bisschen verblüfft, aber nicht wirklich überrascht. Raben tun manchmal eben verblüffende Dinge. Ein Rabenforscher aus Österreich sagte: »Raben sind unberechenbar – ein unheimlicher Zauber geht von ihnen aus.« Steven Wainwright, auch ein Biologe, berichtete mir, auf einem Waldspaziergang bei Vancouver in British Columbia habe er über sich drei Raben gehört. Einer sei durch die Bäume herabgekommen und habe mit ihm »gesprochen«, da habe er geantwortet, indem er Rabengeräusche erzeugte. »Doch dann habe ich mich auf einen Baumstamm gesetzt und beschlossen, ganz normal zu sprechen. Ich sagte: ›Hi, Rabe‹, und dergleichen. Der Rabe kam näher, und als ich aufstand, um weiterzugehen, folgte er mir, während die anderen davonflogen ... Es war ein überwältigendes Erlebnis.«

Wie oben geschildert, hörten meine Volierenraben nach ein oder zwei Tagen auf, ein Huhn oder eine Truthenne, zwei Objekte, die völlig unbekannt für sie waren, mit ihren Schnäbeln zu bearbeiten, wahrscheinlich, weil sie sie dann »kannten«. Und dennoch können das Interesse an und die

Interaktion mit anderen Tieren, unter anderem Hunden und Menschen, viel länger dauern. Meine sechs Raben »kennen« mich. Ich bin ihr »Wolf«. Es gibt kaum einen Tag, wo ich mir nicht das Vergnügen gönne, sie zu besuchen. Und sie ihrerseits verhalten sich so, als hätten sie durchaus den Wunsch, mit mir zusammen zu sein. Natürlich kommen sie zu mir, weil sie Futter haben wollen, aber sie kommen auch herbei, wenn sie völlig satt sind. Wenn ich ihnen einen Futterhaufen hinlege und fortgehe, verlassen einige Vögel fast immer die Nahrungsquelle und folgen mir. Einige von ihnen verhalten sich, als wollten sie mich zum Spielen auffordern. Es gibt mehrere Individuen (White, Yellow und Green), die sich oft von hinten an mich heranschleichen, am Hosenaufschlag zupfen und dann zu mir aufblicken. Oder sie streichen mir von hinten dicht über den Kopf, dann schreie ich und tue so, als schlüge ich wütend nach ihnen. Das scheint sie zu veranlassen, noch einmal zurückzukommen und es erneut zu versuchen. Wenn ich fortgehe, folgen sie mir wie Hündchen.

Ein weiteres höchst verblüffendes Erlebnis offenbarte mir der schriftliche Bericht der Doktorandin Cindy Riegal von der University of Vermont: »Am Morgen des 28. Dezember 1996 wurde meinem Bruder in der Langtang-Region in Nepal ein Stück Brot gestohlen, während er in der aufgehenden Sonne schlief. Wir wussten, dass es am frühen Morgen fortgenommen worden sein musste, weil unsere Führer aus Kyangin Gompa, die uns (Jerry, mich und Eric Busch) am Vortag über den Ganja-La-Pass geführt hatten, es ihm großzügigerweise dagelassen hatten, bevor sie sich auf den Heimweg machten. Sie hatten ihn kurz geweckt und ihn über ihr Geschenk informiert. Wir vermuteten, einer der Raben, die wir beim Abstieg vom Pass über uns hatten kreisen sehen, habe das Brot klammheimlich gestohlen. Als wir an diesem Tag zu unserer Wanderung nach Tarkeghyand durch eine verlassene Gebirgsregion aufbrachen, bemerkten wir zwei Raben, die über uns flogen. Gegen Mittag machten wir für eine Zwischenmahlzeit in der Nähe eines Steinbaus Halt, der im Sommer von Yakhirten als Unterkunft benutzt wurde. Die Raben, die uns verfolgten, kamen herunter und landeten auf den Steinen, ungefähr fünf Meter von unserem Rastplatz entfernt. Daraufhin lockten wir sie mit den Rosinen aus unserem Müsliriegel, bis sie uns praktisch aus der Hand fraßen. Schließlich setzten wir unseren Weg fort, kamen aber einige Stunden vom Pfad ab. Ich erinnere mich nicht, dass die Raben bei uns blieben, während wir verzweifelt bemüht waren, den Pfad in einem waldigen Tal wiederzufinden, doch sobald wir auf die offenen Berghänge hinauskamen, waren sie wieder da. Unermüdlich folgten sie uns, bis wir unser Lager in der Abenddämmerung aufschlugen. Als wir am nächsten Morgen aufbrachen, hatten wir abermals ein Rabenpaar im Schlepptau. Sie folgten uns den größten Teil des zweiten Tages, bis wir in tiefer gelegenes Gelände abstiegen und bewaldete Gebiete betraten. Abgesehen von dem ›gestohlenen‹ Brot und einigen Rosinen haben sie keine Nahrung von uns bekommen. Wir sind in einer sehr entlegenen Region unterwegs gewesen und haben während des ganzen Trecks nie andere Menschen in der Gesellschaft von Raben erblickt.«

Folgen die Raben den Elchjägern oder ihren Trucks? Oder assoziieren sie Mensch und Fahrzeug mit Nahrung? Auf meiner Fahrt zum Moosewood Lake besuchte ich zwei Stellen, an denen Elche erlegt worden waren, doch waren bis auf den Mageninhalt bereits alle Eingeweide fort, sodass ich leider nicht sagen konnte, ob die Vögel »unmittelbar« nach dem Tod des Tieres eingetroffen waren. Im folgenden Jahr zog mein Freund Bill Valleau, der auch einer meiner ehemaligen Zoologieprofessoren an der University of Maine war, in einer Lotterie die Abschussgenehmigung für einen Elch. Bill jagte rund 150 Kilometer weiter nördlich in der Nähe von Bridgewater, an den Hängen des Berges »Number 9«. Zwei Elchbullen griffen den Truck an, in dem er und seine Söhne auf den Schotterwegen herumfuhren. Bill schrieb mir: »Die Raben blieben während der gesamten Jagd bei uns. Wir hatten den Eindruck, dass sie uns beobachteten und auf Beute warteten. Am zweiten Tag schossen wir eine Elchkuh. Während wir sie ausnahmen, kreisten die Raben über uns!« Zweimal schoss sein Sohn Dana, Jurist beim Umweltministerium in Maine, einen Hirsch. Jedes Mal wartete er fünf Minuten, um sicherzugehen, dass das Tier tot war. Wenn er dann beim Hirsch ankam, hockten schon Raben in der Nähe. »Ich nahm an, die Raben seien durch den Schuss angelockt worden«, sagte Dana. Für die Wildhüter in Maine sind Raben die besten Helfer bei der Jagd auf Wilddiebe. Wenn sie eine Stelle überprüfen, wo Raben kreisen, treffen sie die Wilddiebe sehr häufig beim Ausnehmen ihrer Beute an.

Manchmal haben Menschen auch mehr zu bieten als Eingeweide. George Schaller hat mir erzählt, dass die Raben in Tibet sehr häufig entlegene menschliche Lager inspizieren, wahrscheinlich auf der Suche nach Essensresten. Ein ähnlich lautender Bericht stammt von Gary Clowers: Auf der Halbinsel Baja California durchsuchten die Küstenraben morgens alle Campingplätze von Touristen. Raben leben in Inuitdörfern und anderen Siedlungen im hohen Norden des amerikanischen Kontinents. Jetzt besiedeln sie auch die Großstädte, so zum Beispiel Los Angeles, das bereits von Krähen bewohnt wird. Überall in Amerika und Europa versammeln sich Raben an Mülldeponien. Der Nahrungsreichtum, den sie dort antreffen, hat seinen geschichtlichen Vorläufer wahrscheinlich in den Überresten der von Jägern erlegten Mammute, Riesenfaultiere und Karibus. Raben sind – und waren wahrscheinlich schon immer – nicht nur Wolfsvögel. Sie sind auch *unsere* Vögel; kein Wunder also, dass sie in unseren Mythen und Sagen einen so beherrschenden Platz einnehmen.

Nachdem Menschen den afrikanischen Kontinent verlassen hatten, um während vieler Hunderttausende von Jahren im Norden die riesigen Herden von Hirschen, Auerochsen und Mammuten zu jagen, dürfte der Kolkrabe, *Corvus corax*, mit einiger Sicherheit ihr ständiger Begleiter gewesen sein, der sich von den Resten ihrer Beute ernährte. Als wir den Weg auf den amerikanischen Kontinent fanden, weil sich während der Eiszeiten der Meeresspiegel so weit absenkte, dass eine Landbrücke nach Alaska aus dem Meer auftauchte, breiteten wir uns nach Süden und Osten aus und fügten dabei in der nichtsahnenden und unvorbereiteten Megafauna verheerende Schäden an. Nie zuvor waren diese Tiere in ihrer evolutionären Geschichte Jägern wie den Menschen begegnet. Das war eine Gelegenheit, die sicherlich auch die Raben zu nutzen wussten. Im amerikanischen Südwesten sind anhand fossiler Funde Corviden im Miozän und Raben im Pleistozän dokumentiert (Magish und Harris, 1976). Raben könnten schon 100 000 Jahre vor den Menschen in Amerika gewesen sein, zusammen mit den Wölfen. Soweit es die Raben betraf, war der Mensch das neue Raubtier, wahrscheinlich nur ein Ersatzwolf, der ebenfalls in Rudeln jagte.

Der Wolf war für Raben im Norden unentbehrlich, noch höher im Norden nahm der Eisbär seinen Platz ein und hat ihn noch immer inne. Im Süden waren es die Großkatzen. Mit ihren scharfen Zähnen erlegten diese Raubtiere kranke oder schwache Tiere und öffneten die Kadaver. Mit seinem langen, kräftigen Schnabel konnte der Rabe das Fleisch abpicken, das an Fell und Knochen zurückblieb. Die Raubtiere versuchten sicherlich, alles Fleisch zu fressen, dessen sie habhaft werden konnten, aber wenn sie nicht Hunger litten oder die Jagdsituation schlecht war, ließen sie Berge von Eingeweiden zurück, die die Vögel, die ihnen folgten oder die Jagden bemerkten, fressen konnten. Menschliche Jäger haben vielleicht sogar absichtlich Fleisch zurückgelassen, weil sie in der Gegenwart von Raben ein Vorzeichen für eine erfolgreiche Jagd sahen, so wie sie für die Wikinger ein Vorzeichen für einen erfolgreichen Beutezug waren.

Wenn die Jagd gut und die Jagdgruppe klein war, konnten die Jäger wahrscheinlich nur einen Teil eines Mammuts verspeisen, bevor sie weiterzogen, um das nächste zu erlegen. Das gab dann ein Festmahl für Raben und Wölfe. Ich vermute, im Norden folgen sie noch immer Menschen mit Hunden oder tun sich mit Hunden zusammen, die bei Menschen leben. Was kümmerte es einen Raben, ob er einem Rudel Wölfe oder einem Rudel in Felle gekleideter Menschen folgte? Raben entschieden sich sicherlich für die Besten. Raben sind die Vögel des Nordens schlechthin. Es ist sicherlich kein Zufall, dass sie von allen Vögeln auch am engsten mit der Kultur und Sagenwelt nordischer Völker verknüpft sind – der Skandinavier, Inuit und vieler anderer.

Odin, der Herrscher der nordischen Götterwelt, auch »Hrafnagud« oder Rabengott genannt, hatte zwei Wölfe an seiner Seite und zwei Raben auf den Schultern. Die Wölfe und die Raben begleiteten ihn auf die Jagd und in die Schlacht. Raben wurden also seit Jahrtausenden mit Wölfen assoziiert – und mit der Seele, den Menschen und den Göttern. Von der Assoziation zwischen Wolf und Rabe leitet sich der nordische Name »Wolfram« ab – Wolf-Raben –, einst der Name großer Krieger.

An einem Wikingerraubzug konnte ich nicht teilnehmen, um den Ursprüngen der alten Mythen nachzuspüren, wohl aber konnte ich mich in ein Flugzeug setzen und in wenigen Stunden die Arktis erreichen. Dort gab es noch Raben, die in der jüngeren Geschichte keinen auf Ignoranz beruhenden Verfolgungen ausgesetzt waren und sich daher nicht vor dem Menschen in der Wildnis verbargen. Dort konnte ich, wie ich hoffte, Raben beobachten, die stattdessen noch immer die Nähe des Menschen suchten und sich mit ihm zusammentaten. Wenigstens die Spuren einer lang andauernden Beziehung wollte ich entdecken, hatte ich doch Gerüchte vernommen, nach denen Inuitjäger mit Raben »sprechen« und umgekehrt.*

* Ein ganz ähnliches Beispiel ist der afrikanische Große Honiganzeiger, *Indicator indicator*. Wie Donald Griffin in seinem Buch *Animal Minds* (S. 164–169) schildert, ist der Honiganzeiger ein kleiner Vogel, der sich von Bienenlarven, Wachs und Honig ernährt. Er lebt in enger Beziehung zum Honigdachs, *Mellivora capensis*, den er zu Bienennestern führt, die der Honigdachs dann öffnet. Anschließend teilen sie sich die Nahrung. In einigen Gebieten Afrikas hat der Vogel sein Honig anzeigendes Verhalten von Dachsen auf Menschen übertragen, mit denen er nun in kooperativer Beziehung lebt.

21. KAPITEL

Tulugaq

Nach meiner frühen Ankunft auf dem Flughafen Dorval in Montreal sitze ich bei einer Tasse Kaffee und warte auf das Flugzeug, das mich nach Iqaluit bringen soll, in eine Ortschaft mit rund 4 000 Einwohnern auf Baffin Island am Rande der Frobisher Bay, gegenüber der Westküste von Grönland und nördlich der Hudson Bay.

Die Boeing 727–200, mit der ich dann flog, hatte nur sechs freie Sitze für Fluggäste. Größtenteils war das Flugzeug mit Frachtgut beladen. Kein gutes Zeichen, hatte ich mir doch Jäger vorgestellt, die von ihrem Handwerk lebten, keine Menschen, die sich von eingeflogenen Broten und Kartoffeln ernährten. Die lebensnotwendigen Dinge kommen heutzutage nicht mehr aus der Tundra. Wenn die Raben von Menschen leben, hängen sie genauso am Tropf des Luftverkehrs wie diese selbst. Sie ernähren sich nicht mehr von dem, was die Jäger erlegen.

Nach einem kurzen Zwischenhalt in Kuujjuaq stießen wir durch die niedrigen Wolken, und die Landschaft raubte mir den Atem. Ringsumher reines Weiß, dazwischen das Schwarz der Fichten, Weiden und Lärchen. Als wir dann unseren Weg nach Iqaluit fortsetzten, sah ich bald keine Bäume mehr. Eine Stunde lang nichts als blendendes Weiß. Dann erschienen die Umrisse der winzigen Siedlung. Iqaluit! Kaum trat ich bei minus 30 Grad Celsius in einen leichten Schneesturm hinaus, da sah ich sofort Raben in Zweier- und Dreiergruppen am weißen Himmel fliegen, der mit Meer und Land verschmolz. Deutlich und klar hoben sich die Raben von ihm ab. Ich konnte sie an ihren Rufen sofort als Raben erkennen, obwohl sie einen anderen Dialekt sprachen als den, den ich kannte. Von da an hörte ich fast jeden Tag Laute oder Nuancen von Rufen, die ich noch nie vernommen hatte.

Nachdem mir Lyn Peplinski, der Direktor des Iqaluit Research Center, das Bett gezeigt hatte, das während der nächsten Tage im Center für mich vorgesehen war, ging ich sofort hinaus, um einen Spaziergang entlang einer vagen Umrisslinie zu machen, die ich für das Ufer der Frobisher Bay hielt. Ein Mann schaufelte Schnee aus einem Boot. Scherzend fragte ich ihn, ob er hinausfahren wolle. »Nicht vor Anfang Juli«, sagte er. »Aber das Schaufeln ist die richtige Beschäftigung für einen Sonntagnachmittag.« Kaum hatten wir uns bekannt gemacht, erzählte mir Kalingu Sataa, ein Steinmetz, von der Seehundjagd, den Raben und dem Ausmeißeln kleiner Steinfiguren. »Kann man hier Fellparkas kaufen?«, fragte ich. Ich wusste, dass sie nirgends mehr zu bekommen waren.

»Meine Eltern, die da drüben wohnen, haben eine Karibujacke«, sagte er. »Meine Mutter hat sie vor Jahren genäht. Vielleicht verkauft sie sie.«

Wir gingen zu dem Haus auf der anderen Straßenseite hinüber, wo ich ein freundlich lächelndes, älteres Ehepaar kennenlernte, Kalingus Eltern, sowie seine Schwester Naudlak. Akaka, Kalingus Vater, war noch in einem Iglu geboren worden, hatte aber den größten Teil seines Lebens in Iqaluit verbracht, genauso wie Kalingu selbst, der vielleicht 40 Jahre alt sein mochte. Wie die Arktisforschungsreisenden Freuchen und Salomsen schrieben, zeigten – nach der Überzeugung der Inuit – Raben durch ihren Flug an, wo sich Bären und Karibus aufhalten, und umgekehrt folgen Raben Jägergruppen ebenso wie Eisbären. Ich fragte, ob Raben die Jäger manchmal auf Wild hinwiesen, damit sie von den erlegten Tieren fressen könnten. Wie die meisten älteren Inuit und die Vorschulkinder konnte Akaka kein Englisch. Kalingu übersetzte: »Ja, indem sie mit den Flügeln wippen.« Das war, was mich seit Langem beschäftigte, und das zu sehen, war ich hergekommen.

Jedem, der Raben beobachtet, dürfte aufgefallen sein, dass fliegende Raben gelegentlich einen Flügel anziehen und sich dann wieder ausrichten. Glauben Inuit *wirklich*, der Rabe spreche auf diese Art mit ihnen? Kalingu war sich seiner Sache nicht ganz sicher und meinte: »Das lernst du eben, wenn du als Inuit aufwächst.« Dann verstummte er. Schließlich sagte er, heutzutage würden die Menschen nicht mehr sonderlich auf Raben achten. Früher, ja da hätte man sie genauer beobachtet, als das *Tuktu*, das Karibu, noch seltener gewesen sei. Damals habe man noch keine Gewehre gehabt und habe das *Tuktu* erst nach langen Fahrten im Hundeschlitten jagen können. 4500 Jahre lang sei die Jagd in diesem Land die wichtigste Fertigkeit gewesen. Für die Jagd brauche man scharfe Sinne, List, Kenntnisse, Kraft und Ausdauer. Wenn die Jäger sich auf Speerwurfweite an ein Karibu anpirschten, hätten sie oft alle Kleidung abgelegt, um nicht durch ihr Rascheln verraten zu werden. Das musste wohl im Sommer gewesen sein, jedenfalls waren die Minustemperaturen im März nichts für die traditionelle westliche Bekleidung. Ich fror erbärmlich

Auf den Parka zurückkommend, fragte Akaka, ob ich mir den seinen einmal anschauen wollte. Seine Frau holte ihn aus einem kalten Speicher von draußen. Ein wunderschönes Stück, mit hellem Karibufell an Vorder- und Rückseite und dunklem Fell an den Schultern. Die Kapuze war mit Wolfsfell besetzt. Akaka sagte, er werde den Parka wohl nie wieder tragen, und verkaufte ihn mir für 150 kanadische Dollar.

Dieser Parka sollte mir gute Dienste leisten, vielleicht sogar *entscheidende* Dienste, als ich ein paar Tage später mit Igloolik auf einer Insel im Foxe Basin die dritte und letzte Inuitsiedlung besuchte. Ich wollte dort Charlie Uttak und einige seiner Freunde zur Karibujagd und zum Eisfischen begleiten – eine Expedition, die einige Tage lang dauern und rund 100 Kilometer von der Ortschaft entfernt enden sollte. Eine unvergessliche Fahrt – mit 50 Stundenkilometern bei minus 40 Grad Celsius in schleudernder Fahrt zwischen riesigen Eisblöcken aus Meerwasser hindurch, in Riemen aus Seehundsfell auf einem Schütten festgezurrt, dem *qamutiik* (oder *Komatik*), der von einem Yamaha-Motorschlitten gezogen wurde.

Überall in Iqaluit waren Raben. Sie hockten auf Strommasten, auf Dächern, auf Veranden und öffentlichen Gebäuden mit regem Publikumsverkehr. Ungefähr 20 von ihnen sah ich auf dem Dach eines Kindergartens, wo ständig Leute mit ihren Kindern ein und aus gingen. Niemand schenkte ihnen Beachtung. Praktisch in jedem Garten, in dem Hunde angebunden waren, hockten auch Raben. Dutzende von Raben versammelten sich mit Inuithunden auf dem Eis. Fast überall und jederzeit waren Raben zu sehen, die irgendwo saßen oder umherflogen. Die meisten stießen Rufe aus. An vielen Straßenecken sah ich einzelne Raben auf Strommasten sitzen, vertieft in komplizierte Monologe, als übten sie ihr umfangreiches Repertoire. Gleichzeitig brachten sie eine lebhafte Vielfalt von Körperhaltungen zum Ausdruck. Es sah wie Spiel aus, weil es gewöhnlich keine sichtbare Zuhörerschaft anderer Raben gab, zu denen sie hätten »sprechen« können. Es wäre nicht ganz richtig von »Rufen« zu reden, da die Vögel unterschiedliche Laute zu oft einzigartigen Sequenzen verknüpften. So konnte man sich leicht vorstellen, die Vögel würden miteinander oder zu sich selbst sprechen.

Als zu Besuch weilender »Rabenmann« wurde ich zu einem Interview im CBC-Sender eingeladen. Gastgeberin war Gail Whitesides, die das Interview mit einem Lied über den nordischen Raben einleitete. Nach dem Interview liefen die Telefone des Senders heiß – Hörer, die Rabenanekdoten zu erzählen wussten oder Rabenrufe nachahmten. In der weitaus größten Zahl von Anekdoten, die ich hörte, ging es um spielende Raben. Die Raben benutzen Stromleitungen als Turngerät, lassen sich kopfüber herunterbaumeln, schwingen sich wieder hinauf und vollführen gelegentlich sogar Riesenfelgen. Manchmal lassen sie sich auch, an ihren Schnäbeln hängend, hin- und herschaukeln. Dächer herunterzurutschen ist ein anderer beliebter Zeitvertreib. Eine Frau erzählte mir, sie habe eine Gruppe Raben beobachtet, die abwechselnd ihr Dach heruntergerollt seien. Wenn sie an der Dachkante anlangten, gingen oder flogen sie wieder hinauf, um sich erneut herunterrollen zu lassen.

Der Aspekt dieser »Stadtclowns«, der am zweithäufigsten zur Sprache kam, waren ihre Fressgewohnheiten. »Raben fressen alles«, weshalb sie manchen Menschen eklig sind. Ein großer Rabenverband, der Schlittenhunde auf dem Eis umkreist, lässt, so weit das Auge reicht, nicht einen Haufen Hundekot übrig. Wenn sie dem Hund vorne nicht genügend Futter wegschnappen können, dann holen sie es sich hinten. Das Futter, das sie sich vorne verschaffen können, ist den Vögeln zwar lieber, aber es birgt auch mehr Risiken, obwohl Raben die Gefahr zu verringern wissen, indem sie in Zweier- oder Dreiergruppen arbeiten. Ohne Karnivoren würden die Raben hier verhungern, obwohl sie im offenen Gelände, wie man mir erzählte, gelegentlich Schneehühner jagen und reißen. Doch überall versorgen sie Karnivoren, vor allem der Mensch, mit dem größten Teil ihrer Nahrung. Daher sind Raben außerhalb der Ortschaft, in der Tundra, selten.

Menschen, die im Norden viele verschiedene Städte besucht haben, meinen übereinstimmend, dass die Raben der westlichen Städte, Inuvik und Yellowknife beispielsweise, »vollkommen anders« seien als die Raben von Iqaluit. In Iqaluit besitzen sie noch den Anstand, den Menschen aus dem Weg zu gehen. In Inuvik und Yellowknife sind sie »vollkommen furchtlos«, »frech« und »schreien dich an, wenn du zwischen ihnen und einer Mülltonne stehst«. »Manche haben sich sogar auf dem Kopf meines Hundes niedergelassen«, erzählte mir jemand. Einige Leute versuchen, sie abzuschrecken, indem sie Virginia-Uhus aus Kunststoff aufstellen, aber ein Mann, der es versucht hatte, berichtete mir: »Ihr Verhalten spricht Bände, etwa: ›Ist das eine falsche Eule, die uns abschrecken soll? Toll, ein feiner Platz zum Sitzen, na bitte!‹«

Hall Beach, die nächste Ortschaft, die ich besuchte, ist eine vorwiegend von Inuit bewohnte Siedlung mit rund 500 Einwohnern, die von zwei Radartürmen des Frühwarnsystems überragt wird. In den Fünfzigerjahren wurden sie erbaut, um uns vor russischen Raketen mit Kernwaffen zu warnen, die, wie man befürchtete, über den Nordpol zu uns geschickt werden könnten. Heute dienen sie anderen Zwecken. Ich habe ein aktives Rabennest auf dem Radarturm in Barrow, Alaska, gesehen. Mike Wesno, der an der Hall Beach School unterrichtet, holte mich mit seinem Motorschlitten an dem winzigen Flugplatz neben den beiden Türmen ab. Es wurde schon dunkel, und wir hatten minus 35 Grad. Ob ich Lust auf eine Spritztour hatte? Und ob! Nachdem ich mein Gepäck bei ihm abgeladen hatte, fuhren wir durch die eisige Nachtluft hinaus zu den Türmen. Mindestens 100 Raben hockten überall auf den hohen Stahlverstrebungen, aber die Vögel drängten sich nicht aneinander, wie ich das bei diesen frostigen Temperaturen und dem eisigen Wind erwartet hatte. Diese Stelle war ein gemeinschaftlicher Schlafplatz, kein Nistplatz. Geeignete Standorte für gemeinschaftliche Schlafplätze kann es in der Tundra nur wenige geben, und sie müssen weit auseinanderliegen. Die Radartürme des Frühwarnsystems erfüllen die Bedingungen in idealer Weise.

Am nächsten Morgen weckte mich das traurige Geheul der Schlittenhunde überall im Ort. Wie in Iqaluit waren die Hunde unterhalb der Häuser ohne Schutz auf dem Eis angebunden. Zu Kugeln zusammengerollt, mit dem Rücken gegen den Wind, blickten mir die Hunde mit einem Auge über ihren um den Leib gelegten Schwanz entgegen, als ich an ihnen vorbeiging. Alle hatten sie ein Gefolge von Raben um sich versammelt. Nach einiger Zeit bemerkte ich, dass ein Rabe, den ich »Scraggly Tail« nannte, sich mehrere Tage hintereinander bei einem bestimmten Hunderudel aufhielt.

Die wenigen Raben, die sich am Rande der Ortschaft ihre Nahrung zusammensuchten, waren viel scheuer als die in Iqaluit. Auch ernährten sie sich hier nicht von Müll; die vielen Dutzend Plastikmüllbeutel entlang der Straße waren nicht aufgerissen, obwohl sie hier schon mindestens drei Tage lagen. Die meisten Raben holten sich ihre Nahrung woanders, jenseits des Eisrandes, nahm ich an, wo der Gezeitenstrom für offenes Wasser sorgt und Packeis oder Treibeis anzutreffen ist. Das sind die Seehund- und Walrossjagdgründe der Eisbären und Inuit.

Jona, einer von Mikes Schülern, bot mir liebenswürdigerweise an, mich in seinem Hundeschlitten den knappen Kilometer über festes Eis bis zur Eisgrenze zu fahren. Die Hunde trotteten über eine blendend weiße Schneefläche, als wir die vereiste Küste am Ortsrand verließen. Überall ragten fast transparente, türkisfarbene Eisblöcke auf, zwischen denen wir uns hindurchschlängelten, bis wir an die Eisgrenze gelangten. Still und schwarz wie Öl floss das Wasser vorbei. Es war schaurig.

Das Wasser war mit winzigen, losen Eiskristallen bedeckt. Ein Seehund streckte den Kopf aus dem Wasser, blickte mich an und tauchte rasch wieder ab. Ich sah die geisterhaften

Umrisse von vorbeitreibenden Eisschollen. Das war die Welt der Eisbären, Walrossjäger und Raben. Jetzt wurde mit klar, warum niemand Lust gehabt hatte, bei dieser tödlichen Mischung aus 35 Grad minus, dunklem, strömendem Wasser und Nebel den Besucher in einem schwankenden Boot hinauszufahren.

Wir blieben eine Weile, untersuchten einen Iglu und die blutige Spur, wo man einen erlegten Seehund durch den Schnee geschleift hatte. Als wir wieder in den Ort kamen, empfand ich den merkwürdigen Drang, noch einmal zu Fuß zurückzugehen. Als ich wieder auf dem Eis war, erblickte ich zwei Raben vor mir, die auf einem Eisblock hockten. Einer flog auf, kam auf mich zu und wendete sich dann in weiter Schleife in Richtung des Eisrandes, wo ich vor Kurzem den Seehund erblickt hatte. Dann gesellte er sich wieder zu seinem Gefährten auf dem Eisblock, den er gerade verlassen hatte. Wenn ich ein Jäger gewesen wäre, hätte ich das Verhalten des Raben als ein Zeichen deuten können, das mich veranlassen sollte, in Richtung dieser Stelle der Eisgrenze zu gehen, wo ich auf den Seehund getroffen wäre. Doch wäre ich in eine andere Richtung gegangen, wäre ich vielleicht auf einen anderen Seehund gestoßen.

Beide Raben flogen von ihrem Eisblock auf, als ich mich näherte. Die Sonne stand schon niedrig am Horizont. Mit flüssigen, geschmeidigen Flügelschlägen näherten sie sich der Ortschaft, wo die Hunde zusammengerollt auf dem Eis lagen, und verschwanden dann als schwarze Punkte am Horizont in Richtung der Radartürme.

An Nachmittag hielt ich in der Schule einen weiteren Vortrag über die Raben von Maine. Danach gingen Mike, seine Frau, ein Dutzend Schüler und ich zur Mülldeponie, wo wir sechs Raben antrafen. Für die Vögel gab es nicht viel zu fressen, abgesehen von dem schrecklich aussehenden Kadaver eines verbrannten Hundes, der aus dem Schnee herausragte, und einem *Iqumaq*, der innen noch ein paar Fleischreste aufwies. *Iqumaqs* sind »Würste«, mehr als einen Meter lang und 30 Zentimeter dick, die nach folgendem Rezept bereitet werden: Man näht Walrossfelle aneinander und stopft sie mit rohem Walrossfleisch und -fett aus. Bei Dauerfrost vergräbt man sie im Boden, wo sie viele Monate bleiben und reifen, bis sie den richtigen Geschmack haben.

Gegen 15 Uhr sahen wir viele Raben vom fernen Packeis zum Radarturm zurückkehren. Wenn die Seehund- und Walrossjagd ergiebig ist, fressen die Bären nur das Fett und lassen den Rest des Kadavers unberührt. Noah Piugaattuq, ein alter Jäger, mit dem ich mich im Dorf unterhielt, erklärte mir, dass Aas fressende Raben Lärm machen und dass sich Eisbären an ihre Rufe gewöhnen. Manchmal fressen die Bären von toten Meerestieren, die die Raben zuerst finden. Die Eisbären werden von den Rufen der Raben angelockt. Wenn Bären, die keine Beute haben, von der sie fressen können, die Rufe fressender Raben vernehmen, sind sie häufig abgelenkt oder gehen ihnen sogar nach, daher ahmen Inuitjäger Rabenrufe nach, um näher an einen Bären heranzukommen.

Ich hätte gewünscht, länger im Ort der Inuitjäger bleiben zu können, doch musste ich mein Flugzeug nach Igloolik erreichen. Während ich am Nachmittag auf das Flugzeug wartete und die Sonne noch zehn Grad über dem Horizont stand, beobachtete ich die Raben beim Himmelstanz über den Radartürmen. Mindestens vier Stunden vor Sonnenuntergang waren sie zu ihrem Schlafplatz zurückgekehrt. Sie tollten in Zweier- und Dreiergruppen herum und jagten hoch in den Himmel hinein. Dann schossen sie wieder und wieder im Sturzflug herab. Die Walrossjäger hatten offenbar Erfolg gehabt; diese Raben waren gut genährt.

Bisher hatte mir noch kein Rabe durch Flügelwippen eine potenzielle Beute angezeigt, wie es Akaka Sataa in Iqaluit erzählt hatte. Akaka hatte mir auch berichtet, dass der Jäger einen Zauberspruch wissen müsse, um das Flügelwippen hervorzurufen. Die magischen Worte, die man an den Raben richten müsse, würden nicht jedem verraten. In alter Zeit habe man den Zauberspruch vom Medizinmann gekauft, und er sei sein Geld wert gewesen. Abe Okpik, ein älterer Mann aus Iqaluit, der kein Jäger mehr war und dessen Onkel den vielsagenden Namen Tulugaq (Rabe) getragen hatte, erzählte mir später, wenn ein Jäger früher auf Land Karibus oder auf dem Eis Eisbären gejagt und einen Raben über sich habe fliegen sehen, habe er ihn dreimal laut bei seinem Namen gerufen: »Tulugaq, Tulugaq, Tulugaq!« Sobald er die Aufmerksamkeit des Raben auf sich gezogen habe, habe er ihm zugerufen, er möge aus dem Himmel in Richtung der Beute herabschießen. Wenn der Rabe seinen musikalischen, gongartigen Ruf dreimal hintereinander ertönen ließ, gingen die Jäger in diese Richtung und erlegten das Wild. »Sie glaubten fest an den Raben und folgten ihm«, sagte Okpik. »Und nachdem sie das Karibu und den Eisbären erlegt hatten, haben sie dem Raben immer die schmackhaftesten Stücke der Beute als Belohnung liegen gelassen.« Mir erschien die Vorstellung absurd, dass ein Jäger sich mit einem Raben verständigte und ihm dieser seinerseits die erbetene Information offenbarte. Trotzdem wollte ich mich der Möglichkeit einer solchen Kommunikation nicht von vornherein verschließen.

Das Flügelwippverhalten ist eine Besonderheit von Raben. Jeder, der frei fliegende Raben irgendwo beobachtet, sieht irgendwann einen Raben »aus dem Himmel purzeln«, dabei senkt dieser einen Flügel (oder zieht ihn ein), sodass der Körper zur Seite wippt. Ende Januar haben wir dieses Verhalten im Yellowstone Park vor allem bei Raben gesehen, die paarweise flogen. Ich bemerkte einen Raben, der seinen rechten Flügel siebenmal in unregelmäßigen Abständen senkte und stets einen aus zwei Tönen bestehenden, gongartigen Ruf ausstieß, bei dem es sich sehr gut um den Ruf gehandelt haben könnte, von dem mir die Inuit erzählt haben. In Maine habe ich das Flügelwippen bei Vögeln in der Nähe eines Kadavers gesehen, wenn sie reichlich gefressen hatten und sich vermutlich »topfit« fühlten. Häufig hört man auch einen aus drei Tönen bestehenden Gongruf, allerdings ist mir seine Bedeutung nicht bekannt. Mein Freund Glenn Booma, der ihn perfekt imitieren kann, sagt, er locke damit fast immer Raben an, die sich in der Nähe aufhalten. Handelt es sich möglicherweise um einen Lockruf, der im Prinzip für andere Raben bestimmt ist, aber hin und wieder mit der gleichen Absicht an Menschen gerichtet wird? Könnte es also eine logische Verknüpfung zwischen dem Flügelwippen und dem Ruf auf der einen Seite und der Beute und den Jägern in der Arktis auf der anderen geben?

In der arktischen Landschaft kann man in alle Richtungen viele Kilometer weit sehen. Es gibt kaum Objekte in Menschen- oder Karibugröße, die einem Raben, der über den niedrigen Hügeln fliegt, entgehen könnten. Noch vor 100 Jahren waren die einzigen Menschen, die sich in der arktischen Landschaft bewegten, Jäger auf der Suche nach Beute – Jäger, die die Raben zum Überleben brauchten. Angesichts dieser Situation würde ein Rabe sofort die Verbindung zwischen Menschen, Karibu und Nahrung herstellen. Aber konnten Raben auch über den Standort des Wilds informieren?

Ein hungriger oder verhungernder Rabe, der weiß, dass die Nähe zwischen Menschen und Karibus eine Mahlzeit bedeutet, könnte frohlocken, wenn er menschliche Jäger in der Nähe eines grasenden Karibus erblickt. Da der Vogel weiß, dass Karibus potenzielles Futter bedeuten, könnte er gelernt haben, dass Karibus in der Kombination mit Menschen stets Futter *sind*. Ein plausibles Szenario für die Evolution der Kommunikation zwischen Raben und menschlichen Jägern könnte folgendermaßen aussehen: Ein hungriger Rabe frohlockt, wenn er über Menschen hinwegfliegt und gleichzeitig eine Karibuherde am Horizont wahrnimmt. Wie andere frohlockende Raben senkt er einen Flügel als Ausdruck seiner Emotion, dann setzt er seinen Flug in Erwartung des Festmahls in Richtung der Karibus fort. Schließlich hat er bisher jedes Mal, wenn er zuvor Menschen und Karibus zusammen sah, hinterher Eingeweide und anderes frisches Fleisch vorgefunden.

Auch die Jäger könnten einen solchen Lernprozess absolviert haben. Sie könnten gelernt haben, dass das Erscheinen eines Raben oder mehrerer Raben die Nähe großer Säugetiere bedeutete. Ohne Schwierigkeiten hätten sie dann den nächsten Schluss ziehen können: Wenn der Rabe, der die Nähe von Wild verriet, an eine Stelle flog, die sie nicht sehen konnten, etwa jenseits eines Hügels, dann war zu erwarten, dass sich die etwaige Beute dort aufhielt. Sie hätten den Eindruck gehabt, der Rabe hätte sein Signal absichtlich gegeben. Wenn die Jäger danach einen Raben fliegen sahen, fragten sie sich vielleicht, ob er sie gesehen hatte, und hofften, er würde sie wieder zum Wild führen. »Tulugaq, Tulugaq«, hätten sie dann geschrien, um seine Aufmerksamkeit zu erregen. Wenn der Rabe von hoch oben in der Luft keine Karibus sah, hatte er keinen Anlass zu freudiger Erwartung. Dann flog er einfach weiter, ohne auf die Jäger zu reagieren, woraufhin die Jäger ihm nicht folgten. Da Raben über 50 Jahre alt werden können, haben einzelne Vögel möglicherweise das Jagen mit Menschen gelernt und umgekehrt. Sie haben ihr Wissen weitergegeben, was in einem sich selbst verstärkenden Zirkel durchaus zu einer Situation geführt haben könnte, die mit dem wohlbekannten Beispiel des afrikanischen Honiganzeigers vergleichbar ist. Dieser Vogel führt Menschen tatsächlich zu Nestern voller Honig.

Weniger logisch will mir erscheinen, dass die Raben ihre Flügel genau in Richtung des Wilds wippten. Vielleicht sind die Jäger zu ihrer Beute gelangt, egal, in welche Richtung der

Rabe, ihrer Meinung nach, den Flügel gewippt hatte. Einmal aufmerksam geworden, hielten sie vielleicht genauer Ausschau oder dehnten den Radius ihrer Suche aus. Karibus zerstreuen sich oft in mehr als eine Richtung. So hätte ein Jäger beispielsweise auch auf Wild stoßen können, wenn er sich nach Süden wandte und dort auf eine Bodenerhebung traf, von der aus er einen guten Überblick hatte und Karibus im Osten entdeckte. In jedem Falle wäre der Jäger, der an den Raben *glaubte*, erfolgreicher gewesen als der, der es nicht tat, sodass sich der Preis für den Zauberspruch ausgezahlt hätte. Ich bin selber Jäger und weiß, dass der Glaube ungeahnte Kräfte verleiht und dass nur das Handeln zum Erfolg führt.

Die Praxis, Raben zu folgen, muss sehr verbreitet gewesen sein, denn es gibt zahlreiche humoristische Geschichten der Inuit darüber. Ich nehme an, jede wirklich humoristische Geschichte hat eine sehr ernste Antithese. In der Geschichte »Der Rabe und der Jäger« erzählt ein Rabe einem Jäger, der sich gern am Atemloch eines Seehundes einrichten möchte, er wisse genau, wo er lagern könne. Der törichte Jäger folgt dem Raben und schlägt sein Lager an der Stelle auf, an die ihn der Vogel geführt hat. In der Nacht wird der Jäger von einem Felsblock erschlagen, der vom Berg herabstürzt. Als der Rabe dem Jäger die Augen auspickt, sagt er: »Ich weiß nicht, warum alle diese Jäger meine saudummen Geschichten glauben.«

22. KAPITEL

Verstecken, Versteckplündern und Täuschen

Selbst ein schon teilweise aufgefressener Elch- oder Wapitikadaver ist ein riesiges Nahrungsvorkommen für einen Raben und dennoch keine Garantie für eine dauerhafte Versorgung. Für den Vogel können Tage oder Wochen ohne Nahrung folgen, da jeder Kadaver in der Regel nur begrenzte Zeit vorhält, was an den vielen Konkurrenten liegt, die von Bakterien bis zu Karnivoren reichen. Das Horten von Futter für die Zukunft ist also von großem Vorteil. Wenn ein Tier Futter versteckt, so sieht das oft aus, als beruhte es auf bewusster Planung, obwohl ihm gar kein beabsichtigtes Verhalten zugrunde liegen muss. Bienen zum Beispiel produzieren und speichern Honig auf Monate im Voraus und bauen sogar komplizierte Wachsbehälter für diese Nahrung. Doch handelt es sich dabei um ein weitgehend vorprogrammiertes, unveränderliches Verhalten.

Wie würde das Versteckverhalten eines Raben aussehen, wenn er sich dabei *bewusst* verhielte? Vor allem müsste ein bewusster Vogel die verschiedenen Konsequenzen seines Verhaltens in einer ständig sich verändernden Situation in Betracht ziehen und nicht einfach einem genetisch vorgegebenen Drehbuch folgen. Beispielsweise würde er auf die Aktivität anderer reagieren. Träfe er Konkurrenten am Kadaver an, würde der bewusst handelnde Rabe sich mit dem

Verstecken beeilen. Er müsste sich entscheiden, ob er erst fressen und dann verstecken oder erst verstecken und dann fressen will. Weiter müsste er entscheiden, ob er mit jedem Stück Nahrung, das er herausreißt, davonfliegt oder wartet, bis er mehrere Stücke zusammenhat, um sie mit einem Mal davonzutragen. Bei letzterer Strategie müsste er sich überlegen, ob er die Happen zunächst zur Seite legt und sie erst vor dem Abflug wieder aufnähme. Diese Möglichkeit käme jedoch nur in Betracht, wenn keine Raben in der Nähe wären, die ihm die Fleischportionen rauben könnten. In diesem Fall flöge unser Rabe sofort davon, nachdem er ein großes Stück abgerissen hätte, oder er würde kleinere Stücke sammeln, indem er sie sicher in seinem Kehlsack verstaute. Zu dem Zeitpunkt, da unser bewusster Vogel mit dem Fleisch davonflöge, hätte er sich schon ein ungefähres Ziel überlegt. Wären viele Vögel in der Nähe, müsste er weit fortfliegen. Würden jedoch die Vögel in der Nähe kein Interesse an der Nahrung zeigen, könnte er sie einfach unweit des Kadavers verstecken. *Wären* die anderen jedoch an seinem Futter interessiert, was er durch Beobachtung ihres Verhaltens herausfände, dann flöge er so weit, dass sie ihn nicht mehr sehen könnten, bevor er die Nahrung versteckte. Stieße er nach längerem Flug auf einen weiteren Raben, flöge er noch weiter, bis er einen abgeschiedenen Ort gefunden hätte. Nachdem er seine Futterportion versteckt hätte, würde er vielleicht bei der Rückkehr zum Kadaver einen anderen Vogel beim Verstecken bemerken. Er würde ihn möglichst unauffällig beobachten und warten, bis der andere Vogel fortflöge, um dann dessen Versteck aufzusuchen. Doch bevor er noch das Versteck erreicht hätte, würde der Versteckbesitzer (der den vermeintlichen Versteckplünderer in Richtung seines Verstecks aufbrechen sähe) hinter dem Versteckräuber herfliegen und ihn davonjagen, vorausgesetzt, der Versteckräuber wäre ein schwächerer Vogel.

Wie sieht nun das tatsächliche Versteckverhalten des Raben im Vergleich zu seinem hypothetischen aus? Betrachten wir Goliath. Wie die meisten anderen Raben hätte er überzähliges Futter versteckt, hätte er vorher eine Zeit des Mangels erlebt. Doch Verstecken bedeutete für ihn weit mehr als nur Horten. Einmal beobachtete ich, wie er zwei Fleischstücke aufpickte und in die Seitenvoliere hinter einen großen Stein flog. Er legte beide Teile ab, grub ein Loch in den Boden, schob ein Fleischstück hinein, ging ein paar Schritte, nahm Blätter auf und trug sie zurück, um das Fleisch damit zu bedecken. Dann packte er das zweite Fleischstück, flog an eine andere Stelle und wiederholte den Vorgang. Inzwischen hatte sich Fuzz still auf den abgestorbenen Buchenstamm gesetzt, rund 30 Meter entfernt, von wo aus er Goliath aufmerksam durch den Maschendraht belauerte. Einige Sekunden später kehrte Goliath zurück, um weitere Fleischstücke von mir zu erbetteln. Fuzz begab sich eilig in die Seitenvoliere und fand die beiden Happen, die Goliath versteckt hatte. Einen verspeiste er an Ort und Stelle, während er den anderen zur späteren Verwendung wieder versteckte. Das war kein isolierter Zwischenfall (vgl. S. 426–432).

Am 6. Februar 1998 tummelten sich alle meine sechs neun Monate alten Vögel zu meinen Füßen und fraßen von dem Fleisch, das ich ihnen hingeworfen hatte. Blue, das größte Männchen, ergatterte das größte Stück und hüpfte damit davon, um es tief im Schnee zu vergraben. Dann kam er zurückgehüpft, um sich mehr Fleisch zu holen. Alle fraßen weiter. Minuten später ging Orange, der nächstgrößte Vogel, zu Blues Versteck, aber Blue flog hinüber und kam ihm zuvor. Daraufhin gab Orange den Diebstahlversuch auf. Anschließend flogen Blue und Orange in die andere Voliere, von wo sie die übrigen Vögel nicht sehen konnten. Nun hüpfte White, ein kleines Weibchen, sofort zu Blues Fleischversteck. Sie grub genau dort, wo Blue den Fleischklumpen versteckt hatte, zog ihn heraus und versteckte ihn an einer anderen Stelle. Etwa eine Minute später kam Orange zurück, während Blue in der anderen Voliere zurückblieb. Da Blue im Moment keine Gefahr darstellte, ging Orange ein zweites Mal zu Blues Versteck. Er grub dort, aber fand natürlich nichts, weil White das Versteck bereits geplündert hatte. Ich habe noch nie gesehen, dass ein Vogel an einen Ort zurückgekehrt wäre, wo er das Futter bereits entfernt oder einen anderen Vogel beim Entfernen seines Futters beobachtet hatte. Orange bot einen komischen Anblick. Wieder und wieder blickte er in das leere Versteck – ähnlich wie ich bei der Suche nach einem Funksender (vgl. 6. Kapitel) –, als könnte er nicht glauben, dass Blues Futter fort war, wo er doch wusste, dass Blue es nicht genommen haben konnte. Er konnte ja nicht wissen, dass White es sich geholt hatte.

Solange ich jeden Vogel mit Fleischstücken versorgte, gab es wenig Grund oder Zeit, viele Nahrungsverstecke anzulegen. Um genauer studieren zu können, was es mit diesem faszinierenden Verhalten auf sich hatte, musste ich für eine bessere Motivation sorgen. Also zerschnitt ich zwei Rothörnchen in 20 ungefähr gleich große Teile, ließ aber nur drei Vögel in die Experimentalvoliere: Orange, der den zweiten Rang in der Dominanzhierarchie innehatte, sowie Red und White, die den vorletzten und letzten Rang bekleideten. Zuerst zeigte ich ihnen alle Stücke, die ich in den Händen hielt, dann begann ich, die Stücke einzeln anzubieten, aber immer nur Orange. Da Raben alles nehmen, was sie kriegen können, besonders wenn das bedeutet, dass sie anderen Nahrung wegnehmen können, versteckte er jedes Stück, so rasch er konnte, und kam augenblicklich zurück, um sich das Nächste zu holen. Orange hatte einen viel höheren Rang als Red und White, daher hatte er weniger Grund als ein rangtiefer Vogel, seine Verstecke zu verheimlichen. Die ersten legte er in aller Öffentlichkeit an, während ihn Red und White von einem

Sitzplatz in der Nähe beobachteten. Red war mutig und flog hinab, um das erste Stück aus dem Schnee zu graben, und es gelang ihr auch (möglicherweise ließ Orange zu, dass sie es bekam). Doch dann jagte Orange Red zweimal durch die Voliere, bis sie das Fleisch fallen ließ. Solche Versteckräubereien durch Red mit anschließender Jagd ereigneten sich noch mehrere Male, und jedes Mal stand Red am Ende mit leerem Schnabel da. Schließlich ließ Red, wenn sie ein Versteck leer geräumt hatte, das Fleisch fallen, ohne auch nur den Versuch zu unternehmen fortzufliegen, wenn Orange sich näherte. Auch White wagte zwei Verstecke leerzuräumen, und wurde ebenfalls heftig verfolgt, bis sie das gestohlene Fleisch fallen ließ.

Nachdem Orange ungefähr ein Dutzend Verstecke angelegt hatte, hielt er inne, um zu fressen. Als er sich vorbeugte, um ein Stück Fleisch aufzupicken, begaben sich Red und White schnurstracks zu seinen Verstecken und zogen das verborgene Fleisch heraus, woraufhin sie ebenfalls fraßen. Als Orange ihre Diebstähle bemerkte, jagte er sie erneut, wobei er das Stück, von dem er gerade fraß, aufnahm und mit sich herumtrug. Letztlich aber konnte er seine 20 Verstecke innerhalb der Voliere nicht alle verteidigen, sodass auch Red und White zu fressen bekamen.

Dann führte ich weitere Variablen ein. Ich ließ die andere Hälfte der Rabengruppe herein – Blue, Green und Yellow – und gab ihr einen Kalbskopf. Blue war der Ranghöchste der sechs, also fraß er ganz oben auf der Futterquelle, wie es die Tafelsitte der Raben verlangt. Blue beschäftigte sich damit, ein Kalbsauge herauszupicken, während sich die anderen, von Orange abgesehen, am Kalbfleisch gütlich taten. Das Auge war nur unter großen Schwierigkeiten herauszulösen, daher war Blue mehr als zehn Minuten mit dieser Aufgabe beschäftigt. Während dieser Zeit saß Orange untätig am Rande, zweifellos weil er erst einmal die gewaltige Portion Rothörnchenfleisch in seinem Magen verdauen musste. Da er nach Blue der Nächste in der Rangordnung war, war Orange bei der Nahrungsaufnahme immer das Hauptziel von Blues Aggressionen. Orange jedoch hielt sich zurück und wartete ab. In dem Augenblick, als Blue das Auge herauszerrte, und als ich (und wahrscheinlich auch Orange) *wusste*, dass er davonfliegen würde, um es zu verstecken, verließ Orange seinen Sitzplatz, landete auf dem Kalbskopf und begann ebenfalls an dem Fleisch zu zerren. Da Blue mehr als zwei Minuten damit verbrachte, nach einem geeigneten Versteck für das Auge zu suchen, blieben Orange zwei Minuten Fresszeit. Nachdem Blue schließlich das Auge versteckt hatte, kehrte er zurück, um wieder von dem Kalbskopf zu fressen, woraufhin Orange ihn verließ. Einige Minuten später sah ich zufällig, dass White, der rangtiefste Vogel der Gruppe, an mir vorbei in die andere Voliere flog, das Kalbsauge im Schnabel. Sie hatte Blues Versteck gefunden.

Dieser Vorfall verstärkte meinen Eindruck, dass die Fähigkeit dieser Vögel, die Handlungen anderer zu antizipieren, gepaart mit einem hervorragenden Gedächtnis eine gute Voraussetzung für die Konkurrenz mit größeren und dominanteren Artgenossen ist. Meine Beobachtungen waren nur möglich, weil ich mitten unter ihnen war. Dadurch, dass ich sie als Nestlinge aufgezogen hatte und seit zehn Monaten täglich mit ihnen zusammen war, hatte ich ihr Vertrauen gewonnen, was dazu führte, dass sie auch in meiner Gegenwart ihr facettenreiches, komplexes Verhalten ungeschminkt zeigten. Außerdem kompensierte die Voliere meine Unfähigkeit zu fliegen. Ich hatte sie immer im Blick und konnte gleichzeitig eine äußerst komplexe Experimentalsituation herstellen, die flexible und neue Verhaltensweisen provozierte – Verhaltensweisen, die im Feld nur selten auftreten, weil die Vögel sich dort, wenn sie wollen, leichter aus dem Weg gehen können.

Immer wenn die Vögel mir dabei zusahen, wie ich Futter im Schnee vergrub, holten sie es sich. Sie schienen nicht nur die Handlungen anderer Raben zu antizipieren, sondern auch anderer Tiere. Gerald Fitz beispielsweise, ein Rabenfreund aus Lowell, Vermont, ist davon überzeugt, dass sein zahmer Rabe in kürzester Zeit lernte, wie er seinen Freund, den Beagle von Fitz, austricksen konnte. Gerald hatte den Raben als Nestling aus einem nahen Granitsteinbruch gerettet, wo das Rabennest drei Jahre nacheinander durch Sprengungen zerstört worden war. Der Rabe war mit dem Beagle aufgewachsen. Die beiden spielten miteinander, und der Rabe folgte dem Hund überallhin. Im Winter lief der Beagle hinter dem Raben her, wenn dieser Nahrung im Schnee versteckte, und holte sich die Leckerbissen. Daraufhin suchte sich der Rabe hochgelegene Verstecke, die der Beagle nicht erreichen konnte. Ferner versteckte er Futter in Löchern, die senkrecht in das Fensterbrett gebohrt worden waren. Nachdem er Fleisch in den Bohrlöchern versteckt hatte, verschloss er sie mit kleinen Steinen, die so genau hineinpassten, dass der Hund sie nicht herauslecken konnte, um an das Fleisch zu kommen.

Terry McEneaney, der seit Langem Raben studiert, weiß viele Geschichten zu erzählen. »Ich sah, dass das Elsternpaar hier in der Nähe des Hauses (in Gardine, Montana) schrecklich aufgeregt war und wütend auf einen Raben einschrie. Ich wusste, dass irgendetwas im Busch war, und setzte daher meine Beobachtung fort. Bald darauf näherte sich der Rabe dem Elsternnest in einem Wacholderbaum. Da ein Elsternnest eine fast undurchdringliche Haube aus dicken Ästen hat, konnte der Rabe nicht einfach hineingelangen. Also ging er methodisch vor, indem er einen Zweig nach dem anderen herauszog, bis ein Loch entstand. Jetzt griff er mit dem Schnabel hinein und zog ein mit Federkielen bedecktes Junges heraus, flog am Haus vorbei und versteckte es unter einem Beifußbusch. Sofort flog er zurück, holte sich ein weiteres

Junges und versteckte es in einer anderen Richtung unter einem Busch. Das wiederholte sich mit einem dritten und vierten Jungen. Das fünfte behielt er im Schnabel und flog damit direkt zu seinem Nest auf einem nahen Felsen, als wollte er es seiner Partnerin zeigen, die die eigenen Jungen huderte. Sie verließ das Nest und begleitete ihn, während er das fünfte versteckte, und folgte ihm dann zum Elsternnest. Sie nahm das sechste Elsternjunge, trug es zu ihrem Nest und fütterte ihre drei Rabenjungen damit. Das Männchen nahm das siebte Junge, versteckte es unter einem weiteren Beifußbusch und kam zurück, um das achte und letzte zu holen. Dieses Junge versteckte der Rabe nicht. Stattdessen zog er sich mit ihm in einen dichten Wacholderbaum zurück, wo er einigermaßen vor den zeternden Elstern geschützt war, die Helfer geholt hatten, um den frechen Angreifer abzuwehren. Dort, im Schutz der dichten Zweige, zerriss er das Elsternjunge und verschlang es.«

Eine ähnliche Anekdote hat mir Lesly Woodroffe aus Alna, Maine, erzählt. Sie sah, wie ein Rabe das Nest von Baumwollschwanzkaninchen mit vier Jungen ausräuberte. Er köpfte sie, versteckte eines nach dem anderen und gönnte sich erst dann eine Pause, um zu fressen.

Raben halten sich an das Motto: »Verstecke, solange der Vorrat reicht, und friss später.« An den Kalb-, Rotwild- und Elchkadavern, an denen ich Raben immer wieder beobachte, entfalten die Vögel eine geradezu hektische Geschäftigkeit beim Abreißen von Fleischstücken, besonders wenn es sich in großen Klumpen löst. Am 24. Dezember 1991 lag ich in einem mit Schnee bedeckten Versteck aus Fichtenzweigen, um einem Trupp von etwa 40 Raben zuzusehen, der sich über einen Kalbskadaver hermachte. In einem Zeitraum von 135 Minuten unternahmen meine vier gesondert markierten Vögel 23, 21, elf beziehungsweise neun Versteckflüge. Den ganzen Tag lang setzten die Raben ihre Arbeit gleichmäßig fort, daher dürften die 40 Vögel an diesem Tag mehr als 4 000 Verstecke angelegt haben. Angesichts der Menge, die ein Rabe pro Tag fressen kann, und der, die sie pro Versteckflug davongetragen hatten, nahm ich an, dass jeder in dieser Zeit nur das Äquivalent von ein bis zwei Versteckinhalten *gefressen* haben konnte.

Bei der hier geschilderten Beobachtung betrug die durchschnittliche Dauer eines Versteckflugs zehn Minuten. Das scheint ziemlich lang zu sein. Wenn Raben das Fleisch in weichem Schnee verstecken, schieben sie es mit dem Schnabel einfach hinein und lösen es mit einem Stoß der Zunge. Der lockere Schnee in der Umgebung fällt in das Loch und bedeckt das Fleisch, wenn der Vogel den Schnabel herauszieht. Meist schaufelt der Rabe noch etwas mehr Schnee von den Seiten auf das Versteck. Wenn der Schnee verharscht ist, pickt er ein Loch in die Schneekruste, nimmt das Fleisch auf und schiebt es in das Loch. Anschließend bedeckt er das Loch wieder mit aufgebrochenen Stücken der Kruste und schiebt noch etwas Schnee darüber. Auf nacktem Boden legen Raben Futter in Risse oder Löcher. Sind keine vorhanden, graben sie welche mit ihrem Schnabel, verstauen das Futter darin und bedecken ihr Versteck mit Zweigen, Blättern oder Grashalmen, die sie in der Nähe sammeln. Das Anlegen des Verstecks selbst dauert selten mehr als eine halbe Minute, doch ein Rabe braucht mehrere Minuten, um genügend Fleisch für ein Versteck aus einem Kadaver herauszureißen. Kurz bevor er fortfliegt, den Kehlsack prall gefüllt mit Fleisch und manchmal noch mit einem zusätzlichen Fleischstück, das ihm aus dem Schnabel hängt, hält der Rabe gewöhnlich noch ein oder zwei Sekunden inne, blickt sich in alle Richtungen um und blinzelt. Dann fliegt er energisch und entschlossen in eine bestimmte Richtung davon, als hätte er sich vor dem Abflug für sie entschieden. Fast jeder Versteckflug geht in eine andere Richtung. Nie befinden sich Verstecke an derselben Stelle. Die entscheidende Frage, die diese Beobachtungen aufwirft, lautet: Warum machen sich Raben die Mühe, über so weite Entfernungen zu fliegen und ihre Verstecke so zu streuen, wo sie das Fleisch doch auch in der Nähe verstecken könnten, ohne sich in die Luft zu begeben oder jedenfalls ohne lange Strecken zu fliegen? Wesentlich ist folgender Aspekt: Einzelne Vögel oder einzelne Paare wählen ihre Verstecke in weit größerer Nähe zur Nahrungsquelle als Vögel in Trupps.

Anders als das Paar, das McEneaney geschildert hat, und die vielen Paare, die ich beobachtet habe, verstecken Raben, die *Scharen* im Feld angehören, ihr Fleisch fast immer weit weg von dem Ort, wo sie es sich geholt haben. Ich habe im Feld Raben aus solchen Trupps bei vielen Tausend Versteckflügen zugeschaut, aber nur selten gesehen, wie einer sein Versteck tatsächlich anlegte. Höchstwahrscheinlich sehen auch die Raben an der Futterquelle nicht, wo die anderen ihre Verstecke haben. Das ist sicherlich kein Zufall. Raben müssen ihre Verstecke so weit von den anderen Vögeln entfernt anlegen, dass diese sie nicht finden können. Wenn ich meine Beobachtungen aus der Spitze eines Baumes vornehme, gewissermaßen aus der Rabenperspektive, sehe ich manchmal, wie Vögel, die Fleisch tragen, außer Sichtweite fliegen, über den nächsten Hügelkamm, hinab in die Täler. Hin und wieder stoße ich auf Verstecke – Fuß- und Kratzspuren im Schnee –, doch das gelingt mir nur durch Zufall, bei Spaziergängen im Wald. Das Fleisch in der Nähe eines Kadavers zu verstecken, würde nicht nur die anderen Raben veranlassen, das Versteck auszurauben, sondern noch eine weitere Gefahr heraufbeschwören. Aasfressende Karnivoren mit gut ausgeprägtem Geruchssinn – Kojoten, Füchse, Otter, Waschbären und Wiesel sowie eine Reihe anderer Tiere, von Hummeln bis zu Eichhörnchen – konzentrieren ihre Suche nach Nahrung auf Stellen, wo sie schon einmal Erfolg gehabt haben. Das heißt, wenn Dutzende von Raben ihre Verstecke auf engem Raum anlegen würden, wäre die Gefahr der Entdeckung weit größer als bei ausreichender Streuung.

Alle meine Beobachtungen über das Versteckverhalten von Raben ließen auf eine weit größere Flexibilität schließen, als sie jemals bei einem anderen Tier beobachtet worden war. Nun wollte ich Ergebnisse haben, die sich für eine Veröffentlichung eigneten, und entschied mich deshalb für strengere Versuchsbedingungen, die sich auf spezifische Aspekte des Versteckverhaltens, wie etwa das Gedächtnis, konzentrierten. Als Versuchstiere dienten mir 15 individuell gekennzeichnete, wild gefangene Vögel, die ich in einer Seitenvoliere hielt, abgetrennt vom Hauptkomplex. Aus diesem Bestand fing ich jeweils zwei bis vier Vögel und setzte sie in eine zweite Seitenvoliere. Vögel, die immer ausreichend zu fressen haben, verstecken kein Futter (Gwinner, 1965), daher gab ich ihnen zwei Tage lang kein Futter, um ihr Versteckverhalten zu aktivieren. Nach zwei Tagen durften sie in den großen Versuchsbereich, wo ich einen Haufen Fleischstücke ausgelegt hatte. Meistens verstrich eine Stunde, bevor die Vögel wagten, sich dem Fleisch zu nähern, doch danach begannen sie gewöhnlich sofort mit dem Verstecken. Ich gab ihnen noch eine weitere halbe Stunde zum Fressen und Verstecken, dann jagte ich sie zurück in ihre Seitenvoliere. Nach unterschiedlichen Zeitintervallen, von einem Tag bis zu einem Monat, ließ ich sie wieder in den Versuchsbereich zurück, um zu sehen, ob sie ihre Verstecke wiederfanden. Wenn das Gedächtnisintervall länger als zwei Tage umfasste, mussten die Vögel in der Zwischenzeit gefüttert werden. Doch zwei Tage vor dem Suchabschnitt des Experiments wurden sie wieder auf Nahrungsentzug gesetzt, um die nötige Motivation für die Suche nach den alten Verstecken zu schaffen.

Ich stellte fest, dass die Vögel sich leicht an Verstecke erinnerten, die sie ein oder zwei Tage zuvor eingerichtet hatten, und dass sie praktisch unfähig waren, sich an Verstecke zu erinnern, die sie einen Monat zuvor angelegt hatten. Wie gewöhnlich waren einige Details dieser Experimente, die ich im Februar 1992 begann, interessanter als die allgemeinen Resultate.

In einem dieser Versuche hatten White Slash und Blue Diamond (die Namen bezeichneten Symbole auf ihren Flügelmarken und werden hier der Einfachheit halber zu Slash und Diamond verkürzt) am 4. Februar Gelegenheit, zu fressen und Verstecke anzulegen. Die ersten zweieinhalb Stunden verbrachte Slash vorwiegend damit umherzufliegen. Ängstlich näherte sie sich dem Köder – klein gehackte Schweinelunge – Dutzende Male, wobei sie wie ein Hampelmann strampelte und den Schnabel furchtsam geöffnet hielt. Schließlich wagte sie sich nahe genug heran, um ein Stück zu ergreifen. Diamond hatte während dieser Zeit gleichmütig auf einer Sitzstange gehockt, doch nachdem Slash sich ein Stück Fleisch geschnappt hatte, erwachte er plötzlich zum Leben. Er hüpfte in ihre Nähe, während sie kurz fraß. Schließlich versteckte sie ihr Fleischstück, aber erst als Diamond am anderen Ende der Voliere fast, wenn auch nicht ganz, außer Sicht war. Kurz nachdem Slash ihr Fleisch versteckt hatte, flog Diamond hinüber und grub drei Minuten an dem Versteck. Der Schnee war tief, und offenbar hatte Diamond Slash nicht genau genug beobachtet, um das Versteck aufzuspüren. Einige Minuten später hatte Slash selbst offenbar keinerlei Probleme, ihr eigenes Versteck wiederzufinden. Anschließend fraß sie weiter.

Ich gab ihnen einen weiteren Tag kein Futter und hoffte, das würde sie veranlassen, eine Vielzahl von Verstecken anzulegen. In der nächsten Morgensitzung zeigten beide kein Interesse an dem Haufen zerkleinerter Schweinelunge. Am Nachmittag näherte sich Slash dem Fleisch, eine Minute nachdem ich es ausgelegt hatte. Sie fraß und legte dann wieder ein Versteck im Schnee an. Wie zuvor flog Diamond augenblicklich zu dem Versteck, um dort zu graben. Merkwürdigerweise griff Slash nicht ein. Während Slash damit beschäftigt war, ihr erstes Versteck freizulegen, überkam sie eine regelrechte Versteckraserei. In sieben Minuten grub sie sieben Verstecke, während Diamond vollauf mit der Plünderung ihres ersten zu tun hatte. Schließlich gab er es wieder auf und kam zurück, um Slash zu beobachten, die sofort das Verstecken unterbrach und stattdessen mit einem Stück Fleisch im Schnabel in der Voliere kreiste, als wüsste sie plötzlich nicht mehr wohin damit. Sie versteckte es erst, als Diamond erneut versuchte, ihr *allererstes* Versteck aufzugraben, das einzige Versteck, an dem er sie beobachtet hatte. Dieses Mal hatte Diamond endlich Erfolg und fand das Fleisch. Nachdem er es gefressen hatte, kam er selbst zum Fleischhaufen. Als Slash dort ihre ganze Aufmerksamkeit aufs Fressen richtete, legte Diamond plötzlich vier Verstecke in drei Minuten an. Anschließend jagte ich beide aus der Versuchsvoliere in einen angrenzenden Abschnitt, weil ich wissen wollte, ob sie ihre Verstecke am folgenden Tag wiederfinden würden.

Am 7. Februar ließ ich beide Vögel wieder in die Versuchsvoliere, um zu sehen, wer welches Versteck wiederfände und wie schnell. Während Slash am Vortag beim Verstecken sehr hektisch zu Werke gegangen war, war sie jetzt ruhig und gelassen. Nichts schien sie aus der Ruhe zu bringen, noch nicht einmal ich. Ohne Hast hüpfte sie zu einem ihrer Verstecke, holte das Fleisch heraus und fraß es. Dann flog sie zum nächsten Versteck und so fort.

Diamond, der am Vortag nur vier Verstecke angelegt hatte, begab sich zunächst zu einer Stelle, wo Slash drei Verstecke hatte, und suchte kurze Zeit den Schnee ab. Er schien die genauen Orte nicht zu kennen und fand kein Fleisch, doch war er für Slashs Geschmack zu nahe am Ziel. Also flog sie zu ihm hinüber. Anscheinend ahnte Diamond ihre Absicht, ihn für den Versteckfrevel zu bestrafen, denn er machte schon eine Beschwichtigungsgebärde, bevor sie noch da war. Nie zuvor hatte er ein solches Ausdrucksverhalten ihr gegenüber gezeigt. Slash griff ihn nicht an, sondern setzte sich nahe zu ihm, schob den Schnabel in den Schnee und holte das versteckte Fleisch heraus, um es anderswo zu vergraben.

Nachdem ich die Beobachtung abgeschlossen hatte, öffnete ich die Tür, die in die Hauptvoliere führte, wo der Rabentrupp vor einem Fleischberg fraß. Slash flog sofort hinein, griff sich ein Stück Fleisch und flog postwendend wieder in den Teil der Voliere, aus dem ich sie gerade vertrieben hatte! Obwohl sie ein wild gefangener Vogel war, hockte sie sich mit dem Rücken zu mir hin. Mit dem Nahrungsbrocken im Schnabel behielt sie die ganze Zeit über Diamond und nicht mich im Auge, wahrscheinlich, weil sie auf eine günstige Gelegenheit zum Verstecken des Fleischstücks wartete – auf den Moment, wo der Konkurrent nicht hinsah. Beide schenkten mir wenig Aufmerksamkeit. Sie achteten nur aufeinander und waren offenbar ganz von der Frage in Anspruch genommen, wo sie das Futter so verstecken konnten, dass der andere es nicht sah.

Am 10. Februar beobachtete ich Yellow O und Diamond bei der Suche nach Verstecken, die sie am Vortag angelegt hatten. Diamond war auf 33 Verstecke gekommen, Yellow O auf nur zwei. In einer Stunde entdeckte Diamond acht Verstecke, irrte sich aber zehnmal – sechs erfolglose Suchaktionen nach seinen eigenen Verstecken, und allem Anschein nach vier Versuche an Stellen, wo es überhaupt keine Verstecke gab. Yellow O dagegen fand seine beiden Verstecke wieder und auch noch zwei von Diamond, dabei beging er keinen einzigen Fehler. Obwohl die Vögel wahrscheinlich in der Lage gewesen wären, noch viel mehr Verstecke wiederzufinden, bestand keine Notwendigkeit, weil sie schon bald gesättigt waren, daher jagte ich sie wieder hinaus, um das Experiment am folgenden Tag fortzusetzen.

Später im Monat, am 27. Februar, überprüfte ich, ob Number 106, Blue und White Blank in der Lage waren, Verstecke wiederzuentdecken, die sie zwei Wochen zuvor angelegt hatten. White Blank hatte fünf Verstecke eingerichtet und fand jetzt alle fünf wieder. Nummer 106, ein neuer Vogel aus derselben Gruppe, hatte 13 angelegt und versuchte, nur drei wiederzufinden. An einer Stelle grub er acht Minuten, bevor er sein Stück Fleisch entdeckt hatte.

Später ließ ich vier Vögel gleichzeitig Futter verstecken, entfernte sie aus der Voliere und setzte sie einen Monat später wieder hinein. Nur zwei von ihnen hatten versteckt, und diese beiden gingen ständig durch den Käfig, als wären sie auf der Suche. Vielleicht wussten sie, dass irgendwo in der Voliere Futter war, aber offenbar hatten sie keine exakten Erinnerungen mehr. In der Zwischenzeit saßen die beiden Vögel, die kein Fleisch versteckt hatten, ruhig da und bewegten sich kaum. Sie verhielten sich genauso wie die Vögel im Kontrollversuch.

Im Kontrollexperiment legte ich in Abwesenheit der Vögel (sie befanden sich außer Sicht in einer Seitenvoliere) 40 Nahrungsverstecke an. Dabei markierte ich die Stellen im Schnee mit Zweigen und kleinen Ästen. Keines meiner 40 Verstecke wurde von ihnen entdeckt. Ich fand sie einen Tag später alle wieder.

Meine Experimente lieferten als Erste den Beweis, dass sich ein Vogel an die Verstecke von Artgenossen erinnern kann, und die Erfahrungen, die ich dabei machte, zeigten schlüssig, dass Raben auch Gegenstrategien entwickeln, um dem Versteckparasitismus der anderen Mitglieder eines Rabentrupps entgegenzuwirken. Das überprüfte ich drei Jahre später, 1995, in einer Reihe von Versuchen, in denen ich Fuzz,

Goliath, Houdi und Lefty Fleischhaufen hinlegte, wobei die vier entweder als Gruppe zusammen waren oder das Futter einzeln, isoliert von den anderen erhielten. In der ersten Situation stürzten sich alle sofort auf den Fleischhaufen, den ich ihnen hinschüttete, schnappten sich, so viel sie konnten, und begannen, ihre Beute augenblicklich zu verstecken. Ihre Versteckflüge waren kurz. Jeder Vogel wollte so schnell wie möglich zum Fleischhaufen zurückkehren, um sich eine neue Ladung Fleisch zu holen, als ginge es darum, sie davonzutragen, bevor die anderen sie sich holen konnten. Nur der Vogel, der das letzte Stück vom Haufen bekam, versteckte es nie sofort. Vielmehr trug er es mit sich herum, fraß genüsslich davon und versteckte das, was von ihm übrig blieb, schließlich mit großer Bedachtsamkeit. Genauso gelassen und gemächlich ging ein Vogel zu Werke, wenn er als Einziger Zugang zur gleichen Menge Fleisch hatte. Die Vögel schienen also möglichst viel von einer zeitweilig verfügbaren Nahrungsquelle monopolisieren zu wollen, und das Verstecken war ihre bevorzugte Methode. Wäre das jedoch der einzige Beweggrund gewesen, hätten sie ihre Rationen näher zur Nahrungsquelle verstecken müssen, wenn sie in der Gruppe waren, um das Verstecktempo zu erhöhen. Doch es verhielt sich umgekehrt, wenn andere Vögel zugegen waren, legten sie die Verstecke in größerer Entfernung an, indem sie in die Seitenvolieren flogen, wo sie ihr Fleisch ganz ungestört verstecken konnten. Die Ergebnisse ergaben natürlich einen Sinn, weil Raben nicht nur versuchen, anderen unverstecktes Futter wegzunehmen, sondern ihre Verstecke auch dem Blick der anderen zu entziehen.

Das Versteckverhalten von Raben beruht auf ihrer Fähigkeit, Gegenstände zu »verfolgen«. Wenn sie sehen, dass ein Stück Nahrung in den Schnee gelegt wird, »wissen« sie, dass es dort ist, und graben unter Umständen sechs, sieben Minuten oder noch länger danach. Sobald es von einem anderen

Vogel oder mir entfernt wird, stellen sie ihre Bemühungen ein. Ihr Geist ist wie eine Tafel. Sie können viele Orte darauf notieren, doch mit jedem Fund »löschen« sie diesen Ort und berücksichtigen ihn nicht mehr. Einmal beobachtete ich ein noch komplizierteres Verhalten. In vier verschiedenen Versuchen zeigte ich drei meiner Raben zwei Hälften einer Cashewnuss. Während sie mir von ihrer Sitzstange aus zusahen, vergrub ich die beiden Hälften nebeneinander auf einem Fleck Schnee. White fand eine der beide Nusshälften in weniger als einer Minute und flog anschließend davon. Orange war wohl zuversichtlich, dass dort noch mehr zu holen war, denn er grub weiter, nachdem das erste Stück entfernt worden war. Die Nusshälften waren in dem losen Pulverschnee schwer zu finden. In zwei gesonderten Versuchen grub er 3 Minuten und 15 Sekunden beziehungsweise 2 Minuten und 40 Sekunden, ohne sie zu finden. Im dritten Experiment fand Orange ein Stück nach 75 Sekunden, danach gruben er und White weitere 2 Minuten und 50 Sekunden, bevor sie aufgaben. Beim vierten Versuch fand Orange nach fünf Sekunden ein Stück Nuss, dann gesellte sich Red zu ihm, und beide gruben noch weitere 70 Sekunden.

Zwar erscheint die Annahme logisch, dass Raben das Handeln anderer bewusst ist, da sie die Reaktionen von Artgenossen antizipieren, trotzdem ist sie nicht allgemein anerkannt. Die Gegenthese lautet, dass diese Verhaltensweisen Reiz-Reaktions-Phänomene einer unendlich komplexen Kette von unbewussten Reflexreaktionen auf Reize seien. Die meisten Behavioristen würden allerdings auch für Bewusstsein plädieren, wenn man nachweisen könnte, dass Raben – wie einige Primaten – lügen. Was ist eine Lüge? Ich denke, wenn ein Rabe vorgibt, er legte ein Versteck an, das Futter tatsächlich aber an einer anderen Stelle vergräbt, dann läuft das auf eine Lüge hinaus.

Bei einer Täuschung verhält sich der Sender so, dass der

Empfänger etwas registriert, was tatsächlich gar nicht geschieht. Das bringt dem Sender Vorteile und dem Empfänger Nachteile. So jedenfalls die Definition des Verhaltensökologen. Für den Psychologen ist Lügen jedoch nicht nur die Übermittlung einer falschen Information. Aus psychologischer Perspektive kann erst dann von einer Lüge die Rede sein, wenn der Sender weiß, dass er eine falsche Information gibt und wie diese Information vom Empfänger interpretiert wird. Ich habe Daten, die dafür sprechen, dass Raben lügen (vgl. S. 428–430), wenn ich sie aus verhaltensökologischer Sicht betrachte. Doch wie erwähnt, möchte ich im vorliegenden Buch über diese Perspektive hinausgehen.

Bei vielen Gelegenheiten habe ich beobachtet, dass Raben falsche Verstecke anlegten – Nahrung vergruben und sie sofort wieder holten, um sie woanders zu vergraben –, mit anderen Worten, dass sie logen. Allerdings habe ich das nicht unbedingt als bewusstes Lügen interpretiert. Als Ökologe habe ich zunächst einfach angenommen, dass die Vögel spielten oder nicht recht wussten, wohin mit ihren Nahrungsbissen, ohne dass eine bewusste Täuschungsabsicht dahintersteckte. Falsche Verstecke anzulegen kann in seiner Wirkung auf eine Täuschung hinauslaufen, weil falsche Verstecke manchmal von anderen Vögeln überprüft werden (vgl. S. 430), doch obwohl ich davon überzeugt bin, dass die Vögel in einigen Situationen bewusst gehandelt haben, glaube ich nicht, dass dieses Verhalten an sich Bewusstsein beweist. Vielleicht verhalten sie sich immer so, als würden sie beobachtet, ohne dass ihnen ihr Verhalten bewusst wird. Vielleicht ist das Anlegen falscher Verstecke prinzipiell von Vorteil und verursacht wenig Mühe, sodass sich im Zuge der Evolution ein komplexes Programm entwickelt hat, das für die unbewusste Ausführung dieses Verhaltens sorgt.

Bei einem komplexen Tier lassen die Ergebnisse fast jedes Experiments mehrere Möglichkeiten oder Deutungen zu.

Um den sprichwörtlichen »Elefanten«, der von mehreren blinden Männern beschrieben wird, die ihn an verschiedenen Stellen berühren, in den Blick zu bekommen, muss man ihn, vor allem wenn es sich um ein so gewaltiges Geschöpf wie das Bewusstsein handelt, gleichzeitig an vielen Punkten und aus vielen Perspektiven untersuchen. Die Sache ist zwar noch nicht entschieden, trotzdem schließe ich aus vielen Einzelheiten des Rabenverhaltens, dass die Vögel das Verhalten ihrer Artgenossen vorhersagen und antizipieren. Und das dürfte Bewusstseinsäußerungen so nahe kommen wie nur möglich. Wenn ein Tier flexibel und antizipatorisch auf ein breites *Spektrum* von Handlungen (und nicht nur auf wenige spezifische Verhaltensweisen) reagiert, bevor sie stattgefunden haben, so lässt das die Hypothese, dass das Tier weiß, was es tut, ziemlich plausibel erscheinen. Die Annahme, dass alle seine Verhaltensweisen unbewusst sind, wird dadurch eher unwahrscheinlich.

Einen wichtigen Beitrag zum Verständnis der Evolution des Bewusstseins verspricht die viel diskutierte Annahme, dass zu den schwierigsten Problemen, denen sich das Individuum gegenübersieht, die Auseinandersetzung mit Artgenossen gehört. Die Theorie der »machiavellistischen Intelligenz« oder der Selektion nach sozialer Kompetenz ist gegenwärtig der Favorit für die Erklärung der Intelligenzevolution in der Hominidenlinie. Wie sich aus dem Versteckverhalten schließen lässt, könnte die gleiche Überlegung für Raben gelten.

23. KAPITEL

Moral, Toleranz und Kooperation

Als Verhaltensökologen versuchen wir Verhaltensregeln zu beschreiben und tun so, als würden wir Wahrheiten entdecken. In Wirklichkeit ist das Wort »Regel«, wenn es auf Tierverhalten angewendet wird, eine sprachliche Verkürzung. Eine »Regel« bedeutet in diesem Zusammenhang nichts anderes als die Beständigkeit einer Reaktion, nicht das Befolgen einer Anweisung. Tiere befolgen ebenso wenig Regeln wie wir, wenn wir bei 40 Grad, nicht aber bei null Grad am Strand erscheinen. Regeln sind die Summe von Entscheidungen, die von Individuen getroffen und von ganzen Gruppen umgesetzt werden und nicht umgekehrt. Regeln sind also ein *Ergebnis*. Sie sind das Durchschnittsverhalten, das uns und vielen Tieren als Programm mitgegeben ist, das wir lernen oder im Laufe des Lebens erwerben.

Tiere sind in ihren Reaktionen nur beständig, wenn sie ihren individuellen Interessen dienen. Die Notwendigkeit zu beständigem Verhalten im Hinblick auf andere liegt bei sozialen Tieren auf der Hand, für die die anderen der eigenen Gruppe ebenso untrennbar zur Umwelt gehören wie die Temperatur und andere Faktoren. Bei sozialen Tieren kann man von Regeln schon fast im Sinne von Anweisungen sprechen, weil bestimmte Reaktionen nicht nur evolutionär sind, sondern auch mit Gewalt durchgesetzt werden.

Ob das Verhalten eines Tieres akzeptabel ist oder nicht, kann davon abhängen, ob es sich gegen Mitglieder der eigenen oder einer fremden Gruppe richtet. Sanktionen und Strafen werden häufig von der Gruppe verhängt, um ihre »Moral« durchzusetzen, die ein Spiegelbild ihrer Interessen ist. Bei uns Menschen wird die Moral sogar als Waffe benutzt, vor allem in der politischen und religiösen Arena, um die Interessen bestimmter Gruppen oder um Parteiprogramme durchzusetzen. In umfangreichen, mehrjährigen Forschungsarbeiten haben wir einige »Regeln« des gruppenbezogenen Rabenverhaltens entdeckt. Beispielsweise haben wir festgestellt, dass Nichtbrüter weit und individuell umherstreifen und Ad-hoc-Trupps bilden, um territoriale Paare in Schach zu halten, die ihre Futterquellen verteidigen.

Gruppen von vier bis einem Dutzend Vögel tun sich gelegentlich in einer Art sozialer Partnerschaft zusammen. Im Winter duldeten Goliath und Whitefeather sogar nichtterritoriale Jungvögel an einem Kalbskadaver in der Nähe ihres Nistplatzes. Manchmal habe ich sechs bis acht Vögel plötzlich an einem Kadaver eintreffen sehen, von dem wochenlang nur ein Paar gefressen hatte. Bilden Raben Gruppen, in denen, wie bei anderen Tieren, bestimmte Verhaltensregeln mit Gewalt durchgesetzt werden? Um das herauszufinden, musste ich eine etablierte Gruppe über einen längeren Zeitraum studieren. Da das Quartett Goliath, Fuzz, Lefty und Houdi seit Monaten zusammenlebte und längst alle Kämpfe untereinander eingestellt hatte, bildete es eine ideale Beobachtungsgruppe.

Am 2. Februar 1995 ließ ich einen einzelnen wilden Raben in ihre Voliere – ein Weibchen im ersten Lebensjahr. Sie hatte einen gesprenkelten Rachen und ins Bräunliche spielende Schwanzfedern und Handschwingen. Goliath und Houdi, zu diesem Zeitpunkt das ranghöchste Männchen beziehungsweise das ranghöchste Weibchen, jagten die Neue unerbittlich durch die Voliere. Goliath trieb die Fremde im Verschlag in die Ecke, imponierte – Federohren, hochgereckte Haltung, steil aufgestellter Schnabel – und bedrängte sie. Gelegentlich zog er sie auch an den Federn von Flügeln und Schwanz, was sie mit lautem Gekreische beantwortete, ohne ihn jedoch jemals herauszufordern. Fuzz, das rangtiefe Männchen, näherte sich ihr nie. Im Gegensatz zu Goliath verfolgte Houdi das neue Weibchen unablässig. Sie trieb sie in die Enge und zog sie an den Flügel- und Schwanzfedern. Manchmal versuchte die Neue, Houdi abzuwehren, indem sie den Fuß ausstreckte, zog sich dabei aber zurück und äußerte krächzenden Protest, wenn sie körperlich misshandelt wurde. Nachdem die Frage der Rangordnung geklärt war, schenkte ihr keiner der vier Vögel mehr Beachtung, ganz im Gegensatz zu ähnlichen menschlichen Situationen, die ich erlebt habe.

Fressrechte waren ein ganz anderer Punkt. Wenn ich Nahrung in den Schnee legte und die anderen davon fraßen, wurde die Fremde stets angegriffen, sobald sie sich näherte. Wenn sie dann abseits saß und die anderen fressen sah, bekam sie einen Wutanfall. Heftig hämmerte sie auf die Sitzstangen und die Wände des Verschlags ein, in dem sie sich verkrochen hatte. Diese Ausbrüche wiederholten sich jedes Mal, wenn sie die anderen fressen sah. Sie machte ihrem Zorn jedoch nur Luft, wenn sich die anderen an der Nahrungsquelle aufhielten und sie nicht zurechtweisen konnten. Stunden später, wenn sie schon lange nicht mehr am Fleischhaufen waren, wagte sie sich aus dem Verschlag und auf den Boden, um zu fressen, doch die vier stürzten sich unbarmherzig auf sie, wenn sie der Nahrungsquelle zu nah kam. Näherten sich die anderen in aggressiver Absicht, nahm sie die Beschwichtigungshaltung ein: den Hals eingezogen, die Flügel gesenkt und den Schwanz in zitternder Bewegung. Das ist eine extreme Demutsgebärde des Raben, die besagt: »Bitte ...« (»... lass mich fressen«, »... lass mich kopulieren«, »... hack nicht auf mir herum«, je nach Kontext). Die Viererbande ließ nicht locker. Für eine Rabengruppe bewies sie ein ungewöhnliches Maß an Zusammenhalt oder Kooperation.

Schließlich hatte der wilde Rabe mehr Angst vor den Artgenossen als vor mir. Ruhig saß sie fünf Meter von mir entfernt und konzentrierte sich ganz auf die anderen, besonders wenn diese Futter im Schnee versteckten. Wiederholt flog sie hinunter, um diese Fleischstücke auszugraben, unternahm solche Versuche aber nur, wenn der Versteckbesitzer ihr den Rücken kehrte oder mit Fressen beschäftigt war. Zunächst raubte sie ein Versteck sofort aus, nachdem der Versteckbesitzer es fertiggestellt hatte und zur Nahrungsquelle zurückgeflogen war. Die vier Versteckbesitzer kamen ihr aber rasch auf die Schliche. Kaum ließ sie sich in der Nähe eines frischen Verstecks blicken, verließ der Besitzer den Fleischberg und jagte sie. Nach einigen misslungenen Versuchen plünderte sie ältere Verstecke, auf die ihre Besitzer weniger achteten. Mit dieser Täuschungsstrategie gelang es ihr manchmal, einen versteckten Futterhappen der anderen zu entdecken und zu fressen, bevor sie beim Plündern erwischt wurde.

Nach ein paar Tagen ließ Houdis Aggression gegenüber dem neuen wilden Weibchen etwas nach. Trotzdem verjagten die vier sie noch immer von allem Futter, mit dem ich sie versorgte, sodass sie sich nach wie vor ausschließlich aus den Verstecken der anderen ernährte. Ich ging davon aus, dass sie in einigen Tagen auch am Kadaver geduldet werden würde, wenn reichlich Futter vorhanden war. Als ich nach Vermont zurückmusste, sorgte ich deshalb dafür, dass die Voliere gut mit Futter ausgestattet war, unter anderem mit zwei großen Kalbskadavern. Angesichts eines so reichlichen Nahrungsvorkommens erwartete ich ein hohes Maß an Toleranz, so jedenfalls hatte ich das in anderen Gruppen beobachtet.

Bei meiner Rückkehr fand ich die Fremde zu meinem Entsetzen tot im Schnee. An ihren Brustfedern klebte geronnenes Blut, Hautfetzen an Beinen und Flügeln waren abgerissen, und überall am Kopf und an der Schnabelbasis waren Schnabelwunden und Blutergüsse zu sehen. Sie hatte geblutet, und nur lebendige Tiere bluten. Tieren, die Raben fressen wollen, picken sie stets die Augen aus, aber sie haben starke soziale Hemmungen oder »Regeln«, die verhindern, dass sie die Augen anderer Raben auspicken, doch die Augen dieses Rabenweibchens waren mit Schnabelhieben durchbohrt worden. Kurzum, es gab nicht den geringsten Zweifel, dass meine vier Freunde sie getötet hatten. Mit dem Rücken im Schnee liegend, hatte sie sterbend versucht, sich mit den Füßen zu verteidigen. Von ihrem Fleisch hatten sie nicht gefressen.

Vielleicht war meine Viererbande, da sie unnatürlich lange auf engem Raum zusammenlebte, zu einem »exklusiven Klub« geworden, was zu einer entsprechenden Einschränkung ihrer Toleranz gegen Fremde geführt hatte. Doch das war nicht der Grund für den Mord. Es war nur ein Element, das zu ihm beigetragen hatte.

Die Ermordung des Raben erschien mir so außergewöhnlich, weil ich bei einer früheren Gelegenheit (vgl. S. 307 f.) beobachtet hatte, dass Raben, selbst wenn sie verhungern, die Schwachen in der Gruppe nicht töten. Ein Rabe wird andere, die seine Verstecke plündern, in der Regel bedrohen oder angreifen, ohne ihnen ernsthaften Schaden zuzufügen. Auch habe ich schon gesehen, dass sich mehrere Vögel zusammentun, um ein anderes Individuum anzugreifen, allerdings sind mir die Gründe dafür nicht klar geworden. Doch diese Tötung war eine denkbar strenge Bestrafung. Sie ging weit über alle Reaktionen hinaus, die Raben üblicherweise erkennen lassen, wenn sie einen Konkurrenten von einem Versteck vertreiben oder Missfallen über einen leichten Regelverstoß äußern. Dies hier war Zensur der allerschlimmsten Form.

Der Mord war wahrscheinlich eine Strafe für wiederholte

Regelverstöße. Empörung, die zur Rechtfertigung von Grausamkeit dient, erinnert an unser eigenes Verhalten und hat im Laufe der Geschichte schreckliches Leid über die Menschheit gebracht. Wir dürfen von den Raben nicht mehr erwarten als von uns selbst.

Wir wissen, dass es bei Vögeln Vergeltungsakte gibt. Viele Vögel rächen sich an allen, die sie ihre Nester haben ausrauben sehen. Auf dem Campus der Universität von Groningen in den Niederlanden, an der ich einst zu Besuch weilte, hatte ein Elsternpaar ein Nest neben dem Biophysikgebäude gebaut, während ein Paar Aaskrähen sein Nest ganz in der Nähe hatte, auf der anderen Seite vom Parkplatz. Häufig kam es zu Kämpfen zwischen den Elstern und den Krähen. Schließlich eskalierten die Auseinandersetzungen, sodass die Krähen eine der Elstern töteten. Aus der Perspektive der Krähen war das gerecht, aus der der Elstern jedoch ungerecht.

Ein Individuum kann auch von seinen Artgenossen ausgegrenzt werden. Einmal sah ich im Winterwald von Vermont eine aufgeregte Rabengruppe, die sich große Mühe gab, ein Individuum zu stellen und anzugreifen. Zunächst ging ich davon aus, dass die anderen diesen Raben einfach deshalb angriffen, weil er fremd war und nicht, weil er etwas getan hatte, was sie missbilligten, oder weil er einem der ihren Schaden zugefügt hatte. Die Annahme, dieser Rabe hätte einem aus der Gruppe etwas getan, und die anderen seien darüber empört, würde bedeuten, dass wir nicht mehr von einem bloß zornigen Raben ausgingen, sondern von einem, der potenziell moralisch wäre, der von anderen erwartete, dass sie sich an bestimmte Verhaltensmaßstäbe hielten.

Die meisten Vögel greifen andere an, die ihren Nestern, Partnern, Nahrungsquellen oder Territorien zu nahe kommen. Die angegriffenen Vögel werden für die ihnen unterstellten Absichten bestraft. Kaum jemand würde dieses Verhalten als moralisch bezeichnen – die Vögel wahren nur ihr Eigeninteresse. Als moralisch verstehen wir in der Regel ein Verhalten, das nicht nur unserem unmittelbaren Eigeninteresse dient, sondern auch den Interessen der Gruppe. Die Unterscheidung ist jedoch nicht so klar, wie sie vielleicht erscheint. Eine Krähe, die ihr Nest gegen einen Raben verteidigt, setzt unter Umständen ihr Leben ein, um ihrem Partner und seinen Helfern am Nest beizustehen. Kolonienbrüter verteidigen nicht nur ihre eigenen Interessen, sondern auch die der ganzen Kolonie. Ein Vogel, der einen bestimmten Nesträuber auf frischer Tat ertappt hat, erinnert sich unter Umständen nicht nur an die Art, sondern auch an das Individuum. Beispielsweise klettert Kevin McGowan von der Cornell University zu Krähennestern hoch, um die Jungen zu beringen. Unter all den Studenten und Professoren auf dem Campus wird unweigerlich er von den Krähen am heftigsten angegriffen, wenn er sich zeigt. Zunächst stürzen sich die Eltern des nächsten Nestes auf ihn, und dann kommen ihnen auch die Nachbarn zu Hilfe und beteiligen sich an der Verteidigung des Nestes.

Raben können sich sicherlich an ein Individuum erinnern, das ständig ihre Verstecke plündert, vor allem wenn sie es fast immer dabei beobachten. Das ist in den engen Grenzen einer Voliere durchaus möglich, wo sich der Dieb den wachsamen Blicken der Versteckbesitzer kaum entziehen kann. Regelverletzer werden erinnert und offenbar auch angegriffen. So funktioniert die primitive Gerechtigkeit in ihrem System und in unserem. In einem solchen System werden die »anderen« – diejenigen, die aus welchen Gründen auch immer als »anders« erkannt werden oder sich als »anders« zu erkennen geben – häufig automatisch ausgegrenzt.

Ich nehme an, das ermordete wilde Rabenweibchen im oben geschilderten Versuch hatte die Verstecke aller vier gefangenen Raben geplündert. Vielleicht haben alle vier einfach nur ihre individuellen Interessen verteidigt. In diesem Falle wäre ihr Verhalten nicht moralisch in dem Sinne gewesen, in dem wir den Begriff verwenden. Wenn jedoch einer der vier Vögel nicht gesehen hätte, wie es eines seiner Verstecke plünderte, sich aber trotzdem kräftig an der Bluttat beteiligt hätte, weil die Verstecke der anderen ausgeraubt wurden, dann hätten wir es, theoretisch betrachtet, mit einem moralischen Raben zu tun, der bemüht gewesen wäre, das herzustellen, was wir in unserer Welt Gerechtigkeit nennen, denn er hätte die Interessen der Gruppe verteidigt und dafür etwaige Nachteile für sich in Kauf genommen.

Zwei nachfolgende Experimente bestätigten, dass Gruppeninteressen individuelles Wollen bestimmen können. In einem dieser Versuche setzte ich drei einjährige Raben (die zusammen aufgewachsen waren) zu meiner Sechsergruppe, die seit zwei Jahren zusammen war. Die sechs griffen die drei augenblicklich an, obwohl keiner der Neuankömmlinge ein Versteck geplündert hatte. Noch aufschlussreicher war indessen ein anderer Vorfall: Als einer meiner sechs einen der drei Neuankömmlinge angriff, sprangen ihm die fünf anderen sofort zur Seite. Im zweiten Fall machte eines der Paare Anstalten zu nisten, woraufhin einer der verpaarten Vögel sich von Zeit zu Zeit aggressiv gegen einen der vier anderen Vögel in der Voliere verhielt. Dabei folgte das Geschehen stets einem interessanten Muster – jedes Mal, wenn einer der verpaarten Vögel einen Angriff inszenierte, unterstützten ihn zunächst der Partner und dann alle anderen Vögel bei den Attacken gegen das Opfer. Diese Beobachtungen zeigen, dass Empörung nach »Parteilinien« zum Ausdruck gebracht – und offenbar auch empfunden – wird, wodurch die ursprüngliche, individuelle Toleranz des Vogels überlagert wird. Außerdem werden die Gruppenangriffe von Führern eingeleitet; ganz offensichtlich gibt es Mitläufer. Der Extremfall, der Mord, war also ein sozialer – und damit moralischer – Akt.

Intoleranz ist eine Eigenschaft, für die Raben bekannt sind. Wie zuvor (vgl. 7. Kapitel) dargelegt, ist gegenseitige Intoleranz ein Mechanismus, der für die Dispersion der Nester sorgt. Doch in der Telemetriestudie von Nummer 8130 (8. Kapitel) hat der revierbesitzende Vogel nach Belieben die Reviere von sieben in der Nachbarschaft brütenden Paaren überflogen, obwohl revierbesitzende Vögel in der Brutsaison anderen Artgenossen höchst intolerant begegnen. Im Winter, zu Beginn der Brutsaison, habe ich gelegentlich beobachtet, dass mehrere Rabenpaare am selben Kadaver fraßen. Oft habe ich auch Goliath und Whitefeather beim sozialen Fliegen mit benachbarten Paaren gesehen (vgl. S. 190–197). Ich habe auch andere faszinierende Berichte erhalten, die darauf schließen lassen, dass Raben Artgenossen durchaus in der Nähe ihrer Nester tolerieren können.

Hans Christensen und Thomas Grünkorn, die von 1985 bis 1996 rund 800 Rabenbruten in Schleswig-Holstein erfassten, fanden in den Jahren 1991, 1992, 1994, 1995 und 1996 ein Nest, das von drei Altraben verteidigt wurde. Die Helferin des Paares – nach der Größe zu urteilen, handelte es sich um ein Weibchen – beteiligte sich auch an der Fütterung der Jungen. In der Schweiz haben Markus Ehrengruber und Hans-Rudolf Aeschbacher einen dritten Raben gesehen, wahrscheinlich ein Männchen, der ein brütendes Weibchen im Nest fütterte. Dieser Helfer hielt sich sporadisch am oder in der Nähe des Nestes auf, allerdings wurde dieses Nest schließlich zerstört. Die Ursache blieb unbekannt. Lorenzo Russo, der Raben auf der Insel Stromboli in Italien studiert, erzählte mir, er sei von einem Rabenpaar bedrängt worden, als er zu seinem Nest emporgeklettert sei. Das Paar flog kurz davon und kam mit drei Helfern zurück, die ihn mit den beiden Eltern zusammen angriffen. Ein ganz ähnliches Verhalten hat Chris Walsh im Mai in der Nähe eines Rabennestes auf dem Raven Rock beobachtet, westlich der Ortschaft Moretown in Vermont.

Chris und ein Begleiter wurden von dem revierbesitzenden Paar bedroht, das keine sechs Meter über ihren Köpfen dahinflog. Chris schrieb: »Das Schauspiel war hinreißend, und wir blieben wie gebannt stehen.« Aber »bald flog das Paar davon und wendete sich nach Süden in das Tal hinunter, bis es außer Sicht war. Zu unserem Erstaunen erschien einige Minuten später aus der gleichen Richtung ein Trupp von acht Raben, die schnurgerade auf uns zuflogen. Sie führten als Gruppe die gleichen atemberaubenden Flugkunststücke aus, die bereits das Paar gezeigt hatte.« Man hat von ähnlichen Angriffen einer Rabengruppe gegen einen Steinadler berichtet, der auf einen Raben Jagd machte (Dawson, 1982).

Wir haben keinen Hinweis, wer die offenbar sehr seltenen »Helfer« an Rabennestern sein können. Möglicherweise sind es Nachbarn, die nahe gelegene Nester verteidigen, herangewachsener Nachwuchs, der nicht auf Wanderschaft gegangen ist, fremde Männchen, die Freundschaften knüpfen, weil sie auf außereheliche Kopulation spekulieren, und/oder Nachbarn, die eine Koalition zur gegenseitigen Verteidigung gebildet haben.

Carsten Hinnerichs von der Universität Potsdam hat mir berichtet, er habe einmal im Spätwinter, in der Zeit, in der Raben mit dem Brüten beginnen, zwei Wochen lang mehrfach sechs Raben, jedoch als Dreiergruppe, zusammen fliegen sehen. Die Paare hatten aufgeplusterte Kopffedern, riefen *glag-glag-glag* und verhielten sich in der typischen Weise von balzenden Vögeln. Zwar sieht man Jungvögel das ganze Jahr in Trupps in der Luft herumtollen, doch bisher hatte noch niemand Rabengruppen beim Balzimponieren beobachtet – immer nur einzelne Paare.

Die sechs Raben, die Carsten zur Nistzeit in einem Verband studiert hatte, bei dem es sich vermutlich um eine Paargruppe gehandelt hat, war eine Anomalie, die mich außerordentlich interessierte, weil sie die Flexibilität der sozialen

Organisation in einem neuen Licht zeigte. Carsten fand drei frische Rabennester in »einer kleinen Kolonie« auf Fichten in der Nähe einer großen Mülldeponie. Im April saß in jedem Nest ein brütender Vogel. Der Abstand zwischen den Nestern war so gering, dass es sich tatsächlich um eine kleine Kolonie handelte; das war höchst ungewöhnlich und der konkrete Beweis für eine erstaunliche Veränderung des Revierverhaltens, das Grünkorn für Norddeutschland dokumentiert (7. Kapitel) und ich an den Raben in Neuengland beobachtet hatte. Diese Brutvögel duldeten einander offensichtlich, wie es auch einige Raben auf Meeresinseln tun (Noglaes, 1996). In Maine werden selbst kleinste Futtermengen wie tote Schneehasen grimmig verteidigt und Raben, die sich zu nahe heranwagen, kilometerweit gejagt. Auch eine größere Futterquelle wie ein Kalb- oder Rotwildkadaver wird erbittert verteidigt; doch wenn die Vögel satt sind, legt sich zumindest in der Voliere ihre Unduldsamkeit gegenüber *vertrauten* Vögeln. Die extreme Toleranz der deutschen Raben könnte so ungewöhnlich gar nicht sein. Womöglich ist sie eine gewöhnliche Reaktion auf eine ungewöhnliche Situation.

Der Ort, die Mülldeponie von Zehlendorf, war ein Rabenparadies. Es gab Nahrung in Hülle und Fülle, und der Nachschub kam regelmäßig und zuverlässig – tagein, tagaus mit großen Müllautos. Vielleicht war diese stete Nahrungsversorgung ein hinreichender Grund für das gemeinsame Nisten. Doch dann schlugen alle drei Brutversuche fehl. Unter den Nistbäumen fand Carsten verstreute Eierschalen und herausgerissene Nestauskleidung. Einen Hinweis auf die Ereignisse, die hier möglicherweise stattgefunden hatten, liefert eine Untersuchung von Lo Liu-Chih aus Taiwan an der Universität Saarbrücken.

In einer Analyse von vielen Hundert Rabennestern hat Liu-Chih den Bruterfolg an verschiedenen ökologischen Standorten in Deutschland miteinander verglichen. Einer dieser

Standorte war die Rostocker Heide und ein anderer die Grevensmühlener Deponie. Wie Carsten fand auch Lo eine Quasikolonie von Raben in einem Umkreis von hundert Metern in dem Kieferngehölz, das die Deponie umgab. Überraschenderweise war der Bruterfolg an der Deponie trotz des reichlichen Nahrungsangebots weit schlechter als in der unberührten Rostocker Heide. Die Vögel begannen später zu nisten, viele Nester blieben unvollendet, und drei Viertel aller Brutversuche scheiterten kläglich. Die »erfolgreichen« Brutversuche wiesen im Durchschnitt nur ein Junges auf, gegenüber fünf in anderen, benachbarten Gebieten. Was noch merkwürdiger war: Die Jungen hatten eine schwache Oberschenkelmuskulatur, ein Anzeichen für Unterernährung. Lo meinte, die Altvögel hätten einen Großteil ihrer Zeit für die Nestverteidigung verwenden müssen, so hätten sie trotz des reichlichen Nahrungsangebots weniger Zeit zur Nahrungssuche gehabt.

Doch gegen wen haben sie die Nester verteidigt? Gab es wirklich Streit zwischen den so nahe zusammen nistenden Paaren? Mir erschien die entgegengesetzte Hypothese genauso plausibel – dass die Paare kooperierten. Vielleicht verteidigten sie »ihre« Deponie und ihre Nester gegen die Horden nichtbrütender Jungvögel, die sich an allen Deponien versammeln. Etwa zu der Zeit, als Carsten den Misserfolg der Brutversuche bemerkte, hatte es einen plötzlichen Zuzug von rund 50 Raben gegeben, die sich in der Umgebung der Deponie niederließen. Mitte Mai war der Trupp schließlich auf fast 500 Vögel angeschwollen. Vielleicht hatten sie das Nest zerstört. Vielleicht war der abnehmende Bruterfolg von Paaren an üppigen Nahrungsquellen, den Lo und Carsten dokumentiert hatten, weniger ein Ausdruck von Konflikten zwischen den Paaren als vielmehr von Auseinandersetzungen mit den stets anwesenden Nichtbrütern. Auf der Suche nach Anhaltspunkten für diese Hypothese bat ich Carsten, mich zur Zehlendorfer Deponie zu bringen. Deren Besuch im Juli 1997 war der Höhepunkt meines Deutschlandaufenthaltes.

Bei meiner detektivischen Arbeit fielen mir zwei merkwürdige Dinge auf. Erstens das Zusammentreffen von gescheiterten Brutversuchen und der Ankunft von vielen Hundert Nichtbrütern. Zweitens die ungewöhnliche Dichte der Nester in der Nähe der Deponie und der weit größere Abstand der Nichtbrüter-Schlafplätze. Ich schritt den Abstand zwischen den drei Nestern neben der Deponie ab (100 bis 160 Schritte) und suchte den Boden unter den Nestern sorgfältig ab. In Maine hatte ich in vier verschiedenen Jahren den Boden mit Teilen der Nestauskleidung bedeckt gefunden, nachdem sich Trupps nichtterritorialer Jungvögel in dem Gebiet aufgehalten hatten. Als ich im Frühjahr 1998 einen großen Fresstrupp in der Nähe des Hauses hatte, schlugen Brutversuche der beiden örtlichen Paare zum ersten Mal fehl. Wie in Neuengland war der Boden unter jedem Nest an dieser Deponie in alle Himmelsrichtungen mit Büscheln von Nestauskleidung übersät. Nestfeinde rauben normalerweise nur den Nestinhalt. Keine Tierart, außer eben Raben selbst, hätte sich so merkwürdig verhalten und systematisch Büschel der Nestauskleidung verstreut. Das war ein Indizienbeweis dafür, dass der Konflikt nicht zwischen den Paaren, sondern zwischen den Nichtbrütern und den revierbesitzenden Altvögeln stattgefunden hatte.

Als ich die Zehlendorfer Deponie besuchte, hielten sich dort noch rund 500 Raben auf. Gegenüber dem Kiefernbestand auf der anderen Seite der ständig sich auffüllenden Fütterungsstelle fuhren lärmende Müllwagen umher. Über einem Sandhügel hatte sich ein Trupp wohlgenährter Vögel versammelt, unverpaarte Jungraben, wie ich vermutete, um im Wind zu spielen. Wir beobachteten eine lange Reihe von Raben auf der Spitze des Hügels, von denen einer nach dem anderen die Schwingen ausbreitete, sich emportragen ließ, die Flügel etwas einzog und in die Tiefe segelte; dabei ritten sie auf den Luftwellen wie ein Surfer auf der Brandung. Andere wiederum machten sich die thermischen Aufwinde zunutze. Kilometerweit ließen sie sich forttragen, dann kehrten sie zurück, kreisten mit heiseren Schreien, kamen im Sturzflug herab und spielten ausgelassen zwischen den Kumuluswolken. Bei Nacht versammelte sich die lärmende Schar etwa anderthalb Kilometer von der Deponie entfernt im Kiefernwald an einem gemeinschaftlichen Schlafplatz, wo der Boden auf einem Gebiet von fast einem halben Hektar mit Federn, Gewöllen und Exkrementen bedeckt war.

Etwas daran ließ mich stutzen. Warum flogen 500 Raben jeden Abend anderthalb Kilometer weit, wo sie doch direkt an der Deponie hätten schlafen können? Und warum nisteten die Paare immer direkt *an* der Deponie, wo sie doch weitab voneinander und von dieser unruhigen Schar 15 oder mehr Kilometer entfernt hätten nisten können? Warum war der Nistversuch in einem Fall noch nach der Eiablage fehlgeschlagen? Ich vermutete, dass es einen Grund für die Nähe der Nester zueinander und zur Deponie gab. Wie meine Volierenexperimente gezeigt hatten, nimmt die Toleranz von Raben füreinander erheblich zu, wenn erstens reichlich Futter vorhanden ist und wenn sie zweitens längere Zeit zusammenleben. Es war mit einiger Sicherheit davon auszugehen, dass die drei in unmittelbarer Nachbarschaft nistenden Paare an der Zehlendorfer Deponie einander kannten, sodass die Möglichkeit einer gegenseitigen Allianz bestand.

Nichtterritorialen Trupps gelingt es sehr häufig, sich gegenüber den revierbesitzenden Paaren durchzusetzen. Warum nicht umgekehrt? Warum konnten sich benachbarte Paare nicht zusammenschließen, wenn sie nicht mehr um Futter zu konkurrieren brauchten? Wenn sich die zwei oder drei Paare die Deponie teilten, hatten sie immer noch mehr Nahrung, als sie benötigten. Aber für ihren Bruterfolg konnte es von ausschlaggebender Bedeutung sein, wenn es ihnen gelang, nichtterritoriale Vögel zu vertreiben, die es darauf abgesehen hatten, ihre Nester zu zerstören. Kurz bevor dieses Buch in Druck ging, informierte Carsten mich, dass die kleine Kolonie von drei Rabenpaaren inzwischen auf neun angewachsen sei! Durften sich dem Klub so viele anschließen, weil sich die Individuen durch den ständigen Aufenthalt an der permanenten Nahrungsquelle besser kennengelernt hatten?

Mehr Nahrung bedeutet weniger Konkurrenz und weniger Aggression (oder mehr, je nach den Umständen), während weniger Konkurrenz mehr Anlass zu Konkurrenz und Aggression schafft. Ein kleiner oder mittelgroßer Kadaver ist es wert, verteidigt zu werden. In den Wäldern von Maine sehen sich benachbarte Paare, die sich an einem Kaninchenkadaver treffen, zum Kämpfen veranlasst. Der Kampf zerstört gegenseitiges Vertrauen und die Bereitschaft zum Teilen. Doch an *großen*, »dauerhaften« Nahrungsquellen wie einem Elchkadaver kann Teilen für alle Beteiligten von Nutzen sein. Im Augenblick hat das Paar, das von dem Fleisch abgibt, nur einen geringen unmittelbaren Nachteil, während das Paar, das an dem Fleisch teilhaben darf, einen großen unmittelbaren Vorteil hat. Wenn letzteres Paar sich nun an einem künftigen Kadaver genauso verhält, haben alle Beteiligten auf lange Sicht Nutzen davon. Raben haben manchmal eine Lebensdauer von Jahrzehnten (Clapp u. a., 1983), und sie nisten Jahr für Jahr an derselben Stelle. Ich frage mich daher, ob und wie benachbarte Paare sich kennenlernen, sodass sie sich einen künftigen Elchkadaver zum späteren Nutzen teilen können. Geschieht das vielleicht im Zuge jener Luftspiele, bei denen ich benachbarte Paare häufig beobachtet hatte und die mich an die Footballspiele zwischen den Fachbereichen amerikanischer Universitäten erinnern?

24. KAPITEL

Rabenspiele

Spielen ist bekanntermaßen schwer zu definieren. Ist es besonders ausgeprägt, erkennen wir es alle, doch können wir es nicht in eine separate Verhaltenskategorie einordnen. Nach den meisten Definitionen handelt es sich um ein Verhalten, das *scheinbar* ziel- und zwecklos ist, doch Verhalten kann einem Beobachter einfach deshalb ziel- und zwecklos erscheinen, weil er nicht erkennt, welchen Nutzen es bringt. Der Nutzen könnte sich erst viel später ergeben und sich in verschiedenen Hinsichten auswirken. Beispielsweise können Kampfspiele dazu dienen, Fertigkeiten auszubilden, die das Tier später braucht, um wichtige soziale Beziehungen mit Gleichaltrigen zu knüpfen und den Muskeltonus sowie die Bewegungskoordination zu entwickeln, die erforderlich sind, um Feinden zu entkommen. Doch egal, wie man das Spiel definiert, für junge Tiere dürfte die Motivation zum Spielen kaum in den Belohnungen liegen, die sie irgendwann einmal dafür erhalten mögen. Oft ist das Spiel eine ununterbrochene Aktivität mit wunderlichen Wendungen, die eine Belohnung an sich darstellen, etwa wenn sich ein Vogel an den Füßen kopfüber baumeln lässt. Mein Ziel war es nicht, meine Beobachtungen in Kategorien einzuordnen wie »Objektmanipulation«, »soziales Spiel« oder »Kampfspiel«, sondern auf den folgenden Seiten schildere ich einfach die Aktivitäten, wie sie in bestimmten Zeitabschnitten stattgefunden haben.

Am 11. November 1993 sah ich Lefty an den Füßen von einem dünnen Zweig der Kiefer in der Voliere herabhängen, den Kopf waagerecht abgewinkelt. Nach wenigen Sekunden ließ sie mit beiden Füßen los, drehte sich in der Luft und landete mit den Füßen auf einem tieferen Zweig. Abermals begab sie sich auf ihren ursprünglichen Sitzplatz, ließ sich wieder rücklings fallen, sodass sie erneut kopfüber herunterbaumelte, dann ließ sie wieder los und flog davon.

Im Laufe der Zeit baute sie zusätzliche Elemente in dieses oft wiederholte Kunststück ein. Zwei Wochen später hing sie nur an einem Fuß, während sie mit dem anderen ein Stück Bünde ergriff. Dieses Kopfüberhängen zeigte sie in zwei Minuten dreimal, wobei sie stets dasselbe Stück Bünde entweder im Schnabel oder im Fuß hielt. Schließlich landete sie auf dem Boden, wo sie einen Rindenschnipsel aufpickte und in ein hohles Kunststoffrohr steckte. Sie hob das Rohr am einen Ende an, sodass die Bünde am anderen Ende herausrutschte. Dreimal wiederholte sie dieses Manöver. Nachdem sie das Rindenstück hatte fallen lassen, kratzte sie frisch gefallenen Schnee mit dem Schnabel von Zweigen. Nach 15 Minuten nahm sie ein anderes Rindenstück auf, pickte daran, trug es herum und versteckte es schließlich unter einem Baumstamm. Als Goliath sah, dass sie etwas versteckte, kam er herbei und grub im Boden dicht daneben. Fuzz tat es ihm nach, doch keiner der beiden Vögel fand etwas von Interesse. Dann jagte Lefty Houdi, wobei sie des Öfteren innehielt, um ihren Schnabel an Zweigen zu reiben und ein gurgelnd-glucksendes Lied zu singen, den Kopf geplustert und die Kehlfedern ausgestellt. Anschließend nahm sie die Jagd nach Houdi wieder auf.

Anfang Dezember sah ich Lefty wieder kopfüber herabbaumeln. Mit dem rechten Fuß hing sie an einem sehr dünnen und biegsamen Zweig, während sie im linken ein knorriges Aststück hielt. Auf diese Weise kopfüber baumelnd, ließ sie das Aststück ständig zwischen dem Schnabel und dem freien Fuß wandern. Manchmal hing sie auch, den Ast im Schnabel, an beiden Füßen. Drei-, viermal hintereinander flog sie mit dem Aststück im Schnabel zu demselben Zweig und nahm das Aststück in den anderen Fuß, bevor sie sich zum Baumeln vornüber fallen ließ. Derweilen zerrten Houdi, Goliath und Fuzz Zweige und Äste auf dem Boden umher und schienen sie nicht zu beachten. Dann baumelte Houdi einige Sekunden lang flatternd, während sie sich mit dem Schnabel an einem schaukelnden Zweig festhielt. In der nächsten halben Stunde versuchte Houdi noch zweimal, sich auf diese Weise baumeln zu lassen, während Lefty kopfüber an einem Fuß balancierte und einen kleinen Stein im anderen hielt. Dann nahm sie einen Kiesel auf, hielt ihn im Schnabel und ließ sich von einem anderen Zweig herabhängen, dabei kreuzte sie den Kiesel in ihrem Schnabel. Schließlich fiel ihr der Stein hinunter, oder sie ließ ihn einfach fallen. Daraufhin ließ sie mit den Füßen los und begann im Fallen zu fliegen.

Zwei Tage später sah ich Houdi einen 30 Zentimeter langen dünnen Zweig aufheben und ihn durch die Voliere tragen. Gelegentlich blieb sie stehen, hielt ihn mit den Füßen fest und pickte an seinen Enden. Nach fünf Minuten ließ sie den Stock fallen und brach von der Kiefer in der Voliere einen anderen ab. Dieser Zweig war 60 Zentimeter lang. Fuzz versuchte sogleich, ihn ihr wegzunehmen, und Houdi überließ ihn ihm widerstandslos. Daraufhin ging sie zu einem Kalbskadaver hinüber und begann zu fressen, während Lefty Houdis ersten Stock aufnahm, ihn aber nach weniger als 30 Sekunden wieder fallen ließ. Fuzz ließ seinen langen Stock ebenfalls fallen.

Als nun alle Vögel ohne Zweige waren, brach Goliath einen weiteren langen Ast ab, woraufhin Houdi herüberkam und an dem Stumpf pickte, wo der Ast abgebrochen worden war. Inzwischen veranstalteten Fuzz und Lefty ein Tauziehen mit einem Grauhörnchenfell. Houdi holte sich den von Goliath abgebrochenen Zweig, nachdem dieser ihn hatte fallen lassen. Jetzt pickte Goliath an der Stelle, wo er den Zweig abgebrochen und wo Houdi vor ihm gepickt hatte. Dann schloss er sich Fuzz und Lefty an, die noch immer an dem Grauhörnchenfell zerrten; als sich die beiden vom Fell entfernten, verlor auch Goliath rasch das Interesse daran. Nun interessierte sich Lefty wieder für das Fell, und Houdi schloss sich ihr an. Lefty flog auf eine lange Sitzstange, die sich irgendwie lockerte und herunterfiel, woraufhin alle Vögel erschraken und in ihrem Schlafverschlag verschwanden, wo sie eine Minute lang blieben. Nachdem sie sich wieder hervorgewagt hatten, mieden sie die Nähe der heruntergefallenen Stange. Erst nach 36 Minuten kamen sie wieder auf den Boden. Ich gab ihnen ein neues Spielzeug, eine Aluminiumdose. Nach wenigen Sekunden näherten sie sich, berührten sie vorsichtig mit dem Schnabel und vollführten ihre Hampelmannsprünge. Bald hieben sie alle kräftig mit den Schnäbeln auf die Dose ein – bis auf Lefty, die kein Interesse zeigte. Rasch war die Dose in zwei Teile zerrissen. Houdi ergatterte den unteren Teil, Fuzz den oberen. Beide Hälften wurden weiter zerlegt.

Als ich ihnen vier Monate später eine andere Bierdose gab, holte Goliath sie sich zuerst und hämmerte fünf Minuten lang auf sie ein, bevor er das Interesse verlor und sie fallen ließ. Dann griff Houdi sie sich, und Lefty nahm die Jagd auf. Ungefähr eine Stunde lang wurde Houdi, die Bierdose im Schnabel, in Intervallen durch die Voliere gejagt. Schließlich ließ sie sie fallen. Schoss Lefty daraufhin hinab, um sie sich zu holen? Keineswegs! Sie ließ sie liegen. Die anderen auch. Houdi hing wieder am rechten Fuß kopfüber an einem Zweig und ließ ihren gurgelnden Rabengesang ertönen. Währenddessen rollte Goliath auf dem Rücken liegend am Boden umher und hielt mit den Füßen einen Zweig empor.

Lefty hing erst an beiden Füßen, dann ließ sie sich, mit dem rechten Fuß festhaltend, baumeln. Nachdem sie in die Runde geblickt hatte, nahm sie mit einer von Flügelschlägen unterstützten Rolle vorwärts mühelos wieder eine stehende Position auf dem Zweig ein. Sie plusterte den Kopf auf und krächzte, dann wiederholte sie die Sequenz, baumelte an einem Fuß und pickte noch einmal an dem Zweig, ehe sie sich fallen ließ.

Eines Tages im Mai blickte die einjährige Houdi wiederholt in ein quadratisches braunes Plastikrohr, das knapp 30 Zentimeter lang war. Nachdem sie mehrmals an einem Ende hineingeschaut hatte, nahm sie einen grünen Plastikball, ein lange vernachlässigtes Spielzeug, und stopfte ihn in die Öffnung. Sie war ein bisschen eng für den Ball, doch half Houdi nach, indem sie mit dem Schnabel auf ihn einhämmerte. Als ich am folgenden Tag in die Voliere blickte, befand sich der Ball nicht mehr in dem Rohr. Houdi holte ihn wieder, schob ihn in die Öffnung und stopfte noch etwas Laub hinterher. Dann zog sie die Blätter und den Ball wieder heraus und wiederholte den Vorgang noch zweimal. Jetzt interessierte Fuzz sich für das Geschehen, zog die Blätter und den Ball heraus, presste den Ball wieder hinein, schob Blätter und Holzreste hinterher, zerrte alles wieder heraus und wiederholte das Ganze noch zweimal. Zunächst hatte Fuzz einige Schwierigkeiten, den runden Ball in die enge, viereckige Öffnung zu bekommen. Er umfasste das Rohr mit dem Fuß, um es festzuhalten, während er den Ball mit Schnabelhieben hineinbeförderte. Als er fertig war, kam Houdi zurück und begutachtete, was er geleistet hatte. Fuzz sah sich sein Werk ebenfalls an und stopfte noch mehr Blätter hinterher. Dann zog er alles wieder heraus, schlug den Ball mit dem Schnabel noch tiefer hinein, holte ihn wieder hervor und presste ihn in das andere Ende des Rohrs, woraufhin er wieder Blätter hinterherstopfte. Am Nachmittag holte Fuzz den Ball aus dem Rohr und versteckte ihn in der Nähe unter Blättern. Wie mir inzwischen klar geworden war, fürchteten sie sich nicht vor dem neuen Objekt, dem Rohr, und hatten erkannt, dass es hohl war. Vielleicht war es eine produktive Beschäftigung gewesen. Mit einigen Tests versuchte ich herauszufinden, ob sie ihr Wissen über die Beschaffenheit des Rohrs umsetzen konnten, das heißt, ich wollte feststellen, ob sie Objekte verfolgen konnten, wenn sie sie nicht mehr vor Augen hatten (vgl. S. 436–440).

Unvermittelt warteten sie mit neuen, unvorhersehbaren und fantasievollen Einfällen auf. Nichts schien ihren Tatendrang bremsen zu können, noch nicht einmal Temperaturen um 45 Grad unter null, wie wir sie Ende Januar hatten. Am Morgen waren sie fast weißköpfig. Die Feuchtigkeit in ihrem warmen Atem erstarrte an der Luft sofort zu Eiskristallen, die sich auf ihren aufgeplusterten Kopffedern niederschlugen. Die Vögel nahmen sich einen Milchbehälter aus Kunststoff vor, auf den sie schon am Vortag gründlich eingehämmert hatten. Ihr einziges erkennbares Zugeständnis an die Kälte bestand darin, die Bauchfedern so aufzustellen, dass sie ihnen bis zu den Krallen reichten, wenn sie sich auf einen Ast setzten.

Häufig spielten sie »Fang-den-Stock«, doch ihr beliebtester Zeitvertreib war eindeutig das Schneebaden. In seiner einfachsten Form hockten sich die Vögel hin und flatterten mit den Flügeln, so wie sie es auch beim Baden im Wasser taten. Doch es gab noch andere Varianten. Gerne schlitterten sie auf dem Brust- und Bauchgefieder, dabei beschleunigten sie ihre Fahrt durch Flügelschlagen und Strampeln mit den Beinen und ließen sich durch die Schwerkraft treiben. Houdi beschrieb zweimal eine ganze Rolle seitwärts einen kleinen Schneehügel hinunter. Goliath, Fuzz und Lefty indessen führten nur Teilrollen aus. Wie immer waren die Aktivitäten dieser zehn Monate alten Vögel von gedämpften Tönen begleitet. Auf dem Bauch schoben sie sich durch den Schnee und mobilisierten dabei das ganze Bewegungsrepertoire, das ihnen normalerweise zum Baden diente, besonders wenn Pulverschnee gefallen war. Doch diese Schneespiele waren nicht auf frisch gefallenen Schnee beschränkt. Weihnachten 1995 lag der Schnee schon mehr als sechs Wochen, und an Heiligabend machte ich Fuzz und Houdi ein »Geschenk« – ich häufte in ihrer Voliere einen 60 Zentimeter hohen Schneehügel auf. Wie ich erwartet und gehofft hatte, schienen sich beide Vögel am nächsten Tag über ihr neues Spielzeug zu freuen. Sie hockten sich auf seine Spitze und zogen mehrere lose Zweige heraus, die in dem Schnee steckten. Houdi glitt hinab und vollführte dabei eine ganze Rolle. Sechsmal hintereinander wiederholte sie das Kunststück. Fuzz traute sich wohl nicht, obwohl er fast ständig an Houdis Seite war.

Viele unserer eigenen Tätigkeiten haben einen bewussten Zweck, selbst wenn sie uns Spaß machen. Beispielsweise baden Erwachsene, weil sie damit einen bestimmten Zweck verfolgen, und bezeichnen es nicht als Spiel – zumindest rationalisieren wir unser Tun so. Wenn das Verhalten bei Raben keinem bestimmten Zweck diente, war es dann, so fragte ich mich, Spiel? Um herauszufinden, ob Raben baden, um sauber zu werden, oder ob sie es nur zum Spaß tun, führte ich später ein einfaches Experiment durch. Es bestand darin, meine Gruppe von sechs Jungraben, die zu diesem Zeitpunkt das Nest erst seit einem Monat verlassen hatten, schmutzig zu bekommen. Würden schmutzige Vögel häufiger baden, als wenn sie blitzsauber waren? Es war gar nicht so leicht, sie schmutzig zu bekommen, weil kein Rabe es duldet, wenn man ihn mit Matsch bewirft. Schließlich überlistete ich sie (aber nur kurzzeitig), indem ich sie aus einer Wasserpistole mit einer dünnen Lösung aus Honig (den sie als Nahrung ablehnen) bespritzte. Es gelang mir sogar, sie anschließend mit etwas Mehl zu bestreuen. Mit Honig und Mehl verklebt, putzten sich die Vögel häufiger als sonst, doch die Honig-Mehl-Behandlung veranlasste sie nicht zum Baden.

Um eine (für meinen Geschmack) möglichst scheußliche Flüssigkeit zusammenzubrauen, setzte ich frischen Kuhdung an und ließ ihn einen Tag lang vor sich hin faulen. Dann seihte ich ihn durch ein Gittersieb, verdünnte ihn, füllte ihn in eine Pflanzenspritze und sprühte damit meine Vögel ein. Es gelang mir, drei von ihnen anzuspritzen. Danach kam ich mit der Spritze in der Hand keinem von ihnen mehr so nahe, dass ich ihm noch eine Ladung hätte verpassen können. Den Rest der stinkenden Lösung goss ich in eine Blechbüchse. So konnte ich noch zwei von ihnen durch umsichtiges Güllegießen einsprühen. Zu guter Letzt bewarf ich die nassen Vögel mit geriebenem Torf. Danach mieden sie meine Nähe, selbst wenn ich sie mit der größten kulinarischen Kostbarkeit lockte, die sie kannten – Kartoffelchips. Der Umfang meiner Stichproben genügte sicherlich keinen statistischen Ansprüchen, trotzdem möchte ich mein Ergebnis bekannt geben. Hier ist es: Selbst nach dieser Behandlung badete keiner der Vögel.

Baden ist eine gesellige Aktivität. Im Frühjahr, als sich auf Bächen und Flüssen die ersten offenen Wasserflächen zeigten, bin ich zweimal auf lärmende Rabenversammlungen gestoßen, die aufflogen, als ich mich ihnen näherte. Ringsumher war der frische Schnee am Ufer des Flusses mit Fußabdrücken übersät, und es gab Spuren, die verrieten, dass hier Raben geplanscht und sich im Schnee gerollt hatten. Vor allem aber waren es die Lautäußerungen, die mich zu diesen Strandpartys geführt hatten. Ich nehme an, die Raben haben sich bei diesem ersten Wasserbad des Jahres königlich amüsiert.

Ein denkwürdiger Anblick sind auch Jungvögel, die erst

seit wenigen Tagen das Nest verlassen haben, beim ersten Bad ihres Lebens. Vorsichtig machen sie sich mit dem Wasser vertraut, indem sie ihren Schnabel eintauchen und ein wenig hin und her bewegen. Zögernd gehen sie hinein, tauchen manchmal den ganzen Kopf ein und schütteln ihn heftig hin und her. Dann lassen sie sich auf einen weiter gehenden Kontakt mit dem Wasser ein, indem sie zuerst mit dem hinteren Teil ihres Körpers und dann mit dem vorderen eintauchen. Schon bald schlagen sie heftig mit den Flügeln.

Das Planschen wird von zahlreichen Komfortlauten begleitet. Wenn sie genügend eingeweicht sind, hüpfen sie aus dem Wasser, suchen sich einen Sitzplatz, schütteln sich und beginnen sich zu putzen. Bei diesem Wechsel von Baden und Putzen und Baden sind die Vögel wie berauscht. Manchmal hält das Vergnügen eine ganze Stunde lang unvermindert an.

Niemand, der junge Raben beim Baden beobachtet, würde auf die Idee kommen, dass es den Vögeln darum ging, sich von Schmutz zu reinigen. Wie Kinder, die in einem Schwimmbecken planschen, werden die Vögel dabei vielleicht sauber, aber das ist ein reiner Nebeneffekt. Wann und ob Schmutz entfernt wird, hat nichts mit dem Baden zu tun. Trotzdem könnten die Vögel natürlich aus der Erfahrung lernen, dass diese besondere Aktivität angenehm sei, sie an einem heißen Tag abkühlen und/oder ihr Gefieder reinigen könnte. Alle meine bisherigen Beobachtungen sprechen dafür, dass jede denkbare Nützlichkeitsfunktion absolut zweitrangig ist. Der unmittelbare Grund ist: Sie tun es, weil es ihnen gefällt. In einem höheren, stammesgeschichtlichen Sinne ist allerdings zu fragen: Warum gefällt es ihnen so sehr?

In einer nahezu systematischen Untersuchung habe ich versucht, alle Reize festzuhalten, die sie zum Baden veranlassten. Den ganzen Sommer hindurch bis in den Winter 1997 hinein habe ich vermerkt, welcher meiner sechs Raben badete, wann sie badeten, unter welchen Bedingungen sie badeten und wie oft sie es taten. In Zeitabständen von einem Tag oder einer Woche erhielten sie Gelegenheit, in einer Schüssel mit Süßwasser aus meinem Brunnen zu baden, der immer eine Temperatur von rund elf Grad Celsius hat. Die Ergebnisse waren, um es vorsichtig auszudrücken, »sinnlos« und willkürlich. Wie meine vorangehenden Tests erwarten ließen, sprangen beispielsweise Vögel mit Exkrementen auf ihrem Rücken (in diesem Fall von Vögeln, die über ihnen saßen) nicht häufiger ins Bad als andere. Auch die Temperatur hatte keinen erkennbaren Einfluss. Am 10. August war es drückend heiß, 27 Grad, aber nur ein Vogel hüpfte zu einem kurzen Planschen ins Wasser. Dagegen war es am 19. September bedeckt, windig und nur 17 Grad warm, trotzdem bildete sich an der Wasserschüssel eine ständige Schlange. In 25 Minuten wurden 45 Bäder genommen. Alle sechs Vögel hatten gebadet, jeder zwischen 4- und 16-mal. Am Morgen des 29. Oktobers, einem bedeckten, windigen Tag mit Temperaturen knapp über dem Gefrierpunkt und Schnee auf dem Boden, erwartete ich schließlich, dass kein Vogel baden würde. Da es gerade geregnet hatte, waren alle Vögel nass geworden. Ich hoffte wenigstens einen »Kein-Bad«-Eintrag zu bekommen, um in meiner Kurve einen Nullpunkt zu haben. Und was geschah? Eine *Rekordzahl* von Bädern: 49 in 13 Minuten! Was noch seltsamer war, bei 17 der 49 Bäder benutzten die Vögel die schmutzige Matschpfütze in der Voliere, in der ich sie vorher noch nie gesehen hatte. Ich habe keine Patenttheorie, um ihr Verhalten zu erklären, und ich zögere sogar, es zu beschreiben, weil mir bestimmt unterstellt wird, ich würde übertreiben. Um mich zu rechtfertigen und um vielleicht etwas Einblick in den Rabengeist zu vermitteln, will ich ein paar Einzelheiten mehr nennen.

Wie immer bei den Raben sind die winzigen Einzelheiten von entscheidender Bedeutung. Erstens, ich hatte den Vögeln ihre letzte frische Schüssel Wasser zum Baden sieben Tage zuvor gegeben. Für einen Jungraben sind sieben Tage ohne ein Bad eine sehr lange Zeit. Die Vögel baden gern alle zwei bis drei Tage, und eine der konsistentesten Variablen, die entscheiden, ob oder ob nicht und wie oft sie baden, ist die Zahl der Tage, die seit dem letzten Bad verstrichen sind. Die Ausnahme habe ich oben schon erwähnt: Als Houdi die Eier bebrütete und die Jungen huderte, hat sie zwei Monate nicht gebadet.

Bei den Menschen ist die Temperatur eine so wichtige Badevariable, dass wir anhand ihrer die Zahl der Menschen am Strand vorhersagen können und sie zum Badegesetz erklären können. Für meine Raben schien die Temperatur (von null Grad und darunter abgesehen) keine Bedeutung zu haben. In der gesamten Stichprobe von 582 Bädern, die bei Temperaturen zwischen 0,5 und 32 Grad Celsius stattfanden, spielte die Temperatur als Variable so gut wie keine Rolle. Meinen Nullpunkt für die Kurve bekam ich schließlich bei einer Lufttemperatur von minus zehn Grad. Doch in diesem Fall lag es vielleicht einfach daran, dass das Wasser zu rasch gefror. Stattdessen badeten sie im Schnee.

Der vielleicht wichtigste Faktor, der entscheidet, ob ein Rabe badet oder nicht, ist der Anblick eines anderen Raben, der badet. Sobald einer meiner Raben begann, ein Bad zu nehmen, stürzten alle anderen zur Wasserschüssel und versuchten, ebenfalls ins feuchte Nass zu gelangen. Natürlich folgte ein Konflikt, aus dem der ranghöchste Vogel als Sieger hervorging. Wenn ein rangtiefer Vogel ins Wasser hüpfte, schob ein ranghoher Vogel ihn einfach beiseite. Manchmal warf sich dann der Rangtiefe in einer extremen Demutshaltung auf den Boden; es sah aus wie eine flehentliche Bitte, hatte aber nie die gewünschte Wirkung. Jeder Vogel badete mehrfach, egal, ob ihm danach war oder nicht. Das sah folgendermaßen aus: Wenn ein ranghoher Vogel sein Bad beendet hatte und zur Gefiederpflege aus dem Wasser hüpfte, sprang der Nächste hinein und begann zu planschen. Daraufhin hielt der Ranghohe, der eben so lange gebadet hatte, wie er Lust gehabt hatte, in der Regel im Putzen inne und hüpfte wieder ins Wasser, um den badenden Vogel hinauszujagen. Nachdem er wieder eine Weile gebadet hatte, ging er erneut hinaus, um sich zu putzen, und so weiter und so fort. Nach einem halben bis einem Dutzend solcher Interaktionen gestattete sich der Ranghohe schließlich, sein Gefieder in Ruhe zu putzen, sodass der rangtiefere Vogel baden konnte, um sich anschließend dem nächsttieferen Raben gegenüber genauso zu verhalten. So ging es weiter in der Hackordnung bis zum rangtiefsten Vogel, der aber auch irgendwann in Frieden baden konnte.

Angesichts dieser Situation ergab das Baden in der Schlammpfütze durchaus einen Sinn. Bei all den Vögeln, die sich an der Wasserschüssel drängten, hatte einer der frustrierten Rangtiefen plötzlich die clevere Idee, das andere Wasser, die Matschpfütze, zu benutzen. Der ranghöhere Vogel, der in diesem Augenblick im sauberen Wasser der geräumigen Schüssel badete, hüpfte sofort hinaus, um den rangtiefen Vogel aus der Matschpfütze zu vertreiben. Er sprang selbst hinein und verwandelte die Matschpfütze in ein schäumendes Schlammbad. Die frei gewordene Wasserschüssel mit dem sauberen, klaren Wasser wurde natürlich sofort von einem anderen Vogel in Beschlag genommen. Das fröhliche Schlammbad war für den Ranghohen also nur von kurzer Dauer, weil er sofort hinaussprang, um den Opportunisten aus der Wasserschüssel zu vertreiben. Man nehme sechs streitlustige Vögel, von denen jeder in einem Spiel mit dem Namen »Wer ist der König der Badeschüssel?« bestrebt ist, zu baden und gleichzeitig die anderen am Baden zu hindern, und das Ergebnis ist eine Art Raserei. So kam es zu dem Rekord von 49 Bädern in 13 Minuten. Es war hübsch zu beobachten, durchkreuzte allerdings meine Bemühungen, die Badefrequenz abhängig von all den verschiedenen Variablen, die ich im Vorweg für wichtig gehalten hatte, in einem Kurvenbild darzustellen. Selbst nachdem mir Notizen über den Kontext von 582 Bädern vorlagen, hatte ich noch immer keine Ahnung, warum sie badeten, wenn sie badeten. So musste ich mein Vorhaben fallen lassen – noch eines dieser zwar interessanten, aber nicht zu veröffentlichenden, willkürlichen Ergebnisse, die wie so viele andere nicht in das Bild der herrschenden akademischen Meinung passen.

Ein halbes Jahr später erhielt ich ganz andere Resultate: Die älteren Raben hatten in ihrer Begeisterung für das Baden deutlich nachgelassen und ließen sich nicht mehr durch die Aktivität der anderen im gleichen Maß beeinflussen. Doch am 15. November bei neun Grad Celsius nahmen die sechs, nachdem sie einen Monat nicht mehr gebadet hatten, 75 Bäder in 78 Minuten.

Das Rabenspiel, das am häufigsten zu beobachten ist, findet hoch oben in der Luft statt. Die folgenden Beispiele beschreiben einige ihrer Spiele.

- Im Herbst 1983 wanderte Johanna Vienneau aus New Hampshire mit ihrem Hund, der etwa acht Meter vor ihr herlief, oberhalb der Baumgrenze auf dem Baldface Mountain. Ein Rabe flog über sie hinweg und ließ einen Stein von zweieinhalb Zentimeter Durchmesser fallen. Er landete 30 Zentimeter von dem Hund entfernt, ein Fasttreffer.
- Cedric Alexander, ein Feldbiologe aus dem Umweltministerium von Vermont, berichtete mir, am 5. Dezember 1993 sei ein Mitarbeiter in sein Büro gekommen und habe ihm erzählt, ein Rabe habe einen zehn Zentimeter langen Fichtenzweig auf ihn abgeworfen, als er ihn in etwa 30 Meter Höhe überflogen habe.
- Eliott Swarthout sowie Rod und Amy Adams, die den Auf-

trag hatten, im September und Oktober die Wanderbewegungen der Falken am Lipan Point am Südrand des Grand Canyon zu beobachten, schrieben mir: »Einmal haben wir gesehen, wie ein Rabe im Flug einen Stein fallen ließ und wieder auffing. Das gleiche Spiel – fallen lassen und wieder fangen – spielten einige der Raben mit einem Kojotenschwanz und einer Geierfeder; Letztere wurde von sechs Raben verfehlt!« (War es wirklich möglich, dass sie Steine fingen, aber eine Feder *verfehlten*?)

Ich habe Raben gesehen, die sich stundenlang in den Aufwinden an den Hügeln und Bergen von Westmaine aufhielten. Wieder und wieder ließen sie sich von den Luftfahrstühlen emportragen, um dann paarweise oder in kleinen Gruppen hinabzuschießen. Einmal, am 19. November 1992, saß ich in einer Fichte und beobachtete eine Gruppe von 5 bis 20 Vögeln, die zu einem Schlafplatz zurückkehrten. Die meisten flogen ganz unauffällig. Plötzlich legte einer, der sich mir allein in großer Höhe näherte, beide Flügel an und fiel senkrecht wie ein Stein vom Himmel. In rascher Folge führte er drei 360-Grad-Schrauben um die eigene Achse aus, dann breitete er die Schwingen aus, beschrieb einen großen Bogen und landete mit elegantem Abschwung im Wipfel einer Kiefer unweit des Schlafplatzes, wo sich die anderen bereits für die Nacht einrichteten. Warum diese Sondereinlagen? Führen die Vögel etwas aus, was sie in ihrer Vorstellung sehen, andere aber nicht? Oder »passiert« ihr merkwürdiges Verhalten einfach ohne ihr bewusstes Zutun? Könnten wir plötzlich einen Salto rückwärts machen, ohne darüber nachzudenken? Warum sollten Raben dann dazu fähig sein, wenn sie, wie allgemein angenommen, kein Bewusstsein haben?

Am Grandfather Mountain (1800 Meter) in North Carolina erhält jeder eine Plakette, der beim Drachenfliegen eine Stunde lang ununterbrochen in der Luft bleibt. Wem es gelingt, der wird in den Orden der Raben aufgenommen. Michael E. Miller berichtete mir: »Sie (die Raben) begleiten die Drachenflieger meist im Abstand von fünf bis 25 Metern zu den Tragflächenspitzen. Manchmal tauchen sie spielerisch unter dem Flugdrachen hindurch und kommen ihm noch sehr viel näher. Dann wieder halten sie sich unmittelbar über oder unter ihm auf, oftmals nur wenige Meter entfernt.« Wie wunderbar muss es sein, mit Raben Drachen zu fliegen!

Tim Hall, der früher ebenfalls mit Flugdrachen und Gleitschirmen geflogen ist, schrieb mir: »Ich hatte häufig das Vergnügen, den Luftraum mit Raben zu teilen. Ich flog mit einem Gleitschirm im Gebirge, etwa zwölf Kilometer östlich von El Cajon in Kalifornien, und überquerte einen 900 Meter hohen Felsen, als ich auf eine Gruppe von ungefähr zehn Raben stieß. Sie schossen umher und drehten Loopings. Nach einigen Minuten gesellte sich ein weiterer Rabe zu ihnen. Er trug ein sechs Meter langes und fünf Zentimeter breites weißes Plastikband im Schnabel, eine Art Absperrband. Er schoss zwischen den anderen hinab, entfaltete seine Flügel und stieg wieder hinauf. Nachdem er dieses Manöver einige Male ausgeführt hatte, übergab er das Band an andere Raben. Mehrere Raben schnappten es sich abwechselnd, beschrieben einige kühne Flugmanöver damit und ließen es dann los, woraufhin es der nächste Rabe übernahm. Keiner veranstaltete ein Tauziehen damit. Bei diesem Zeitvertreib blieben sie etwa 20 Minuten. Raben, die sich nicht daran beteiligten, landeten auf einem kahlen Baum auf dem Felsen und schienen die Flugvorführung der anderen zu beobachten.« Millers und Halls Informationen sind wertvoll, aber als Versuchsergebnisse schwer zu wiederholen. Es gibt nicht viele Biologen, die Feldbeobachtungen von Flugdrachen aus vornehmen, doch Forscher, die Delfine vom Schiff aus studieren, berichten von ganz ähnlichen Kunststücken – Bugwellenreiten, wilden Jagden und Objektspielen.

Nicht alle Spielzeuge der Raben sind unbelebt. Der Feldbiologe George B. Schaller berichtet in seinem Buch *Unsere nächsten Verwandten* von Geierraben, die in Kabara, im Osten Zentralafrikas, mit Gorillas spielten:

»Ich saß auf einer grasbewachsenen Anhöhe, im Rücken eine steil aufragende Felswand, vor mir eine tiefe, schattige Schlucht. Die Gorillas ruhten auf einem Hang. Ein Luftzug bewegte die silbergrünen Blätter des Geißkrautes, sodass mich das Flimmern fast schwindlig machte. Während ich mein Mittagsmahl verzehrte, sah ich über mir zwei kleine schwarze Punkte unter einer weißen Wolke – unsere beiden Raben. Als ich den Pfiff ausstieß, mit dem wir die Vögel zur Fütterung zu rufen pflegten, schwebten sie gemächlich in weitem Bogen herab. (Die afrikanischen Raben sind nicht annähernd so scheu wie die nördlichen, und Schaller hatte dieses wilde Paar gezähmt.) Die Gorillas duckten sich, als die Schatten der Raben über sie hinwegglitten; das Männchen sprang auf und begann zu schreien, und die Weibchen kreischten und schauten teils mich, teils die Raben an. Doch als wollten sie die Gorillas necken, stürzten sich die Vögel auf sie herab, stiegen wieder empor und ließen sich abermals fallen. Das Gorillamännchen wurde so wütend, wie ich es noch nie erlebt hatte, und die Weibchen rannten völlig verwirrt hin und her. Offenbar betrachteten die Affen das Verhalten der Raben keineswegs als Spiel. Als die Vögel von dem von ihnen angerichteten Durcheinander genug hatten, setzten sie sich auf einen Baum in meiner Nähe und verzehrten die Reste meines Mittagsmahls. Dann verschwanden sie im Tal, doch eine Stunde später erschienen sie wieder und flogen erneut auf die Gorillas zu.«*

* George B. Schaller, *Unsere nächsten Verwandten*, Scherz Verlag, Bern u. a., 1965, S. 172.

Ich will mich hier nicht auf endlose Spekulationen über den möglichen Nutzen einlassen, den diese vielen Ausprägungen des Spiels für Raben haben könnten. Die Vermutungen, die Sie als Leser haben, sind genauso gut wie meine. Es gibt wenige Daten, mit denen man mögliche Hypothesen beweisen oder widerlegen könnte. Trotzdem, einige Spielarten, die bei Raben häufig zu beobachten sind, haben nachweisbare Auswirkungen auf die Abwechslung ihrer Speisekarte und auf ihre Interaktionen mit Karnivoren.

Raben sind Allesfresser, die durch eine Mischung aus Nachfolgeverhalten, Neugier und Lernen in der Lage sind, in jeder Umwelt essbare Insekten und Früchte zu finden und zu verwenden. Dieses Verhalten der Raben unterscheidet sich von den stereotyperen, angeborenen Reaktionsweisen von, sagen wir, Rotaugenvireos, die unter Laub nach Raupen suchen, einem Tyrann, der fliegende Insekten jagt, indem er plötzliche Aufflüge von seinem Sitzplatz macht, oder einem Eisvogel, der nach Fischen taucht. Auch diese Vögel lernen zweifellos, doch ihr genetisches Programm legt sie auf eine sehr schmale Nische fest. Raben sind auf eine große Vielfalt von Situationen und Erfahrungen aus und profitieren von diesem Verhalten. Deswegen hat die Evolution sie mit ihrer Neugier ausgestattet (vgl. 5. Kapitel).

Raben verschaffen sich einen Großteil ihrer Nahrung durch Jagen, Aasfressen und Assoziation mit Raubtieren. Alle diese potenziellen Nahrungsquellen erschließen sich ihnen durch das Lernen im Sinne vom *Kennenlernen* etwaiger Beute und Räuber. Die Bekanntschaft mit diesen indirekten Nahrungsquellen wird durch Spiel und Neugier geschlossen, gefolgt von Lernen. Objektmanipulation ist ein Spiel, durch das die Vögel erkennen, welche Beeren, Insekten und andere Objekte gefressen werden können. Auch die Bekanntschaft mit Beutetieren und Räubern ist zunächst Spiel, weil die Motivation des Verhaltens ursprünglich nicht die unmittelbare Nahrungsbeschaffung ist. Selbst wenn mein Lieblingsrabe Jack, der in Maine frei im Wald lebte, vollkommen satt war, flog er hinter Vögeln und Schmetterlingen her. Ich beobachtete ihn, wie er einen Schneeschuhhasen verfolgte, einen trägen, alten Hund ärgerte und eine große, aggressive Katze reizte. Rasch lernte er, was er durfte und was nicht.

Es ist bekannt, dass sich Raben in freier Wildbahn durchaus mit Wölfen, Kojoten und Adlern anlegen. Einige verschätzen sich dabei. So hat Jim Brandenburg einmal einen aggressiven, dominanten, fast schwarzen Wolf gefilmt, wie er einen Raben packte und schüttelte. In diesem Fall konnte sich der Rabe noch befreien und entkommen, doch nicht alle Raben überleben eine solch fatale Fehleinschätzung. Übung in dem gefährlichen Spiel, die Grenzen von Prädatoren auszutesten, kann sich reichlich auszahlen. Diese ausgeprägte Tendenz, mit der Gefahr zu spielen, ist ebenfalls das Ergebnis einer uralten Evolutionsgeschichte mit Karnivoren. Wie beim Menschen zeigt sich diese natürliche Neigung für bestimmte Spielformen vor allem in jungen Jahren, später wird sie von Lernen und kulturellen Einflüssen überlagert.

John Sawyer, ein Nachbar von mir in der nahe gelegenen Ortschaft Weld, hat einen meiner beringten Raben häufiger hinter seinem Haus gesehen. Dieser Rabe kannte seine Katzen. Eines Tages hörte John den Raben laut rufen und sah die Katze aus dem Wald kommen, eine Maus im Maul. Der Rabe hüpfte direkt hinter ihr auf den Rasen, dann stieß er laute, krächzende Schreie aus. Überrascht blieb die Katze stehen. In dem Augenblick, als sie sich umblickte, stürzte der Rabe kühn herbei, entriss ihr die Maus und flog auf einen Baum, um sie zu verspeisen, während die Katze enttäuscht hinter ihm hermiaute. Der Rabe hatte alle Reaktionen der Katze exakt eingeschätzt.

Es gibt unzählige Berichte über Raben, die angeblich ihren Mut unter Beweis stellen, um potenzielle Partner zu beeindrucken – etwa indem sie Wölfe oder Adler am Schwanz ziehen. Während der vier Tage im März 1997, an denen ich in Shubenacadie, Nova Scotia, fast Dutzende von Raben neben Wölfen fressen sah, habe ich dieses Verhalten nicht ein einziges Mal beobachtet. Andererseits haben alle meine Jungraben, wenige Minuten nachdem ich sie mit einem Hund oder einer Katze zusammengebracht hatte, entsprechende Verhaltensweisen gezeigt. Nachdem ich nur wilde Vögel studiert hatte, lautete meine ursprüngliche Theorie, dass Raben ihre Kühnheit an Wölfen und anderen Karnivoren demonstrieren, um mögliche Partner zu beeindrucken, ähnlich wie jene Indianer, die Feinde mit der Lanze berühren, um ihren Mut unter Beweis zu stellen. Heute weiß ich, dass diese These falsch war. Dafür gibt es einige Belege: Erstens ist das Verhalten am häufigsten bei Jungvögeln zu beobachten, die noch weit von jeder Paarbindung entfernt sind. Zweitens zeigen die Vögel dieses Verhalten auch in vollkommener Isolation, ohne ein Publikum. Drittens ist es nicht mit anderen rituellen Verhaltensweisen verknüpft, die dazu dienen, etwaige Partner zu beeindrucken. Alle drei Punkte befinden sich in Übereinstimmung mit der Idee, dass es sich um Spielverhalten handelt und dass das Spiel der Erziehung dient. Natürlich versuchen Raben nicht bewusst, sich selbst zu erziehen. Sie führen Verhaltensmuster aus, die im Zuge der Evolution einen intrinsischen Belohnungswert erworben haben, weil Individuen, die unmittelbar für Verhaltensweisen belohnt werden, die sich letztlich als nützlich erweisen, dieses Verhalten häufig zeigen, überleben und mehr Nachkommen hinterlassen.

Manchmal führen Raben scheinbar sinnlose kleine Handlungen aus, bei denen ich mich frage, ob sie wirklich einem blinden genetischen Programm folgen oder ob sie nicht doch unter dem Einfluss von Denken oder gelegentlichen Launen handeln. Am Morgen des 19. Februar 1998 ging ich wie fast jeden Morgen in die Voliere, um meine Vögel zu begrüßen. Es gab Nahrung in Hülle und Fülle: ein Baumwollschwanzkaninchen, eine Kalbshälfte und zwei schon teilweise aufgefressene Grauhörnchen. Doch wie immer folgten mir die Vögel und scharten sich um mich wie Hündchen. Blue und Yellow gaben Komfortlaute von sich, rückten dicht an mich heran und stellten Augenkontakt her. Meine Aufmerksamkeit wurde vor allem von Green in Anspruch genommen, die versuchte, einen fünf Zentimeter dicken Stein aus dem Eis am Boden herauszulösen. Sie arbeitete hingebungsvoll, und als sie es geschafft hatte, ließ sie ihn fallen und versuchte einen anderen zu kriegen, was sich als schwieriger herausstellte, weil er tiefer im Eis steckte. Nachdem sie diesen Stein aufgegeben hatte, fand sie noch drei weitere Steine, die sie aus dem Eis holte. Während sie an einem Stein arbeitete, kamen die anderen vorbei, schauten zu, halfen ein bisschen und beschäftigten sich dann mit etwas anderem. Ein Stein, den sie losbrach, wog fast ein Pfund. Nie wieder habe ich an ihr oder einem anderen Raben ein Interesse für Steine wahrgenommen.

Ironischerweise bringt die Forschung eine große Vielfalt von Spielverhalten in der Tierwelt mit Intelligenz in Zusammenhang, obwohl es doch als dumm gilt, sinnlose Dinge aus reinem Spaß zu tun, statt einen bestimmten Zweck zu verfolgen. Im Spiel kann man Möglichkeiten ausprobieren und sich für die beste entscheiden, um in Zukunft häufiger auf sie zurückzugreifen. Spiel bietet den Vorteil, dass Möglichkeiten konkret erprobt und nicht nur in der Vorstellung erwogen werden. Intelligenz hat den Vorzug, dass nur die besten Optionen (und einige der schlimmsten) konkret umgesetzt werden, und das häufig sehr viel rascher.

25. KAPITEL

Überlegtes Handeln?

Anfang Januar hatten John Marzluff und ich eine weitere Rabengruppe aus einem Fresstrupp gefangen. Wie gewöhnlich hatten die meisten dieser Vögel einen rosafarbenen Rachen, unreife Nichtterritoriale, doch drei wiesen einen dunklen Rachen auf. Wir glaubten, dass sich unter diesen drei möglicherweise zwei verpaarte Altvögel befanden, weil Altvögel in der Regel paarweise unterwegs sind, vor allem zu dieser Jahreszeit, zu Beginn der Brutsaison.

Wir markierten alle Vögel mit Flügelmarken, ließen die rosarachigen Vögel in die Hauptvoliere und trennten die drei Altvögel in einer Seitenvoliere ab. Fast sofort begannen zwei der drei Altvögel, einander zu kraulen und ein zärtliches, gurrendes Zwiegespräch zu führen. Sie schienen froh, dass sie zusammen waren, und keiner von ihnen interagierte mit dem dritten. Als wir diese soziale Entwicklung bemerkten, entfernten wir den dritten Vogel, damit das Paar in seinem neuen »Revier« allein war. Über einen Zeitraum von zwei Jahren und drei Monaten waren sie in mehreren Studien unsere wichtigsten Versuchstiere.

In diesem ersten Frühjahr unternahmen die beiden verpaarten Wildvögel noch keinen Brutversuch, doch im zweiten Frühjahr bauten sie ein Nest in ihrem Verschlag und zogen vier Junge groß. Im dritten Frühjahr bauten sie ihr

Nest wieder auf, doch das Männchen gelangte durch ein Loch im Maschendraht hinaus. Jedoch blieb er in engem Kontakt mit seiner Partnerin, indem er sich in nahe stehende Bäume setzte und immer wieder Rufe ausstieß.

Nach zehn Tagen Freiheit hatte das Männchen seine Partnerin noch immer nicht aufgegeben, und wir hofften zuversichtlich, es wieder in die Voliere locken zu können. Um den Raben fangen zu können, ohne sie dabei zu verlieren, schnitt ich auf Schneehöhe ein Loch in eine Seite der Voliere und baute dort einen nach innen gerichteten 60 Zentimeter langen Trichter aus Maschendraht ein, der die Form einer Hummerfalle hatte. Ans Ende des Trichters legte ich Fleisch, von dem ich hoffte, es werde das Weibchen anlocken. Durch das Weibchen und das Fleisch würde der Partner vielleicht veranlasst, den Trichter zu durchqueren. Ich rechnete damit, dass er, einmal im Inneren der Voliere, auf seine vertraute Sitzstange fliegen würde, womit wir ihn wieder eingefangen hätten.

So weit hatte ich alles richtig vorausgesehen. Er begab sich tatsächlich ins Innere der Voliere zum Fleisch und der Partnerin, allerdings verließ er die Voliere dann wieder durch die Spitze des Trichters. Nun war ich am Zug. Ganz in der Nähe baute ich mir ein Versteck im Schnee, unter den Zweigen einer großen umgestürzten Kiefer, und wartete dort, bis er wieder in den Käfig zurückging. Ich hatte vor aufzuspringen, auf die Voliere zuzulaufen und aus voller Kehle zu schreien, sobald er sich im Inneren befand. Raben haben blitzschnelle Flugreflexe. Ich nahm an, er würde in der Aufregung den Kopf verlieren und direkt nach oben fliegen. Ich versuchte es also mit meiner List. Als er mich schreien hörte und wild gestikulierend auf sich zulaufen sah, unterdrückte er den natürlichen Impuls aufzufliegen. Stattdessen entschied er sich für die schwierigere Lösung. Er berücksichtigte, was in dieser vollkommen neuen Situation wichtig war, das heißt, er suchte sich die enge Austrittsöffnung des Trichters.

Wieder musste ich mir etwas einfallen lassen. Ich tarnte das Loch, sodass es vom Inneren der Voliere schwer zu erkennen war. Der Trichter war gerade gewesen, jetzt legte ich ihn rechtwinklig an, dann steckte ich rund um den Trichtereingang Zweige in den Schnee. Der Rabe hatte keine Schwierigkeiten, den ersten Teil des Problems zu lösen – ungeachtet der Hindernisse gelangte er in die Voliere, wo sich seine Partnerin sogleich zu ihm gesellte. Dann blieb er in der Nähe des Trichtereingangs, als wollte er jederzeit für eine rasche Flucht bereit sein. Ich ließ ihm mehrere Minuten Zeit, in der Hoffnung, seine Aufmerksamkeit würde sich anderen Dingen zuwenden. Dann sprang ich auf und schrie wie ein Verrückter. Dieses Mal fand der Rabe den getarnten Ausgang nicht rechtzeitig. Er flog auf, sodass ich vor ihm den Trichter erreichte.

Dieser Vorfall faszinierte mich aus zwei Gründen. Erstens hatte ich keine Ahnung gehabt, dass Raben so treu zu ihrer Partnerin und/oder dem Nest zurückkehren; und zweitens war ich überrascht, dass der Rabe durch einen Trichter geflohen war, eine seltsame neue Vorrichtung für ihn, während er bei Störungen bisher immer *hoch*geflogen war. Ich bezweifle, dass irgendein anderer Vogel in der Lage gewesen wäre, sich eine so komplizierte Fluchtroute zu merken oder sich trotz erheblicher Ablenkung exakt auf die maßgeblichen Faktoren zu konzentrieren. Hatte der Vogel Einsicht in die räumlichen Verhältnisse?

Wir haben alle »kognitive Karten«, mit deren Hilfe wir uns orientieren. Dank unserer mentalen Karten können wir nach Hause zurückkehren, ohne uns genau an den Hinweg halten zu müssen. Vielleicht haben auch Raben kognitive Karten ihres Reviers, allerdings entzieht sich das unserer Kenntnis. Leichter lässt sich ihre Reaktion auf dreidimensionale Probleme untersuchen.

Jeden Morgen pochten Houdi und Fuzz in der Dämmerung an mein Fenster und stießen laute Rufe aus, bis ich aufstand und ihnen einen Leckerbissen oder ein Spielzeug gab. Eines Morgens reichte ich ihnen zwei glänzende Pennys. Fuzz trug beide in seinem Kehlsack davon und stopfte einen in die Ritze hinter einem fünf Zentimeter dicken Ast, der seitwärts an einen Pfahl genagelt war. Dann trat er beiseite und hackte mit der Spitze des Unterschnabels ein Stück Rinde ab, mit der er den Penny bedeckte. Houdi beobachtete ihn und kam einige Minuten später, um den versteckten Penny wieder hervorzuholen. Er steckte zu tief in dem schmalen Spalt, um ihn von oben greifen zu können, daher klopfte sie ihn nach unten, wobei sie wiederholt unter den Ast blickte, um zu sehen, ob der Penny schon auf der anderen Seite erschienen war. Nun schob Fuzz sie beiseite und schaute erst von oben, dann von unten nach.

Später legte ich Houdi ein rechteckiges Stück Käse auf derselben hohen Plattform hin, direkt vor meinem Fenster und unterhalb ihres Nestes, in dem sich damals Junge befanden. Sie versuchte das vier mal fünf Zentimeter große Stück Käse zu verstecken, indem sie es in einen der fünf Zentimeter breiten Zwischenräume der Bodenbretter schob. Zunächst hielt sie die schmale Seite des Käses in die Lücke. Hätte sie es so losgelassen, wäre es drei Meter tief auf den Boden gefallen. Normalerweise lassen Raben Futter einfach in Risse fallen, aber dieser hier hatte keinen Boden. Sie drehte den Kopf herum und führte den Käse breitseits in den Spalt, sodass er stecken blieb. Daraufhin ging sie fort und kam mit einer Taubenfeder zurück, um den Käse damit zu bedecken.

Am 18. Februar 1996 ließ ich Goliath eine geometrische Aufgabe lösen, indem ich ihm einen besonderen Leckerbissen vorsetzte: Maiskräcker. Sie hatten einen Durchmesser von rund sechs Zentimetern, davon legte ich ihm 13 hin. Wie würde er mit ihnen fertigwerden? Zunächst zerkrümelte er drei und fraß sie. Dann stapelte er vier übereinander. Er nahm dieses Viererpack, flog davon und versteckte die Kräcker. Bald darauf kam er zurück, fraß einen Keks und machte erneut einen Stapel mit vier Kräckern, mit denen er wieder davonflog, um sie zu verstecken. Ein Maiskräcker war noch übrig. Den fraß er, sobald er zurück war.

Futter ist für einen Raben ein zuverlässiges Motivationswerkzeug, auch geeignet für den Versuch, den Trickser auszutricksen. Lorrell Shields hat mir von einem Ölarbeiter in Alaska berichtet, der einen bettelnden wilden Raben dadurch aus dem Konzept zu bringen versucht hatte, dass er ihm *zwei* Donuts hinwarf. Der Rabe wollte natürlich mit beiden davonfliegen, nun kann ein Rabe aber nicht zwei auf einmal in den Schnabel nehmen – zumindest dachte das der Ölarbeiter. Doch dieser Rabe griff sich den ersten Donut und steckte den Schnabel durch das Loch des Gebäcks. Auf diese Weise hatte er die Schnabelspitze frei, um den zweiten Donut zu fassen. Dann flog er mit beiden davon. Ähnlich ging der Rabe zu Werke, den Terry McEneaney im Yellowstone Park mit einer Rolle Toilettenpapier davonfliegen sah. Die Rolle war zu dick, um sie in den Schnabel nehmen zu können, doch der Rabe trug sie fort, indem er den Schnabel durch das Loch in der Mitte steckte.

Wie bereits im Vorwort erwähnt, verwenden Raben im Gegensatz zu allen anderen Passeriformes oder Sperlingsvögeln ihre Füße gelegentlich auf höchst einfallsreiche Weise, die durchaus auf Einsicht beruhen könnte. Warum verwenden dann nicht Tausende von anderen Arten die gleichen Werkzeuge auf die gleiche Art? Raben sind die einzigen Passeriformes, die im Flug Objekte, einschließlich Eier, mit ihren Füßen tragen können. Manchmal kann ein Individuum auch mehrere Nahrungsstücke auf überraschende und ebenso einfallsreiche Weise im Schnabel tragen. Der Insektenkundler Peter Kevan hat mir erzählt, er habe einen Raben in einen Baum mit einem Stärlingsnest fliegen sehen, in dem halb erwachsene Junge saßen. Statt mehrmals zu fliegen, um diese Jungen nacheinander davonzutragen, habe der Rabe das ganze Nest im Schnabel gehabt, als er aus dem Baum hervorgekommen sei. In einem Jahr, als die Kreuzschnäbel in großer Zahl auf dem Bald Mountain nisteten, fand ich am Ufer des Webb Lake ein verlassenes Kreuzschnabelnest unter einem Rabennest. Hatte der Rabe das ganze Nest vom Berg heruntergetragen?

Es ist durchaus denkbar, dass die Verwendung von Nestern als Körbe angeboren ist. Doch man kann sich nur schwer vorstellen, dass die Evolution die hohe Kunst des Kräckerstapelns, Donutjonglierens und Toilettenpapiertragens in die Gene der Raben geschrieben hat. Auch dass diese Kunststücke durch längeres Versuch-Irrtums-Verhalten erlernt wurden, ist kaum denkbar.

Im Herbst 1995 fragte ich mich, ob meine vier untrainierten, zweieinhalb Jahre alten Raben genauso schlau waren wie ihr Artgenosse in Alaska, von dem der raffinierte Umgang mit Donuts berichtet wurde. Um diese Frage zu klären, ließ ich sechs Donuts eine Woche lang an der frischen Luft liegen, damit sie ein bisschen fester wurden, und stapelte sie in der Voliere von Fuzz, Goliath, Houdi und Whitefeather zu einem kleinen Haufen. Es war ihre erste Bekanntschaft mit Donuts. Ich nahm an, dass die gut genährten Vögel die Donuts zur künftigen Verwendung verstecken würden, statt sie alle auf der Stelle zu verspeisen.

In 15 Sekunden stand Fuzz über ihnen und behielt die anderen drei Vögel im Auge, die auf Abstand blieben. Er beugte sich vor, um von einem Donut zu fressen, woraufhin Houdi, seine Kraulpartnerin, sich ihm zu nähern wagte. Er wies sie nur milde zurecht, als sie sich einen Donut griff und davonflog, um ihn in Ruhe zu verspeisen. Er blieb bei dem Haufen und fraß gemächlich an Ort und Stelle, dann zog er einen verirrten Zweig zwischen den Donuts hervor, entfernte sich einen guten Meter und bedeckte den Zweig mit Kiefernnadeln, als verstecke er einen Donut. Bei einer Entfernung von einem Meter war er immer noch nahe genug, um den Donutstapel gegen die anderen Vögel zu verteidigen, die von ihren Sitzplätzen herunterkamen, um auch etwas abzubekommen. Als er sie näher kommen sah, jagte Fuzz sie davon und nahm sein gemächliches Fressen wieder auf. Dann griff er sich wieder einen Holzrest und versteckte ihn in der Nähe, wobei er den beiden anderen, denen er nach wie vor jeden Zugriff auf die Donuts verwehrt hatte, immer wieder rasche Blicke zuwarf. Als er nach dem Müllverstecken wieder zurückkehrte, nahm er einige winzige Bissen und versteckte einen Donut in einem in der Nähe befindlichen Plastikentwässerungsrohr. Ohne Eile macht er drei Abstecher zum Versteck, um Kiefernnadeln, Laub und Holzreste hinter dem Donut herzuschieben. Während er davon in Anspruch genommen wurde, fand Whitefeather eine günstige Gelegenheit, um hinabzufliegen und einen Donut zu ergreifen. Das ging blitzschnell vonstatten.

Nachdem Fuzz einen Donut versteckt hatte, schlenderte er zurück, nahm den zweiten vom Haufen und ging damit in das drei Meter entfernte Unkraut. Dieses Mal machte er vier beiläufige Abstecher, um den versteckten Donut mit Laub und Zweigen zu bedecken. Goliath, der von den Donuts überhaupt noch nicht probiert hatte, verfolgte das Geschehen die ganze Zeit mit größter Aufmerksamkeit und versuchte mehrmals sich anzuschleichen. Jedes Mal, wenn er sich den Donuts auf ein bis anderthalb Meter näherte, vertrieb Fuzz ihn.

Abermals kehrte Fuzz zu den beiden verbleibenden Donuts zurück, nach wie vor im Schlenderschritt. Jetzt endlich nahm er zwei auf einmal. Er tat es auf eine ganz besondere Weise, die mir nicht weniger schlau erschien als die des Raben in Alaska. Fuzz steckte nur den Oberschnabel durch das eine Donutloch, rückte den zweiten Donut so zurecht, dass er waagerecht auf seinem Unterschnabel lag und dass der senkrechte Donut in der Öffnung des waagerechten lag. Das Loch des unteren Donuts diente also als Korb für den oberen. Dann entfernte er sich, um die beiden zu verstecken. Doch dieses Mal blieb er nicht in der Nähe, sondern flog weit weg. Er musste ja nicht mehr gleichzeitig die verbleibenden Donuts bewachen und einen anderen verstecken. Allerdings hatte er seine Rechnung ohne Goliath gemacht und/oder die bereits versteckten Donuts vergessen. Als Fuzz davonflog, kam Goliath sofort herunter, riss die Pfropfen aus dem Rohr und holte Fuzz' zuerst versteckten Donut heraus. Fuzz kam rasch zurück, nachdem er seine beiden Donuts versteckt hatte, und jagte Goliath so lange durch die Voliere, bis dieser sein Diebesgut fallen ließ.

Offenkundig wussten Maines Raben, wie sie ihre Donuts zu halten hatten, doch wenn sie ein bisschen eigenwilliger oder kreativer erschienen als der Rabe in Alaska, so lag es wahrscheinlich daran, dass Ölarbeiter in Alaska größere Donuts essen. Die Donuts, die ich verwendete, waren klägliche sieben Zentimeter im Durchmesser, das Loch in der Mitte hatte ich allerdings auf zweieinhalb Zentimeter vergrößert. Als ich den Raben zwei Wochen später vier ähnliche Donuts gab, bewachte Fuzz sie zunächst, indem er alle anderen Vögel scharf im Auge behielt. Wieder legte er mit einem Holzstück ein falsches Versteck in der Nähe an, bevor er einen echten Donut versteckte. Houdi untersuchte das falsche Versteck. Fuzz sah das, holte den eben versteckten Donut wieder hervor und nahm ihn wieder mit zum Stapel. Nun legte er vier falsche Verstecke mit Zweigen und Rindenstücken an. Abermals machte er sich die Mühe, das wertlose Zeug, das er versteckt hatte, mit mehreren Schnäbeln voll Kiefernnadeln zuzudecken. Nach dem fünften falschen Versteck verbarg Fuzz schließlich in größter Eile drei Donuts in einem Umkreis von drei Metern vom Donuthaufen, den er weiterhin mit Argusaugen bewachte. Es war ziemlich klar, dass er den Rest der Donuts opfern müsste, wenn er davonfliegen würde, um ein Versteck in größerer Entfernung anzulegen. Tat er es trotzdem? War das der Grund, warum er falsche Verstecke anlegte – um die anderen zu verwirren, die, wie er wusste, versuchen würden, die Verstecke wiederzufinden, bei deren Herstellung sie ihn beobachtet hatten? Log er, spielte er oder handelte es sich einfach um Übersprunghandlungen, weil er nicht wusste, was er tun sollte?

Als er schließlich zum letzten Donut kam, flog er damit in die angrenzende Voliere, aus dem Blickfeld der anderen hinaus. Wie zu erwarten war, nutzten diese die Gelegenheit und stahlen die Donuts, die er in der Nähe versteckt hatte, während er gleichzeitig den Stapel bewacht hatte. Sie untersuchten auch seine falschen Verstecke, die bewiesen, dass er ein glaubwürdiger Lügner war, egal, was er beabsichtigt haben mochte. Er ließ es insofern an der wünschenswerten Kooperation fehlen, als er nicht seinen 2-Donut-Trick wiederholte. Offensichtlich hatte er ganz andere Prioritäten und bestimmte selbst, wie der Versuchsplan aussah.

Für meinen dritten Donut-Test schloss ich Whitefeather in die angrenzende Voliere ein und legte ihr vier Donuts hin. Die drei anderen Vögel – Fuzz, Goliath und Houdi – flogen oder gingen aufgeregt am Maschendraht hin und her, weil sie die Donuts sehen, aber nicht erreichen konnten. Whitefeather dagegen näherte sich den Donuts gemächlich, pickte genüsslich an einem herum und ging mit ihm davon. Geschlagene sechs Minuten brauchte sie, um diesen Donut zu verstecken. Genauso umständlich versteckte sie einen zweiten, dann ließ sie die anderen einfach liegen, wo sie waren und den anderen Vögeln ins Auge stachen. Die liefen verzweifelt am Maschendraht hin und her, bis sie die restlichen Donuts endlich ebenfalls versteckte, immer noch in aller Gemütsruhe.

Rund einen Monat später, am 10. November 1995, sperrte ich die vier Vögel in die Hälfte der Voliere, wo sie kaum Platz hatten, sich abzusondern und unbeobachtet zu verstecken. Dort legte ich vier Donuts auf den Boden. Wie immer war Fuzz sofort bei ihnen und hielt die anderen drei Vögel von ihnen fern. Er zeigte keine Eile, pickte Krumen auf und versteckte ein paar von ihnen in der Nähe. Seiner Partnerin Houdi erlaubte er, sich zu nähern. Sie ergriff einen halben Donut und verschwand. Kurz darauf stürzte Whitefeather heran und holte sich einen ganzen. Sofort veranstaltete Fuzz eine erbitterte Jagd, bis sie ihre Beute fallen ließ. Er hob den gestohlenen Donut auf und kehrte mit ihm zum Stapel zurück. In zehn Minuten wiederholte sich diese Sequenz von Ergreifen, Jagen, Fallenlassen, Zurückkehren dreimal. Fuzz ging langsam um die Donuts herum, als würde er sie bewachen, dann zerbrach er einen in zwei Teile und versteckte die Hälften in der Nähe des Stapels, eine nach der anderen. Den nächsten Donut zerlegte er in fünf Teile, und auch diese Stücke versteckte er nacheinander, die kleinsten zuerst. Nun, da nur noch anderthalb Donuts übrig waren, nahm er beide auf einmal, indem er den halben auf das Loch des waagerechten legte, den er auf seinem Unterschnabel balancierte. Zwölf Minuten waren verstrichen. 15 Minuten später trug er die anderthalb Donuts noch immer mit sich herum, während die anderen Vögel inzwischen die von ihm angelegten Verstecke aufgedeckt hatten. Vielleicht wusste er das, ließen doch die Ausmaße der Voliere es nicht zu, dass er sich der Beobachtung durch die anderen entzog. Auch das, was er jetzt im Schnabel hielt, konnte er nicht verstecken. Das ist Flexibilität. Noch viele andere Beispiele ließen sich anführen, wenn auch vielleicht nicht alle Varianten genauso überzeugend sind.

Wenn ich meinen Raben trockenes Brot gebe, tunken sie die Stücke manchmal in ihre Wasserschüssel. Solches Verhalten ist nicht genetisch programmiert. Es kommt selten vor. Manche interpretieren es als überlegte Strategie zum Aufweichen des Brotes, als Maßnahme, die dazu dienen soll, es besser kauen zu können. Ich habe eher den Eindruck, dass das Verhalten schlicht und einfach Zufall ist. Vögel, die trockenes Futter fressen, bekommen Durst. Während sie das trockene Brot herumtragen, damit kein anderer es bekommt, suchen sie die Wasserschüssel auf, um zu trinken. Ich habe Whitefeather gesehen, wie sie an der Schüssel stehen blieb, zögerte, sich nach einem sicheren Platz umsah, um das Brot zu deponieren, und es schließlich ins Wasser fallen ließ, wo sie es leicht im Auge behalten konnte, während sie trank. Nachdem sie ihren Durst gestillt hatte, holte sie es wieder heraus. Raben lassen auch Steine, Zweige und anderes Spielzeug ins Wasser fallen. Es ist denkbar, dass einer bei solch scheinbar zufälligem Verhalten ein Aha-Erlebnis hat und daraufhin rasch das zielgerichtete Eintauchen von Brot lernt. Allerdings scheinen sie normalerweise nichts gegen trockenes Brot zu haben.

Es gibt zahlreiche Berichte über Raben, die Zweige, Steine und andere Gegenstände fallen lassen. Gewöhnlich nehmen die Beobachter an, die Vögel würden absichtlich handeln und einen bestimmten Zweck verfolgen. Doch die meisten Berichte, in denen es um das Fallenlassen von Objekten geht, sind zu unvollständig, um eindeutige Schlussfolgerungen zuzulassen. Bob Sam hat mir von einem Raben in Sitka, Alaska, erzählt, der eine Walnuss nahm, mehrere Male mit ihr hoch in die Luft stieg und sie auf den Beton fallen ließ. Die Schale blieb heil. Schließlich ließ der Rabe sie auf die Straße fallen und setzte sich auf das Dach des Sitka Hotels. Ein Auto kam vorbei und fuhr über die Nuss. Daraufhin flog der Vogel hinunter und fraß den Inhalt der Schale. Hilmar Hansen, ein Eisenbahner aus Montana, berichtete mir von Raben, die Beinknochen von Rotwild auf die Gleise legten, um dann zurückzukommen und das Knochenmark zu fressen. Diese Handlungen können überlegt sein oder auch nicht. Wir brauchen mehr Anekdoten und vor allem mehr Einzelheiten zu jeder Anekdote, um entscheiden zu können, worin der jeweilige Antrieb des Rabenverhaltens besteht. Hat es vielleicht Tausende von nichtdokumentierten Fällen gegeben, in denen Raben mit Nüssen flogen und sie schließlich zufällig fallen ließen? Würde ein Rabe die Stücke von *allen* Knochen oder Nüssen untersuchen, die von einem Fahrzeug überfahren werden? Hatte der Vogel schon früher einmal voller Enttäuschung eine harte Nuss fallen lassen und wurde dann durch Nahrung belohnt, weil ein Fahrzeug vorbeikam? Haben die Vögel durch Versuch und Irrtum gelernt und dann durch Einsicht erkannt, was sie getan hatten? Intelligentes Verhalten kann aus einer Kombination von Neugier, Forschungsdrang, Ausdauer, Geduld, scharfer Beobachtung, Lernen und Opportunismus erwachsen; doch Einsicht lässt sich schwer beweisen, weil sie keine notwendige Voraussetzung für geschicktes Handeln ist.

Roger Smith von der Teton Science School schrieb mir: »1992 beringte ich junge Raben an der Ostseite des Teton Park. Das Nest befand sich gut zehn Meter hoch in einer Douglastanne. Als ich das dritte von fünf Jungen beringte, landete einer der Altraben auf einem Zweig ungefähr anderthalb Meter von mir entfernt. Heftig begann dieser Vogel seinen Schnabel an einem Zweig zu schlagen und zu reiben, zu rufen und sich auf dem Nestast vorwärts und rückwärts zu bewegen. Dann bemerkte ich, dass er einen Fichtenzapfen vom Ast abgezogen hatte und jetzt mit dem Zapfen im Schnabel leise Laute von sich gab. Inzwischen beringte ich den fünften Nestling, da wurde ich zu meiner Überraschung von einem Fichtenzapfen im Gesicht getroffen. Ich hielt inne und beobachtete, wie der Vogel auf dem Ast ungefähr einen halben Meter weiterging und einen weiteren Zapfen abrupfte.

Ich versuchte jeden Augenkontakt mit dem Vogel zu vermeiden, um sein Verhalten ganz genau beobachten zu können. Er balancierte auf dem Ast entlang, bis er wieder ungefähr den gleichen Abstand zu mir hatte, begann erneut mit dem Schnabel zu schlagen und ähnliche Laute auszustoßen, dann schleuderte er den Zapfen unglaublich schnell in meine Richtung, allerdings landete er dieses Mal im Nest. Der Vogel flog kurz nach diesem zweiten Versuch davon.«

Es lässt sich nicht mit Sicherheit sagen, ob dieser Rabe wusste, was er tat, obwohl er kaum gelernt haben konnte, wie man einen Gegenstand wirft, dass man Fichtenzapfen zum Werfen abreißen und dass man, indem man sie wirft, Nestfeinde abschrecken kann. Einsicht könnte alle drei Verhaltensaspekte erklären.

Die mentale Repräsentation einer Folge von Vorstellungsbildern, die im Geist wie ein Film projiziert werden, ist Bewusstsein und der Modus Operandi der Intelligenz. Bei fast allen Aktivitäten verwenden wir mentale Projektionen so routinemäßig, dass wir sie als selbstverständlich hinnehmen. Wenn wir einen Ball werfen, sehen wir vor unserem geistigen Auge eine Flugbahn zum angestrebten Ziel. Wir treffen Entscheidungen, um ganz bestimmte antizipierte Ergebnisse zu erzielen. Ohne die Resultate der Alternativen einer Handlungssequenz zu antizipieren oder zu projizieren, wäre keine intelligente Strategie möglich. Für eine solche Strategie ist die Fähigkeit erforderlich, sich visuell vorzustellen, was außer Sicht ist oder was noch nicht geschehen ist, aber geschehen kann. Für Raben gilt wie für uns Menschen die Umkehrung des Sprichwortes: Was aus den Augen ist, muss nicht unbedingt aus dem Sinn sein – wie ganz triviale Beispiele zeigen.

Einmal trug ich in einer undurchsichtigen Plastiktüte ein gerade überfahrenes Waldmurmeltier. Goliath hatte gesehen, dass ich für ihn ein Bein abgeschnitten und den Rest des Tiers wieder in die Tüte getan hatte. Ich ging auf einem Waldweg davon. Schon nach wenigen Schritten kam er hinter mir her und bettelte. Merkwürdig, dachte ich. Wie kann er hungrig sein, nachdem er gerade ein ganzes Bein von einem Waldmurmeltier bekommen hat? Ich gab ihm noch ein zweites Bein. Statt davon zu fressen, versteckte er es hastig, während ich weiterging. Dann flog er wieder hinter mir her und bettelte erneut. »Okay, Goliath, du weißt, dass noch mehr in der Tüte ist. Du möchtest das Ganze. Also hier hast du es.« Nachdem er gesehen hatte, dass ich das ganze Stück Nahrung, das vorher vor seinen Augen in der Tüte verschwunden war, nun herausgeholt und ihm gegeben hatte, kam er nicht mehr hinter mir her. Er verfolgte Objekte also auch dann, wenn er sie nicht mehr sah. Ist diese Fähigkeit in freier Wildbahn von Nutzen?

1996 veröffentlichte Kristi Dahl eine Anekdote in der Zeitschrift *Wyoming Wildlife,* die darauf schließen lässt, dass die Fähigkeit, Objekten, die außer Sicht sind, auf der Vorstellungsebene zu folgen, von großem unmittelbarem Nutzen sein kann. Von ihrer Veranda im Grand Teton National Park sah Kristi Erdhörnchen zu, die in dem aufgeweichten mit Salbei bewachsenen Grasland umherwieselten, als der Schatten eines kreisenden Raben sie alle blitzschnell in ihrem Bau verschwinden ließ. »Aufmerksam beobachteten wir das Geschehen, als der erwachsene Rabe in der Nähe landete und sich einem Erdhörnchenbau näherte ... Der Vogel pickte in den Boden und lockerte mit dem Schnabel das Erdreich. Plötzlich unterbrach er das Graben und stieß eine Reihe hoher, kehliger Schreie aus. Augenblicklich gesellte sich ein Jungrabe zu ihm, offenbar ein eigenes Junges. Der Jungvogel begann zu betteln und zu rufen, während der Altrabe mit dem Graben fortfuhr ... In etwa 20 Zentimeter Tiefe fand der Rabe schließlich sein Mittagessen. Nachdem er das ausgewachsene Erdhörnchen aus dem Loch gezogen hatte, hackte er einige Male mit seinem scharfen Schnabel auf das Tier ein ... Das Erdhörnchen wurden zerrissen und an das Junge verfüttert, bevor die beiden davonflogen.

Es ist nur ein kleiner Schritt von der Fähigkeit, etwas in der Vorstellung zu sehen, was außer Sicht ist, etwa eine Beute oder einen Feind, zu dem Vermögen, vergangene Handlungen zu erinnern, zukünftige zu antizipieren und entsprechend zu reagieren. Viele eindrucksvolle Beispiele sprechen für die These, dass Raben über all die oben genannten Fähigkeiten verfügen, obwohl die meisten Beispiele nicht schlüssig genug sind, um eindeutige Interpretationen zuzulassen. Hier sind einige Beispiele:

Die englische Zeitung *Manchester Guardian* berichtete am 25. Juni 1995, ein Trapper im Prince Albert National Park im Nordwesten von Saskatchewan habe einen Raben beobachtet, der von der Beute eines Wolfs fraß. Gelegentlich habe der Rabe seine Mahlzeit unterbrochen, um sich bewegungslos auf den Rücken zu legen. Schließlich habe der Trapper bemerkt, dass dies jedes Mal geschah, wenn Raben über die Stelle flogen. Der Trapper habe vermutet, der Rabe habe sich tot gestellt, damit die Vögel, die die Futterstelle von oben betrachteten, zu der Überzeugung kämen, dass es sich um einen vergifteten Köder handelte, und einen weiten Bogen machten. Auch hier brauchen wir mehr Einzelheiten, um tatsächlich einen solchen Schluss ziehen zu können. Raben rollen sich gern im Spiel auf den Rücken. Wie sah es exakt mit der zeitlichen Übereinstimmung zwischen dem Auf-den-Rücken-Rollen und dem vorbeifliegenden Raben aus?

Als die Waldfrösche ihr Konzert in der Nähe meiner Voliere veranstalteten, holte ich mir vier aus einem Teich. Den ersten Frosch setzte ich in ein quadratisches, braunes, 30 Zentimeter langes Entwässerungsrohr aus PVC. Die Vögel hatten schon früher mit dem Rohr gespielt und wussten vermutlich, dass es hohl war, hatten aber beim ersten Anblick des Frosches ein bisschen Angst. Sie hockten sich in ihren Verschlag und beobachteten das Geschehen aus zehn Meter Entfernung. Als ich mich von dem Rohr entfernte, flog Houdi hinunter und blickte zunächst von der einen Seite in die Öffnung, dann lief sie um das Rohr herum und schaute von der anderen Seite hinein. Den Frosch konnte sie von keinem Ende erreichen, doch sie hob ein Ende des Rohrs hoch, sodass der Frosch herausrutschte. Sogleich griff sie ihn, flog auf ihre Sitzstange, fraß den Frosch, kam wieder herunter und stolzierte auf dem Boden der Voliere umher. Als sie an dem Rohr vorbeikam, blickte sie nicht hinein. Offenbar erinnerte sie sich, dass ich nur einen Frosch hineingetan hatte und sie diesen Frosch bereits herausgeholt hatte.

Mehrere Stunden später setzte ich den zweiten Frosch ins Rohr. Sehr aufmerksam schaute Houdi von ihrer Sitzstange auf das Rohr hinab, als ich davonging. Dieses Mal war Fuzz als Erster unten. Er beugte den Kopf bis auf den Boden hinab und blickte in das eine Ende des Rohrs. Er musste den Frosch gesehen haben, konnte aber nicht an ihn herankommen. War er also unerreichbar? Nein, kein Problem. Fuzz zögerte nicht den Bruchteil einer Sekunde. Rasch begab er sich ans andere Ende, steckte den Schnabel hinein und zog den Frosch heraus. Während er ihn fraß, setzte ich den dritten Frosch in das Rohr. Eine halbe Minute lang starrte Houdi von ihrem Sitzplatz auf das Rohr herab, bevor sie hinunterflog und hineinblickte. Da sich der Frosch offenbar nicht bewegt hatte, griff sie einfach hinein und holte ihn heraus. Nachdem sie ihn gefressen hatte, holte sie sich den Tennisball, mit dem sie vorher gespielt hatte, und stopfte ihn in das Rohr.

Als der Ball fest in einem Ende des Rohrs steckte, setzte ich den letzten Frosch in das andere Ende und nahm an, dass er sich tief in das Rohr zurückziehen und an den Ball drücken würde. Houdi verließ ihren Sitzplatz und blickte hinein. Sie konnte den Frosch nicht erreichen. Daher ging sie zum anderen Ende des Rohrs und versuchte, den Ball zu entfernen. Währenddessen gesellte sich Fuzz zu ihr. Zunächst blickte er in das offene Ende des Rohrs, dann ging er zum anderen Ende und versuchte seinerseits, den Ball zu entfernen. Augenscheinlich war er ziemlich fest hineingepresst, denn Fuzz brauchte eine halbe Minute, um ihn herauszuholen. Aber schließlich war es geschafft, und Fuzz griff sich den Frosch. Hatte er die »Leerstellen gefüllt« — sich vorgestellt, wo der Frosch im Rohr saß? Haben Raben Röntgenaugen, oder können sie räumliche Beziehungen in ihrer Vorstellung rekonstruieren? Ich nahm an, Letzteres sei wahrscheinlicher als Ersteres.

Zwei Tage später brachte ich zwei runde, weiße PVC-Entwässerungsrohre in die Voliere, 1,20 Meter lang und zehn Zentimeter im Durchmesser. Das Rohr war anders als diejenigen, die ich in vorangegangenen Experimenten verwendet hatte. Wie immer bei neuen Objekten betrachteten die beiden Vögel das Rohr eingehend von ihren luftigen Sitzplätzen, reckten ihre Hälse nach unten und drehten den Kopf rasch hin und her. Fuzz stieß tiefe Krächzrufe aus, eine normale Reaktion bei gefürchteten Feinden oder fremdartigen Dingen. Dann kam er herunter, um sich die Sache aus der Nähe anzusehen. Er legte die Federn an, richtete sich auf und hüpfte nervös um das Rohr herum, als führte er einen Tanz auf. Er legte den Kopf auf den Boden und blickte in das eine Ende hinein. Dann ging er zum anderen Ende und blickte auch in diese Öffnung. Derweilen beobachtete ihn Houdi von ihrem Sitzplatz aus. Als er wieder zu seiner Sitzstange emporflog, gesellte sie sich zu ihm, ohne das Rohr selbst zu untersuchen. Ich ließ es liegen und war davon überzeugt, dass sie bereits wussten oder doch rasch in Erfahrung bringen würden, dass es hohl und kein weißer Baumstamm war.

In der Zwischenzeit hatte ich sie mit Schlangen vertraut

gemacht. Sie hatten gelernt, dass man Schlangen gut fressen kann und dass sie gleiten. Wochen später brachte ich ihnen eine lebendige, 30 Zentimeter lange Grasnatter. Ich hielt sie an der Schwanzspitze und schwenkte sie vor dem weißen PVC-Rohr ein bisschen hin und her. Dann ließ ich sie fallen. Die Schlange glitt sofort in das Rohr, und ich trat zurück. Beide Raben hatten den Vorgang von Sitzplätzen in zehn Meter Entfernung beobachtet. Fuzz kam herunter, ging zur Öffnung des Rohrs, blickte hinein und hüpfte dann schnell über die Entfernung von mehr als einem Meter zum anderen Ende. Er steckte den Schnabel hinein, zog die Schlange heraus, zermalmte ihren Kopf, fraß einen Teil und versteckte den Rest, indem er ihn mit Blättern bedeckte. Houdi beobachtete ihn dabei. Einige Minuten später ging sie zu Fuzz' Versteck, holte die Überreste der Schlange hervor und aß sich ebenfalls satt. Fuzz duldete den Diebstahl, weil sie zu diesem Zeitpunkt schon ein Paar waren und er keinen großen Hunger hatte. Bei einer anderen Rabengruppe ließ ich später in dasselbe Rohr, das ich dieses Mal senkrecht nach oben hielt, Futter fallen. Statt erst in die Öffnung zu blicken, in die sie mich das Futter hatten hineinwerfen sehen, hüpften sie sogleich auf den Boden, wo das Futter gelandet sein musste (da das Rohr mit dem Boden abschloss, konnten sie es nicht sehen, wenn sie nicht danach gruben). Sie hatten also seine Bewegung durch das Rohr antizipiert.

Unter den Augen der Raben wickelte ich ein Stück Butter in Papier ein, legte es ins Rohr und stopfte Pfropfen aus grünen Blättern hinterher. Ohne zu zögern holte Fuzz alle Blätter heraus, um an die Butter zu kommen. Dann legte ich ein Ei hinein, dass von keinem Ende aus erreicht werden konnte. Fuzz prüfte die Sache von beiden Enden. Aufgeregt lief er zu insgesamt acht Begutachtungen hin und her, erst von der einen Seite, dann von der anderen, als könnte er nicht glauben, dass das, was von der einen Seite zu sehen war, von der anderen nicht ergriffen werden könne. Nach dem achten Mal hob er schließlich das eine Ende des Rohrs hoch. Das Ei rollte heraus, und er fraß das Eigelb. Eine Erklärung dafür, dass er das Rohr hochgehoben hat, könnte lauten, dass er in seiner Enttäuschung fast alles versuchte. Eine andere, dass er wusste, das Ei würde herausrollen. Nicht alle offenbar überlegten Handlungen sind so doppeldeutig.

Zwei verpaarte wilde Raben hackten aus dem gefrorenen Kadaver vor meinem Fichtenversteck kleine Fleischsplitter ab, indem sie die scharfe Spitze des Unterschnabels als Meißel verwendeten, dessen Wirkung durch die Wucht des vorwärtsschnellenden Kopfes unterstützt wurde. Von weichem Fleisch zogen sie dagegen kleine Stücke durch Ergreifen und Zerren ab, wobei sie sich des Hakens an der Spitze des Oberschnabels bedienten. Die Fleischstücke wurden zu einem Stapel aufgeschichtet. Schließlich ergriffen die Vögel den ganzen Stapel und flogen damit fort.

Raben in Trupps verhalten sich immer anders als Raben, die allein oder als Paar auftreten. Nie würden Raben in einem Trupp Fleisch stapeln, vielleicht weil sie wissen, dass jedes lose Stück Fleisch sofort von einem anderen Vogel weggenommen würde. Stattdessen würden sie entweder sofort mit einem großen Stück davonfliegen, sobald sie es abgerissen hätten, oder sie würden ihren Kehlsack mit kleinen Happen füllen, bevor sie davonflögen.

Ein großer Klumpen Rindertalg im Wald hinter meinem Haus ließ sich nicht wie Fleisch in Stücke zerreißen. Von dem hart gefrorenen Talg konnte ein Vogel jedoch mit dem Schnabel kleine Stücke heruntermeißeln, so wie es Spechte, Krähen, Blauhäher, Meisen und Kleiber stets tun. Normalerweise fraßen auch Raben auf diese Weise. Doch eines Tages fand ein Rabe eine ganz andere, höchst einfallsreiche Lösung.

Das Rabenpaar, das dort fraß, ließ mich nie näher an sich heran. Es flog schon davon, wenn es mich nur in der Nähe eines Fensters erblickte. Wie üblich war ich zur Futterstelle am Waldrand gegangen, um neues Futter auszulegen, und als ich dort auftauchte, flog der Rabe auf, der dort gefressen hatte. Zwar hatte ich sein Fressverhalten nicht unmittelbar beobachtet, doch hatte er Spuren im Schnee hinterlassen. Vor allem hatte er ein beeindruckendes Dokument seiner Tätigkeit zurückgelassen. Statt zufällig kleine Stückchen zum unmittelbaren Verzehr abzuhacken, hatte dieser Vogel eine Kerbe um eine Ecke des Fetts gegraben. Die Kerbe war mit genau gezielten Schnabelhieben in den Talg getrieben worden. Das Ziel war offensichtlich, ein handliches Stück von einem größeren, unhandlichen abzutrennen. Viele der kleineren Fettsplitter, die beim Kerben abgesprungen waren, hatte der Vogel liegen gelassen, anstatt sie zu fressen.

Lassen Sie mich kurz erklären, warum mich der scheinbar triviale Tatbestand, dass hier ein Rabe eine Kerbe in ein Stück Fett gemeißelt hatte, in solche Aufregung versetzte, wo doch Vögel über unendlich viel komplexere angeborene Verhaltensweisen verfügen, etwa die Fertigkeit, kunstvolle Nester zu flechten oder sich mithilfe einer inneren Uhr an der Sonne wie an einem Kompass zu orientieren. Dass der Rabe die Kerbe gemeißelt hatte, war ein Faktum, und angesichts des Umstands, dass kein anderer Vogel und nur sehr wenige Raben dergleichen tun würden, war es ein höchst bemerkenswertes Faktum. Gewiss, eine Schwalbe macht noch keinen Sommer, aber diese eine Tatsache war ein sichtbarer Beweis dafür, dass der Vogel die unmittelbare Bedürfnisbefriedigung für eine spätere Belohnung hinausgeschoben hatte. Das ist Planung. Dort draußen im Wald versteckten sich keine geheimen Rabentrainer, es war kein erlernter Plan. Es war ein Plan, der aus der bildlichen Vorstellung erwachsen war. Es war eine Erfindung, eine Erfindung, die dem Raben das Leben erleichterte, aber wohl kaum notwendig war. Es ließ sich nur schwer eine andere Erklärung finden. Was dieser Rabe geleistet hatte, war sensationell. Nach meiner Überzeugung gehörte er auf die Titelseiten von *Nature* und *Science*. Aber natürlich wusste ich, dass er es nicht dorthin schaffen würde. Wie erwartet wurde die Veröffentlichung dieser Beobachtung mehrere Male abgelehnt, weil sie »nur eine Anekdote« sei. Um für eine Veröffentlichung infrage zu kommen, muss Wissenschaft streng wiederholbar sein. Leider kann man schlecht einen Klumpen Talg fallen lassen und erwarten, dass ein Rabe kommt und ein Stück abtrennt, indem er eine Kerbe hineinhackt. Noch nicht einmal meine Volierenraben würden es tun. Das hier war ein Rabeneinstein gewesen.

Die Schnabelspuren im Talg schienen darauf schließen zu lassen, dass der Rabe nicht nur vorausgedacht, sondern sich in seinem Handeln auch an diese Gedanken gehalten und Intelligenz bewiesen hatte. Intelligenz ist nicht bloß Bewusstsein oder Bewusstheit. Sie ist nicht nur komplexes Verhalten. Intelligenz ist nicht nur ein hervorragendes Gedächtnis, eine schnelle Auffassungsgabe, eine komplexe sprachliche Kommunikationsfähigkeit, Spielverhalten oder Werkzeuggebrauch. Intelligenz kann, muss aber nicht mit all diesen Aspekten in Zusammenhang stehen. Einige Intelligenzformen sind auf sie angewiesen, sie sind jedoch nicht das, was Intelligenz *ausmacht*. Intelligenz heißt, dass man unter neuen Bedingungen richtig handelt, und genau das hatte dieser Vogel getan. Intelligenz heißt, dass man die Welt versteht und entsprechend auf sie reagiert, statt sie nur wahrzunehmen. Intelligenz hat mit Bewusstsein zu tun und damit, dass man Reaktionen im Kopf testet statt in der »wirklichen« Welt, wo solches Unterfangen zeitraubend, nachteilig oder tödlich sein kann.

26. KAPITEL

Rabenintelligenz auf dem Prüfstand

Raben haben relativ große Gehirne, und sie tun viele Dinge, die intelligent wirken, aber bislang lag noch kein experimenteller Beweis vor, dass sie auch intelligent *sind.* Ich benötigte neue Ideen, um aus der Sackgasse herauszukommen, doch auf wirklich neue, neuartige Ideen kommt man selten, indem man es sich vornimmt oder plant. Meist tauchen sie unverhofft auf, wenn wir gar nicht an unser Problem denken. Den Einfall zu einem neuen Untersuchungsansatz hatte ich, als ich die Tierzeitschrift *Ranger Rick* durchblätterte, ein Geschenk für meinen damals noch kleinen Sohn Stuart.

Die Zeitschrift enthielt einen kurzen Artikel über die »klugen« Dinge, bei denen man Vögel beobachten kann, unter anderem dem Hochziehen einer Schnur, an der Futter hängt. Ich mochte nicht glauben, dass Meisen dazu wirklich fähig sind. Und wenn, dann waren sie meiner Meinung nach dressiert. Im Falle einer Dressur konnten die Einsicht oder die visuelle Vorstellung, die zur Ausführung der Aufgabe erforderlich waren, der Aufgabe folgen, mussten ihr aber nicht vorangehen. Ich verwarf den gesamten »Intelligenzaspekt« der Angelegenheit, wie schon bei so vielen anderen Geschichten, die ich gehört hatte.

Dann kam mir der nächste Gedanke: Wenn Raben tatsächlich so intelligent waren, wie sie manchmal erschienen, war es möglich, dass es unter ihnen einige wenige Individuen gab, die einen Leckerbissen an einer Schnur hochziehen konnten, ohne einen längeren Prozess von Versuch-Irrtums-Lernen durchlaufen zu müssen. Das heißt, möglicherweise ging Einsicht dem Lernen voraus oder begleitete es und rief das gleiche Verhalten hervor. In diesem Falle würde der Vogel die Situation bewerten, im Geist ein Vorstellungsszenario durchspielen und die Aufgabe dank dieser Einsicht rasch ausführen.

Ein experimenteller Test zum Vorhandensein von Einsicht – das heißt, wenn verschiedene Möglichkeiten, die zu einer intelligenten Entscheidung führen können, durchgespielt werden, ohne sie konkret auszuprobieren – mag vielleicht unmöglich erscheinen, weil das gesamte Verhalten eines Tiers auch genetisch angelegte Reaktionen und Lernen beinhaltet. Und die kann man nicht einfach aus dem Gehirn herausschneiden.

Jedes Verhalten ist eine Kombination aus einem angeborenen Programm von blinden oder unbewussten Reaktionen, von Lernen und von Einsicht. Beispielsweise sind unsere sexuellen Präferenzen weitgehend angeboren, aber dass man einer Frau Blumen schenkt, wenn man um sie wirbt – und dabei lieber zu Gänseblümchen als zu Stinkkohl greift –, dazu kommt man durch Einsicht und Lernen. Angeborenes oder erlerntes Tierverhalten hat in Hinblick auf seine Komplexität keine erkennbaren Grenzen, vorausgesetzt, das Tier trifft auf die gleichen Bedingungen, die in Jahrmillionen für die stammesgeschichtliche Ausbildung dieses Verhaltens gesorgt haben. Einsicht setzt Bewusstsein voraus, aber das ist nicht alles. Sie ist die bildliche Vergegenwärtigung alternativer Möglichkeiten, zur augenblicklichen Beurteilung neuer Situationen. Einsicht könnte in vielen Verhaltensweisen vorkommen, aber wir können ihr nur dann eine wichtige Rolle *zuschreiben*, wenn das Verhalten drei Kriterien erfüllt: Erstens muss die angeborene Komponente ausgeschlossen werden können, das heißt, es muss sich um ein außerordentlich seltenes Verhalten handeln, das *nichts* mit dem zu tun hat, was das Tier normalerweise erlebt und tut. Zweitens muss es ein Problem lösen. Drittens darf es keine erlernte Reaktion sein.

In freier Wildbahn hängt die Nahrung von Raben niemals an irgendetwas, das auch nur entfernte Ähnlichkeit mit einer Schnur hat. Das Ziehen an einer Schnur kann also nicht durch natürliche Selektion während Jahrmillionen der Nahrungssuche im angeborenen Verhaltensrepertoire von Raben verdrahtet sein. Das Verhalten könnte natürlich durch geduldige Wiederholung in winzigen Schritten erlernt werden. Dabei müsste man zunächst den ersten Schritt belohnen, der zur richtigen Lösung beiträgt, dann den zweiten Schritt und so fort, bis der Vogel schließlich ein Dutzend oder mehr solcher Schritte miteinander verknüpft. Meine gefangenen Raben hatten nie zuvor eine Schnur gesehen. Das gab mir eine einzigartige Gelegenheit, ein aufschlussreiches Experiment durchzuführen. Ich bezweifelte, dass sie die Aufgabe lösen könnten, aber wenn sie es täten, ließen sich genetische Programmierung und Lernen weitgehend ausschließen, sodass eigentlich nur Einsicht oder Zufall als Kandidaten für eine Erklärung übrig blieben.

Mit der Frage, wie sich ein Vogel ein Stück Nahrung verschafft, das an einer Schnur hängt, bot sich mir also die Chance, Einsicht zu testen, eine geistige Fähigkeit, die zumindest eine von mehreren vorgeschlagenen Intelligenzarten definiert (Gardner, 1998). Zunächst war das Vorhandensein von Nahrung für den Vogel wahrscheinlich ein starker emotionaler Anreiz, auf dem leichtesten und schnellsten Weg an diese heranzukommen. Möglicherweise würde der Vogel versuchen, die Schnur abzureißen, direkt zum Nahrungsbissen zu fliegen oder den Bissen herunterzuschlagen. Doch wenn die Schnur fest genug war, gab es nur einen zuverlässigen und leichten Weg, an die Nahrung heranzukommen – sie

Stück für Stück heraufzuziehen und dabei jedes Stück Schnur festzuhalten, das hochgezogen wurde.

Nahrung hochzuziehen, die an einer Schnur hängt, setzt viele Schritte voraus, die in einer exakten, genau festgelegten Reihenfolge ausgeführt werden müssen. Der Vogel muss 1) genau über der Schnur sitzen, an der das Futter hängt, 2) unter seinen Sitzplatz greifen, 3) die Schnur mit dem Schnabel fassen, 4) die Schnur über den Sitzplatz hochziehen, 5) die hochgezogene Schnurschleife über die Stange oder den Ast legen, auf dem er sitzt, 6) einen Fuß heben, 7) mit dem erhobenen Fuß auf die Schleife der hochgezogenen Schnur treten, 8) so fest auf die Schnur treten, dass sie nicht wieder hinunterrutschen kann, 9) die Schnur aus dem Schnabel lassen, aber erst nachdem der Fuß die Schnur bereits fest gegen den Ast presst, und 10) die ganze Sequenz beliebig oft wiederholen, je nachdem, wie lang die Schnur ist und wie viel von ihr wieder hinuntergerutscht ist.

Ich wählte willkürlich eine Schnurlänge von 75 Zentimetern, weil ich glaubte, das würde die Vögel vor ein hinreichend schwieriges Problem stellen. Der Prozess von Hochziehen und Festhalten würde mindesten fünf- bis sechsmal wiederholt werden müssen, sehr viel öfter sogar, falls die Schnur rutschen sollte. Kurzum, Dutzende von einzelnen Schritten mussten zu einer exakten Handlungssequenz vereinigt werden, die im Zuge ihrer Entstehung ständiger Aktualisierung bedurfte. Natürlich konnte jeder einzelne Schritt an sich erlernt und/oder angeboren sein, doch das entscheidende Verhalten bestand nicht in einzelnen Schritten, sondern in der Anordnung dieser Schritte zu einer Sequenz, die ein besonderes Problem lösen würde. Es war praktisch unmöglich, dass die richtige Sequenz von Dutzenden einzelnen Schritten durch Zufall entstand.

Die Eleganz des Schnurtests lag darin, dass 1) die Möglichkeit einer durch Zufall zustande kommenden Lösung weitgehend ausschlossen war, 2) keine genetische Programmierung vorstellbar war, die dieses spezifische, höchst unnatürliche Verhalten hätte anlegen können, weil es in freier Natur keine Bedingungen gab, unter denen es nützlich gewesen wäre, und 3) meine Raben in einer Voliere von mir selbst aufgezogen worden waren und keine Erfahrung mit Schnurziehen hatten. Sie hatten noch nie eine Schnur gesehen, daher war klar, dass sie auch noch keine Gelegenheit gehabt hatten, das entsprechende Verhalten zu lernen.

Ich nahm an, dass meine Raben nicht in der Lage sein würden, sich Fleisch zu beschaffen, indem sie an einer Schnur zogen. Wenn sie es nicht schafften, war nichts verloren. Doch falls es ihnen auf Anhieb gelang, wäre eine Menge gewonnen. In Übereinstimmung mit Occams Rasiermesser, der Regel, nach der die einfachere wissenschaftliche Theorie immer besser als die kompliziertere ist, würde ein erfolgreiches Hochziehen der Schnur darauf schließen lassen, dass die Vögel ein Problem lösen konnten. Das wäre ein Beweis für Einsicht, und wenn wir einräumen, dass es sich um eine schwierige Aufgabe handelt, wäre sie ein Maß für die Intelligenz der Raben. Die Lösung des Problems durch Einsicht setzt ferner Bewusstsein voraus. Und alles, was ich dazu brauchte, waren ein Stück Schnur und ein Stück Fleisch – keine besonders kostspielige Versuchsanordnung. Es gab nichts zu verlieren.

Bei der Planung des Experiments sah ich zwei Schwierigkeiten. Erstens sind Raben sehr scheue Tiere. Sie würden vor der Schnur Angst haben. Bei einem Feldtest hängte ich ein Stück Fleisch an ein weißes Stück Schnur, das an einem Ast in der Nähe eines beinhart gefrorenen Kuhkadavers befestigt war. Mehr als 50 wilde Raben fraßen daran bei Temperaturen von 34 Grad unter null. Sie mussten lange und hart arbeiten, um winzige Stückchen Fleisch von dem Kadaver abzusplittern. Jeden Morgen in der Dämmerung trafen die Raben ein und hackten stundenlang mit ihren Schnäbeln auf den Kadaver ein. Alle *losen* Stücke Fleisch mussten hochbegehrte Objekte sein, die sich jeder Vogel sofort mit allen Mitteln würde verschaffen wollen. Und nun baumelte hier plötzlich ein Leckerbissen direkt vor ihrer Nase. Was würde geschehen?

Wie gewöhnlich war ich in meinem Versteck aus Fichten- und Tannenzweigen für die Vögel nicht zu sehen. Den Fleischbrocken hatte ich aufgehängt, als es noch dunkel war. In der Dämmerung trafen die Vögel ein, doch statt rasch herabzukommen, um zu fressen, wie sie es gewöhnlich taten, blieben sie in den Bäumen und stießen zornig krächzende Alarmrufe aus, Lautäußerungen, mit denen sie auf ungewöhnliche, furchterregende Phänomene reagieren. Erst eine Stunde später traute sich einer von ihnen zur Kuh hinunter, woraufhin ihm die anderen folgten. Sie starrten das Fleisch an der Schnur an, als sei es eine Erscheinung. Nicht einer der Vögel näherte sich. Ich ließ es hängen. Zwei Tage später war es noch immer da.

Zwar hoffte ich, dass meine Volierenvögel nicht ganz so panisch reagieren würden, und trotzdem nahm ich an, dass sie eine gewisse Scheu zeigten, hatten sie doch noch nie Futter an einer Schnur erlebt. Falls sie tatsächlich eine Lösung fanden, an das Fleisch zu kommen, würden sie sie möglicherweise nicht in die Tat umsetzen, weil sie Angst hatten, sich der Schnur zu nähern. Im Idealfall hätte ich sie einzeln getestet, doch dazu hätte ich sie fangen und eine neue Voliere bauen müssen, um sie zu isolieren, was eine zusätzliche Störung der Vögel, Mehrkosten und einen erheblichen Zeitaufwand verursacht hätte. Isolierte Volierenvögel hätten wahrscheinlich eine so ungewöhnliche Erscheinung wie Futter, das an einer Schnur hängt, tagelang gemieden. Vermutlich würden die Raben viel ruhiger sein, wenn sie als Gruppe zusammenblieben. Die Arbeit mit einer Vogelgruppe hatte aber auch ihre Nachteile: Wenn einer das Futter hochzog, ahmten ihn die anderen möglicherweise einfach nach, oder er jagte alle anderen davon. Wie auch immer, der erste Vogel, den ich testete, hatte keinen anderen, den er nachahmen konnte, und mich interessierte das Phänomen an sich und nicht die Frage, wie viele Individuen die Aufgabe lösen oder nicht lösen konnten. Mir war es egal, ob 99 oder ein Prozent der Rabenpopulation das Problem zu lösen vermochten. Wenn sich Problemlösungsverhalten – ob man es nun Genie (auf Rabenverhältnisse bezogen), Einsicht oder Intelligenz nannte – auch nur bei einem einzigen Vogel nachweisen ließ, dann existierte es. Und mochte es auch selten auftreten, so wäre es dennoch ein interessantes Phänomen.

Ein wichtiger Teil meines Experiments war harte Salami. Zunächst gab ich ihnen mit der Hand einige Stücke, um sicher zu sein, dass sie sie mochten. Sie verschlangen sie gierig. Hätte ich weiches Fleisch genommen, dann hätte ein Vogel zu dem aufgehängten Leckerbissen fliegen, es mit dem Schnabel ergreifen und sich ein kleines Stück abreißen können. Derart belohnt, wäre der Vogel geneigt gewesen, das gleiche Manöver ständig zu wiederholen. Er hätte sich keine andere Strategie einfallen lassen müssen. Mein Test wäre fehlgeschlagen.

Die Salami war drei Monate alt und hatte während dieser Zeit im Kühlschrank eine schuhsohlenartige Konsistenz angenommen. Die Raben würden von dieser Salami keine Häppchen abreißen können, indem sie sie etwa im Fluge mit dem Schnabel ergriffen und sich dann mit ihrem ganzen Gewicht daran hängten – Manöver, die sie sicherlich ausprobieren würden, wenn sie überhaupt etwas ausprobieren würden.

Ich schnitt ein Loch in eine Scheibe Salami und band sie an das Ende einer kräftigen Schnur; dann knüpfte ich sie an eine der waagerechten Sitzstangen in der Voliere, sodass der begehrte Leckerbissen rund zwei Meter über dem Boden und 20 Zentimeter unter der Sitzstange hing. Rasch lief ich ins Haus, um von meinem Schreibtisch am Fenster das weitere Geschehen zu beobachten.

Alle Vögel betrachteten das neue Objekt. Das ranghöchste Paar kam näher, legte die Köpfe schräg und starrte die Salami an. Beide betrachteten die Schnur, die um die Sitzstange gewunden war, dann hüpften sie wie Hampelmänner auf der Sitzstange auf und ab, wie sie es vor Kadavern taten, die ihnen unheimlich waren. Schnur und Salami gerieten ins Schaukeln. Nachdem sie das seltsame Ding noch eine Weile in Augenschein genommen hatten, näherten sie sich vorsichtig. Einer der Vögel pickte an der Schnurschleife, die um die Sitzstange gewunden waren, und sprang rasch zurück. Immer wieder reckten sie die Hälse, um nach unten zu blicken. Einer ruckte mehrfach an der Schnur, als wolle er sie von der Sitzstange abreißen. Das Fleisch schaukelte noch ein bisschen mehr, aber die Schnur war stark und riss nicht. Die Vögel schienen das Interesse zu verlieren. Daraufhin ging ich hinaus und nahm die Schnur mit der Salami ab. Ich wollte es irgendwann noch einmal versuchen. »Genau wie ich erwartet habe«, dachte ich. »Nie und nimmer werden die Vögel die Wurst kriegen.«

Als ich die Salami zum zweiten Mal aufhängte, reagierten die beiden Vögel wieder nervös, aber nicht mehr so stark wie das erste Mal. Plötzlich flog Matt, einer der Vögel, auf die Sitzstange und führte die ganze Sequenz zu meiner allergrößten Verblüffung aus, und zwar ohne langes Ausprobieren. Ich brüllte vor Begeisterung und klopfte an die Scheibe, damit er die Salami fallen ließ. Seine Belohnung sollte geistiger Natur bleiben. Würde er, wenn er nicht zum Fressen kam, die ganze Sequenz sofort wiederholen?

Dieser Vogel wusste sehr gut, was er getan hatte. Nachdem ich ihn fortgescheucht hatte, kehrte er nach wenigen Sekunden zurück und zog das Fleisch eilig nach oben. Wieder und wieder (sechsmal) jagte ich ihn davon, bevor ich ihn fressen ließ. Interessanterweise versuchte er nie, mit der Salami davonzufliegen, nachdem er sie hochgezogen hatte. Stets ließ er sie fallen, egal, wie sehr ich ihn erschreckte, einmal stieß ich ihn sogar regelrecht von seiner Sitzstange, als er die Wurst nach dem Hochziehen im Schnabel hielt. Bekommen die Vögel hingegen ein loses Stück Fleisch, fliegen sie damit *immer* auf und davon.

Nachdem der Vogel die Wurst zum sechsten Mal hochgezogen hatte, durfte ich getrost davon ausgehen, dass es kein Zufall war. Matt wusste wirklich, wie das Fleisch hochgezogen wurde. Nach all diesen »Leerdurchgängen« gestattete ich ihm endlich, die Salami zu fressen. Ich bekam als Belohnung einen Adrenalinstoß und die Möglichkeit, eine Reihe von Experimenten durchzuführen, die auf dieser ursprünglichen Beobachtung aufbauten. Ich war Feuer und Flamme und der festen Überzeugung, dass ich zu einer Erkenntnis gelangt war, die es mir ermöglichte, die Einsicht bei Raben zu überprüfen.

So beobachtete ich andere unbefangene Raben in der Voliere, wie sie bereits sechs Minuten nach der Darbietung einer Schnur von gleicher Länge mit entsprechendem Fleischstück und nach lediglich 30 Sekunden Kontakt mit der Schnur das Kunststück des Hochziehens vollbrachten. Wenn man bedenkt, dass viele Vögel Angst vor den Schnüren hatten, benötigten sie viel weniger Zeit, um das Fleisch tatsächlich hochzuziehen, als von dem Zeitpunkt an, da sie das Fleisch erstmals auf der Schnur sahen, insgesamt verstrich. Die Anwesenheit der anderen Vögel stellte sich als großes Problem heraus (in einer anderen Versuchsreihe mit einer anderen Vogelgruppe löste ich es), denn jedes Mal, wenn ein ranghoher Vogel, der wusste, wie man das Fleisch hochzog, einen rangtiefen in der Nähe der Schnur sah, versuchte er, den Vogel davonzujagen.

Insgesamt führte ich das Experiment an fünf verschiedenen Rabengruppen und zwei Krähen durch. In keinem Fall zeigte irgendein unbefangener Vogel das geringste Interesse daran, eine Schnur hochzuziehen oder ihr auch nur nahe zu kommen, wenn kein Futter an ihr befestigt war. In allen Rabengruppen, nicht aber in der Krähengruppe, gab es mehrere Individuen, die die ganze Sequenz ohne langes Herumprobieren in einem Zuge ausführten. Dabei waren zwei verschiedene Handlungsmuster zu erkennen, das »direkte Hochziehen«, bei dem der Vogel an seinem Platz blieb, die Schnur sorgfältig Stück für Stück hochzog und auf jede Schleife trat, die er hochgezogen hatte. Beim anderen Muster, dem »Seitschritt«, zog der Vogel die Schnur seitlich hoch, trat dann darauf, zog sie wieder seitlich hoch und so fort. Dagegen erwiesen sich vier drei Monate alte Raben als ebenso unfähig wie die Krähen, an das Fleisch zu gelangen, obwohl sie keine Angst zeigten.

Für mich war der überzeugendste Hinweis darauf, dass in diesen Experimenten tatsächlich Einsicht erkennbar wurde (weil dadurch sowohl Beobachtungslernen als auch Versuch-Irrtums-Lernen ausgeschlossen werden konnten), Folgendes: Wenn die Vögel, die das Fleischstück nicht hochgezogen hatten, es ergriffen, nachdem ich oder ein anderer Vogel die Schnur hochgezogen hatten, versuchten sie wieder und wieder mit dem Leckerbissen davonzufliegen. Natürlich wurde er ihnen ziemlich unsanft aus dem Schnabel gerissen, da er noch immer an der Schnur hing. Frühestens nach dem sechsten Mal begriffen sie es. Dagegen versuchten die Vögel, die das Fleisch hochgezogen hatten, in Tausenden von Experimenten nicht ein einziges Mal, mit dem an der Schnur hängenden Fleisch davonzufliegen, solange sie in Ruhe gelassen wurden. Es war gar nicht so einfach, sie von der Sitzstange zu vertreiben, nachdem sie das Fleisch hochgezogen hatten, und wenn es mir endlich gelang, sie davonzuscheuchen, ließen sie fast immer das Fleischstück fallen, bevor sie davonflogen. Die Raben, die das Fleisch hochgezogen hatten, verhielten sich alle so, als hätten sie vom ersten Augenblick an gewusst, dass der Versuch, mit dem Fleisch davonzufliegen, damit bestraft würde, dass es ihnen im Flug aus dem Schnabel gerissen würde. Dieses *Nicht*-Davonfliegen war so bemerkenswert, weil es ein *neues* Verhalten war, das ohne Lernversuche erworben wurde. Sie verhielten sich, als würden sie die Versuche schon kennen. Die einfachste Hypothese lautet, dass sie sie tatsächlich ausgeführt hatten – im Kopf.

Anschließend wies ich experimentell nach, dass *ein* Verhalten – die richtige Schnur zu wählen, wenn zwei nebeneinander hingen – das Ergebnis von *zwei* verschiedenen geistigen Konzepten sein konnte. In dieser Versuchsanordnung wurde Vögeln, die Erfahrung im Fleisch-nach-oben-Ziehen hatten, zunächst nur eine Schnur mit Fleisch dargeboten. Alle stürzten sie los, weil jeder der Erste an der Schnur sein wollte. Ohne sich zu besinnen, zogen sie an der Schnur. Das heißt, ich trainierte ihnen an, jedes Mal ein Stück Fleisch zu erwarten, wenn sie eine Schnur nach oben zogen, daher wurde es überflüssig, wenn nicht sogar kontraproduktiv für sie, die Schnur genauer anzuschauen, bevor sie an ihr zogen. Dann bot ich ihnen zwei Schnüre nebeneinander dar, eine mit einem Stein am Ende, die andere mit Fleisch. Wieder wetteiferten die fünf Vögel miteinander, um als Erste das Fleisch hochzuziehen. In dieser Situation agierten die Vögel wie zuvor sehr hastig und machten anfangs einige Fehler. Sie stürzten zu den Schnüren und zerrten an der ersten, die sie zu fassen bekamen. Doch wenn es die falsche war, bemerkten sie ihren Fehler rasch. Sie ließen die Schnur fallen, noch bevor sie sie ganz hochgezogen hatten, vergewisserten sich noch einmal und zogen an der mit dem Fleisch. Mit anderen Worten, ich hatte sie auf Hinschauen umtrainiert. Wie zu erwarten, hatten sie nach wenigen Versuchen gelernt hinzuschauen, bevor sie das erste Mal an der Schnur ruckten. In diesem Fall war eine Entscheidung notwendig, und sie lernten, nach der richtigen Schnur zu greifen. Im Test führte ich dann die beiden Schnüre über Kreuz, sodass ein Rabe, der direkt über dem Fleisch saß und an der Schnur zu seinen Füßen zog, nun (im Gegensatz zu allen seinen bisherigen Versuchen) am Ende einen Stein und nicht das Fleisch heraufzog. Umgekehrt musste sich der Rabe, um das Fleisch zu bekommen, *jetzt* über den *Stein* stellen und an der Schnur zu seinen Füßen ziehen – eine neue Versuchsanordnung, die im Gegensatz zu der zuvor trainierten Entscheidungssituation stand.

Im Test fassten drei von vier Raben, die Erfahrung mit dem Schnurhochziehen hatten, zunächst nach der falschen Schnur – der Schnur, die direkt über dem Fleisch an der Sitzstange festgebunden war. Das war an sich weder überraschend noch interessant, weil diese Entscheidung bisher immer die richtige gewesen war. Überraschend und erstaunlich war jedoch, dass sie allem Anschein nach nicht lernten, ihren Fehler zu korrigieren. In Dutzenden von Versuchen zerrten sie zunächst an der falschen Schnur, das heißt, an der Schnur über dem Fleisch, und wechselten die Schnur erst, nachdem sie ihren Fehler anhand des hochgezogenen Steins bemerkt hatten. Mit anderen Worten, das Bewusstsein dessen, was sie zu wissen meinten, war stärker als das Versuch-Irrtums-Lernen, das unendlich langsam war, selbst bei dieser außerordentlich einfachen Aufgabe.

Einen Beweis für die Beteiligung des Bewusstseins lieferte ein Vogel, der es von Anfang an richtig machte. Vor dem Test hatte dieser eine Vogel das gleiche Verhalten gezeigt wie die anderen drei. Das heißt, er zog, wie er es trainiert hatte, nur an der Schnur mit Fleisch, der Schnur, die sich direkt über dem Futter befand. Im *Test* tat dieser Vogel sofort und beständig etwas Neues. Er zog an der Schnur über dem *Stein*, der Schnur, an der das Fleisch befestigt war. Statt sich zunächst der »Schnur-über-dem-Fleisch« zuzuwenden, wie es die anderen drei getan hatten und weiterhin taten, ohne ihr Verhalten zu korrigieren, zog dieser Vogel beim allerersten und bei allen folgenden Versuchen an der »Schnur, an der das Fleisch befestigt ist«. Natürlich verwenden die Vögel keine Wörter, doch Wörter sind für das Denken an sich auch nicht notwendig. (Wenn die Raben im Zuge der Evolution die Fähigkeit erworben hätten, ihren Nachkommen mitzuteilen, wie man an einer Schnur zieht oder andere nützliche Aufgaben erledigt, dann hätten sie natürlich die Fähigkeit entwickeln müssen, Wörter zu verwenden, und wenn sie mithilfe von Wörtern kommunizierten, dann brauchten sie auch die Fähigkeit, mit ihnen zu denken.)

In nachfolgenden Tests erhielten Vögel, die Erfahrung im Schnurziehen hatten, Nahrung an einer neuen Schnur von anderer Farbe, Oberflächenbeschaffenheit und Dicke – einer Schnur, an der sie noch nie eine Belohnung gefunden hatten –, während an einer Schnur von der Art, die ihnen bisher immer Belohnungen gebracht hatte, ein Stein hing. Wären sie einfach konditioniert gewesen, zum Beispiel an einer braunen Schnur zu ziehen, dann hätten sie diese sicherlich dem ihnen unvertrauten grünen Schuhband vorgezogen, selbst wenn das Fleisch an Letzterem hing. Wie verhielten sie sich? Alle entschieden sie sich gleich beim ersten Versuch für die *neue* Schnur, die sie noch nie gesehen hatten und an der zu ziehen ihnen natürlich erst recht noch keine Belohnung eingebracht hatte. Die vertraute Schnur, die bisher immer mit Nahrung verknüpft war, beachteten sie gar nicht. Mit anderen Worten, sie kannten die Lösung verschiedener neuer Aufgaben ohne einen konkreten Versuch. Vor die Wahl gestellt, entschieden sie sich für das, was relevant war, und nicht für das, was sie trainiert hatten. Das, was in ihrer Vorstellung war, konnte unter Umständen wichtiger für sie werden als das, was sie erlebt hatten. In Verbindung mit den oben geschilderten Beobachtungen, die zeigen, dass Raben in ihrer Vorstellung Objekte verfolgen können, die sie nicht mehr sehen, schließe ich aus diesen Ergebnissen, dass Raben ein gewisses Maß an Bewusstsein haben und dass sie mit dessen Hilfe zu Einsichten gelangen, die ihnen als Grundlage für Entscheidungen dienen. Ob das »Intelligenz« ist, bleibt eine Frage der subjektiven Einschätzung, die allerdings die meisten Menschen wohl positiv beantworten würden.

Ich stellte die Daten zusammen, versah sie mit Kommentaren, in denen ich erläuterte, was sie meiner Meinung nach bedeuteten, und reichte den Artikel bei einer Zeitschrift ein. Jeder Artikel, der eine wissenschaftliche Zeitschrift erreicht, wird von anderen Wissenschaftlern begutachtet, deren Namen nur der Redaktion bekannt sind. Je nachdem, wie das Urteil der Gutachter ausfällt, akzeptiert die Redaktion den Artikel oder lehnt ihn ab. Konstruktive Kritik an der eigenen Arbeit ist wertvoll, weil sie häufig auf Fehler und Versäumnisse hinweist. Ich erwartete eigentlich keine Probleme. Da ich etwas Neues beschrieben hatte, ging ich zuversichtlich davon aus, dass mein Artikel begeistert aufgenommen und rasch in Druck gegeben würde. Indes, ich täuschte mich.

Einer der Gutachter meinte, ich müsste die evolutionären Vorläufer des Verhaltens untersuchen, und erklärte: »Freud hat gezeigt, dass viel psychische Arbeit und viel menschliche Einsicht unbewusst ist.« Klar doch. Sicher. Schließt das alle weitere Forschung aus? Und was ist psychische Arbeit überhaupt? Was für evolutionäre Vorläufer hat das Schnurziehen? Die Redaktion lehnte den Artikel ab, forderte mich aber auf, ihn erneut einzureichen und einer anderen Gruppe von Gutachtern vorzulegen. Ich schrieb ihn um und reichte ihn wieder ein.

Einige Monate später wurde das Manuskript erneut abgelehnt. Einer der Gutachter wandte ein, ich hätte »eine klare Dichotomie zwischen Lernen und genetischer Programmierung hergestellt – eine Dichotomie, die seit zwanzig Jahren überholt ist«. Natürlich hatte er teilweise recht! Es gibt keine klare Dichotomie. Aber ich hatte *versucht*, eine herzustellen. Darum war es in dem Experiment gegangen. Rund 20 Jahre zuvor hatte ich mehrere Artikel über Lernen und angeborenes Verhalten bei Bienen veröffentlicht, in denen es darum ging, die Beziehung zwischen genetischer Programmierung und Lernen darzustellen. Dass einer der Gutachter nun annahm, ich würde in der *Realität* von einer »klaren Dichotomie« ausgehen, erschien mir doch recht merkwürdig. Entscheidend war, dass es mir in diesem Experiment gelungen war, eine winzige Schwachstelle zu finden, einen Keil in den Mechanismus zu treiben, etwa so, wie ein Experimentalphysiologe ein Blutgefäß abbindet, um zu sehen, welches Organ es versorgt. Es ging in dem Experiment darum, die Effekte von genetischer Programmierung wie Lernen zu minimieren, um herauszufinden, ob noch irgendein Verhalten übrig blieb. Ich hatte den Eindruck, dass man mir die Stärken der Untersuchung und nicht ihre Schwächen vorwarf. Ein anderer Gutachter sprach von einem »unfassbaren Glaubenssprung« und »Herzensangelegenheiten«. Mir schien, dass dieser und mehrere andere Kommentare, die ich besser nicht wiederhole, eher emotional als rational waren. Hatte ich ein Tabu verletzt? Vielleicht hatte es den Anschein, dass ich eine starke Bindung an meine Vögel hatte und ihnen menschliche Motive unterschob. Möglich. Doch ich hatte viel eher den Eindruck, dass es um etwas anderes ging, und fragte mich: Was für unbewusste Gründe mochten jemanden dazu bewegen, etwas abzulehnen, was ihm neu und unvertraut war, nämlich ein sehr auffälliges und verblüffendes Verhalten von Raben? Am Ende wurde der Artikel fünfmal zurückgewiesen. Manchmal muss man das Vergnügen, das zu tun, was man wirklich als lohnend und neu empfindet, mit herber Kritik bezahlen.

Mehrere Jahre nachdem mein Artikel dann doch veröffentlicht worden war, hatte ich eine weitere Gruppe von sechs

Raben und wiederholte die Experimente, aber dieses Mal unter Berücksichtigung von mehr Einzelheiten und zu einem Zeitpunkt, als die Vögel erst neun bis zehn Monate alt waren. Ich baute eine neue Voliere, in die ich eine undurchsichtige Trennwand einführen konnte, sodass zwei Bereiche entstanden. Auf diese Weise konnte ich jeden Vogel isoliert testen und der Kritik des »sozialen Lernens« begegnen. Da die Scheu vor der Schnur ein großes Problem gewesen war, gewöhnte ich die Vögel diesmal an die Schnüre, indem ich vorher mehrere Stricke fest zwischen Ästen aufspannte und an den senkrechten Käfigwänden vertäute, sodass die Vögel sie zwar sehen, aber nicht an ihnen ziehen oder auf sie treten konnten. Die Ergebnisse der Experimente waren im Wesentlichen die gleichen, ausgenommen dass fünf der sechs Vögel in der isolierten Situation das Fleisch sehr viel schneller hochzogen, alle in vier bis acht Minuten nach dem ersten Kontakt mit der Schnur. Zuerst versuchten sie jedoch mehrere alternative Methoden, unter anderem pickten, ruckten und drehten sie an der Schnur, bevor sie sie hochzogen. Das heißt, die jüngeren Vögel waren offensichtlich experimentierfreudiger. Wie in der ersten Gruppe gab es einen Vogel, der das Fleisch nur direkt anflog, aber nie an der Schnur zog.

Bei der nächsten Vogelgruppe, an der ich das Experiment wiederhole, werde ich die Aufgabe modifizieren: Diese Vögel sollen sich Futter beschaffen, das unter ihnen hängt, das sie aber nur bekommen können, wenn sie eine Schnur *nach unten* ziehen, die sich über der Sitzstange befindet. Ich sage voraus, dass diese erwartungswidrige Aufgabe von unbefangenen Raben *nicht* ohne längere Lernversuche geleistet werden wird, wenn überhaupt. Tiere, die die Schnur bereits hochziehen können, werden auch dieses Kunststück rasch lernen, wie nach Maßgabe dessen zu erwarten ist, was Psychologen Übertragungslernen nennen.

Potenziell kann jedes Phänomen durch mehrere, verschiedene Hypothesen erklärt werden. Der Wissenschaftler versucht, jede Hypothese zu widerlegen. Wenn alle wahrscheinlichen Hypothesen bis auf eine widerlegt sind, gilt diese in der Regel als die wahrscheinlichste Antwort – bis neue Daten vorliegen, die eine bessere Erklärung liefern. Die jeweils akzeptierte Antwort hängt letztlich von den Alternativen ab, mit denen man beginnt. Wenn Einsicht von Anfang an als Möglichkeit ausgeschlossen wird, dann kann sie nie eine der möglichen Hypothesen werden. Selbstverständlich kann sie dann auch nicht die beste Hypothese sein, die übrig bleibt.

Es ist kaum anzunehmen, dass das Tier Mensch von allen anderen Tieren qualitativ verschieden ist. Psychologen, die das Lernen bei Ratten und Tauben untersucht haben, sind von Artgrenzen übergreifenden Ähnlichkeiten ausgegangen (und haben sie gefunden). Wenn das Anthropomorphisieren ist, dann bin ich entschieden dafür. Es gibt keinen Anhaltspunkt dafür, dass der Mensch irgendein geheimnisvolles Lebenselement hätte, das anderen Tieren fehlt. Tatsächlich ist der tiefere Grund für die Untersuchung von Tieren die unausgesprochene Annahme, dass sich die Ergebnisse auf Menschen übertragen lassen. Sonst hätten die Institutionen, die Forschungsmittel vergeben, nicht unzählige Dollarmillionen für Rattenstudien ausgegeben.

Auf fundamentalster Ebene sind Lernen, Bewusstsein, Einsicht und alle ihre Korrelate wie Problemlösung und Intelligenz einfach Neuronenentladungen. Neuronen sind Komponenten von Intelligenz und Einsicht, aber man kann nicht spezifische Neuronen bezeichnen und sagen: »Dort sitzt sie, die *Einsicht*!« Man kann Einsicht ebenso wenig durch die Untersuchung von Neuronen definieren, wie man den Verlauf der Küste von Maine dadurch bestimmen kann, dass man die Sandkörner an den Stränden immer detaillierter in Augenschein nimmt. Die entscheidenden Muster lassen sich manchmal am besten erkennen, wenn man *zurücktritt* und einen neuen, unvertrauten Blickwinkel gewinnt.

Bei meinen Raben entdecke ich »Intelligenz« oft in den törichten Dingen, die sie tun. Anfang November 1992 überraschte ich eine Gruppe von ihnen in einem Tannendickicht. An dem langen, trockenen Schulterblatt einer Kuh ging es laut und ungestüm zu. Sich um einen abgenagten Knochen zu drängen ist »doof«. Keine Meise würde es tun, kein Blauhäher, keine Krähe. Diese Vögel wären nicht so töricht wie die Raben. Aber schließlich gibt es ja auch keine Vogelarten, von Raben (und einigen Papageien) abgesehen, die Löcher in Tragflächen picken, Scheibenwischer abreißen, Golfbälle stehlen, sich Nahrung aus Mülleimern und zugebundenen Müllbeuteln verschaffen, Fleisch mittels einer Schnur holen, auf dem Bauch im Schnee rutschen oder Loopings drehen, wenn sie abends allein zum Schlafplatz zurückkehren.

Verrückte Sachen zu tun, wie Scheibenwischer zu klauen und um ein abgenagtes Kuhschulterblatt zu tanzen, ist, wie das Spiel etwa, ein Preis, den man für Intelligenz bezahlt. Es hat eine gewisse Ähnlichkeit mit der »Intelligenz« des Immunsystems. Unser Immunsystem produziert Tausende von verschiedenen Molekülarten, die größtenteils völlig nutzlos sind. Es könnte wie eine riesige Energieverschwendung erscheinen, sie alle herzustellen. Wenn aber zufällig eines dieser merkwürdigen, scheinbar sinnlosen Moleküle einen spezifischen eingedrungenen Krankheitserreger ausschaltet, dann wird es vom Körper identifiziert und in großer Zahl erzeugt. Das heißt, der Körper »lernt« durch Selektion. Genauso arbeiten neuronale Netze, doch sie müssen, von einigen Ausnahmen abgesehen (vgl. S. 469f.), die ganze Zeit vorhanden sein. Diejenigen, die Verwendung oder Belohnung finden, werden aktiviert und verstärkt, sie bekommen den Vorzug gegenüber anderen. Aus eigener Erfahrung wissen wir alle, dass wir zunächst auf der Vorstellungsebene testen können, was »funktioniert«, bevor wir es konkret ausprobieren. Wenn ich einen Apfel haben möchte, der über meinem Kopf hängt, kann ich durch mentale Projektion meiner Gliedmaßen abschätzen, ob ich ihn mit der Hand erreichen kann. Oder ich kann versuchen, ihn zu erreichen, indem ich hochspringe, mich auf einen Stuhl stelle, eine Leiter hole, mit einem Stock nach ihm schlage, die Feuerwehr rufe, Steine werfe, Stöcke schleudere, den Ast mit einer Schrotflinte abschieße. Die Liste der Möglichkeiten ist endlos, und wir beurteilen und verwerfen sie in winzigen Bruchteilen von Sekunden. Möglicherweise stoßen wir in unserer Vorstellung rasch auf eine, die wir *mental* als belohnend empfinden. Wenn das der Fall ist, spielen wir das Szenario in der Vorstellung durch, bevor wir diese Möglichkeit tatsächlich in die Tat umsetzen. Und wenn wir den Geist eines Raben hätten? Dann wären wir gezwungen, mehr Möglichkeiten konkret auszuprobieren, und wir hätten weniger und einfachere Möglichkeiten, zwischen denen wir wählen könnten.

27. KAPITEL

Gehirn und Gehirnvolumen

Die Gehirne aller Wirbeltiere bestehen aus Vorder-, Mittel- und Rauten- oder Hinterhirn. Diese Hirnteile haben verschiedene Funktionen. Hinter- und Mittelhirn sind in erster Linie verantwortlich für die Integration und Verarbeitung von sensorischer Information und für die Organisation von Bewegung und Aufmerksamkeit. Das Vorderhirn ist der Sitz bewusster Aktivitäten, die eine wichtige Rolle für Sinneswahrnehmung, Lernen, Gedächtnis und Stimmung spielen. Die artspezifischen Unterschiede in Hinblick auf Hinter- und Mittelhirn sind gering, während das Vorderhirn von Art zu Art erheblichen Schwankungen unterworfen ist. Bei Tieren mit ungewöhnlich voluminösen Gehirnen, etwa dem Menschen, ist das Vorderhirn für die Gehirngröße verantwortlich.

Im Allgemeinen gilt, je größer das durchschnittliche Gehirnvolumen einer Art, desto mehr Information kann das Tier verarbeiten. Große Tiere brauchen größere Gehirne, einfach für die Kontrolle ihrer Körper. Generell nimmt die Gehirngröße proportional zur Körpermasse oder zum Körpervolumen zu. Wenn das Gehirnvolumen größer ist, als sich aufgrund der Körpergröße allein vermuten ließe, spricht man von einem »Restfaktor«. Er ist das Maß für die »Enzephalisation«. Der Mensch gehört zu den enzephalisiertesten Tieren der Welt und wird darin nur von einigen Delfinarten übertroffen.

Auch einige Vögel haben eine hohe Enzephalisation. In den Vierzigerjahren hat der Schweizer Zoologe Adolphe Portman Daten über das Gehirnvolumen von Vögeln zusammengestellt und berichtet, die Corviden insgesamt – unter anderem Raben, Krähen, Eichelhäher, Elstern und Tannenhäher – hätten mit 15 einen der höchsten Enzephalisationsindizes. Die Raben erreichten einen Wert von 19, den höchsten Index der Corviden und damit aller Vögel. Alle anderen Singvögel lagen zwischen vier und acht.

Die Fähigkeit des Gehirns, Information zu verarbeiten, hängt vermutlich mit der Zahl seiner Einheiten, der Neuronen, und der Komplexität ihrer Interaktionen zusammen. Das Gehirnvolumen ist eng verknüpft mit der Neuronenzahl, und die Komplexität der Neuronenverknüpfungen ist abhängig von der Gehirngröße und der Art. Daher ist die Enzephalisation wahrscheinlich ein ziemlich objektives Maß für die Flexibilität des Verhaltens. Intuitiv gehen wir davon aus, dass Intelligenz mit der Gehirngröße korreliert, und für diesen Schluss sprechen einige Gründe. Andererseits können wir nicht glaubhaft behaupten, eine Art sei intelligenter als eine andere, wenn wir nicht angeben, *im Hinblick worauf* diese Intelligenz definiert ist, denn jedes Tier lebt in einer anderen Welt mit eigenem sensorischen Input und eigenen Mechanismen zur Entschlüsselung dieses Inputs.

Primaten leben weitgehend in einer visuellen Welt, daher sind bei ihnen im Allgemeinen große Hirnregionen für die Verarbeitung visueller Information bestimmt. Im Gegensatz zu anderen Primaten hat der Mensch außerdem noch große Gehirnregionen, die für die akustische Verarbeitung, Sprechen und Sprache zuständig sind. Die großen Vorderhirne von einigen Delfinarten, Schwert- und Pottwalen sind nach Auffassung der Forschung für die Schallortung verantwortlich. Doch die Schallortung allein kann ihre riesigen Gehirne nicht erklären, weil Fledermäuse und einige andere Wale und Delfine diese auch mit sehr kleinen Gehirnen hervorragend leisten. Die Enzephalisation der Vögel könnte für die Koordination des Fliegens erforderlich sein, doch Insekten wie den Libellen gelingt beim Fliegen (und Gehen) eine mühelose Koordination ihrer separat gesteuerten vier Flügel (und sechs Beine) mit einem Gehirn, das kleiner als ein Stecknadelkopf ist. Wozu braucht dann ein Rabe ein so großes Gehirn, um zwei Flügel zu koordinieren?

Hirngewebe hat einen intensiven Stoffwechsel und ist damit genauso aufwendig wie Muskelgewebe, und hinzu kommt, dass es Tag und Nacht aktiv ist. Das Gehirn ist nur für 1,5 Prozent unseres Körpergewichts verantwortlich, doch es beansprucht ungefähr 20 Prozent unserer Energieversorgung. Diese Energie wird vorwiegend von den Neuronen verwendet, die aktiv sind. In welchen Regionen des Gehirns sich die neuronale Aktivität konzentriert, können wir mithilfe eines modernen bildgebenden Verfahrens feststellen, der PET oder Positronenemissionstomografie. PET-Scans liefern Augenblick für Augenblick Bilder von den Gehirnregionen, in denen die Aktivität am intensivsten ist. So leuchten verschiedene Regionen auf, je nachdem, ob wir hören, sehen, sprechen oder Wörter erzeugen. Wenn wir ein Objekt sehen, lässt eine bestimmte Hirnregion neuronale Aktivität erkennen. *Denken* wir dann später an dieses Objekt, leuchtet dieselbe Region auf. Für mich ergibt sich daraus der Schluss, dass Denken in gewisser Weise auf dieselben oder einige derselben Neuronen zurückgreift, die auch an der Verarbeitung und Speicherung eintreffender Informationen beteiligt sind, was diesen Prozess in verdächtige Nähe zum Gedächtnis rückt.

Tiere haben im Laufe der Evolution die Fähigkeit erworben, ihren Energieverbrauch einzuschränken, wann immer es möglich ist. Für die Entwicklung und Versorgung großer, den Stoffwechsel erheblich beanspruchender Gehirne muss es folglich sehr zwingende Gründe gegeben haben. Wie erwähnt, können wir annehmen, dass die sensorische Verarbeitung und motorische Koordination allein nicht erklären, warum Delfine, Menschen und einige Vögel so große Gehirne haben. Nach einer Hypothese, die Neurobiologen vorgeschlagen haben, ist im Hinblick auf die Zahl der erforderlichen Neuronen die häufig begrenzte Reizbelastung, die das Tier aus der Umwelt *zulässt*, weniger anspruchsvoll als das, was anschließend mit den Reizen *getan* wird – ihre Speicherung und Manipulation. Tatsächlich sehen verschiedene Tiere nicht nur verschiedene Welten (weil sie je andere Sinneswerkzeuge und Sinneswahrnehmungen haben), sondern gehen mit den eintreffenden Informationen auch unterschiedlich um, das heißt, sie *erschaffen* unterschiedliche Welten in ihren Köpfen. So leben Fledermaus und Delfin beide in einer Welt, in der Druckwellen und die Schwingungen von Luft beziehungsweise Wasser von entscheidender Bedeutung für ihr Überleben sind. Eine Fledermaus entnimmt den Druckwellen die Informationen, die sie braucht, um fliegende Insekten zu fangen. Ein Defin dagegen verwendet sie nicht nur, um sich Beute zu verschaffen, sondern auch, um sich ein Bild vom Meeresboden zu machen, Strecken von vielen Tausend Kilometern zurückzulegen, die Individuen in einer Herde zu erkennen, vielleicht sogar die Stimmung anderer Delfine wahrzunehmen (eine verbreitete Theorie) und einzelne Delfine zu verfolgen, um mit ihnen zu interagieren.

Unter Umständen entnimmt ein Tier der Umwelt enorme Informationsmengen, organisiert sie und verleiht ihnen Bedeutung. Bevor das Tier beispielsweise auf Schwingungen oder Druckwellen stößt, gibt es keinen Schall. Die Rezeptoren des Tiers entdecken diese Schwingungen oder Druckwellen und verwandeln sie in Reize. Anschließend interpretiert das Gehirn die Reize als Laute und manipuliert oder organisiert sie so, dass daraus »Geschichten« oder Szenarien entstehen. Da das Gehirn die besondere Welt des Tieres erschafft oder definiert, lassen sich Intelligenztests schlecht von einer Art auf die andere übertragen. Vielleicht ist das einzige objektive Kriterium das Gehirnvolumen.

Im Juni 1988 befand ich mich auf einer Kanufahrt auf dem Noatak River in Alaska, als meine Gefährten und ich die Überreste eines toten Raben hinter der Hütte eines Trappers fanden, dem einzigen menschlichen Bauwerk, das wir auf unserer Flussfahrt von 650 Kilometern Länge erblickten. Damals nahm ich den Vogelschädel nur aus Neugier oder vielleicht auch als Erinnerung an die Fahrt mit. Später im Jahr starb einer meiner fünf zahmen Raben unerwartet. Ich hatte ihm den Spitznamen »Kretin« gegeben, weil ich den subjektiven Eindruck hatte, er sei im Vergleich zu den anderen Vögeln unglaublich dumm. Der Schädel von Kretin wies eine Verletzung auf, eventuell von einem Schnabelhieb, der möglicherweise zu einer abnormen Entwicklung und seinem frühen Tod geführt hatte. Ich präparierte seinen Schädel und verglich ihn aus einer Laune heraus mit dem Rabenschädel aus Alaska. Beide Schädel waren nahezu gleich lang, doch der Schädel aus Alaska besaß einen Gehirnschädel, der erheblich größer und runder war. Anschließend wog ich ein gegebenes Volumen Zucker ab, um einen Vergleichswert zu haben, füllte die Hirnschalen durch das große Hinterhauptsloch mit Zucker und wog dann den Zucker, um auf diese Weise das Hirnvolumen zu bestimmen. Das Hirnvolumen des Raben vom Noatak betrug 18 Kubikzentimeter, während Kretin nur 11,8 Kubikzentimeter vorzuweisen hatte. Noch nie zuvor hatte ich zwei Schädel der gleichen Art von *gleicher Größe* gesehen, deren Hirnvolumina sich so grundlegend unterschieden. Bei Zahlen wie diesen fragt man sich natürlich sogleich, ob Kretins Hirn abnorm klein oder das Gehirn des anderen Raben abnorm groß war.

Um diese Frage zu klären, rief ich meinen Freund und ornithologischen Kollegen Fran James von der Florida State University in Tallahassee an, der mich an Phil Angle von der Smithsonian Institution in Washington verwies. Phil lieh mir eine Schachtel voller Rabenschädel aus seiner Sammlung. Ich maß auch diese Hirnvolumen auf die gerade beschriebene Weise und stellte fest, dass der Rabenschädel vom Noatak ein ganz ähnliches Volumen hatte wie andere Rabenschädel aus Alaska. Das heißt, er war nicht ungewöhnlich groß. Die Alaska-Raben hatten mit einem Durchschnittswert von 17 Kubikzentimetern ein höheres Gehirnvolumen als die Raben aus dem Westen der Vereinigten Staaten, die einen Mittelwert von 13,1 Kubikzentimeter aufweisen (vgl. Tabelle 27.1, S. 465). Das Gehirnvolumen der Maine-Raben lag mit einem Durchschnittswert von 15,5 Kubikzentimetern in der Mitte. Die Raben in Alaska sind größer als die Raben im Westen, sodass sich ihr größeres Gehirnvolumen möglicherweise auf ihre größere Körpermasse zurückführen lässt.

Das absolute Gehirnvolumen der nördlichen Raben von 17 Kubikzentimetern ist doppelt so groß wie das einer Amerikanerkrähe und neunmal so groß wie das der Felsentaube. Beide, Krähe wie Taube, wiegen ungefähr 400 Gramm, Raben dagegen 1 200 bis 1 400 Gramm. Im Gegensatz dazu hatte ein Haushuhn (Rhode Island Red), das ich zu Vergleichszwecken heranzog, ein winziges Gehirnvolumen von 3,1 Kubikzentimetern, und das bei dem doppelten Körpergewicht von Raben (vgl. Tabelle 27.2, S. 466). Diese Zahlen sprechen für die landläufige Annahme, dass die Intelligenz von Tauben und Hühnern nicht an die von Raben heranreicht, die von Krähen dagegen schon eher.

Doch die Gehirnmasse eines Individuums ist nicht konstant. Neuere Untersuchungen an einigen Vögeln haben gezeigt, dass die Masse des Hippocampus, der Gehirnregion, die für bestimmte Funktionen wie Singen und Futterverstecken zuständig ist, je nach Gebrauch saisonalen Schwankungen unterworfen ist. Vögel können ihr Gehirngewebe nach Bedarf anwachsen oder schrumpfen lassen und auf diese Weise die Energieversorgung von Gewebe vermeiden, das nicht verwendet wird.

Man hat lebhaft diskutiert, warum einige Tiere so große Gehirne haben. Meist ging es in dieser Diskussion um die menschliche Gehirnevolution, doch lassen sich die hierfür entwickelten Ideen wahrscheinlich allgemein anwenden. Eines fällt auf: Das große Gehirn der Hominiden trat ziemlich plötzlich in Erscheinung. Außerdem hat es sich nicht gleichförmig in allen Hominiden entwickelt. Mehrere Millionen Jahre lang gingen unsere Vorfahren, etwa *Australopithecus afarensis*, aufrecht auf zwei Beinen und hatten eine weitgehend moderne menschliche Gestalt, jedoch ein Gehirnvolumen, das nur unwesentlich größer war als das eines Schimpansen. Während all der Jahrmillionen genügte dieses kleine Gehirn. Plötzlich (nach evolutionärem Zeitmaß) war dieses Gehirn für eine Gruppe von Hominiden nicht mehr groß genug. Irgendetwas hatte sich bei ihr verändert. Wir wissen nur von einem einzigen Aspekt, der eine Rolle gespielt haben könnte: Als die Hominiden Fleischfresser wurden, nahm ihre Körper- und Gehirngröße zu. Die anderen Hominiden, die sich weiterhin vorwiegend vegetarisch ernährten, behielten ihre kleinen Hirne. Ist die Veränderung der Ernährungsweise ein brauchbarer Hinweis?

Der Zusammenhang mit der Ernährung ist auffallend, wird aber unterschiedlich interpretiert. Die vorherrschende anthropologische Auffassung erkennt diesen Zusammenhang an und versucht ihn wie folgt zu erklären: Das Fleisch großer Tiere – erhebliche Mengen von energiereicher Nahrung – sei erforderlich gewesen, um das metabolisch anspruchsvolle Gehirn mit genügend Energie zu versorgen, daher hätten wir uns aufs Aasfressen und Jagen verlegt. Ich halte diese Erklärung für falsch, weil sie fraglos voraussetzt, ein großes Gehirn sei gut. Nicht unbedingt. Raben wie Habichte sind Fleischfresser, doch Habichte haben ein kleines Gehirn, dessen ungeachtet sind sie sehr effektive und erfolgreiche Greifvögel. Die Ernährungsweise allein vermag also die Gehirnevolution der Raben nicht zu erklären. Eine andere Erklärung besagt, dass eine eiweißreiche Kost ein aufwendiges Gehirn *ermöglichte* und dass ein großer Selektionsdruck wie etwa die Sozialität (Vergesellschaftung) die Entwicklung einer verstärkten Enzephalisation vorangetrieben habe.

Viele Ergebnisse der modernen Säugetierforschung deuten darauf hin, dass möglicherweise der wichtigste Faktor für die Evolution größerer Gehirne die soziale Komplexität ist. Umgekehrt nimmt die soziale Komplexität außerordentlich zu, wenn individuelles Erkennen möglich wird und das Tier nicht nur andere wahrnimmt, sondern sehr viele *spezifisch* andere. Wie andere Corviden, Delfine und die meisten Primaten sind Raben außerordentlich soziale Tiere. Wie zuvor dargelegt (vgl. 14. Kapitel) sind sie offenbar in der Lage, einander zu erkennen. Außerdem ist es nicht nur so, dass nichtterritoriale Jungraben Koalitionen gegen brütende Altvögel bilden, sondern dass sie auch in Paaren und vielleicht sogar in Koalitionen von Paaren kooperieren (vgl. 9. und 10. Kapitel). Raben lassen sich auch auf Interaktionen mit gefährlichen Karnivoren ein, indem sie versuchen, ihnen Fleisch wegzunehmen (vgl. 19., 20. und 21. Kapitel). Alle diese Interaktionen verlangen augenblickliche Reaktionen oder Entscheidungen, die sich sehr viel rascher und sicherer auf der Vorstellungsebene durchspielen lassen als in der Wirklichkeit. Kurzum, sie erfordern womöglich Bewusstsein, die Fähigkeit, in der Vorstellung Handlungsmöglichkeiten zu prüfen, zu bewerten und auszuwählen, bevor man sie in die Tat umsetzt.

TABELLE 27.1

Durchschnittliche Schädelmaße und Hirnschalenvolumina von Kolkraben (*Corvus corax*)

Herkunft	Anzahl	Schnabellänge (cm)	Schädellänge (cm)	Schädelbreite (cm)	Hirnvolumen (cm^3)	Bandbreite Hirnvolumina (cm^3)
Alaska	9	7,91	12,4	4,5	17,0	15,5–18,3
Labrador	2	7,70	12,3	4,5	16,8	16,1–17,5
Mich., Wisc.,Minn.	4	7,60	11,8	4,2	15,8	15,3–16,7
Frankreich	3	6,60	11,0	4,1	14,9	14,5–15,3
Westen USA	8	6,73	10,8	4,0	13,1	11,7–14,8
Maine	7	7,83	12,1	4,3	15,5	13,8–17,6
»Kretin« (Maine)	1	8,10	12,7	3,9	11,8	—

TABELLE 27.2

Vergleich der Hirn- und Körpermasse verschiedener Vogelarten

Arten	Körpermasse	Hirnmasse	Hirnmasse in % der Körpermasse
Indianer-goldhänchen (*Regulus satrapa*)	5 g	0,34 cm^3	6,80
Haussperling (*Passer domesticus*)	22 g	0,9 cm^3	4,09
Star (*Sturms vulgaris*)	68 g	1,7 cm^3	2,50
Wanderdrossel (*Turdus migratorius*)	~90 g	1,3 cm^3	1,44
Amerikanerkrähe (*Corvus brachyrhynchos*)	~400 g	9,1 cm^3	2,27
Felsentaube (*Columba livia*)	~400 g	1,9 cm^3	0,48
Kragenhuhn (Bonasa umbellus)	600 g	2,5 cm^3	0,42
Kolkrabe (*Corvus corax*)	1000 – 1500 g	12–17 cm^3	1,33
Haushuhn (*Gallus domesticus*)	2800 g	3,1 cm^3	0,11

28. KAPITEL

Haben Raben Bewusstsein und Emotionen?

Im Sommer 1997 wandte sich eine Frau aus Farmington wegen einer meiner Raben an das Umweltministerium in Maine. Sie hatte ihn an einem Beinring aus Aluminium und an einer gelben Kunststoffmarke an seinem linken Flügel erkannt. Der Vogel war acht Jahre zuvor markiert worden. Sie hielt ihn für einen ganz besonderen Vogel, der sich durch »außergewöhnliche Intelligenz« auszeichnete.

Noch nie ist mir ein Mensch begegnet, der einen Raben kannte und nicht der Meinung war, er habe es mit einem intelligenten Tier zu tun, doch diese Frau, Diane Pickard, stellte mit ihren Superlativen den Enthusiasmusrekord auf: »Der Vogel ist wirklich *so* außerordentlich erstaunlich, dass ich einfach mit jemanden darüber reden muss. Das glaubt mir niemand. Aber ich habe Zeugen. Es ist geradezu unheimlich, wie klug dieser Rabe ist. Er *weiß*, was er tut. Ich habe *nicht geahnt*, dass ein Vogel so schlau sein kann.«

Sie kannte den Raben seit zwei Jahren, und in dieser Zeit hatte er eine feste Routine entwickelt. Am frühen Morgen flog er an der Route 43 entlang, wobei er eine Strecke von zehn bis 15 Kilometern zurücklegte, offenbar auf der Suche nach überfahrenen Tieren, wie Diane feststellte, weil sie ihm mit dem Auto folgte. Als Nächstes stand ein Halt am Haus der Pickards auf dem Plan, wo er Talg aus einem aufgehängten Drahtkäfig fraß. Am Wochenende, wenn sich Menschen im Haus aufhielten, kam er nicht. Diane vermutete, dass er in der Regel erst erschien, um sich Talg zu holen, wenn sie und ihr Mann das Haus verlassen hatten. »Eines Tages blieb ich zu Hause, um ihn zu beobachten«, sagte sie. »Sobald mein Mann von der Auffahrt fuhr, kam der Rabe auf der anderen Straßenseite aus dem Wald, wo er sich versteckt und das Haus beobachtet hatte. Er blickte sich um, als wollte er sich davon überzeugen, dass die Luft rein war, bevor er sich dem Talgbehälter näherte. Wenn andere Autos auf der Straße vorbeifuhren, verbarg er sich hinter einem Baum und blickte vorsichtig an einer Seite vorbei. Noch nie ist mir ein Vogel begegnet, der so überlegt und wachsam zu Werke geht, als wüsste er genau, was los ist. Ich sehe so viele andere Vögel hier im Wald, wo wir leben, auch Blauhäher und Krähen, aber im Vergleich zu diesem Raben wirken sie alle richtig dumm.«

Eines Julitages beschloss Diane, seine Intelligenz auf die Probe zu stellen, und verdrillte zehn einzelne Drähte über der Öffnung des Talgbehälters. Wiederum blieb sie zu Hause, um zu beobachten, was geschehen würde. Der Rabe erschien wie gewöhnlich, aufgrund der Jahreszeit mit Partnerin und zwei Jungen. »Es war einfach unglaublich!«, meinte Diane. »Er begann, die Drähte aufzuflechten. Manchmal drehte er einen in die falsche Richtung, dann hielt er inne und legte eine Pause ein. Doch jedes Mal machte er sich sogleich wieder ans Werk und drehte den Draht in die richtige Richtung. Einen Draht nach dem anderen nahm er sich vor und löste sie alle. Er muss einfach eine Vorstellung von dem gehabt haben, was er da tat, denn er beschäftigte sich eine Stunde lang mit dem Behälter, ohne aufzugeben. Hin und wieder kam seine Partnerin herunter und riss einfach an dem Gefäß, stellte ihre Bemühungen aber sofort ein. Dann plusterte er sich auf und reagierte gereizt. Als er das Gefäß schließlich offen hatte, fraßen sie beide von dem Talg, scheuchten aber ihre Jungen davon, bis sie selbst satt waren.«

Ich bat Diane, mir den Originalbehälter zu schicken, weil ich meine eigenen Raben an ihm testen wollte. Er kam in einem Postpaket, ich füllte ihn mit Käse, verschloss ihn oben mit Drähten, wie sie es getan hatte, und stellte ihn in meine Voliere. Alle meine sechs Vögel scharten sich um ihn, pickten und zerrten an dem Draht. Nach 27 Minuten gaben sie ausnahmslos auf, und ich stellte die Beobachtung ein. Einen Monat später war der Käse, den ich hineingetan hatte, noch immer dort. Ich berichtete Diane davon. Sie fand das nicht überraschend, schließlich seien meine Raben »Sozialhilfeempfänger«. Sie waren nicht unbedingt weniger intelligent. Vielleicht waren sie nur nicht so entschlossen, weil sie wussten, dass sie auch Futter bekommen würden, wenn sie keinen Erfolg hatten. Außerdem war der Rabe der Pickards bereits neun Jahre alt, während meine gerade ihr erstes Lebensjahr hinter sich hatten. Möglicherweise entfalten sich die geistigen Fähigkeiten von Raben in ihrem ganzen Ausmaß und/oder ihre Ausdauer und Geduld angesichts von Hindernissen erst nach einer langen Entwicklungszeit.

Anekdoten wie diese kann man leicht abtun. Ich habe es selbst mit vielen Geschichten getan, wenn ich sie nicht selbst beobachtet hatte, um Fakten von Interpretationen trennen zu können. Ungewöhnliche Klugheit lässt sich oft durch »einfachere« Hypothesen erklären, und ich habe mir immer etwas auf meine Skepsis eingebildet. Doch Skepsis in Bezug auf was? Bei Raben bin ich mir nicht so sicher, dass man wirklich die eine einfache von einer komplexeren Hypothese unterscheiden kann, dass man entscheiden kann, ob alles Rabenverhalten genetisch vorprogrammiert ist oder ob diese Vögel erkennen oder lernen, was sie tun. Normalerweise werden Fortschritte in der Wissenschaft durch einen kleinen Schritt, eine kleine Beobachtung nach der anderen erzielt.

Zuverlässige isolierte Beobachtungen nicht zu berücksichtigen könnte darauf hinauslaufen, dass man entscheidende Hinweise außer Acht lässt.

Bei Verhaltensbiologen hat es eine lange Tradition, Beobachtungen schlankweg abzulehnen, die nicht, wie Reflexe, strikt wiederholbar sind. Einige bestreiten grundsätzlich, dass nichtmenschliche Tiere von Gedanken, von einer bewussten inneren Repräsentation der Welt, geleitet werden könnten. Es ist etwas mehr als zehn Jahre her, da vertraten viele Wissenschaftler noch die Auffassung, das Bewusstsein von Tieren lasse sich nicht verifizieren und experimentell erfassen, daher müsse man es unberücksichtigt lassen (Wassermann, 1985). Manch einer ist noch immer dieser Meinung.

Als ein typisches Beispiel für die herrschende Lehrmeinung seien die Ansichten von Euan M. MacPhail angeführt. In seinem Buch *Brain and Intelligence in Vertebrates* und an anderer Stelle (vgl. Anmerkungen) gelangt er zu dem Schluss, es gebe bei nichtmenschlichen Arten wenig Anhaltspunkte für Unterschiede in der allgemeinen Intelligenz. Diese Schlussfolgerung, die von vielen anderen Psychologen geteilt wird, ist im Wesentlichen eine Projektion der Tatsache, dass Fische, Reptilien, Vögel und Primaten keine qualitativen Unterschiede im Lernen erkennen lassen – und sich insofern nicht von Insekten unterscheiden. Dabei blenden sie alle Daten aus, die nicht in die klassischen Lernparadigmen passen, und begehen den gleichen Fehler, den sie Laien vorwerfen: Sie setzten Lernen mit Intelligenz gleich.

Warum sollten Tiere Unterschiede beim Lernen zeigen? Ich würde *a priori* annehmen, dass sie es nicht tun, denn sie haben alle Nervensysteme, und Lernen (die Bahnung der Impulsleitung über Synapsen hinweg, die zwischen Neuronen liegen) ist wahrscheinlich eine fundamentale Eigenschaft von Neuronen, die miteinander verbunden sind – nicht anders als die elektrische Signalübertragung entlang der Neuronen. Zweitens definiert MacPhail Bewusstsein als die Fähigkeit eines Organismus, etwas zu empfinden – irgendetwas, aber vor allem Schmerz oder Lust. Er bemüht noch einmal den überstrapazierten Vergleich mit einer Maschine, die man so konstruieren kann, dass sie jault, wenn man sie tritt, um damit zu belegen, dass man aus dem Verhalten nicht auf Schmerz schließen könne. Richtig, aber nur weil ein Wurm sich krümmen kann, ohne Schmerz zu empfinden, heißt das noch lange nicht, dass es auch Ihnen oder mir so geht. Weil wir Menschen unser Schmerzerlebnis durch Wörter mitteilen könnten, so MacPhail, könne Schmerz überhaupt nur empfunden werden, wenn ein kognitives Selbst vorhanden sei, und da Wörter auf ein kognitives Selbst schließen lassen, könnten nur sprachverwendende Tiere Schmerz empfinden! Dieser Schluss erscheint mir ziemlich fragwürdig. Der verbleibende *Rest* der Daten beeindruckt mich sehr. In Übereinstimmung mit fast allen modernen Evolutionsökologen sehe ich Tiere als Wesen, die an ihre Umwelt angepasst sind und allgemeinen, alle Artgrenzen überspannenden Prinzipien gehorchen. Ich sehe es genauso, wie George Schaller es in seiner klassischen Studie über Berggorillas formuliert hat: »Nur weil ich die Gorillas als lebende, fühlende Wesen betrachtete, konnte ich verständnisvollen Zugang zum Trupp finden, statt ein unbedarfter Zuschauer zu bleiben.«

Zu einem ähnlichen Ergebnis kommt Donald Griffin von der Rockefeller und der Harvard University, einer meiner wissenschaftlichen Heroen, 1992 in seinem Buch *Animal Mind*, in dem er sich mit der Frage beschäftigt, ob auch andere Tiere möglicherweise Bewusstsein haben. Dort schreibt er, den Geist als trivial abzutun, nur weil man ihn nicht exakt durch einen Test oder einen Apparat beweisen könne, das wäre so, als hätte man die Bedeutung der Vererbung in Abrede gestellt, bevor die Gene entdeckt worden waren. Ein Teil des Problems liegt darin, dass wir durch das, was Griffin »lähmenden

Perfektionismus« nennt, gehindert werden. Wir können den Geist nicht vollständig definieren oder untersuchen, weil wir ihn nicht anhand so einfacher Einheiten wie der Gene verstehen können. Er ist ein Vermögen, das auf die *Komplexität* von Milliarden interagierender Neuronen angewiesen ist und aus ihr erwächst. Daher sagen wir, er sei nicht zu erkennen, und lassen ihn außer Acht. Das ist töricht, weil es die Aufgabe der Wissenschaft ist, genau das zu untersuchen, was wir *nicht* verstehen.

In voluminösen Werken haben Philosophen versucht, das Bewusstsein zu erklären, und sind zu dem Ergebnis gelangt, dass wir wenig darüber wissen. Die Meinungen über das Bewusstsein gehen weit auseinander, wie John Horgan in seinem Buch *The End of Neuroscience* feststellt. Gewiss, wir wissen wenig über die exakten neuroanatomischen Schaltungen, die »es« ermöglichen, selbst wenn wir uns darauf einigen können, wie es zu definieren ist. Ich stimme mit den meisten anderen Forschern darin überein, dass Bewusstsein auf der einfachsten Ebene Bewusstheit durch visuelle Vorstellung voraussetzt. Es ist für mich kaum denkbar, dass ich irgendeine neue Bewegung ausführe, ohne sie mir zuerst bildlich vorzustellen. Ich erinnere mich noch genau an das Aha-Erlebnis, das ich hatte, als ich den Schmetterlingsstil lernte. Eines Abends vor dem Schlafengehen, als ich die Bewegungen aller Gliedmaßen endlos im Kopf übte, wusste ich plötzlich, dass ich den Schwimmstil am folgenden Tag im Becken aus dem Effeff beherrschen würde. Jeder Sportler kennt den Zusammenhang zwischen mentaler und körperlicher Tätigkeit und übt die Bewegungskoordination mental. Das ist Denken. Bei jedem Schritt, den wir auf unebenem Gelände tun, müssen wir uns bewusst machen, wohin wir den Fuß setzen. Je länger und unvorhersehbarer die Reise, desto mehr Bewusstsein ist erforderlich, um auf dem schnellsten und direktesten Weg ans Ziel zu gelangen. Nachts, wenn wir träumen, dass wir springen, zucken unsere Beine manchmal wie die einer Katze. Wenn wir träumen, dass wir einen Baum erklettern und herunterfallen, kann es vorkommen, dass sich unser Arm plötzlich bewegt. Die Bewegungen unseres Körpers entstehen, wenn sie nicht gründlich trainiert sind, aus dem Bewusstsein, aus Vorstellungen, mentalen Repräsentationen. Das Bewusstsein ist hier die *Kontrolle* von motorischen Mustern, die in bevorzugte Nervenbahnen des Zentralnervensystems eingeschrieben sind. Ist nicht das Zucken des Katzenbeins eine Funktion des gleichen Prozesses wie bei uns, oder müssen wir für den Menschen den Vitalismus bemühen? Ich denke, nicht!

Zusammen mit der inzwischen verstorbenen Ann E. Kammer habe ich an der University of California in Davis die Nervenstruktur untersucht, die dem Fliegen (externem Verhalten) und dem Zittern (internem »Verhalten«) bei Hummeln zugrunde liegt. Bei Hummeln gehen beide motorischen Muster auf fast identische Nervenstrukturen zurück. Beide werden durch andere motorische Muster kontrolliert, mit denen sie integriert sind, im Rahmen einer Koordination, die den ganzen Organismus umfasst – vergleichbar mit meinem Konzept von der Funktionsweise des Bewusstseins. Bei den Hummeln gibt es kaum Nervenaktivität ohne vollständig zum Ausdruck gebrachte Muskelaktivität. Bei uns gibt es eine ständige Nerventätigkeit im Gehirn, die häufig die Nervenbefehle an die Muskeln umgeht, obwohl in Träumen unser Bewusstsein *teilweise* zum Ausdruck kommen kann, weil dann der Filter zwischen Geist und Körper offenbar etwas gelockert ist.

Warum haben wir eine Beaufsichtigungsinstanz der Muskelaktivität (d.h. des Verhaltens) im Gehirn? Zunächst einmal ist festzustellen, dass in einem physiologisch integrierten Organismus fast jedes System jedes andere beaufsichtigt. Die Beaufsichtigung ist eine allgegenwärtige und notwendige

Eigenschaft in jeder komplexen Organisation. In unserem Gehirn ist der größte Teil der Aktivität unbewusst. Warum nicht *alles*? Ich vermute, dafür gibt es nur einen einzigen Grund: um Entscheidungen zu treffen. Bei der großen Mehrzahl unserer automatischen Reaktionen ist keine Flexibilität erforderlich. Sobald wir Bewusstsein haben, haben wir auch die Möglichkeit, unser Verhalten zu verändern. Im Allgemeinen ist das nützlich, es hat aber auch seinen Preis: Es kann fürchterlich in die Hose gehen.

Verschiedene Optionen können verschiedene »Erinnerungen« sein – durch verschiedene Nervenbahnen repräsentiert, die wir aktivieren oder deaktivieren können, je nach dem Feedback aus den Belohnungszentren des Gehirns. Sobald wir diese Erinnerungen in unserem Gehirn verschlüsselt haben, können wir sie aus der Vergangenheit abrufen, sie zu neuen Konfigurationen anordnen, um Einsichten zu gewinnen, und sie in die Zukunft projizieren, um beispielsweise die Wurfbewegung eines Armes vor uns zu sehen und Vorhersagen über die Zielgenauigkeit des Wurfs zu machen. Die Manipulation von Symbolen macht ähnliche Projektionen erforderlich.

Es gibt keinen Anlass zu der Annahme, dass nur wir Bewusstsein haben, weil nur wir in symbolischer Sprache denken können. Ein Salto rückwärts, der Looping eines Raben oder das Zielen mit einem Pfeil könnten alle auf demselben Prozess beruhen – dem Vergleich und der Feinabstimmung von Szenarien.

Bei der Suche nach Modellen, die uns helfen, das organische Substrat des Bewusstseins zu verstehen, könnten wir uns an die Entscheidungsprozesse sozialer Insekten halten – eine Analogie, die Lewis Thomas in *Late Night Thoughts on Listening to Mahler's Ninth Symphony* vorschlägt. Er vergleicht eine Termitenkolonie mit »einem enormen Gehirn auf Millionen Beinen«, in dem die einzelnen Termiten bewegliche

Neuronen sind. In einer Termitenkolonie oder einem Bienenstock geht die »sensorische« Erfahrung von vielen Tausend Individuen, wie die Information, die die Sinnesrezeptoren an das Gehirn übermitteln, in den kollektiven Organismus ein, aus dem »Intelligenz« erwächst. Verschiedene Optionen oder potenzielle Entscheidungen werden in Neuronenschaltkreisen verschlüsselt, verglichen und gewuchtet. Je größer der sensorische Input ist, der in den Bienenstock eingegeben wird, desto fundierter, angemessener und »rationaler« wird der Entscheidungsprozess der Kolonie ausfallen. Es bildet sich eine kollektive Intelligenz heraus.

In der Insektenkolonie werden verschiedene Optionen durchgespielt, bevor man eine intelligente Entscheidung trifft, doch dazu ist kein Bewusstsein im engeren Sinn erforderlich. Warum nicht? Weil die Reaktion der Kolonie unendlich langsam erfolgt und erfolgen darf. Es werden verschiedene Handlungsverläufe kommuniziert, die von Mittlern innerhalb der Kolonie durchgespielt und bewertet werden. Das heißt, die Mittler »belauschen« – beaufsichtigen – Möglichkeiten, die von anderen Individuen vorgeführt werden. Die Reaktion dauert Stunden, nicht Millisekunden. Beispielsweise können die Zuschauer von Schwänzeltänzen die Darbietungen von mehreren Bienen betrachten, die alle über verschiedene mögliche Nahrungsquellen informieren. Dagegen wird im Gehirn eines einzelnen denkenden Individuums der Entscheidungsprozess, unterstützt durch angeborene Reaktionen und durch Lernen, von Populationen aus etlichen Milliarden Neuronen durchgespielt – nicht von verschiedenen »mobilen Neuronen«. Bewusstsein ist die Methode, mit der das Gehirn die vielen Optionen rasch registriert, sodass es eine Entscheidung fällen kann, ohne die Alternativen vorher konkret zu verwirklichen. Sobald keine Entscheidungen mehr notwendig sind, wird das Bewusstsein überflüssig.

Bewusstsein ist besonders nützlich, wenn es erforderlich

ist, das Handeln eines anderen Schritt für Schritt zu antizipieren. Beispielsweise könnte ein Rabe, der mit Wölfen an einem Kadaver frisst, durch Versuch und Irrtum lernen, wie er den scharfen Zähnen der Wölfe ausweicht und an das Fleisch herankommt. Doch wie viele Wolfsbisse kann ein Rabe ertragen und trotzdem am Leben bleiben? Wenn der Rabe die Bewegungen des Wolfs bewusst antizipieren und sich die eigenen Reaktionen entsprechend zurechtlegen würde, könnte er den ersten tödlichen Fehler vermeiden – den einzigen, der wirklich eine Rolle spielt. Sobald das Bewusstsein von der Evolution für einen bestimmten Zweck selektiert worden ist, kann es unter ähnlichen Umständen auch für andere Zwecke genutzt werden, so wie ein Insektenflügel nicht nur dem Fliegen dient, sondern in zweiter Linie auch als Tarnung, Rüstung, Sexualsignal und Schattenspender fungiert.

Das neuronale Substrat des Bewusstseins ist unbekannt, und dennoch sind die Vermutungen über seinen Ursprung äußerst vielfältig, von der Annahme, dass es voller geheimnisvoller Eigenschaften sei, bis zu der These, es sei wenig mehr als ein erweitertes Gedächtnis. Wie oben erwähnt, neige ich zu letzterer Auffassung, weil wir bereits wissen, dass die Lebhaftigkeit und Tiefe unseres Bewusstseins eine Funktion der Lebhaftigkeit und Tiefe unserer Erinnerungen ist. Die Neurobiologen sind sich einig, dass Bewusstsein auf Kettenreaktionen von Impulsen beruht, die sich im Gehirn von Neuron zu Neuron ausbreiten, wahrscheinlich in mehreren neuronalen Schaltkreisen. Diese Schaltkreise verlaufen durch einen labyrinthischen Dschungel von unvorstellbarer mikroanatomischer Komplexität, in dem die Möglichkeiten von Input und entsprechender Beeinflussung der Schleifen fast unbegrenzt sind. Auf dieser Organisation der Neuronen und ihrer Schaltkreise beruht das Bewusstsein.

Wir werden nie einen Beweis für die Existenz von Bewusstsein finden, indem wir das Tier zerlegen und seine Einzelteile separat untersuchen. Das ist so, als wollte man das Versteckverhalten von Raben verstehen, indem man sie zerkleinert und sich immer winzigere Teile vornimmt, bis hin zu den Molekülen, um sie nach den Gesetzen der Physik und Chemie zu untersuchen. Das ist der falsche Ansatz. Für den Biologen besteht das Leben aus Materie, doch die Natur jedes Lebewesens im Kosmos ist zeitgebunden. Jedes Lebewesen ist mehr als die Summe seiner Teile, wie ein Buch mehr als Tinte und Papier ist. Es ist die Aufzeichnung einer Geschichte, die über zwei Milliarden Jahre umfasst. Je mehr wir zerschneiden und je kleiner die Teile werden, die wir isoliert betrachten, desto gründlicher zerstören wir, was wir zu finden versuchen – desto gründlicher zerstören wir, was Jahrmillionen für seine Entstehung brauchte. Der Geist ist wie das Leben und Lebendigkeit eine emergente Eigenschaft, ein historisches Phänomen, wenn auch immer noch eine rein physische. Er zeigt sich weit oberhalb und jenseits seiner Bausteine, in diesem Fall vor allem der Nervenzellen mit ihrer unendlichen Interkonnektivität, die nicht ein für alle Mal entschlüsselt werden kann und wird. Bewusstsein ist *kein* Gebilde. Es ist ein Kontinuum ohne Grenzen. Mühelos erkennen wir sein Vorhandensein oder seine Abwesenheit an den Extrempunkten. Bei Menschen und Muscheln. Bilden die Raben bei den Vögeln einen solchen Extrempunkt? Und ist er groß genug, um von unserem schwachen Detektor, unserem Geist, entdeckt zu werden?

Wie haben wir uns eine Schrittfolge zu denken, die vom Gedächtnis zum Bewusstsein führt? Zunächst könnte die neuronale Verbindung zwischen verschiedenen aufeinander ausstrahlenden Schaltkreisen lose und schwach sein. Vielleicht ist die eine Neuronenbahn nur für die Kontrolle zuständig, wenn eine andere aktiv ist. Und wenn die Verbindungen noch engmaschiger würden, würde sie die Aktivität genauer überwachen, den Schaltkreis immer exakter verfolgen und den Zyklus am Ende spüren, noch bevor er in Muskelaktivität (d. h. Verhalten) umgesetzt würde. So gesehen wäre eine elegante Handlung wie das Abtauchen eines Schwans oder das Flügelwippen eines Raben im Flug zunächst eine Idee, solange das Verhalten in den Neuronen noch nicht fest verdrahtet ist. Wird es oft genug wiederholt, wird es dauerhaft in das Nervensystem eingeschrieben. Es wird automatisch. Fortan sind, von dem Startsignal, das die Handlung auslöst, keine Entscheidungen mehr nötig, um den Ablauf zu steuern. Das heißt, sie wird unbewusst wie die meisten unserer Vitalfunktionen, die vom »Autopiloten« übernommen werden.

Die Frage nach dem organischen Substrat von Emotionen und Gefühlen wirft möglicherweise noch größere theoretische Probleme auf als die nach den Vorstellungen, die bewusster Einsicht und Intelligenz zugrunde liegen. Trotzdem ist es legitim zu fragen, warum Organismen überhaupt subjektive Erfahrungen und Emotionen haben. Ich möchte hier noch etwas zu dem Thema ergänzen, das ich schon in meinem Buch *Ein Jahr in den Wäldern von Maine* angeschnitten habe. Dort habe ich über die Gründe spekuliert, warum es unwahrscheinlich ist, dass ein Hummer kochendes Wasser empfindet, warum ein Wurm, der sich krümmt, nicht unbedingt Schmerz fühlen muss, warum ein Rabe wahrscheinlich Liebe empfindet, ein Hund jedoch nicht, und warum ein Falter, der einen Paarungspartner sucht, das wahrscheinlich ohne Bewusstsein tut. Schmerz hat eine Funktion. Es ist kein »Extra«, obwohl man einen Roboter konstruieren kann, der vor einer Wand oder einem heißen Ofen zurückweicht. Schmerz ist ein Warnsystem, das sich dort herausgebildet hat, wo Entscheidungen möglich sind – ein Warnsystem, das uns in Verbindung mit Einsicht oder Erfahrungslernen hilft, möglichen Schaden zu vermeiden. Wenn wir bei einem Nadelstich Schmerz empfinden, dann erspart uns diese Empfindung in Verbindung mit Einsicht und/oder Lernen künftigen potenziellen Schaden, weil sie uns daran hindert, uns auf einen spitzen Nagel zu setzen. Wenn wir die Empfindung nach einem Sprung von der Verandatreppe mit einer Erinnerung und einer Einsicht verknüpfen, dann folgt daraus nicht, dass wir uns dadurch umbringen, indem wir aus einer Laune heraus vom Dach springen. Wir werden uns gegen jede solche Anwandlung entschieden zur Wehr setzen. Für einen Regenwurm ist es wahrscheinlich nicht notwendig, dass jede seiner Verhaltensweisen über eine Erinnerung mit Empfindungen verknüpft ist, weil er keine Entscheidungen treffen muss. Wir müssen das, und Raben auch. Natürlich spielt es absolut keine Rolle, welche Lusterlebnisse ein Rabe beim Fressen von rohem Stinktierfleisch hat, solange er überhaupt welche hat, die von seinem Gedächtnis mit seinem Belohnungssystem verknüpft werden. Die Empfindungen können erheblichen Schwankungen unterworfen sein, sogar in ein und demselben Individuum. Mir fällt da ein höchst unangenehmes Erlebnis ein. Nach einem anstrengenden Lauf habe ich immer gern Preiselbeersaft getrunken. Einmal goss ich ihn dann literweise hinunter (gezwungenermaßen, weil ein Hersteller von Preiselbeersaft meine Teilnahme an einem Meisterschaftslauf sponserte). Ich trank ihn 100 Kilometer lang, selbst noch, als ich unerträgliche Schmerzen verspürte. Bei meinem nächsten Lauf, als ich ihn abermals versuchte, fand ich ihn ekelhafter als irgendeine Flüssigkeit, von der ich jemals gekostet hatte. Ich konnte noch nicht einmal das Wasser trinken, das danach schmeckte (weil es in derselben Flasche war, in der sich zuvor der Saft befunden hatte). Mein Körper hatte Preiselbeersaft als Schmerz auslösende Substanz markiert. Ich hatte die Wahl und traf sie. Ich hörte auf zu trinken. (Mit dem Erfolg, dass ich das Rennen aufgeben musste.) Mein Körper mied den Schmerz, den er zuvor in Assoziation mit diesem besonderen Geschmack verspürt hatte. Wie die

Farben der Hummerfallen in der Muskongus Bay, die anzeigen, wer ihr Besitzer ist, sind die *spezifischen* Empfindungen an sich völlig willkürlich.

Empfindungen und Emotionen regulieren das Verhalten. Wir fühlen Anziehung, Liebe, Abneigung, Eifersucht, Furcht, Glück, Entschlossenheit und Angst. Diese Emotionen sind weitgehend mit bestimmten Verhaltensweisen verbunden, die mit Überleben und Fortpflanzung zu tun haben. Sie motivieren und steuern das Verhalten, wenn diese Aufgabe durch keine unmittelbare Belohnung oder Logik wahrgenommen wird. Wenn sie entsprechend funktionieren, informieren sie uns und zeigen uns den richtigen Weg. Wem wäre beispielsweise das Glücksempfinden fremd, das sich an einem Frühlingstag im Wald einstellt, wenn wir dem Gesang der Vögel lauschen, wenn Insekten an den Blüten summen, das grüne Gras in einer Brise wogt, Elche grasen und Fische pfeilschnell am sandigen Ufer eines Flusses vorbeischießen? Wir sind genetisch programmiert, unter diesen Umständen Glück zu empfinden, weil diese Reize sich in einer langen stammesgeschichtlichen Entwicklung ausgebildet haben und für jene Art von produktiver Umwelt stehen, die wir für Überleben und Fortpflanzung brauchen. Die neuronalen Zentren eines Raben oder einer Ratte sind wahrscheinlich so verdrahtet, dass die Reize ganz anderer Szenarien auf ihr Empfinden einwirken, möglicherweise einer stinkenden Mülldeponie oder eines Strandes, der mit Kadavern übersät ist. Da Raben sich langfristig verpaaren, nehme ich an, dass sie sich verlieben wie wir, einfach weil irgendeine Art innerer Belohnung erforderlich ist, um eine so langfristige Paarbindung aufrechtzuerhalten.

Weniger spezifische Emotionen helfen uns, an relativ kurzfristigen Zielen festzuhalten, wiederum indem sie uns für Zwischenschritte belohnen. Beispielsweise erhalten wir keine Belohnung, wenn wir eine zufällige Zahlenkombination, sagen wir, 10-8-4, auf dem Kombinationsschloss einer Truhe voll Geld einstellen. Wenn wir hingegen *wissen*, dass die Kombination 10-8-3 das Schloss öffnen und uns erlauben wird, an das Geld zu gelangen, sodass wir uns Brot kaufen können, dann werden wir, noch während wir die Zahlen einstellen, fast »das Brot schmecken«. Anthony Dickenson, ein Psychologe von der Cambridge University, schreibt: »Bewusstsein ist notwendig, um verlässliche Werte zu entwickeln.« Unsere Werte sind emotionale Belohnungen, die uns erlauben, Dinge zu tun, die vordergründig sinnlos erscheinen, ohne den geringsten unmittelbaren Belohnungswert. Dasselbe Konzept trifft auf einen Raben zu, der an einer Schnur zieht. Der Vogel gewinnt keine greifbare Belohnung aus all den Zwischenschritten, bevor er die Nahrung erreicht. Damit er diese nicht belohnten Schritte trotzdem ausführt, bedarf es einer emotionalen Belohnung. Nun ist die einzige denkbare emotionale Befriedigung, die der sinnlose Akt, an einem Strick zu ziehen, bieten kann, ein Gedanke oder ein Vorstellungsszenario, das dem Raben vor Augen führt, was der Strick ihm verschaffen wird.

Einige Forscher glauben, dass Bewusstsein und das aus ihm erwachsende Denken nur durch die Fähigkeit zur Sprache ermöglicht wird. Nach dieser sehr strikten Auffassung wären wir Menschen tatsächlich die einzigen bewussten Wesen. Doch wer von uns übersetzt alles, dessen er sich bewusst ist, das er denkt oder fühlt in Worte? Wer denkt ausschließlich in Sätzen? Wir alle können Vorstellungsbilder von uns oder anderen heraufbeschwören, Menschen, die Bälle werfen, ein Fahrrad fahren oder einen Bison mit einem Speer erlegen. Solche Gedanken in Worte zu fassen würde wertvolle Zeit und Energie kosten. Natürlich können wir mit Wörtern denken und tun es auch, doch deswegen ist das Denken noch lange nicht auf Wörter angewiesen. Aber da wir soziale Tiere sind, die im Zuge der Evolution die Verwendung von Wörtern zu Kommunikationszwecken erworben haben, können wir nützliche Vorstellungsbilder an unsere Helfer und Gefährten weitergeben. Richtig ist, dass Sprache erst möglich wurde, nachdem wir eine entsprechend hohe Bewusstseinsschwelle erreicht hatten, die wahrscheinlich die aller anderen existierenden Tiere übertraf. Sobald wir diese Schwelle überschritten hatten, brauchten wir noch mehr Bewusstsein, um mithilfe von Wörtern zu denken, die noch mehr Bewusstsein verlangten, und schon waren wir unwiderruflich auf den Weg der kulturellen Evolution gebracht. Es waren also die Worte, die die enorme Steigerung unserer Fähigkeit bewirkten, Wissen zu speichern und zu übermitteln, Kulturen zu errichten, Allianzen einzugehen, Kriege zu führen. Das Wort wurde zur Waffe. Ich vermute, die große Kluft, die Diskontinuität, die sich zwischen uns und allen anderen Tieren auftut (so wie zwischen denen, die am Steuerpult einer Mondlandefähre sitzen, und denen, die Speere schleudern), ist letztlich weniger eine Frage des Bewusstseins als eine der Kultur.

29. KAPITEL

Wieder in freier Wildbahn

Raben haben eine begrenzte Kultur und sind eng an ihre äußere materielle und biologische Umwelt gebunden, im Gegensatz zu uns, die wir kulturgebunden sind und nur in indirektem Zusammenhang mit unserer äußeren Umwelt stehen. In all meinen Forschungsarbeiten habe ich das Ziel verfolgt, das Leben der Vögel in ihrer natürlichen Umwelt zu verstehen, die der Kontext für fast alles ist, was sie umgibt. So gut wie nichts, was ihr Leben ausmacht, ergibt einen Sinn, wenn man es nicht aus dieser Perspektive betrachtet, wie fast nichts, was unser Leben ausmacht, einen Sinn ergibt, wenn wir es nicht aus der Perspektive unserer Kultur betrachten. Trotzdem ist es beinahe unmöglich, die Einzelheiten des Verhaltens und Lebens von Raben in der vieldimensionalen Komplexität ihres natürlichen Lebensraums zu betrachten, der viele 100 Quadratkilometer umfasst. Gelegentlich hielt ich Gruppen wilder Vögel in Volieren, um sie von Nahem beobachten zu können. Diese Volieren waren groß und so natürlich, wie ich sie nur gestalten konnte. Zwar haben sie die Bedürfnisse der Vögel befriedigt – von mir aufgezogene wie wilde Vögel haben dort gleichermaßen erfolgreiche Brutversuche unternommen und Junge großgezogen –, doch als es an der Zeit war, die Vögel freizulassen, freute ich mich für sie, dass sie wieder ihr ungebundenes, wenn auch viel gefährlicheres Leben in freier Natur aufnehmen konnten.

Bestimmt erinnern Sie sich an Goliath und Whitefeather, die meine besonderen Freunde waren. Goliath hatte ich als Nestling aufgezogen, seine Partnerin Whitefeather war ein Weibchen, das er in einer Gruppe vorübergehender Gefangener getroffen hatte. Aus Gründen, die mir schleierhaft sind, haben sich die beiden sofort verpaart. Whitefeather und Goliath haben in der Gefangenschaft ein Nest gebaut, Eier gelegt, ausgebrütet und ihre eigenen Jungen sowie die eines anderen Paares aufgezogen. Das Paar blieb auch dann noch auf meinem Hügel, nachdem ich eine Seite der Voliere aufgerissen hatte. Das umliegende Gebiet wurde ihr Revier. Nach ihrem ersten erfolgreichen Brutversuch (im Inneren der Voliere) kehrten sie im nächsten Jahr von allein in die Voliere zurück und fingen an, ein Nest zu bauen, brachen dann aber den Brutversuch ab, möglicherweise, um Energien für das nächste Jahr zu sparen.

Dass Goliath und Whitefeather zu reviertreuen Brutvögeln auf meinem Hügel in Maine geworden waren, kam mir vor wie ein Traum, der sich erfüllt hatte. Hier war es mir möglich, sie unter natürlichen Bedingungen in ihrer eigenen Umwelt von Nahem zu beobachten. Was kann man mehr wünschen, als von interessanten Freunden umgeben zu sein, die keine Forderungen stellen, ständig für Unterhaltung sorgen und wunderbare Lehrer sind. Im Frühjahr 1997 lieferte mir das Paar sogar neue Daten, die ich für einen Artikel über Versteckverhalten in einer angesehenen internationalen Wissenschaftszeitschrift verwendete. Ich war verrückt nach diesen Vögeln. Immer wenn ich nach einer Abwesenheit von einer bis mehreren Wochen den Hügel zu der Lichtung an der Hütte hinaufstieg, brüllte ich: »Golii-ath« – und schon bald hörte ich ihn aus dem Wald antworten. Dann kreiste er über mir, kam in Spiralen herunter und landete auf dem abgestorbenen Birkenstamm am Campingtisch. Ich zog eine tote Maus oder einen anderen Leckerbissen aus der Tasche, woraufhin er auf den Boden hüpfte und in seinem langsamen, gemessenen Gang auf mich zustolzierte. Rachel sagt, sie habe sich in dem Augenblick in mich verliebt, als sie mich eines Morgens meine Hafergrütze mit Goliath teilen sah. Whitefeather indessen, die immer noch eine gewisse Scheu vor mir hatte, rief aus dem nahen Kiefernwald. Sie bettelte Goliath an, der dann das von mir erhaltene Futter mit ihr teilte.

Doch ab Mitte Mai 1997 und den ganzen Sommer und Herbst hindurch fand ich einen stummen Hügel vor. Kein Rabe beantwortete meinen Ruf, und ich fühlte Trauer. War ihnen etwas zugestoßen? Ich sprach mit dem Nachbarn, der in der Hütte am Fuße des Hügels wohnte. Ja, er habe sie gesehen, sagte er. Sie seien mehrere Male gekommen und hätten »ein Höllenspektakel« in der hohen Kiefer neben seiner Hütte veranstaltet. Aber er war sich nicht sicher, wann genau es gewesen war, und ich war mir nicht sicher, ob er wirklich meine Raben oder nicht doch vielleicht andere gesehen hatte, obwohl er behauptete, er habe Goliath eindeutig an der Stimme erkannt. Das Paar schien fort zu sein. Allerdings hatte ich noch die schwache Hoffnung, dass sie vielleicht gelegentlich vorbeikamen, wenn ich nicht da war, und ihr Revier später wieder in Besitz nehmen würden. Den größten Teil des Herbstes und Anfang des Winters konnte ich Raven Hill nicht besuchen. Als ich für den Zeitraum von Ende Dezember 1997 bis Anfang Januar 1998 mit 13 Studenten zu einem Feldökologiekurs zurückkehrte, entdeckte ich noch immer kein Lebenszeichen von ihnen. Ich gab jede Hoffnung auf, sie jemals wiederzusehen.

Am Abend des 10. Januars – wir waren im Begriff aufzubrechen – ging ich noch einmal in den Wald zur Blockhütte, als ich einen Raben aufgeregt rufen hörte. Im Aufblicken sah ich zu meiner großen Überraschung ein Paar Raben, das über mich hinwegflog, einen dritten Raben im Schlepptau. Alle drei hielten direkt auf die Voliere hinter der Hütte zu. Ich blieb auf Distanz, um das Trio nicht zu stören. Nach ungefähr einer Stunde hörte ich den Klopfruf eines Weibchens und fortgesetzte *rap-rap-rap*-Rufe. Das Paar, oder zumindest ein Vogel, war zurück. Offenbar waren die Vögel aufgeregt und dachten möglicherweise daran zu nisten. In der Dämmerung des nächsten Morgens setzten ihre Rufe wieder ein, und ich ging zuversichtlich davon aus, dass sie zurückgekommen waren, um zu bleiben. In den ersten Rot-, Blau-, Gelb- und Grüntönen eines prachtvollen Sonnenaufgangs erstrahlten alle Bäume silberfarben unter ihrer schweren Last aus Eis nach dem fürchterlichen fünftägigen Eissturm, der den Wäldern Neuenglands schwere Schäden zugefügt hatte. Trotzdem war ich glücklich.

In dem Licht der ersten Dämmerung hörte ich Erregungsrufe von der Voliere her. Zumindest einer der Vögel war außerordentlich empört. Ich hatte in dieser kritischen Zeit die Nähe der Voliere meiden wollen, um ihren Nistversuch nicht zu stören, doch diese Rufe verlangten Aufmerksamkeit. Was in aller Welt ging dort vor sich? Um es herauszufinden, schlich ich mich durch den Wald vorsichtig an die Voliere heran und sah drei Vögel unmittelbar vor der Voliere auffliegen. Einer von ihnen erblickte mich, bremste in der Luft ab und flog rasch davon. Der Zweite folgte ihm. Der Dritte kam auf mich zugeflogen und landete neben mir. Goliath! Er schien zunächst nervös zu sein, vielleicht weil er seit Mai, seit acht Monaten, keinen Kontakt mehr mit mir gehabt hatte. Während er neben mir sitzen blieb, wirkte er etwas bedrückt und wenig interessiert an mir, obwohl ich mit ihm sprach. Ich blickte ins Innere der Voliere und entdeckte frische Rabenspuren im Schnee beim alten Nest. Es konnte keinen Zweifel mehr daran geben. Sie waren zurück! Sie schickten sich zum Nisten an.

Im Fortgang des Tages hörte ich noch mindestens zwei weitere Raben an der Voliere. Am Abend tönten die Rufe vom Rand des Kiefernbestands nördlich der Hütte herüber, wo Goliath und Whitefeather früher oft geschlafen hatten. Wir mussten noch am selben Tag aufbrechen. Den Rest des Winters und den Anfang des Frühjahrs verbrachte ich in Vermont, weil mich dort Lehr- und andere Verpflichtungen sowie eine Reihe geplanter Experimente mit meinen dortigen sechs Volierenvögeln festhielten. Glenn Booma hielt sich Mitte Mai in der Hütte auf und rief mich an, um mir aufregende Neuigkeiten mitzuteilen. Er hatte Raben in der Voliere gehört. Allerdings hatte er sich ihnen nicht genähert, um sie nicht zu verschrecken, aber es war die richtige Zeit für Raben, um mit dem Nestbau oder der Instandsetzung alter Nester zu beginnen. Zuversichtlich hoffte ich, dass das alte Nest des Paars – dasjenige, das von Goliath gebaut, aber nie von Whitefeather ausgekleidet worden war – nun endlich mit Rotwildhaaren und der Rinde von Eschen und Zedern ausgepolstert werden und bald ihre Eier enthalten würde.

Als ich endlich am 29. April zurückkehrte, stürzte ich fast sogleich in die Voliere, wo eine unerfreuliche Überraschung auf mich wartete: Das Nest befand sich noch in genau demselben Zustand, in dem ich es ein Jahr zuvor vorgefunden hatte. Kaum ein Zweig war verändert. Es war nicht ausgekleidet worden, und der Zeitpunkt für die Eiablage von Raben war längst überschritten. Ich hörte keine Rabenrufe. Niedergeschlagen ging ich zu dem Kiefernbestand, in dem sie oft geschlafen hatten und den ich ausgedünnt hatte, um den höchsten Bäumen mehr Luft zu geben. Wenn ich ein Rabe wäre, dachte ich, dann würde ich mein Nest *hier* bauen. Ich blickte empor. Über mir zeichnete sich eine große schwarze Masse ab – ein Rabennest! Kaum hatte ich es erblickt, kam auch schon ein Rabe angeflogen mit Polstermaterial im Schnabel.

Sie nisteten jetzt also in der freien Natur, und mir wurde das Herz so weit wie nie zuvor. Gleichzeitig begann ich, mir den Kopf über das Rätsel dieses außerordentlich späten Nistbeginns zu zerbrechen. *Alle* Rabennester, die ich jemals Ende April inspiziert hatte, enthielten bereits Junge, viele schon kurz vor dem Flüggewerden! Dies war der späteste Nistversuch von Raben, den ich je erlebt hatte, und das waren in diesem Gebiet fast 100. War möglicherweise eine Meinungsverschiedenheit des Paares der Grund für die lange Verzögerung? Vielleicht hatte Goliath, der in der Voliere aufgewachsen war, das Nest wieder dorthin verlegen wollen, während Whitefeather, die in freier Natur groß geworden war, nicht damit einverstanden war. Letztes Jahr hatte Goliath das Grundgerüst in der Voliere erbaut, doch behagte ihr der Standort offenbar nicht, denn sie hatte sich nicht an dem Bau beteiligt. Ihr Teil der Aufgabe wäre die Auskleidung des Teils gewesen, der die Eier aufnehmen sollte. Infolgedessen fand kein Brutversuch statt. In diesem Jahr hatten sie den Standort wieder in Augenschein genommen. Wahrscheinlich hatte es wieder eine lange Meinungsverschiedenheit gegeben, doch dieses Mal hatte sie sich durchgesetzt. Sie bauten ihr Nest wie die anderen Rabenpaare in der Gegend auf einer Kiefer. Viel wertvolle Zeit war verloren gegangen. Offenbar ist es vorteilhaft für Raben, langfristige Paarbeziehungen zu haben, vor allem wenn die Vögel unterschiedlicher Herkunft sind und möglicherweise unterschiedliche Erwartungen mitbringen. In Norddeutschland brüten beispielsweise die meisten Raben auf Buchen, in Maine auf Weymouthskiefern, in Vermont auf Felsen.

Am 8. Mai, als ich für eine ganze Woche zurückkehrte, ging ich sofort zum Nest in der Kiefer. Selbst aus einem Abstand von fast 30 Metern konnte ich Whitefeathers dunklen Kopf über dem Nestrand erkennen. Sie brütete. Dann glitt sie still auf ausgebreiteten Schwingen davon, das Tal hinab in Richtung Alder-Fluss. Ich sah immer nur zwei Vögel am Nest.

Keiner näherte sich mir, keiner wurde unruhig. Beide waren still.

Ich wunderte mich, wie ruhig die Vögel waren. Doch zwei Tage später, um 15.30 Uhr, herrschte plötzlich Aufregung in der Nähe des Nestes – ein Durcheinander von Rufen. Der heftige Regenguss hatte gerade aufgehört, die dichte Wolkendecke hob sich, ein leichter Wind wehte. Freuten sie sich auf einen Ausflug? Ich stürzte aus der Hütte, lief den Pfad hinab und blickte hinauf. Tatsächlich, Raben segelten in der Brise. Doch es waren vier, und sie flogen in freundlicher Formation, als hätten sie sich zu friedlichem Spiel in den Wolken verabredet. Keine Jagd, keine aggressiven Rufe, die sie ausstoßen, wenn Eindringlinge auftauchen oder abgewehrt werden.

Ein Paar löste sich und flog über den Hügel nach Norden, wo ich gut drei Kilometer entfernt vier vollständig gefiederte Junge auf den Zweigen in der Nähe des Braun-Road-Nestes hatte hocken sehen. Goliath und Whitefeather flogen zu ihrem eigenen Nest zurück. So schnell ich konnte, lief ich auf einen Hügelkamm und erkletterte eine hohe Fichte, von der aus ich die immer noch rufenden Goliath und Whitefeather sehen konnte, die dicht nebeneinander flogen, kreisten, schwenkten, im Sturzflug niedergingen, wieder aufstiegen und erneut kreisten. Es war herrliches Flugwetter, und ich konnte ihnen ihre Freude nachempfinden. Im Tal unten erblickte ich das Erbsengrün der gerade entrollten Pappelblätter. In der Tapisserie des Waldes hoben sie sich kräftig ab gegen den zu gelblich und rötlich braunem Leben erwachenden Rotahorn. Auf den Hügeln ragte die Phalanx der dunkelgrünen Rotfichten und Kiefern in einen blassblauen, von Kumuluswolken gefleckten Himmel. Plötzlich kam mir ein Gedanke: Vielleicht waren sie so aufgeregt, weil die Jungen gerade geschlüpft waren. Ich wäre fast aus meinem Baum gestürzt. Ich wollte unbedingt zu dem Nest empor, doch hohe Fichten sind nicht leicht zu erklettern, vor allem ohne Steigeisen.

Schließlich gab ich den Versuch erschöpft auf. Um 19.30 Uhr waren die Vögel längst wieder in das Nest zurückgekehrt, doch hin und wieder hörte ich noch *rap-rap-rap*-Rufe. Ganz gleich, was diese Raben erlebt hatten, es hatte einen solchen Eindruck hinterlassen, dass ihre Erregung noch nach vier Stunden nicht ganz abgeklungen war.

Am folgenden Tag um 6.30 Uhr flog ein Rotschwanzbussard an der Hütte vorbei ins Tal, direkt auf das Rabennest zu. Augenblicklich ertönten die *kek-kek-kek*-Alarmrufe eines Raben, hielten aber nur die wenigen Sekunden an, bis der Bussard vorbeigeflogen war. Später ließen sich sieben Truthahngeier auf einem Kalbskadaver nieder, den ich ausgelegt hatte. Beide Raben flogen auf, griffen die Geier an und verjagten sie. Wieder stießen sie die *kek-kek-kek*-Rufe aus und verstummten abermals wenige Sekunden, nachdem die Eindringlinge den Schauplatz des Geschehens verlassen hatten.

Ich war noch immer beunruhigt, weil ich den Grund für die große Aufregung vom Vortag nicht kannte. Es hatte den Anschein, als sei es der Besuch des anderen Paares gewesen. Doch warum waren sie zu Besuch gekommen? Warum waren Goliath und Whitefeather, noch Stunden nachdem die Besucher fort waren, so erregt? Ich kam zu dem Schluss, dass ich mir das Nest genauer ansehen müsse. Vielleicht waren die Jungen ja tatsächlich schon geschlüpft, und der Besuch des anderen Paares war zufällig damit zusammengefallen.

Der Baum schwankte im Wind, aber das spielte jetzt keine Rolle. Ich war entschlossen. Fest umklammerte ich den Stamm und zog mich Stück um Stück nach oben, wobei ich die toten Äste abbrach, die mir im Wege waren. Nachdem ich den ersten festen Ast erreicht hatte, an dem ich mich festhalten konnte, war es leicht. Minuten später befand ich mich auf einem starken Ast direkt unter dem großen Nest aus Ästen und Zweigen. Goliath und Whitefeather waren still davongeflogen. Ich beugte mich über das Flechtwerk aus abgebrochenen Pappelzweigen, so dick wie mein Daumen, und blickte mit gespannter Aufmerksamkeit in die Nestmulde.

Ich habe schon in viele Rabennester geschaut, doch es ist jedes Mal wieder ein Erlebnis, vor allem da es stets mit einem gefährlichen, schweißtreibenden Aufstieg verbunden ist. Vier Eier! Die schönsten Eier, die ich je gesehen hatte. Ihre Grundfarbe war Grün, wie das junge Grün der Buchen, vermischt mit dem schönsten Blau des Frühlingshimmels. Die Flecken zeigten das dunkle Olivgrün der Fichten ringsum auf den Hügeln und das Graubraun der Kiefernrinde. Wenige lila Punkte waren zwischen vielen grauen und schwarzen hingetupft. Ein Ei war im Gegensatz zu den anderen am spitzen Ende stärker gefleckt als am stumpfen. Die vier lagen in einer tiefen, weichen Mulde, die ausgekleidet war mit weißen Haarbüscheln aus einem Rotwildschwanz, zerkleinerter Zedern- und Eschenrinde, Kissen aus erbsengrünem Moos und kleinen Büscheln von schwarzem Bärenfell.

Als ich das Nest und die Eier fotografierte, dachte ich wieder an das Experiment mit den Hühnereiern, das ich früher einmal durchgeführt hatte. Es war nicht nötig, das Experiment zu wiederholen, da ich bereits wusste, dass Raben Hühnereier in ihren Nestern bebrüten, sie außerhalb der Nester aber sofort fressen. Ich fragte mich allerdings, wie rasch die Raben ein Hühnerei fressen würden, das sich auf dem Boden unter ihrem Nest befand.

Ich legte also zwei weiße Eier auf zwei verschiedene Kiefernstümpfe, eines unter dem Nistbaum und das zweite rund zehn Meter südlich davon. Es gab vielerlei Gründe dafür, dass nichts geschehen würde. Wären es Krähen gewesen, hätten sie bei der Rückkehr die weißen Eier erblickt und wären sofort heruntergekommen, um sie zu fressen. Es wäre ihnen völlig egal gewesen, ob die Eier auf dem Boden gelegen oder 30 Zentimeter darüber geschwebt hätten. Doch ein Rabe würde sofort etwas Ungewöhnliches bemerken, auch wenn sie nicht schwebten, sondern auf Baumstümpfen lagen. Meine Raben hatten Angst vor einem Zweig, der sich von allein zu bewegen schien. Allen runden Gegenständen begegneten sie mit großer Neugier, verbargen sich aber entsetzt vor einem Heliumballon, der über einer Schnur schwebte. Und ein Ei auf einem Kiefernstumpf unter dem Nest? Raben haben bestimmte Erwartungen. Ein Ei, das wie von Zauberhand auf einem Kiefernstumpf erschien, konnte keines der ihren sein. Diese Eier würden auf sie wirken wie in der Luft schwebende Apfelsinen auf uns – gespenstisch. Mit »Neophobia« würde sich das nicht einfach erklären lassen, so viel war mir klar. Rasch lief ich zu meiner Fichte und erkletterte sie, um das Geschehen von dort aus zu verfolgen.

Schon nach zwei Minuten war einer der Vögel zurück und stieß lange, krächzende Rufe aus, die merkwürdig klangen. Dann hörte ich hohe, ansteigende Laute, die sich wie eine Frage anhörten, als würde jemand sagen: »*Waaaas?*« Noch nie zuvor hatte ich diese Rufe vernommen. Gerade als ich den Wipfel meines Baums erreichte, flog das Paar zum Gammon Ridge, wobei es fortwährend die befremdlichen neuen Rufe ausstieß. Die Vögel verhielten sich verschreckt. Sie flogen etwa anderthalb Kilometer bis zum Hügelkamm. Selbst mit meinem starken Fernglas konnte ich sie gerade eben noch ausmachen, zwei schwarze Silhouetten, die dicht nebeneinander auf einer Pappel hockten. Um 17.45 Uhr, 31 Minuten später, flogen beide auf, stießen schrille Rufe aus und verschwanden aus meiner Sicht. Die Angelegenheit entwickelte sich viel merkwürdiger, als ich erwartet hatte.

Eine irrationale Angst packte mich: Hatten sie das Nest womöglich wegen dieser weißen Hühnereier verlassen?! Sie können sich vorstellen, wie beunruhigt ich am nächsten Morgen kurz vor meiner Rückkehr nach Vermont war. Würde ein Rabe am Nest sein? Um 5.30 Uhr machte ich mich auf den Weg, um es herauszufinden. Unterwegs ging ich an dem

Kalbskadaver vorbei, den ich ihnen auf dem Pfad hingelegt hatte. Ein Truthahngeier flog auf – also hatte sich wenigstens ein Vogel in der Morgendämmerung eingefunden. Fast augenblicklich kam vom Nest her ein Rabe und scheuchte den Geier mit lauten *kek-kek-kek*-Rufen ins Tal hinab.

Am nächsten Wochenende fuhr ich nach Maine zurück, um zu sehen, was mit den Raben war. Die Jungen waren bestimmt schon geschlüpft, und alle Aktionen mit unheimlichen Eiern waren mir verziehen. Am 23. Mai 1998 fuhr ich den ganzen Samstagmorgen hindurch, erreichte die Hütte gegen Mittag und suchte sofort das Nest auf. Totenstille im Nistgebiet! Das Schweigen traf mich wie ein Vorschlaghammer. Die beiden Hühnereier lagen noch immer genauso auf den Baumstümpfen, wie ich sie hingelegt hatte. Jetzt musste ich auf den Baum klettern. Weit und breit kein Rabenlaut. Ich begann den Aufstieg. Als ich mich dem Nest näherte, hörte ich plötzlich den Ruf eines Raben, dann die Laute zweier Vögel. Das Paar flog hoch über mir und schimpfte ein bisschen. Erneut hoffte ich, in wenigen Augenblicken die rosa Rachen der frisch geschlüpften Jungen zu sehen. Als ich über den Nestrand blickte, traf mich der Schock: weder Junge noch Eier. Nur die Nestauskleidung. Merkwürdig war allerdings, dass die Mulde etwas flach und die Auskleidung lose zu sein schien. War das Nest aufgegeben und dann seiner Eier beraubt worden? Nachdenklich zupfte ich an dem Rotwildhaar und der zerkleinerten Rinde, und dort, unter einer Schicht aus Nestpolsterung lagen die vier Eier! Sie waren vorsätzlich bedeckt worden, um sie zu verstecken oder um sie warm zu halten, während die Mutter ihre Brutpflichten durch eine Pause unterbrach. Ich berührte die Eier – sie waren kalt. Ein solches Verhalten hatte ich noch nie zuvor beobachtet. Aber es war ein warmer Tag, und vielleicht konnte sich Whitefeather diese Pause leisten. Hatte sie einen Begriff von Erwärmung und Abkühlung, von Sehen und Verstecken? Die Frist von 21 Bruttagen war schon fast vorüber. Die Jungen würden außerordentlich spät dran sein, doch für Goliath und Whitefeather war es immerhin der erste Brutversuch in freier Natur, dafür war er nicht schlecht – auch wenn er, wie sich später herausstellte, fehlschlagen sollte.

Wir hatten schon eine lange, erlebnisreiche Geschichte hinter uns. Ich fragte mich, was für neue Abenteuer auf uns drei warteten. Wie häufig nach einem solchen Aufstieg verweilte ich noch einen Augenblick, um die Aussicht zu genießen und nachzudenken. Die »Kletterei« zu den Nestern ist manchmal anstrengend, doch das Ergebnis immer überaus befriedigend. Der erhöhte Aussichtspunkt vermittelt mir das Gefühl, dass ich nicht nur den Wald besser sehen kann, sondern auch so manche seltsame und scheinbar widersprüchliche Eigenschaft der Raben. So endlos wie der Wald erstreckt sich der Geist. Je zahlreicher die Bäume, desto mehr ist es Wald, und je größer die Komplexität, desto mehr ist es Geist. Wir werden ihn nie ganz erfassen.

Wichtiger noch ist, dass ich auf diese Weise in Kontakt trete mit der Welt und der Mühsal eines vollkommen anderen und doch verwandten Wesens, das mir das Gefühl gibt, ein bisschen weniger allein zu sein. Wie viele Morgensterne und Sonnenuntergänge habe ich gesehen, wie oft habe ich mich lebendig gefühlt in Schnee und in Regen, den Kreislauf von pulsierendem Leben und stummem Tod gespürt, neue Freunde unter den Menschen gefunden, alte Traumata vergessen, Freude und Frieden erlebt.

NACHWORT

Mein früheres Buch *Die Seele der Raben* hatte eine bestimmte Fragestellung und den Prozess ihrer Beantwortung zum Gegenstand: Locken Raben fremde Artgenossen an, und teilen sie ihre Nahrung mit ihnen? Und wenn, warum? Das Teilen von Nahrung war zwar bekannt, aber nur bei gesellig lebenden Tieren. Raben galten als äußerst aggressive territoriale Vögel. Wenn sie tatsächlich teilten, wäre das für diese Art ein völlig neuer Mechanismus gewesen. Und so war es dann auch.

Dieses Buch knüpft dort an, wo das erste endete, aber mit einigen wichtigen Unterschieden. In der ersten Untersuchung wurde das Rabenverhalten aus dem Blickwinkel der Verhaltensökologie untersucht, einer Disziplin, die evolutionäre Verhaltensweisen erforscht, die spezifische, die Population betreffende Probleme lösen. Man geht davon aus, dass diese Verhaltensweisen ohne Zutun eines lenkenden Geistes in vielen Millionen Jahren Entwicklungsgeschichte selektiert worden sind. Die Absichten der Individuen finden dabei selten Berücksichtigung. Dagegen ist es mir im vorliegenden Buch ein Anliegen gewesen, ein detailliertes Bild von bestimmten Raben zu liefern, die ich gekannt habe; gleichzeitig habe ich mich mit der Möglichkeit auseinandergesetzt, dass ein Teil ihres Verhaltens aus bewussten Entscheidungen erwächst. Vor allem aber wollte ich in diesem Buch von meinen ungewöhnlichen Beobachtungen berichten und von den Abenteuern, die ihnen zugrunde lagen. Meine Interpretationen geben meine persönliche Meinung wieder und sind sicherlich nicht endgültig. Dagegen werden sich die Fakten nicht verändern.

Je mehr Fakten ich über Raben in Erfahrung brachte, desto größer wurden die scheinbaren Widersprüche, die ich sah. Manchmal verhielten sich Raben tollkühn und zogen wilde Wölfe und Adler am Schwanz. Dann wieder erlebte ich Raben, die Angst hatten vor einer Maus oder sogar einem Falter, vor einem Zweig, der sich bewegte, einer Schildkröte und einem Haufen Käseplätzchen. Ich habe territoriale Raben beobachtet, die mehr als eine Stunde bemüht waren, bis zu acht fremde Raben von ihrer Nahrungsquelle fernzuhalten. Später sah ich diese Individuen andere Raben willkommen heißen und dieselbe Nahrungsquelle mit ihnen teilen. Manchmal nisteten Raben in aggressiv verteidigten Revieren von zig Quadratkilometern, dann wieder nur einige Hunderte Schritte voneinander entfernt, obwohl sie die Möglichkeit gehabt hätten, ihr Nest weitab zu bauen. Einzelne Raben vollbrachten Glanzleistungen an Einsicht und Intelligenz, um sich dann wieder völlig unsinnig zu verhalten. Ich habe Raben erlebt, die Jahre vor dem Brüten eine ausschließliche Paarbindung eingingen und trotz Konflikten verpaart blieben. Dennoch kommt es in einigen Rabenpopulationen zu außerehelichen Kopulationen. Die Vögel investierten unglaubliche Mühe und Energie, um Dominanz herzustellen, trotzdem fraß der Ranghöchste meist als Letzter, und der größte und stärkste Vogel zeigte am meisten Furcht. Sie waren die scheuesten und wachsamsten Vögel, die ich je erlebt habe: In Neuengland mieden sie die Menschen, während sie ihnen in anderen Gebieten der Erde eifrig folgten. In manchen Städten sind sie so zahm wie Spatzen und Tauben, während sie sich in anderen Gebieten tief in die Wildnis zurückziehen. Es wurde mir berichtet, dass Raben Menschen vor dem drohenden Angriff eines Raubtiers warnten, andererseits fressen sie unbedenklich an Leichen. Sie gehören zu den gierigsten Aasfressern der Erde, trotzdem fürchten sie Kadaver, und diese Furcht ist nicht erlernt. Einzelne Cornflakes fraßen sie begeistert, wichen aber entsetzt vor einem Haufen davon zurück. Um sich Futter von Kadavern zu verschaffen, vor denen sie Angst hatten, stahlen Raben sich die Bissen von Vögeln, die sich trauten (Adler und Elstern), oder sie rekrutierten andere und näherten sich als Trupp. Sobald ein Trupp an einem Kadaver war, schienen plötzlich alle Vögel so viel Fleisch wie möglich verstecken zu wollen. Obwohl sie in der Nähe des Kadavers hätten bleiben und das Fleisch dort verwahren können, verschwendeten sie gewöhnlich viel Zeit und Energie, um mit jedem einzelnen Futterbrocken meilenweit zu fliegen und ihn einzeln und isoliert zu verstecken. Diese und andere Widersprüche waren nicht leicht mit den Theorien der Verhaltensökologie zu erklären, ebenso wenig, wie sie sich einfach unter den Teppich kehren ließen, nur weil es noch keine Erklärung dafür gab. Ich war davon überzeugt, dass es irgendein grundlegendes Anpassungsmuster geben müsse, das die Einzigartigkeit dieser Vögel erklären konnte und Aufschluss darüber gab, warum sich dieser Vogel in allen nordischen Kulturen von Amerika über Europa bis nach Asien so großer Wertschätzung erfreute.

Der Schlüssel zu den zahlreichen Widersprüchen in ihrem Verhalten lag, dessen war ich mir sicher, in ihrer Naturgeschichte und in dem jeweiligen Selektionsdruck, dem sie ausgesetzt sind und waren. Schließlich gelangte ich zu dem Schluss, dass die Raben sich stammesgeschichtlich in enger Verbindung mit intelligenten und potenziell gefährlichen Karnivoren entwickelt haben: zunächst vor allem mit Wölfen, um diese Bindung später auf die vor- und frühmenschlichen Jäger zu übertragen. Auf der Suche nach den Spuren dieser alten Allianzen reiste ich nach Norden (nach Baffin Island in der Arktis, Nova Scotia, in den Yellowstone Park), wo Raben noch immer – oder wieder – in enger Verbindung mit ihren Jägern aus dem Reich der Säugetiere leben. Von ihnen beziehen sie im Winter fast ihre ganze Nahrung, während die Raben ihrerseits die Jäger möglicherweise über die Anwesenheit und/oder den Aufenthaltsort von Beutetieren orientieren. Die sozialen Jäger, Caniden wie Menschen, sind gefährlich und intelligent, daher müssen auch die Raben intelligent sein, um von dieser Jagdsymbiose zu profitieren und sie aufrechtzuerhalten.

Meine frühere Arbeit über die Nahrungssuche von Hummeln und ihre auf Bestäubung beruhenden symbiotischen Beziehungen zur Pflanzengesellschaft schärfte mir den Blick für eine Symbiose zwischen Raben, Wölfen und letztlich den Frühmenschen. Und umso mehr übte der Odin-Mythos der altnordischen Sagenwelt einen Reiz auf mich aus.

In einer biologischen Symbiose gleicht ein Organismus in der Regel eine Schwäche oder einen Mangel des (der) anderen aus. Wenn wir vom Modell der Symbiose ausgehen, dann hatte Odin, der Vater aller Menschen und Götter in menschlicher Gestalt, durchaus Schwächen, die kompensiert werden mussten. Für sich betrachtet, fehlte es ihm an Tiefenwahrnehmung (da er einäugig war). Außerdem war er unwissend und vergesslich. Diese Schwächen glichen seine Raben aus, Hugin (Gedanke) und Munin (Gedächtnis), die ein Teil von ihm waren. Sie hockten auf seinen Schultern und unternahmen jeden Tag Erkundungsflüge bis an die Grenzen der Welt. Abends kehrten sie zurück und berichteten, was es Neues gab. Außerdem hatte er zwei Wölfe an seiner Seite, und diese Verbindung Mensch-Gott-Rabe-Wolf war wie ein einziger Organismus, in dem die Raben die Augen, der Geist und das Gedächtnis waren, die Wölfe die Ernährer, die für das Fleisch sorgten. Als Gott war Odin der ätherische Teil – er trank nur Wein und sprach in Versen. Ich fragte mich, ob die Odin-Sage nicht eine Metapher sei, die spielerisch und poetisch uraltes Wissen über unsere vorgeschichtliche Vergangenheit als Jäger bewahrte und von unserer engen Beziehung zu zwei Verbündeten kündete, mit denen zusammen wir eine erfolgreiche Jagdgemeinschaft bildeten. Spiegelte sie nicht eine Vergangenheit wider, die wir schon lange vergessen haben und deren Bedeutung weitgehend verstümmelt wurde, als wir unsere Jagdkulturen aufgaben, um Hirten und Ackerbauern zu werden, und die Raben fortan als Konkurrenten empfanden?

Ursprünglich hatte ich gar nicht die Absicht, mich mit der Möglichkeit einer uralten symbiotischen Beziehung zwischen Mensch, Wolf (Hund) und Rabe zu beschäftigen. Wie andere Forscher war ich ursprünglich der Meinung, die allgemein bekannte Verbindung zwischen Raben und Wölfen und manchmal auch Menschen beruhte einfach auf dem Opportunismus von Raben. Dann fand ich fast durch Zufall angeborene, fest verdrahtete Reaktionen bei Raben, die nicht nur die meisten Widersprüche aufhoben, die mir aufgefallen waren, sondern die auch auf eine alte und stammesgeschichtliche Beziehung zu Jägern schließen ließen. Zu meiner großen Überraschung stellte sich heraus, dass Raben nicht neben Wölfen fressen, weil sie es müssen, sondern weil sie es wollen.

Allerdings sind Raben außerordentlich flexibel und leben natürlich in vielen Gebieten, wo keine Wölfe mehr anzutreffen sind. In Nordmaine zum Beispiel scheinen sich Raben während der saisonalen Elchjagd stattdessen mit den menschlichen Jägern zusammenzutun. In meinem Hauptuntersuchungsgebiet im westlichen Maine zeigten die Raben große Furcht vor allen Rinderkadavern, die ich ihnen darbot, aber sie überwanden ihre Furcht, indem sie sogar fremde Artgenossen rekrutierten und in der Sicherheit eines größeren Trupps fraßen. Im Gegensatz dazu spannten die Raben im östlichen Oregon, wo es ebenfalls keine Wölfe mehr gibt, Mittler ein, um an Futter zu gelangen. Elstern und Adler fraßen ohne zu zögern von einem Rotwildkadaver und trugen Fleischbrocken davon, um sie zu verstecken. Woraufhin die

Raben die Elstern und Adler jagten, bis diese ihr Fleisch preisgaben.

Raben sind nicht nur gezwungen, sich mit gefährlichen und intelligenten Karnivoren an Kadavern zu arrangieren, sie müssen auch untereinander konkurrieren. Untersuchungen in meiner Voliere und im Feld lassen darauf schließen, dass Raben Individuen erkennen, nicht nur der eigenen Art, sondern auch fremder Arten. Die Vögel haben ein besonderes Spielverhalten, das offenbar stammesgeschichtlich selektiert worden ist, um die Reaktionen potenziell gefährlicher Karnivoren zu taxieren. Da die Vögel also Individuen ihrer eigenen und anderer Arten wahrnehmen und nicht in einer Welt leben, die nur aus verschiedenen Kategorien zusammengesetzt ist, ist diese ihre Welt weit komplexer, als man bisher angenommen hat. Entsprechend muss auch ihre Intelligenz dieser sozialen Umwelt gewachsen sein.

Im letzten Teil des Buches versuche ich, der Frage nachzugehen, was Intelligenz ist und in welcher Beziehung sie zu Lernen, angeborenen Reaktionen und Einsicht steht. Ich berichte von Beobachtungen und Tests und wie sie von Psychologen und anderen Wissenschaftlern aufgenommen wurden. Dabei komme ich zu dem Schluss, dass Raben in der Lage sind, zur Lösung von Problemen Vorstellungsbilder zu manipulieren. So sind sie sich mancher Aspekte ihrer privaten Wirklichkeit bewusst und sehen im Geist zumindest einiges von dem, was sie mit den Augen sehen.

ANMERKUNGEN UND LITERATUR

VORWORT

Allgemeine Literatur über Raben:

Angell, T., *Ravens, Crows, Magpies, and Jays*, Seattle: University of Washington Press, 1978.

Boarman, W. I. und B. Heinrich, »The Common Raven«, in: A. Poole (Hg.), *The Birds of North America*, Washington, D. C.: Academy of Natural Sciences, 1999.

Eiseley, L., *Die ungeheure Reise. Von der Entstehung des Lebens und der Naturgeschichte des Menschen*, München: Piper Verlag, 1959.

Glutz von Blotzheim, U. N., »*Corvus corax* Linneus«, in: *Handbuch der Vögel Mitteleuropas*, Band 13/III, Wiesbaden: AULA-Verlag, 1993, S. 1947–2022.

Goodwin, D., *Crows of the World*, 2. Aufl., St. Edmundsbury Press Ltd., 1986.

Heinrich, B., *Die Seele der Raben*, München: List Verlag, 1992.

Ratcliffe, D., *The Raven*, London: T & AS Poyser, 1997.

Quellen zur Rabenmythologie:

Goodchild, P., *Raven Tales*, Chicago: Chicago Review Press, 1991.

Guerher, H. A., *Myths of Northern Lands*, New York: American Book Co., 1895.

Turville-Petre, E. O. G., *Myths and Religion of the North*, New York: Holt, Rinehart & Winston, 1964.

Empfehlenswerte Texte über Tierverhalten:

Alcock, J., *Das Verhalten der Tiere aus evolutionsbiologischer Sicht*, Stuttgart: Fischer, 1996.

Sherman, P. W. und J. Alcock, *Exploring Animal Behavior*, 2. Aufl., Sunderland, MA: Sinauer Assoc., 1998.

Zu den Forschungsarbeiten über Vogelorientierung von G. Kramer, S. T. Emlen und vielen anderen:

Schmidt-Koenig, K., *Das Rätsel des Vogelzugs. Faszinierende Erkenntnisse über das Orientierungsvermögen der Vögel*, Hamburg: Hoffmann und Campe, 1980.

Spezielle Tierstudien, auf die im Text verwiesen wird:

Cheney, D. L. und R. M. Seyfarth, *Wie Affen die Welt sehen*, München: Hanser, 1990.

Dethier, V. G., *The Hungry Fly*, Cambridge, MA: Harvard Univ. Press, 1976.

Goodall J., *The Chimpanzees of Gombe: Patterns of Behavior*, Cambridge, MA: Harvard Univ. Press, 1986.

Griffin, D. R., *Listening in the Dark*, New Haven, CT: Yale Univ. Press, 1958.

Heinrich, B., »The effect of leaf geometry on the feeding behavior of the caterpillar of *Manduca sexta* (Sphingidae)«, in: *Animal Behaviour* 19 (1971), S. 119–124.

Heinrich, B. und A. Kammer, »Activation of the fibrillar muscles in the bumblebee during warm-up, stabilization of thoracic temperatures and flight«, in: *J. Exp. Biol.* 58 (1973), S. 677–688.

Herrenstein, R. J., D. H. Loveland und C. Cable, »Natural concept in pigeons«, in: *J. Exptl. Psychol: Animal Behavior Processes* 2 (1976), S. 285–302.

Hunt, G., »Manufacture and use of hook-tools by New Caledonian crows«, in: *Nature* 379 (1996), S. 249–251.

Payne, K. und R. Payne, »Large scale changes over nineteen years in songs of humpback whales in Bermuda«, in: *Z. Tierpsychol.* 68 (1985), S. 89–114.

Pepperberg, I., »Cognition in the African Grey parrot (*Psittacus erithacus*): Further evidence of comprehension of categories and labels«, in: *J. Comp. Psychol.* 104 (1990), S. 41–52.

Seely, T. D., *Honeybee Ecology*, Princeton, NJ: Princeton Univ. Press, 1985.

Smolker, R., A. Richards, R. Connor, J. Mann und P. Bergeron, »Sponge carrying by dolphins (Delphinidae, *Tursiops* sp): Foraging specialization involving tool use?«, in: *Ethology* 103 (1997), S. 454–465.

Frisch, K. von, *Tanzsprache und Orientierung der Bienen*, Berlin: Springer, 1965.

Waal, F. de, *Der gute Affe. Der Ursprung von Recht und Unrecht bei Menschen und anderen Tieren*, München: Hanser 1997.

Einige veröffentlichte Anekdoten über die merkwürdigen Dinge, die Raben anstellen:

Bailey, D., »Snow bathing of ravens«, in: *Ont. Birds* 11 (1993), S. 1.

Barnes, J., »Raven rolling on ground to avoid peregrine«, in: *Brit. Birds* 79 (1986), S. 252.

Bradley, C. C., »Play behavior in northern ravens«, in: *Passenger Pigeon* 40 (1978), S. 493–495.

Connor, R. N., D. R. Chamberlain und V. J. Lucid, »Some aerial flight maneuvers of the common ravens in Virginia«, in: *The Raven* 44 (1973), S. 49.

Davis, T. A. W., »Raven covering eggs«, in: *Nature*, Wales 142 (1975). S. 14.

Elliot, R. D., »Hanging behavior in common ravens«, in: *The Auk* 94 (1977). S. 777–778.

Evershed, S., »Ravens flying upside-down«, in: *Nature* 126 (1930), S. 956–957.

Ewins, P. J., »Ravens foot-paddling«, in: *Brit. Birds* 82 (1989), S. 31.

Gwinner, E., »Beobachtungen über Nestbau und Brutpflege des Kolkraben (*Corvus corax*) in Gefangenschaft«, in: *J. Orn.* 103 (1965), S. 146–177.

Hewson, R., »Social flying in ravens«, in: *Brit. Birds* 50 (1963), S. 432–434.

Hooper, D. F., »Ravens snow bathing!«, in: *Blue Jay* 44(2) (1986), S. 124.

Hopkins, D. A., »Snow bathing of common ravens«, in: *Conn. Warbler* 7 (1987), S. 13.

Jaeger, E. C., »Aerial bathing of ravens«, in: *Condor* 54 (1963), S. 246.

Janes, S. W., »The apparent use of rocks by a raven in nest defense«, in: *Condor* 78 (1976), S. 409.

Jefferson, B. »Evidence of pair bonding between common raven (*Corvus corax*) and American crow (*Corvus brachyrhynchos*)«, in: *Ont. Birds* 9 (1991), S. 45–48.

Moffett, A. T., »Ravens sliding in snow«, in: *Brit. Birds* 77 (1984), S. 321–322.
Montevecchi, W. A., »Corvids using objects to displace gulls from nests«, in: *Condor* 80 (1978), S. 349.
Owen, J. H., »Raven carrying food in foot«, in: *Brit. Birds* 43 (1950), S. 55–56.
Stoj, M., »A case of ravens carrying their nestlings away from the nest«, in: *Notatk. Ornitol.* 30 (1989), S. 106–107.
Taning, A. V., »Ravens flying upside-down«, in: *Nature* 127 (1931), S. 856.
Van Vuren, D., »Acrobatic rolls by ravens on Santa Cruz Island, California«, in: *The Auk* 101 (1984) S. 620–621.

1. KAPITEL

Eine Studie über Bettelverhalten:

Rodriguez-Girones, M. A., P. A. Cotton und A. Kacelnik, »The evolution of begging: signalling and sibling competition«, in: *Proc. Nat. Acad. Sci.* U. S. 93 (1996), S. 14 637–14 641.

Eine Studie über das Zahlenverständnis von Raben:

Köhler, Q., »Zählversuche an einem Kolkraben und Vergleichsversuche an Menschen«, in: *Zeitschrift für Tierpsychologie* 5 (1943), S. 575–712.

2. Kapitel

Veröffentlichungen zum Rekrutierungsverhalten von Raben im Untersuchungsgebiet in Maine:

Heinrich, B., »Foodsharing in the Raven *Corvus corax*«, in: C. N. Slobodchikoff (Hg.), *The Ecology of Social Behavior*, San Diego: Academic Press, 1988.
Heinrich, B., »Winter foraging at carcasses by three sympatric corvids, with emphasis on recruitment by the raven, *Corvus corax*«, in: *Behav. Ecol. & Socio-biol.* 23 (1988), S. 141–156.
Heinrich, B., *Die Seele der Raben*, München: List Verlag, 1992.
Heinrich, B., »Does the early raven get (and show) the meat?«, in: *The Auk* 111 (1994), S. 764–769.

Heinrich, B. und J. M. Marzluff, »Do common ravens yell because they want to attract others?«, in: *Behav. Ecol. & Sociobiol.* 28 (1991), S. 13–21.
Heinrich, B. J. M. Marzluff und C. S. Marzluff, »Ravens are attracted to the appeasement calls of discoverers when they are attacked at defended food«, in: *The Auk* 110 (1993), S. 247–254.
Heinrich, B. und J. M. Marzluff, »How ravens share«, in: *American Scientist* 83 (1995), S. 342–349.
Marzluff, J. M. und B. Heinrich, »Foraging by common ravens in the presence and absence of territory holders: an experimental analysis of social foraging«, in: *Anim. Behav.* 42 (1991), S. 755–770.
Marzluff, J. M., B. Heinrich und C. S. Marzluff, »Roosts are mobile information centers«, in: *Animal Behaviour* 51 (1996), S. 89–103.
Parker, P. G., T. A. Wake, B. Heinrich und J. M. Marzluff, »Do common ravens share food bonanzas with kin? DNA fingerprinting evidence«, in: *Animal Behaviour* 48 (1994), S. 1085–1093.

4. UND 5. KAPITEL

Berichte über frühe und späte Brutversuche von Raben:

Brückmann, U., »Hohe und späte Kolkrabenbrut in Graubünden«, in: *Orn. Beob.* 74 (1977), S. 209.
Hauri, R., »Horstbau beim Kolkraben im Herbst«, in: *Orn. Beob.* 65 (1968), S. 28–29.
Hauri, R., »Außergewöhnlich frühe Brut des Kolkraben«, in: *Orn. Beob.* 67 (1970), S. 63.
Hyatt, J. H., »Ravens nest in October«, in: *Brit. Birds* 39 (1946), S. 83–84.
Mearns, R. und B. Mearns, »Successful autumn nesting of ravens«, in: *Scott. Birds* 15 (1989), S. 179.
Sieber, H., »Frühbruten des Kolkraben«, in: *Falke* 15 (1968), S. 31.

Eine Zusammenfassung über die Ernährung und die Fressgewohnheiten von Raben:

Ratcliffe, R. D., *The Raven*, London: T & AS Poyser, 1997, S. 75–96.

Allgemeine Literatur:
Avery, M. L. u. a., »Aversive conditioning to reduce raven predation on California Least tern eggs«, in: *Colonial Waterbirds* 18 (1977), S. 131–138.
Heinrich, B., »Neophilia and exploration in juvenile common ravens, *Corvus corax*«, in: *Anim. Behav.* 50 (1995), S. 695–704.
Sutton, G. M., *Birds in the Wilderness*, New York: MacMillan, 1936.

Anmerkung: Die Geschichte über Konrad Lorenz' Raben Roa ist nachzulesen in seinem Klassiker: *Er redete mit dem Vieh, den Vögeln und den Fischen*, Wien: Borotha-Schoeler, 1949.

6. UND 7. KAPITEL

Zu einem ausführlichen Forschungsüberblick über Rabenbewegungen, Territorialismus und Populationsregulierung vgl.:
Ratcliffe, D., *The Raven*, London: T & AD Poyser, 1997, S. 118–126 und S. 196–216.

Zu Studien über den Rabenbestand in Schleswig-Holstein vgl.:
Grünkorn, T., »Untersuchungen zum Bestand, zur Bestandsentwicklung und zur Habitatswahl des Kolkraben in Schleswig-Holstein«, Diplomarbeit, Institut für Haustierkunde, Univ. Kiel, 1991.
Looft, V., »Zur Ökologie und Siedlungsdichte des Kolkraben«, in: *Corax* 1 (1965), S. 1–9.
Looft, V., »Die Bestandsentwicklung des Kolkraben in Schleswig-Holstein«, in: *Corax* 9 (1983), S. 227–232.

Allgemeine Literatur:
Bruggers, D. J., »The Behavior and Ecology of the Common Raven in Northeastern Minnesota«, in: Thesis, Univ. of Minnesota, 1988.
Ewins, P. J., J. N. Dymond und M. Marquiss, »The distribution, breeding and diet of Raven Coruus corax in Shedand«, in: *Birds' Study* 33 (1986), S. 110–116.
Gothe, J., »Zur Ausbreitung und zum Fortpflanzungsverhalten

des Kolkraben (*Corvus corax* L.) unter besonderer Berücksichtigung der Verhältnisse in Mecklenburg«, in: H. Schildmacher (Hg.), *Beiträge zur Kenntnis Deutscher Vögel*, Jena: Fischer, 1961, S. 63–129.

Gwinner, E., »Untersuchungen über das Ausdrucks- und Sozialverhalten des Kolkraben (*Corvus corax* L.)«, in: Z. *Tierpsychol.* 21 (1964), S. 657–748.

Lister, R., »Unusual winter movements of common ravens and Clark's nutcrackers«, in: *Canadian Field Naturalist* 97 (1973), S. 325–326.

Lorenz, K., »Die Paarbildung beim Kolkraben«, in: Z. *Tierpsychol.* 3 (1946), S. 278–292.

10. UND 11. KAPITEL

Zu Untersuchungen über Kooperation unter Tieren:

Dugatkin, L. A., *Cooperation Among Animals: An Evolutionary Perspective*, Oxford: Oxford Univ. Press, 1997.

Prädatismus bei Raben:

Allan, T. und S. Allan, »Common raven attacks ruffed grouse«, in: *Jack Pine Warbler* 64 (1986), S. 43–44.

Elkins, N., »Raven catching rockdove in the air«, in: *Brit. Birds* 57 (1964), S. 302.

Heinrich, B., *Die Seele der Raben*, München: List Verlag, 1992.

Hewson, R., »Scavenging and predation upon sheep and lambs in west Scotland«, in: *Journ. Appl. Ecol.* 21 (1964), S. 843–868.

Jensen, J. K., »Ravens attack fulmars in the air«, in: *Dan. Ornithol. Foren. Tidsskr.* 85 (1991), S. 181.

Klickia, J. und K. Winker, »Observations of ravens preying on adult kittiwakes«, in: *Condor* 93 (1991), S. 755-757.

Lydersen, C. und T. G. Smith, »Avian predation on ringed seal, Phoca hispida, pups«, in: *Polar Biol.* 9, S. 489–490.

Maccarone, A. D., »Predation by common ravens on cliff-nesting black-legged kittiwakes on Baccalieu Island, Newfoundland«, in: *Colonial Waterbirds* 15 (1992), S. 253–256.

Maser, C., »Predation by common ravens on feral rock doves«, in: *Wilson Bulletin* 87 (1975), S. 552–553.

Montevecchi, W. A., »Predator-prey interactions between ravens and kittiwakes«, in: *Z. Tierpsychol.* 49 (1979), S. 136–141.
Ostbye, R., »Raven attacking reindeer«, in: *Fauna*, Oslo. 22 (1969), S. 265–266.
Parmelee, D. E. und J. M. Parmelee, »Ravens observed killing roosting kittiwakes«, in: *Condor* 90 (1998), S. 952.
Sanders, B. A., »Some observations of the common raven as a predator«, in: *Chat 40* (1976), S. 96–97.
Schmidt-Koenig, K. und R. Prinzinger, »Raven Corvus corax strikes flying pigeon«, in: *Vogelwelt* 133 (1992), S. 98.
Tella, J. L., I. Torre und T. Ballesteros, »High consumption rate of blacklegged kittiwakes by common ravens in a Norwegian seabird colony«, in: *Colonial Waterbirds* 18, S. 231–233.

12. KAPITEL

Zur Forschung über Brutparasitismus:

Rothstein, S. I., »A model system for coevolution: avian brood parasitism«, in: *Annu. Rev. Ecol. & Sysf.* 21 (1990), S. 481–508.

Zur Forschung über Erkennungssysteme:

Sherman, P. W., H. K. Reeve und D. W. Pfennig, »Recognition Systems«, in: J. R. Krebs und N. B. Davies (Hg.), Behavioral Ecology, 4. Aufl., Maiden, MA: Blackwell Pub., 1997.

13. KAPITEL

Zum möglichen Geruchsvermögen von Raben:

Harriman, A. E. und R. H. Berger, »Olfactory acuity in the common raven (*Corvus corax*)«, in: *Phys. Behav.* 36 (1986), S. 257-262.
Taylor, W. R., »Note on the sense of smell in the golden eagle and certain other birds«, in: *Condor* 25 (1923), S. 28.

14. KAPITEL

Farrell, R. K. und S. D. Johnston, »Identification of laboratory animals: freeze-marking«, in: *Lab. Anim. Sci.* 23 (1973), S. 107–110.
Sherman, P. W., H. K. Roeve und D. W. Pfennig, »Recognition

Systems«, in: J. R. Krebs und N. B. Davies (Hg.), *Behavioral Ecology*, 4. Aufl., Maiden, MA: Blackwell Pub., 1997.

15. KAPITEL

Zu Berichten über Raben, die in der Nähe von Adlern und Falken nisten:

Ratcliffe D., *The Raven*, London: T & AD Poyser, 1997, S. 127–138.

Zu Untersuchungen über Raben, die in städtischer Umgebung nisten:

Campbell, B. und G. E. S. Turner, »Ravens breeding on city buildings«, in: *Brit. Birds* 69 (1976), S. 229–230.

Hauri, R., »Der Kolkrabe als Brutvogel am Berner Bundeshaus«, in: *Orn. Beob.* 90 (1993), S. 299–301.

Jefferson, B., »Observations of common ravens in metropolitan Toronto«, in: *Ontario Birds* 7 (1989), S. 15–20.

Knight, R. L., »Responses of nesting ravens to people in areas of different human densities«, in: *Condor* 86 (1986), S. 345–346.

Meek, E. R., »Ravens breeding on city buildings«, in: *Brit. Birds* 69 (1976), S. 316.

Ortlieb, R., »Stadtbrut des Kolkraben (Corvus corax) in Ravensburg«, in: *Anz. Orn. Ges. Bayern* 10 (1971), S. 186–187.

Ulrich, H., »Brutversuch des Kolkraben (Corvus corax) im Stadtgebiet von Berlin (West)«, in: *Orn. Ber. Berlin (West)* 8 (1983), S. 167.

White, C. M. und M. Tanner-White, »Use of interstate highway overpasses and billboards for nesting by the common raven (*Corvus corax*)«, in: *Great Basin Nat.* 48–67 (1988), S. 167.

Allgemeine Literatur:

Kilham, L., »Sustained robbing of American crows by common ravens at a feeding station«, in: *J. Field Ornithol.* 56, (1985), S. 425–426.

Marzluff, J. M., »Foraging relationships between corvids and golden eagles: mutual parasitism?«, in: *Journal Raptor Research* 28 (1994), S. 60.

Nero, R. W., »Red fox-common raven interaction«, in: *Blue Jay* 51 (1993), S. 177–178.

Williamson, F. S. L. und R. Rausch, »Interspecific relations between goshawks and ravens«, in: *Condor* 58 (1956), S. 165.

16. KAPITEL

Zur Forschung über vokale Kommunikation bei Vögeln, die nicht zu den Raben gehören:

Kroodsman, D. E. und E. H. Miller, *Ecology and Communication in Birds*, Ithaca, NY: Cornell Univ. Press, 1996.

Zu unserer eigenen Arbeit über die Kommunikation bei Raben:

Heinrich, B., »Winter foraging at carcasses by three sympatric corvids, with emphasis on recruitment by the raven, *Corvus corax*«, in: *Behav. Ecol. & Sociobiol.* 23 (1988), S. 141–156.

Heinrich, B., »Does the early raven get (and show) the meat?«, in: *The Auk* 111(3) (1994), S. 764–769.

Heinrich, B. und J. M. Marzluff, »Do common ravens yell because they want to attract others?«, in: *Behav. Ecol. & Sociobiol.* 28 (1991), S. 13–21.

Heinrich, B., J. M. Marzluff und C. S. Marzluff, »Ravens are attracted to the appeasement calls of discoverers when they are attacked at defended food«, in: *The Auk* 110 (1993), S. 247–254.

Marzluff, J. B. und B. Heinrich, »Foraging by common ravens in the presence and absence of territory holders: an experimental analysis of social foraging«, in: *Anim. Behav.* 42 (1991), S. 755–770.

Allgemeine Literatur:

Zahavi, A. und A. Zahavi, *Signale der Verständigung, Das Handicap-Prinzip*, Frankfurt a. M.: Insel-Verlag, 1998.

Zu verschiedenen früheren Veröffentlichungen über Rabenkommunikation:

Heinrich, B., *Die Seele der Raben*, München: List Verlag, 1992.

17. KAPITEL

Zur Rachenfarbe als Ausdruck der Reifung und Dominanz bei Raben:

Heinrich, B. und J. M. Marzluff, »Age and mouth color in common ravens, *Corvus corax*«, in: *The Condor* 94 (1992), S. 549–550.

Heinrich, B., »When is the common raven black?«, in: *Wilson Bulletin* 106 (1994), S. 571–572.

Zu Status, Stress, Aggressivität und Hormonen bei Vögeln:

Hegner, R. E. und J. C. Wingfield, »Social status and circulating level of hormones in flocks of house sparrows«, in: *Passer domesticus. Ethology* 76 (1987), S. 1–14.

Schlinger, B. A. »Plasma androgens and aggressiveness in captive winter white-throated sparrows (*Zonotrichia albicallis*)«, in: *Hormones and Behavior* 21 (1987), S. 203–210.

Wingfield, J. C., »Modulation of the adrenocortical response to stress in birds«, in: K. G. Davey, R. E. Peter, S. S. Tobe (Hg.), *Perspectives in Comparative Endocrinology*, Ottawa: Nat. Res. Council, 1994.

Zur Forschung über Dominanz- und Fressverhalten:

Heinrich, B., »Dominance and weight changes in the common raven, *Corvus corax*«, in: *Anim. Behav.* 48 (1994), S. 1463–1465.

Gwinner, E., »Untersuchungen über das Ausdrucks- und Sozialverhalten des Kolkraben (*Corvus corax* L.)«, in: Z. *Tierpsychol.* 21 (1964), S. 657–748.

18. Kapitel

Allgemeine Literatur:

Dathe, H., »Kolkrabe (*Corvus corax*) auf Schweinen«, in: *Orn. Mitt.* 16 (1964), S. 16.

Heinrich, B., »Neophilia and exploration in juvenile common ravens, *Corvus corax*«, in: *Anim. Behav.* 50 (1995), S. 695–704.

Heinrich, B., »Why do ravens fear their food?«, in: *The Condor* 90 (1988), S. 950–952.

Heinrich, B., J. M. Marzluff und W. Adams, »Fear and food recognition in naive common ravens«, in: *The Auk* 112 (1996), S. 499–503.

Steinbacher, J., »Weitere Beobachtung von Kolkraben auf Schweinen«, in: *Orn. Mitt.* 16 (1964), S. 147–148.
Wüst, W., »Kolkrabe auf dem Rücken eines weidenden Pferdes«, in: *Orn. Mitt.* 10 (1958), S. 32.

19. KAPITEL

Zu einem detaillierten Bericht und Hintergrundinformationen über das Yellowstone-Wolfprojekt:

Smith, D. W., »Yellowstone Wolf Project: Annual Report, 1997«, in: *Wyoming*, YCR-NR-98-2, 1998.

20. KAPITEL

Allgemeine Literatur:

Allen, D. L., *Wolves of Minong: Their Vital Role in a Wild Community*, Boston: Houghton-Mufflin, 1979.
Brandenburg, J., *Bruder Wolf*, Steinfurt: Tecklenborg, 1996.
Harrington, F. H., »Ravens attracted to wolf howling«, in: *Condor* 80 (1978), S. 236–237.
Heinrich, B., *Die Seele der Raben*, München: List Verlag, 1992.
Lopez, B. H., *Of Wolves and Men*, New York: Charles Scribners Sons, 1978.
Magish, D. R. und A. H. Harris, »Fossil ravens from the Plestocene of Dry Cave, Eddy County, New Mexico«, in: *Condor* 78 (1976), S. 399–404.
Mech, L. D., *The Wolf: the Ecology and Behavior of an Endangered Species*, New York: Natural History Press, 1970.
Peacock, D., *Grizzly Years*, New York: Henry Holt, 1990, S. 106.
Peterson, R. Q., *The Wolves of Isle Royale: A Broken Silence*, Minocqua, WI: Willow Creek Press, 1995.
Ratcliffe, D., *The Raven*, London: T & AS Poyser, 1997, S. 7–26.
Rowley, Graham W., *Cold Comfort: My Love Affair with the Arctic*, Montreal: McGill University Press, 1996.

21. KAPITEL

Allgemeine Literatur:

Heinrich, B., *Die Seele der Raben*, München: List Verlag, 1992.

Freuchen, P. und F. Salomonsen, *The Arctic Year*, London: Jonathan Cape, 1960.

22. KAPITEL

Zu allgemeinen Ergebnissen über die Versteckexperimente an Raben und zu Hinweisen auf die Arbeiten über andere Corviden:

Heinrich B. und J. V. Pepper, »Influence of competitors on caching behavior in the common raven, Corvus corax«, in: *Anim. Behav.* 56 (1998), S. 1083–1090.

Neuere Arbeiten, die auf ein komplexes Gedächtnis schließen lassen:

Clayton, M. S. und A. Dickinson, »Episodic-like memory during cache recovery by scrub jays«, in: *Nature* 398 (1998), S. 272–274.

Neuere Arbeiten, die zeigen, dass sich auch andere Corviden an die Verstecke von Artgenossen erinnern:

Bednekoff, P. A. und R. P. Baida, »Observational spatial memory in Clerk's nutcrackers and Mexican jays«, in: *Anim. Behav.* 52 (1996), S. 233–239.

Zur Forschung über den Bereich der machiavellistischen Intelligenz:

Whiten, A. und R. W. Bryne (Hg.), *Machiavellian Intelligence II: Evolutions and Extensions*, Cambridge: Cambridge Univ. Press, 1998.

Allgemeine Literatur:

Gwinner, E., »Über den Einfluss des Hungers und anderer Faktoren auf die Versteckaktivität des Kolkraben (Corvus corax)«, in: *Vogelwarte* 23 (1965), S. 1–4.

23. KAPITEL

Zur Moral bei Tieren:

Waal, F. de, *Der gute Affe. Der Ursprung von Recht und Unrecht bei Menschen und anderen Tieren*, München: Hanser, 1997.

Allgemeine Literatur:

Liu-Chih, L., »Bruterfolg als Funktion von Ökosystemtyp, Flächennutzung und Konkurrenz bei: *Corvus corax*«, in: Dissertation, Universität des Saarlandes, Saarbrücken, 1997.

Christensen, H. und T. Grünkorn, »Nesthilfe beim Kolkraben (*Corvus corax* L.) nachgewiesen«, in: *Corax* 17 (1997), S. 66–67.

Ehrengruber, M. U. und H. R. Aeschbacher, »Fütternder Helfer an einem Nest des Kolkraben *Corvus corax*«, in: *Orn. Beob.* 90 (1993), S. 301–303.

Zur Diskussion von Helfern am Nest:

Alcock, J., *Das Verhalten der Tiere aus evolutionsbiologischer Sicht*, Stuttgart: Fischer, 1996.

Zur Erörterung von Mobbingverhalten bei Vögeln:

Dawson, J. W., »Golden eagle mobbed while preying on common raven«, in: *Raptor Research* 16 (1982), S. 136.

Heinrich, B., *Ein Forscher und seine Eule*, München: List Verlag, 1993.

Andere Literatur:

Clapp, R. B., M. K. Klimkiewicz und A. W. Futcher, »Longevity records of North American birds: Columbidae through Paridae«, in: *J. Field Orn.* 54 (1993), S. 123–137.

Nogales, M., »High density and distribution patterns of a raven Corvus corax population on an occanic island (El Hierro, Canary Islands)«, in: *Journal of Avion Biol.* 25 (1994), S. 80–84.

Ryves, B. H., *Bird Life in Cornwall*, London: Collins, 1948.

24. KAPITEL

Zu Studien über Spiele bei Tieren:

Beckoff, M. und J. A. Byers (Hg.), *Animal Play: Evolutionary, Comparative, and Ecological Aspects,* Cambridge: Cambridge Univ.

Press, 1998. Picken, M. S., »Avian play«, in: *The Auk* 94 (1997), S. 537–582.

Zu Studien über Spiele bei Raben:

Drack, G., »Aktivitätsmuster und Spiel freilebender Kolkraben«, in: Dissertation, Univ. Salzburg, 1994.

Gwinner, E., »Über einige Bewegungsspiele des Kolkraben (*Corvus corax* L.)«, in: *Z. Tierpsychol.* 23 (1996), S 28–36.

Heinrich, B. und R. Smolker, »Raven Play«, in: *Animal Play: Evolutionary, Comparative, and Ecological Aspects*, Cambridge: Cambridge Univ. Press, 1998.

25. KAPITEL

Allgemeine Literatur:

Heinrich, B., »Planning to facilitate caching: Possible suet cutting by a raven«, in: *Wilson Bull*, (in Vorbereitung).

26. KAPITEL

Anmerkung: Schnurziehen als Experimentalmethode zur Untersuchung von Einsicht hat eine lange Geschichte. Bei den ersten Ergebnissen (mit kleinen Singvögeln) glaubte man, sie ließen auf Einsicht schließen, doch nachfolgende Untersuchungen widerlegten diese Annahme. Infolgedessen gab man das Forschungsgebiet ganz auf, bis man begann, Tiere zu untersuchen, die das Problem tatsächlich lösen konnten. Hierzu folgende einschlägige Veröffentlichungen:

Altevogt, R., »Über das ›Schöpfen‹ einiger Vogelarten«, in: *Behavior* 6 (1953), S. 147–152.

Bierens de Haan, J. A., »Der Stieglitz als Schöpfer«, in: *J. Ornithol.* 1 (1933), S. 22.

Dücker, G. und B. Rensch, »The solution of patterned string problems by birds«, in: *Behavioral* (1977), S. 164–173.

Heinrich, B., »An experimental investigation of insight in common ravens (Corvus corax)«, in: *The Auk* 112 (1995)» S. 994–1003.

Heinrich, B., »Detecting insight in common ravens Corvus corax«,

in: C. Heyes und L. Huber (Hg.), *Evolution of Cognition*, Boston: MIT Press (in Vorbereitung).
Thorpe, W. H., »A type of insight learning in birds«, in: *Brit. Birds* 37 (1943), S. 29–31.
Tolman, E. C., »The acquisition of string-pulling by rats – Conditioned response or sign-gestalt?«, in: *Psychol. Rev.* 44 (1937), S. 195–211.
Vince, M. A., »String-pulling in birds. II. Differences related to age in Greenfinches, Chaffinches and Canaries«, in: *Anim. Behav.* 6 (1958), S. 53–59.
Vince, M. A., »›String-pulling‹ in birds. III. The successful response in Greenfinches and Canaries«, in: *Behaviour* 17 (1961), S. 103–129.

27. KAPITEL

Allgemeine Literatur:

Portman, A., »Etudes sur la cérébralization chez les oiseaux«, in: *Alauda* 14 (1946), S. 2–20; *Alauda* 15 (1947), S. 1–15; und ebd., S. 161–171.
Rehkamper, G., H. D. Frahm und K. Zillen, »Quantitative development of brain and brain structures in birds (Galliformes and Passeriformes) compared to that of mammals (Insectívora and Primates)«, in: *Brain Behav. Evol.* 37 (1991), S. 125–143.

Zur Forschung über den Zusammenhang von Vorderhirngröße und Innovationen im Fressverhalten bei Vögeln:

Lefebvre, L., P. Whittle, E. Lascaris und A. Finkelstein, »Feeding innovations and forebrain size in birds«, in: *Anim. Behav.* 53 (1997), S. 549–560.

Zur Forschung über Hippocampuswachstum und Vorratsverhalten bei Vögeln:

Clayton, N. S., »Memory and hippocampus in food-storing birds: A comparative approach«, in: *Neuropharmacology* 37 (1998), S. 441–452.
Krebs, J. R., N. S. Clayton, S. D. Healy, D. A. Cristol, S. W. Patel

und A. R. Jolliffe, »The ecology of the brain: Food-storing and the hippocampus«, in: *Ibis* (1996), S. 34–46.

Allgemeine Literatur:

Armstrong, E., »Relative brain size and metabolism in mammals«, in: *Science* 220 (1983), S. 1302–1304.

Clutton-Brock, T. H. und P. H. Harvey, »Primates, brains and ecology«, in: *J Zoo. Land.* 190 (1980), S. 309–323.

Gittleman J. L., »Carnivore brain size, behavioral ecology, phylogeny«, in: *J. Mammalogy* 67 (1986), S. 23–36.

Gould, J. L., und C. G. Gould, *Bewusstsein bei Tieren*, Heidelberg: Spektrum Akad. Verl., 1997.

Harvey, P. H. und J. R. Krebs, »Comparing brains«, in: *Science* 249 (1992), S. 140–146.

Pearson, R., *The Avion Brain*, London: Academic Press, 1972.

Ridgway, S. H., »Physiological observation on Dolphin Brains«, in: R. J. Schuterman, J. A. Thomas und F. G. Woods (Hg.), *Dolphins, Cognition and Behavior, A Comparative Approach*, Hillsdale, NJ: Lawrence Eribaum Assoc., 1986, S. 31–59.

Roberts, W. A., *Principles of Animal Cognition*, New York: McGrawHill, 1998.

28. KAPITEL

Anmerkungen: In seinem Buch *The End of Science* (Reading, MA: Addison-Wesley, 1996) gibt John Horgan verschiedene Bewusstseinstheorien wieder:

Bewusstsein als Illusion, als etwas, was von physikalischen Gesetzen erklärt wird, als ein Phänomen, das unabhängig von seinem materiellen Substrat ist, als Manifestation des Kurzzeitgedächtnisses, als Oszillation neuronaler Entladungen und so fort.

Auch Sonderausgaben der Zeitschrift *Scientific American* sind dem Bewusstsein gewidmet. Dort finden sich Literaturhinweise auf etwa 40 Bücher zu diesem Thema. Die Ausgaben heißen *Mind and Brain* (September 1992), *The Puzzle of Consciousness* (Dezember 1995) und *Exploring Intelligence* (Winter 1998).

Weitere Ansätze findet der interessierte Leser bei E. O. Wilson in *Die Einheit des Wissens* (Berlin: Siedler, 1998), wo das Thema ausführlich diskutiert wird und eine Liste mit etwa 20 weiteren Büchern zu finden ist, sowie Donald R. Griffin, »From cognition to consciousness«, in: *Anim. Cogn.* 1 (1998), S. 3–16.

Allgemeine Literatur:

Baida, R. R., I. M. Pepperberg und A. C. Kamil (Hg.), *Animal Cognition in Nature*, New York: Academic Press, 1998.

Baars, B. J., *Das Schauspiel des Denkens, Neurowissenschaftliche Erkundungen*, Stuttgart: Klett-Cotta, 1998.

Calvin, W. H., *Wie das Gehirn denkt. Die Evolution der Intelligenz*, Heidelberg: Spektrum Akad. Verl., 1998.

Chalmers, D. J., *The Conscious Mind: In Search of a Fundamental Theory*, New York: Oxford Univ. Press, 1996.

Dennett, D. C., *Philosophie des menschlichen Bewusstseins*, Hamburg: Hoffmann und Campe, 1994.

Dickinson, A. und B. Ballentine, »Motivational control of goal-directed action«, in: *Animal Learning and Behavior* 22 (1994), S. 1–18.

Dukas, R. (Hg.), *Cognitive Ecology*, Chicago: University of Chicago Press, 1998.

Gardner, H., *Abschied vom IQ. Die Rahmen-Theorie der vielfachen Intelligenzen*, Stuttgart: Klett-Cotta, 1994.

MacPhail, E. M., *Brain and Intelligence in Vertebrates*, Oxford: Clarendon Press, 1982.

MacPhail, E. M., »The search for a mental Rubicon«, in: C. Heyes und L. Huber (Hg.), *Evolution of Cognition*, Boston: MIT Press (in Vorbereitung).

Shettleworth, S. J., *Cognition, Evolution, and Behavior*, New York: Oxford University Press, 1998.

Wasserman, E. A., »Comments on animal thinking«, in: *Amer. Scientist* 73 (1985), S. 6.

Anmerkung: Die Auffassungen, die ich im vorliegenden Buch zum Ausdruck gebracht habe, sind zweifellos durch viele der oben genannten Quellen beeinflusst worden.

DANKSAGUNG

Das vorliegende Buch verdankt seine Entstehung weitgehend der Großzügigkeit von Menschen, die mir ihre Erfahrungen mit und ihr Wissen über Raben mitgeteilt haben, die mir Hilfe und Ermutigung zuteilwerden ließen und die mir sogar bei den Feldstudien geholfen haben. Sie alle haben wesentlich dazu beigetragen, dass wir diesen prächtigen Vogel besser verstehen und würdigen können. Dieses Buch ist also auch ein Beleg für die großzügige Informationsbereitschaft von: Aaron Adams, Bill Adams, Andy Adderman, Phil Angle, Amy Arnett, David Barash, Mark Bekoff, Cindy Bellinger, Trond Berg, Peter Bergstrom, Bill Boarman, Diane Boyd, Jim Brandenburg, George Brady, Cathy Bricker, Neil Buckley, Thomas Bugnyar, Eric Busch, Duane Callahan, David Campbell, Linda Campbell, Geoff Carroll, Rachel Carter, Doug Chadwick, William Chester, Gary Clowers, Craig Comstock, Eileen Connor, Bob Crabtree, Dorothy Crumb, Moria Daley, Mark Damon, Josina Davis, Richard Donley, Bill Drury, Micha Dudek, Randy Durand, Steve Emslie, Adam Farrington, Anell Farris, Gerald Fitz, Lori Friedman, Herbert Fuchs, Jean Craighead George, Ted Gaine, Ron Gerrish, Terry Goodhue, Donald Griffin, Thomas Grünkorn, Tim Hall, Forrest Hammond, Hilmar Hansen, Fred Harrington, Rolf Hauri, Stuart Heinrich, Kay Hensler, Monika Hilker, Carsten Hinnerichs, Garth Holman, Richard Hoppe, Stuart und Mary Houston, Beat Huber, Wendy Howe, Jim Hunter, Inooqi Irguittuq, Fran James, Delia Kaye, Paula Kelly, Bill Kilpatrick, Don Kilpela, Ted Knight, Catherine Koehler, Kurt Kotrchal, Bob Landis, Rachel Lawler, Bob Lawrence, Gale Lawrence, Don Lego, Ted Levin, Matt Libby, David Lidstone, Scott Lindsey, Volker Looft, Barry Lopez,

Valerie Lownes, Marcy Mahr, Mary Majka, Marvis Mark, Hans-Dieter Martens, John und Colleen Marzluff, Declan McCabe, Sarah McCracken, John McDonald, Terry McEneaney, Lorin McKay, David Mech, Brad Meiklejohn, Larry Melcher, Randolf Menzel, Gail Mihocko, Michael Miller, John Moran, Klaus Morkramer, Kim Most, Dick Nelson, John und Bob Nicholson, Janet Nook, John und Thomas Nutaraviaq, Abe Okpik, Kristian Omiand, Nikita Orsyanikov, Linda Osborne, Tim Osborne, Jane Packard, Mike Palmer, Jack Parriott, Ray Paunovich, Doug Peacock, Hill Penfold, Lyn Peplinski, John Pepper, Mike Peterson, Rolf Peterson, Diane Pickard, Raymond Pierotti, Noah Piugaattuq, Andrea Ramsden, Natalie Rapp, Derek Ratcliffe, Jorg Reimers, Barbara Reif, Cindy Riegel, John Robertson, Ethan Rochmis, Michael Romero, Emanuel Rosen, Barry Rothfuss, Lorenzo Russo, Jenny Ryan, Bob Sam, Akaka Sataa, John Sawyer, George Schaller, Joseph Schall, Doug Schamel, Kristin Schaumburg, Charlie Sewall, Paul Sherman, Lorrell Shields, Phil Silverson, Rick Sinnett, Doug Smith, Roger Smith, John Snell, Ron Spiegel, Dan Stabler, Joanne und Neil Stinneford, Theo Stein, Carl Striedieck, Guy Stevens, Todd Sweberg, Jan Tinbergen, William Townsend, Jeff Turner, Charlie Uttak, Bill Valleau, Johanna Vienneau, Tinker Vitelli, Julia Voge, Wolfe Wagman, Dieter Wallschläger, Chris Walsh, Mike und Ina Wesno, Steve Wheeler, John Williams, Mary Willson, Lesly Woodroffe, August Wright, Brent Ybarrondo, Ann Yezerski. Und all denen, deren Namen ich hier vergessen habe.

Leider ist es mir unmöglich, ihre Verdienste um dieses Buch im Einzelnen aufzuzählen. Doch ausdrücklich möchte ich Ted Knight, Delia Kaye, Kristin Schaumburg und Eileen Connor für die Monate danken, die sie geopfert haben, um sich hingebungsvoll einem häufig frustrierenden Telemetrieprojekt (funktechnische Spurenverfolgung) zu widmen. John und Colleen Marzluff haben drei Jahre harte Arbeit und viele großartige Ideen investiert, ohne die die Rekrutierungshypothese nicht hätte untermauert werden können. Ich danke meiner Agentin Sandra Dijkstra und meiner Lektorin Diane Reverand, deren instinktsichere Urteile über das, was ein gutes Buch ausmacht, unschätzbare Orientierungshilfen waren. Meiner Frau Rachel Smolker, die meine manchmal längeren »Absenzen« – meine Versuche, wenn schon nicht körperlich, so doch wenigstens geistig bei meinen Raben zu weilen – mit so viel liebevoller Geduld ertragen hat. Rachels kluge biologische Ideen und scharfsinnige redaktionelle Kritik haben mir geholfen, das zu sagen, was ich mitteilen wollte. Kimberly Layfield hat mein häufig unleserliches Rabengekritzel rasch und gekonnt in ein sauberes Manuskript verwandelt, ohne je ihre gute Laune zu verlieren. Die verschiedenen Behörden auf einzelstaatlicher und Bundesebene haben die erforderlichen Genehmigungen rasch und unbürokratisch erteilt, was ich mit Dankbarkeit zur Kenntnis genommen habe, zeigen sie doch, dass auch sie inzwischen größeren Wert auf engeren Kontakt zu unseren Mitgeschöpfen legen.

REGISTER

A

Adams, Amy 410
Adams, Bill 313
Adams, Rod 410
Adler 77, 83, 98, 208, 209, 212, 213, 269, 271, 276, 277, 324, 330, 335, 336, 414, 415, 498, 495, 502
Adoption 219
Aeschbacher, Hans-Rudolf 390
Alaska, Raben 463 (im Text: Alaska-Raben)
Alexander, Cedric 409
Allen, Durward 207, 338
Anchorage (Alaska) 250,251, 282
Angle, Phil 463
Animal Minds 349
Avery, Michael L. 118

B

Baffin Island 350, 499
Baja 212, 346
Balzverhalten 165, 167, 168, 189
Barash, David P. 281, 286
Barnaby Rudge 66
Belmonte, Lisa 334
Berman, David L. 118
Bindungsverhalten 165, 166
Booma, Glenn 360, 488
Brain and Intelligence in Vertebrates 471
Brandenburg, Jim 340, 414
Bruder Wolf 340
Brut, -zyklus 20, 86, 87, 90, 91, 94, 95, 110, 111, 122, 133, 137, 142, 161, 163, 181, 182, 184, 190, 202, 220, 222, 229, 230, 388, 390, 391, 392, 393, 394, 417, 485, 489, 492, 494, 495
Brutparasiten 224, 225, 226
Buchwaldt, Christian von 136, 137
Busch, Eric 344
Bussarde 10, 137, 201, 212, 223, 267, 268, 491

C

Callahan, Charles 71, 75, 78, 81, 287, 288
Callahan, Duane 71–75, 77–84, 287
Canadian Wolf Research Center 332
Cape Pierce (Alaska) 200
Cetaceen 12
Chadwick, Doug 327
Cheney, Dorothy 13
Chester, Bill 324
Ching, Tao Te 154
Christensen, Hans 139, 390
Clowers, Gary 212, 275, 346
Cold Comfort: My Love Affair with the Arctic 340
Comstock, Craig 342, 343
Connor, Eileen 151, 524

Conover, Garrett 51
Corviden 12, 63, 143, 199, 267, 335, 347, 459, 465
Corvus brachyrhynchos siehe Krähen
Corvus corax siehe Kolkraben
Cotterman, Virginia 51

D
Dahl, Kristi 430
Dalton, jr., George 282, 283
Decker, David G. 118
Denali Park (Alaska) 266
Dichotomie 453
Dickens, Charles 66
Dickenson, Anthony 482
Dohlen 143
Davis, Josina 250
Dominanz, -hierarchie 32, 33, 36, 170, 246, 273, 299, 304, 305, 366, 498
Dominanzinteraktionen 243
Dreizehenmöwen 200
Drury, John 87, 88, 209

E
Ecology and Evolution of Acoustic Communication in Birds 283
Ehrengruber, Markus 390
Elstern 75, 76, 276, 330,334, 369, 370, 387, 459, 499, 502
Emlen, John 14
Emlen, Stephen 131
Enggist-Düblin, Peter 284, 286
Enzephalisation 458, 459, 460, 465
Inuit 329, 348, 351, 352, 355, 356, 360, 362

F
Falken 17, 26, 78, 86, 209, 265, 266, 410
Farrington, Adam 207
Fitz, Gerald 369
Flügelwippverhalten 329, 358, 359, 360, 479
Friedman, Lori 95
Fowles, John 97
Frisch, Karl von 13

G
Gehirnvolumen 458, 459, 462, 463, 464
Geier 75, 211, 212, 223, 267, 268, 410, 412, 491, 494
Goethe, Johannes 142
Goodall, Jane 14
Goodhue, Terry 209
Griffin, Donald 13, 349, 472
Grizzly Years 341
Grandfather Mountain (North Carolina) 410
Grünkorn, Thomas 21, 133, 143, 143, 390, 392
Gussow, Alan 132
Gwinner, Eberhard 17, 167, 186, 373

H

Habichte 10, 134, 137, 465
Häher 26, 49, 143, 207, 276, 306, 312, 333, 436, 456, 459, 469
Hall, Tim 411
Handicap-Prinzip 280
Hannum, Ginny 280, 281, 283
Harrington, Fred 339
Hatch, David 202
Herrenstein, Richard 14
Hinnerichs, Carsten 201, 391
Hirn, Vorder- 458, 459
Hirn, Mittel- 458
Hirn, Hinter- (Rauten-) 458
Horgan, John 473
Hormone 198, 299, 301
Hunt, Gavin 15

I

Into Africa 10
Identifikation 249
Informationsparasitismus 295
Intelligenz 13, 15, 66, 230, 240, 381, 416, 429, 437, 439, 441, 443, 445, 452, 455, 456, 459, 462, 463, 468, 469, 471, 476, 479, 498, 502
Intelligenz, machiavellistische 381
Intoleranz 125, 143, 390
Iqaluit 350, 351, 353, 355, 356, 358, 359
Iqaluit Research Center 351
Isle Royale 338, 339

J

James, Fran 463
Jungraben 20, 24, 27, 29, 34, 38, 94, 101, 103, 109, 111, 117, 121, 122, 134, 166, 168, 169, 191, 192, 192, 206, 223, 235, 247, 250, 256, 277, 279, 298, 313, 318, 370, 394, 403, 407, 415, 465
Jungraben, Erziehung von 108 f., 415
Jungraben, Fütterung der 85, 94, 98, 104, 123, 191, 390,394, 412

K

Kammer, Ann E. 474
Karten, kognitive 419
Kaye, Delia 146, 274
Keene, Gary 201
Kevan, Peter 422
Killerraben 214, 215, 216, 217
Knight, Ted 146, 149, 152, 161
Knittle, C. Edward 118
Koehler, Otto 219
Köhler, Wolfgang 13 f.
Körpersprache 254, 273, 294
Kolkraben 142, 260, 466
Kommunikation 51, 62, 63, 80, 278, 279, 280, 281, 283, 284, 295, 307, 359, 360, 437, 483
Konditionierungstheorie 108
Kondorprojekt 268
Konfiguration 319, 475
Kopulation 168, 179, 180, 182, 183, 391, 498
Krähen 10, 22, 23, 26, 73, 143, 145, 159, 160, 211, 250, 251, 252,

253,254, 260, 267, 268, 276, 305, 306, 313, 346, 387, 388, 436, 448, 456, 459, 463, 467, 469, 492
Kramer, Gustav 14, 21
Kroodsman, Donald E. 283
Kuckuck 224, 225, 226
Kumlien, Ludwig 202

L

Landis, Bob 208, 221
Late Night Thoughts on Listening to Mahler's Ninth Symphony 475
Lawrence, Bob 342
Leopold, Aldo 96
Levin, Ted 202
Libby, Matt 263
Lidstone, David 121
Lindsey, Scott 131
Linz, George M. 118
Liu-Chih, Lo 392
Living Desert Museum 286
Looft, Volker 134
Lorenz, Konrad 66, 108, 111, 112, 167

M

Maine, Raben in 22, 160, 332
Macho-Imponierverhalten 170, 171, 174, 177
MacPhail, Euan M. 471, 472
Majka, Mary 250
Marfield, Susan 71, 74, 78, 287
Markierungsstudie 133
Martens, Hans-Dieter 134
Marzluff, John 35–39, 42, 44, 50, 52, 55, 57–59, 121, 183, 209, 313, 417
McEneaney, Terry 201, 208, 213, 369, 372, 421
McGowan, Kevin 388
McNulty, Dan 334–337
Mech, L. David 338, 339
Menschenvögel 338
Mexiko 212
Miller, Edward H. 283
Miller, Michael E. 411
Morkramer, Anatol 65, 67
Morkramer, Klaus 63, 64, 69, 70, 117
Moran, John R. 201
Most, Kim 95

N

Nahrung, -saufnahme 10, 13, 17, 19, 23, 26, 27, 32, 33, 36, 37, 38, 42, 69, 71, 75, 85, 86, 87, 89, 91, 92, 96, 98, 101, 108, 109, 111, 113, 114, 117, 121, 123, 125, 142, 146, 157, 166, 184, 185, 192, 194, 200, 204, 205, 219, 228, 238, 239, 240, 248, 255, 266, 276, 279, 295, 304, 308, 313, 316, 327, 341, 345, 354, 356, 360, 363, 364, 366, 369, 373, 379, 380, 384, 392, 396, 404, 413, 416, 428, 430, 441, 442, 451, 456, 464, 482, 497, 500
Nahrungssuche, -beschaffung 14, 16, 91, 99, 116, 125, 148, 149, 206, 208, 213, 339, 393, 414, 441, 500

Nest (Nistplatz)
siehe Brut, -zyklus
Nestflüchter 111
Nesthocker 112
Neuengland, Raben in 122, 343, 392
New Brunswick (Kanada) 60, 125, 250
Nichols, Amy 268

O

Okpik, Abe 359
Olympic National Park 281, 286
Oregon, Raben in 274, 275, 334, 501

P

Paarbildung
siehe Bindungsverhalten
Packer, Craig 10
Papageien 12, 64, 209, 456
Pattie, Don 343
Paunovich, Ray 201
Pavelka, Mark A. 118
Payne, Katie 14
Payne, Roger 14
Peacock, Doug 341
Peplinski, Lyn 351
Pepperberg, Irene 15
Perfektionismus, lähmender 472 f.
Peterson, Rolf O. 338
Pfeifenreinigerstudie 103
Pfennis, David 242
Pfister, Ulrich 283 f., 286
Pickard, Diane 468–470
Piugaattuq, Noah 358
Portman, Adolphe 459
Positronenemissions-tomographie (PET) 460
Präferenzen, Habitat- 134
Präferenzen, sexuelle 112, 440
Prestigeimponieren 302

R

Rabe Jakob 63–70, 83, 84, 117
Rabenängste 29, 72, 82, 83, 100, 221, 254, 255, 256, 258, 259, 262, 275, 311, 312, 323, 324, 332, 340, 385, 443, 444, 447, 493, 498
Raben beim Baden 68, 175,402–409
Rabenjunge
siehe Jungraben
Rangordnung 31, 174, 242, 243, 244, 272, 298, 301, 309, 368, 384
Ratcliffe, Derek 142, 143, 342
Reeve, Hudson 242
Rehm, Walter 214
Reimers, Jörg 134
Reiz-Reaktions-
Phänomene 379
Restfaktor 458
Revier 10, 37, 41, 43, 45-47, 53, 58, 60, 90, 119, 122, 124, 133, 142–144, 151–152, 155, 156, 160, 162, 165, 173, 183, 186, 187, 192, 196–198, 209, 295, 306, 329, 390, 391, 34, 395, 417, 419, 485, 486, 498
Riegal, Cindy 344
Rivalenimponieren

252, 273, 302, 304
Rhode-Island-Red-Hühner 269, 270, 463
Roeder, Ken 13
Romero, Michael 299
Rowley, Graham W. 340
Russo, Lorenzo 390

S

Sam, Bob 427
Sawyer, John 414
Schaller, George B. 201, 346, 412, 472
Schaumburg, Kristin 146, 149, 150
Schlafplatz,-verband 35–38, 40, 42, 50, 51, 52, 55, 56, 60, 89, 99, 100, 106, 148, 149, 150, 167, 174, 200, 241, 289, 290, 291, 294,295, 330, 355, 358, 394, 395, 410, 456
Seely, Tom 13
Seetaucher 86
Seyforth, Robert 13
Sherman, Paul 242, 311
Shields, Lorrell 421
Sinnett, Rick 251
Smith, Doug 333, 335, 336
Smith, Roger 428
Sozialverhalten 19, 197, 199
Spechte 43, 86, 101, 208, 209, 279, 312, 435
Sperber 75, 196
Sperlinge 23, 28, 206, 235, 421, 467
Spiegelexperiment 259–264
Spielverhalten 117, 415, 416, 427, 502
Stahler, Dan 324, 335–337, 339,
Stare 14, 25, 26,137, 145, 467, 479
Stockwackeltest 323
Stressreaktion 301
Stromboli (Italien) 135, 390
Stück-versus-Haufen-Experiment 320
Sutton, George Miksch 10, 21, 115
Swarthout, Eliott 410

T

Telemetriestudie 161, 390
Testosteronspiegel 181, 299, 300
Thomas, Lewis 475
Tower of London, Raben im 283
Territorium siehe Revier
Tree, The 97
Tulugaq 350, 359, 361
Turner, Jeff 200, 341

U

Uhus 72, 130. 265, 355
Umiat (Alaska) 212
Universität von Groningen (Niederlande) 387
Uttak, Charlie 353

V

Valleau, Bill 346
Valleau, Dana 346
Varley, Nathan 334
Verhaltensregeln 382, 383

Vermont, Raben in 191
Versteck, -verhalten 34, 39–47, 49, 52–54, 56-59, 93, 98, 100, 146, 156–159, 163, 188, 209, 275, 303, 321, 363–381, 385, 386, 388,389, 418, 423–426, 434, 444, 478, 485, 495
Versuch-Irrtums-Verhalten 422
Vienneau, Johanna 409
Vitelli, Tinker 88

W

Waal, Frans de 14
Wagman, Wolfe 174
Wainwright, Steven 343
Wallschläger, Dieter 202, 203,216
Walsh, Chris 390, 391
Wesno, Mike 355
Whitesides, Gail 354
Williams, John 275,
Wölfe 70, 213, 271, 274, 319, 324, 325, 327, 328, 329, 331–342, 346–348, 352, 414, 415, 417, 477, 499, 500, 501
Wolfsvögel 332, 338, 347
Woodroffe, Lesly 370

Y

Yellowstone National Park 325, 339

Z

Zahavi, Amotz 280, 307

Bernd Heinrich, geboren 1940 in Bad Polzin, heute Połczyn-Zdrój, emigrierte im Alter von 10 Jahren in die Vereinigten Staaten, ist Zoologe und emeritierter Professor für Biologie an der Universität Vermont. Weltweit bekannt wurde er als Marathon- und Ultralangstreckenläufer sowie durch seine Forschungen über Hummeln, Wildgänse und Raben.

Matthes & Seitz Berlin · Paperback · 015

Zweite Auflage dieser Ausgabe 2024

Großbeerenstraße 57A, 10965 Berlin
info@matthes-seitz-berlin.de

Diese Übersetzung erschien erstmals bei List Verlag, 2002.

Umschlaggestaltung: Pauline Altmann, Berlin
Druck und Bindung: GGP Media GmbH, Pößneck
ISBN 978-3-95757-810-5
www.matthes-seitz-berlin.de

Bernd Heinrich

Leben ohne Ende

Der ewige Kreislauf des Lebendigen

Aus dem Englischen von Hainer Kober
Mit Illustrationen von Pauline Altmann
Herausgegeben von Judith Schalansky
203 Seiten, gebunden

Der Tod ist das unlösbare Rätsel des Lebens. Um ihm auf die Spur zu kommen, wirft der Biologe Bernd Heinrich einen Blick auf die Art und Weise, wie die Tiere, die er viele Jahrzehnte beobachtet hat, mit dem Tod umgehen. Kleine Käfer, majestätische Adler, Raben oder Wölfe – sie alle haben ein Leben nach dem Tod, das uns ständig umgibt, aber im Verborgenen stattfindet. Der Tod verknüpft die Leben miteinander wie Glieder einer unendlichen Kette: Was stirbt, aufersteht zu neuem Leben, indem es zu Humus oder zum Fraß für andere wird. Heinrich sieht genau hin und zeigt, wie sich die Metamorphosen im Detail vollziehen, welche Rolle Bakterien und Pilze spielen und wie weitreichend der globale Stoffwechsel ist. Er entdeckt eine bunte Welt des Werdens und Vergehens, die uns nicht nur Trost spenden kann, sondern auch ökologische Lehren ziehen lässt.

Matthes & Seitz Berlin

Bernd Heinrich

Der Heimatinstinkt

Das Geheimnis der Tierwanderung

Aus dem Amerikanischen von Hainer Kober
Herausgegeben von Judith Schalansky
320 Seiten, gebunden

Was ist Heimat und wozu brauchen wir und die meisten der Tiere sie? Warum ziehen Vögel alljährlich aus heißeren Regionen in kältere und wieder zurück? Warum laichen Fische an dem Ort ihrer Geburt, und gefährden ihr Leben, um dorthin zurückzukehren? Wie orientieren sich Vögel, Insekten und Säugetiere auf ihren regelmäßigen Routen? Und warum ist es auch einer der umtriebigsten aller Spezies, dem Menschen, so ein tiefes Bedürfnis, eine Heimat, ein Zuhause zu haben? Welcher biologische Sinn liegt dieser einmaligen Anziehungskraft eines bestimmten Ortes zugrunde? Auf der Suche nach Antworten auf diese und viele andere Fragen, folgt der Biologe Bernd Heinrich den Kanadakranichen nach Alaska und den Aalen auf ihrer geheimnisvollen großen Reise in die Sargassosee. Er beschreibt verschiedene Typen von Bauten im Tierreich, erforscht die Geschichte seines eigenen Hauses in Maine, in das er seit seiner Jugend alljährlich wiederkehrt und verbindet so fesselnde Naturwissenschaft mit persönlicher Erzählung. So gelingt ihm mit analytischem Verstand, leidenschaftlichem Gespür und einem mitreißenden Stil eine beinahe poetisch erzählte Reise zu den immer noch geheimnisvollen Ursprüngen eines biologischen Gefühls.

»Wie Natur in einer Welt mit wachsenden Städten noch ›Heimat‹ sein kann, darauf gibt Bernd Heinrich keine einfachen Antworten. Aber weshalb Wälder, Berge oder Meereswellen viele Menschen so magisch anziehen, das versteht man weit besser, nachdem man bei ihm gelesen hat, wie tief die Suche nach einem lebenswerten Ort in den meisten Tieren verankert ist.«

Frank Kaspar, SWR2

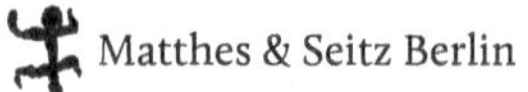

Cord Riechelmann

Krähen

Ein Portrait

Mit Illustrationen von Falk Nordmann
Herausgegeben von Judith Schalansky
155 Seiten, gebunden

Die Familie der Krähen, wissenschaftlich Corvidae, ist eine in der Entwicklungsgeschichte der Singvögel relativ junge Familie. Sie umfasst 123 Arten, zu denen auch Elstern und Häher zählen; ihre engsten Verwandten sind die Paradiesvögel. Anders als diese kommen die meist schwarz gefärbten Krähen beinahe überall auf der Erde vor. Die Mythen, die sie von jeher begleiten, sind ebenso dunkel wie sie und handeln fast immer von Übel und Tod. Selbst die zunehmende Erforschung ihrer herausragenden Intelligenz konnte sie nicht von ihrem schlechten Ruf befreien. Im Gegenteil: Dass Krähen über ein Gedächtnisvermögen verfügen, das sogar jede menschliche Kapazität übersteigt, scheint nur ein weiterer Ausweis ihrer Unheimlichkeit zu sein. Cord Riechelmann, »der einzige wirkliche Tierjournalist, den wir haben« (Jakob Augstein), erzählt die erstaunliche Natur- und Kulturgeschichte dieser klugen Vögel und stellt zwanzig Krähenarten vor, die er selbst auf fünf Kontinenten beobachten konnte. Sein Tierportrait vermittelt nichts weniger als den unvoreingenommenen Blick auf das scheinbar Vertraute.

»Natur als etwas Lebendiges und daher Dynamisches stellt Cord Riechelmann im ersten Band der Naturkunden dar, und zwar am Beispiel der Krähen. Riechelmann geht es darum, durch Beobachten ein kulturelles Verständnis für eine Tierart zu entwickeln. Wer das Buch gelesen hat, ist von den Vögeln fasziniert. Man möchte die Beobachtungen sofort überprüfen, ergänzen, ausbauen.«

Hansjörg Küster, FAZ

Matthes & Seitz Berlin

Desmond Morris

Eulen

Ein Portrait

Aus dem Englischen von
Meike Herrmann und Nina Sottrell
Herausgegeben von Judith Schalansky
168 Seiten, gebunden

Riesige, starre Augen, eine unheimliche Beweglichkeit des Kopfes, ein gespenstisch lautloser Flug: Eulen gehören mit ihren gut 200 Unterarten zu den faszinierendsten Spezies der gesamten Vogelwelt. Von allen anderen Vögeln als Raubtier gefürchtet, von den Menschen als Symbol der Weisheit verklärt und zugleich als Todesbote verdammt, verdient die ›Königin der Nacht‹ eine genaue, vorurteilsfreie Betrachtung. Desmond Morris entwirrt in diesem reich bebilderten Buch das dichte Gewölle der Eule als Symbol der Weis- oder gar Bosheit, verfolgt ihre Spuren abergläubischer Bedeutung in den verschiedenen Zeiten, Kulturen und Künsten und beleuchtet auch die realen Lebensgewohnheiten dieses Vogels, der immer noch als seltsamer Kauz missverstanden wird. Picassos verdrießliche Hauseule hat dabei ebenso einen Auftritt wie der entspannte Uhu, wegen dem 2007 im Olympiastadion von Helsinki ein Spiel der finnischen Fußballnationalmannschaft unterbrochen werden musste. Damit gelingt Morris das facetten- und anekdotenreiche, immer wieder überraschende Portrait eines Vogels, der uns mit seinem menschenähnlichen Antlitz vertraut und fremd zugleich ist.

»Desmond Morris führt durch die Kulturhistorie der Eule: ein hübsches, auch exzellent bebildertes Bändchen.«

FAZ

»Ein Prachtstück von einem Buch – äußerlich wie inhaltlich.«

KURIER

Thor Hanson

Federn

Ein Wunderwerk der Natur

Aus dem Englischen von
Meike Herrmann, Nina Sottrell und Daniel Fastner
Herausgegeben von Judith Schalansky
276 Seiten, gebunden

Wer in die Tiefe eines frisch aufgeschüttelten Federbetts versinkt, wohlig warm unter der überraschenden Leichtigkeit des Bettwerks einschlummert, hat keinen Zweifel: Federn sind ein Meisterwerk der Evolution. Sie wärmen, kühlen und isolieren, sie schmücken und tarnen – und sie verleihen ihren Trägern die lange unnachahmliche Fähigkeit in die Lüfte aufzusteigen. Der US-amerikanische Biologe Thor Hanson enthüllt auf seiner naturwissenschaftlichen Entdeckungsreise die Geheimnisse dieser Wunderwerke aus Kerotin. Sie führt ihn in chinesische Ausgrabungsstätten, wo sich an 150 Millionen Jahre alten Fossilien die frühesten Protofedern nachweisen lassen, in riesige Daunenfabriken und geheimnisvolle Federnfärbereien, durch eisige Schneestürme bis in die Glitzershows von Las Vegas. Dabei schildert er die Funktionen der Federn ebenso wie ihre vielfältige kulturelle Verwendung. Das Ergebnis ist eine facetten- und detailreiche Darstellung eines der größten und schönsten Naturwunder, das die Evolution hervorgebracht hat – und ein packend erzählter Abenteuerbericht von den Feldstudien eines leidenschaftlichen Wissenschaftlers.

»Hansons Leidenschaft für das Naturwunder Feder ist ansteckend. Schmökern und Staunen.«

Anke Groenewold, NEUE WESTFÄLISCHE

»Ein ganzes Buch über Federn, das ist der pure Luxus ... Thor Hansen entlockt seinem Thema unglaublich spannende, überraschende, selten gehörte Aspekte.«

Susanne Billig, DEUTSCHLANDFUNK KULTUR

Peter Krauss

Singt der Vogel, ruft er oder schlägt er?

Handwörterbuch der Vogellaute

Mit 91 farbigen Abbildungen
Herausgegeben von Judith Schalansky
224 Seiten, gebunden

Welcher Vogel knippt oder zippt? Welcher zetscht oder schäckert? Und welcher murxt? Wie kaum eine andere Sprache besitzt das Deutsche einen ungeheuren Reichtum an Ausdrücken für die lautmalerischen Entsprechungen von Vogelrufen und -gesängen. Doch wie die wirkliche Vogelwelt ist auch ihre sprachliche Entsprechung in ihrer Vielfalt gefährdet. Peter Krauss versammelt nun in diesem umfassenden Wörterbuch einen im Verschwinden begriffenen Wortschatz. Reich bebildert ist es ein einzigartiges Handbuch der Rezeption lautlicher Vogeläußerungen und ihrer Übersetzung in die Sprache der Menschen. Es ist damit Archiv und Fundgrube in einem, in dem mehr als 300 Lautäußerungen von mehr als 100 Vögeln versammelt sind. Die Quellenangaben, Etymologien, Zitate aus der Literatur, die gebräuchlichsten Schallwörter, Notenbilder und viele Anekdoten sind ein schier unerschöpflicher Fundus für Naturfreunde jeden Alters, für Ornithologen und Linguisten, Übersetzer und für Vogelstimmenimitatoren, für Jäger und – leider auch – Vogelfänger.

»Sie werden es wie einen Gedichtband lesen,
einzelne Wörter halblaut mitsprechen und auf der Zunge zergehen lassen.«

Eva Gaeding, MDR KULTUR

»Das Krolzen, Hiähen, Rülschen und Quinkelieren
bringt nicht nur die erstaunliche Varianz der Vogellaute zum Ausdruck, sondern auch die deutsche Sprache selbst zum Singen. Und aus dem kühlen Jargon der Wissenschaft und der Armut der Alltagssprache wird wieder ein Fest der Verben,
wie es früher begangen wurde.«

Markus Hofmann, NZZ